冶金专业教材和工具书经典传承国际传播工程
普通高等教育"十四五"规划教材

"十四五"国家重点
出版物出版规划项目

深部智能绿色采矿工程
金属矿深部绿色智能开采系列教材
冯夏庭　主编

金属矿床露天开采

Open Pit Mining of Metal Deposits

顾问　王　青

顾晓薇　陈庆凯　胥孝川　孙效玉　编著

扫码看本书
数字资源

北　京
冶金工业出版社
2023

内 容 提 要

本书介绍了金属矿床露天开采的工艺过程、技术、设计与优化方法以及相关知识。全书共分 17 章，第 1~4 章讲述了矿床和矿山项目评价的相关知识和方法，包括品位与储量计算、矿床数值模型、岩石的力学性质和技术经济基础；第 5~9 章主要讲述了露天开采方案的设计与优化，包括最终境界设计与优化、开采程序、采掘计划编制与优化、分期开采与分期方案优化等；第 10~14 章讲述了矿床开拓、开采工序（穿孔与爆破、采装与运输、排土）和总平面布置；第 15~17 章讲述了矿山生态恢复与生态化设计，包括土地复垦、露天开采的生态冲击与生态成本、开采方案的生态化优化。

本书可作为高等院校采矿工程专业的教学用书，也可供采矿工程技术人员参考。

图书在版编目 (CIP) 数据

金属矿床露天开采/顾晓薇等编著 . —北京：冶金工业出版社，2023.11

（深部智能绿色采矿工程/冯夏庭主编）

"十四五" 国家重点出版物出版规划项目

ISBN 978-7-5024-9517-6

Ⅰ. ①金…　Ⅱ. ①顾…　Ⅲ. ①金属矿开采—露天开采—高等学校—教材　Ⅳ. ①TD854

中国国家版本馆 CIP 数据核字（2023）第 096076 号

金属矿床露天开采

出版发行	冶金工业出版社	电　　话	(010)64027926
地　　址	北京市东城区嵩祝院北巷 39 号	邮　　编	100009
网　　址	www.mip1953.com	电子信箱	service@ mip1953.com

责任编辑　杨　敏　任咏玉　美术编辑　彭子赫　版式设计　郑小利

责任校对　郑　娟　责任印制　窦　唯

三河市双峰印刷装订有限公司印刷

2023 年 11 月第 1 版，2023 年 11 月第 1 次印刷

787mm×1092mm　1/16；23.75 印张；572 千字；356 页

定价 55.00 元

投稿电话　(010)64027932　投稿信箱　tougao@cnmip.com.cn

营销中心电话　(010)64044283

冶金工业出版社天猫旗舰店　yjgycbs.tmall.com

（本书如有印装质量问题，本社营销中心负责退换）

冶金专业教材和工具书
经典传承国际传播工程
总　序

钢铁工业是国民经济的重要基础产业，为我国经济的持续快速增长和国防现代化建设提供了重要支撑，做出了卓越贡献。当前，新一轮科技革命和产业变革深入发展，中国经济已进入高质量发展新时代，中国钢铁工业也进入了高质量发展的新时代。

高质量发展关键在科技创新，科技创新离不开高素质人才。党的二十大报告指出："教育、科技、人才是全面建设社会主义现代化国家的基础性、战略性支撑。必须坚持科技是第一生产力、人才是第一资源、创新是第一动力，深入实施科教兴国战略、人才强国战略、创新驱动发展战略，开辟发展新领域新赛道，不断塑造发展新动能新优势。"加强人才队伍建设，培养和造就一大批高素质、高水平人才是钢铁行业未来发展的一项重要任务。

随着社会的发展和时代的进步，钢铁技术创新和产业变革的步伐也一直在加速，不断推出的新产品、新技术、新流程、新业态已经彻底改变了钢铁业的面貌。钢铁行业必须加强对科技进步、教育发展及人才成长的趋势研判、规律认识和需求把握，深化人才培养体制机制改革，进一步完善相应的条件支撑，持续增强"第一资源"的保障能力。中国钢铁工业协会《"十四五"钢铁行业人力资源规划指导意见》提出，要重视创新型、复合型人才培养，重视企业家培养，重视钢铁上下游复合型人才培养。同时要科学管理，丰富绩效体系，进一步优化人才成长环境，造就一支能够支撑未来钢铁行业高质量发展的人才队伍。

高素质人才来源于高水平的教育和培训，并在丰富多彩的创新实践中历练成长。以科技创新为第一动力的发展模式，需要科技人才保持知识的更新频率，站在钢铁发展新前沿去思考未来，系统性地将基础理论学习和应用实践学习体系相结合。要深入推进职普融通、产教融合、科教融汇，建立高等教育+职业教育+继续教育和培训一体化行业人才培养体制机制，及时把钢铁科技创新成果转化为钢铁从业人员的知识和技能。

一流的专业教材是高水平教育培训的基础，做好专业知识的传承传播是当代中国钢铁人的使命。20世纪80年代，冶金工业出版社在原冶金工业部的领导支持下，组织出版了一批优秀的专业教材和工具书，代表了当时冶金科技的水平，形成了比较完备的知识体系，成为一个时代的经典。但是由于多方面的原因，这些专业教材和工具书没能及时修订，导致内容陈旧，跟不上新时代的要求。反映钢铁科技最新进展和教育教学最新要求的新经典教材的缺失，已经成为当前钢铁专业人才培养最明显的短板和痛点。

为总结、提炼、传播最新冶金科技成果，完成行业知识传承传播的历史任务，推动钢铁强国、教育强国、人才强国建设，中国钢铁工业协会、中国金属学会、冶金工业出版社于2022年7月发起了"冶金专业教材和工具书经典传承国际传播工程"（简称"经典工程"），组织相关高校、钢铁企业、科研单位参加，计划用5年左右时间，分批次完成约300种教材和工具书的修订再版和新编，以及部分教材和工具书的对外翻译出版工作。2022年11月15日在东北大学召开了工程启动会，率先启动了高等教育和职业教育教材部分工作。

"经典工程"得到了东北大学、北京科技大学、河北工业职业技术大学、山东工业职业学院等高校，中国宝武钢铁集团有限公司、鞍钢集团有限公司、首钢集团有限公司、河钢集团有限公司、江苏沙钢集团有限公司、中信泰富特钢集团股份有限公司、湖南钢铁集团有限公司、包头钢铁（集团）有限责任公司、安阳钢铁集团有限责任公司、中国五矿集团公司、北京建龙重工集团有限公司、福建省三钢（集团）有限责任公司、陕西钢铁集团有限公司、酒泉钢铁（集团）有限责任公司、中冶赛迪集团有限公司、连平县昕隆实业有限公司等单位的大力支持和资助。在各冶金院校和相关钢铁企业积极参与支持下，工程相关工作正在稳步推进。

征程万里，重任千钧。做好专业科技图书的传承传播，正是钢铁行业落实习近平总书记给北京科技大学老教授回信的重要指示精神，培养更多钢筋铁骨高素质人才，铸就科技强国、制造强国钢铁脊梁的一项重要举措，既是我国钢铁产业国际化发展的内在要求，也有助于我国国际传播能力建设、打造文化软实力。

让我们以党的二十大精神为指引，以党的二十大精神为强大动力，善始善终，慎终如始，做好工程相关工作，完成行业知识传承传播的使命任务，支撑中国钢铁工业高质量发展，为世界钢铁工业发展做出应有的贡献。

中国钢铁工业协会党委书记、执行会长

2023 年 11 月

金属矿深部绿色智能开采系列教材
编 委 会

金属矿深部绿色智能开采系列教材
序　　言

新经济时代，采矿技术从机械化全面转向信息化、数字化和智能化；极大程度上降低采矿活动对生态环境的损害，恢复矿区生态功能是新时代对矿产资源开采的新要求；"四深"（深空、深海、深地、深蓝）战略领域的国家部署，使深部、绿色、智能采矿成为未来矿产资源开采的主趋势。

为了适应这一发展趋势对采矿专业人才知识结构提出的新要求，依据新工科人才培养理念与需求，系统梳理了采矿专业知识逻辑体系，从学生主体认知特点出发，构建以地质、测量、采矿、安全等相关学科为节点的关联化教材知识结构体系，并有机融入"课程思政"理念，注重培育工程伦理意识；吸纳地质、测量、采矿、岩石力学、矿山生态、资源综合利用等相关领域的理论知识与实践成果，形成凸显前沿性、交叉性与综合性的"金属矿深部绿色智能开采系列教材"，探索出适应现代化教育教学手段的数字化、新形态教材形式。

系列教材目前包括《金属矿山地质学》《深部工程地质学》《深部金属矿水文地质学》《智能矿山测绘技术》《金属矿床露天开采》《金属矿床深部绿色智能开采》《井巷工程》《智能金属矿山》《深部工程岩体灾害监测预警》《深部工程岩体力学》《矿井通风降温与除尘》《金属矿山生态-经济一体化设计与固废资源化利用》《金属矿共伴生资源利用》，共13个分册，涵盖地质与测量、采矿、选矿和安全4个专业、近10个相关研究领域，突出深部、绿色和智能采矿的最新发展趋势。

系列教材经过系统筹划，精细编写，形成了如下特色：以深部、绿色、智能为主线，建立力学、开采、智能技术三大类课群为核心的多学科深度交叉融合课程体系；紧跟技术前沿，将行业最新成果、技术与装备引入教材；融入课程思政理念，引导学生热爱专业、深耕专业，乐于奉献；拓展教材展示手段，采用全新数字化融媒体形式，将过去平面二维、静态、抽象的专业知识以三维、动态、立体再现，培养学生时空抽象能力。系列教材涵盖地质、测量、开采、智能、资源综合利用等全链条过程培养，将各分册教材的知识点进行梳理与整合，避免了知识体系的断档和冗余。

系列教材依托教育部新工科二期项目"采矿工程专业改造升级中的教材体系建设"（E-KYDZCH20201807）开展相关工作，有序推进，入选《出版业"十四五"时期发展规划》，得到东北大学教务处新工科建设和"四金一新"建设项目的支持，在此表示衷心的感谢。

主编 冯夏庭

2021 年 12 月

前　　言

现代意义上的露天开采，以 1903 年美国犹他州 Kennecott 铜矿的建成为标志，已有 120 年的历史。在这 120 年间，露天开采技术随着科学技术的进步从机械化时代步入了信息化时代，如今又在向智能化时代迈进；露天开采的劳动生产率不断提高，开采规模和深度不断提升。就露天开采的基本工艺过程而言，并没有发生显著的变化。露天开采技术的历史进步及发展趋势主要体现在以下三个方面。

一是开采装备水平不断提高。各种开采设备的大型化及其自动化和智能化水平的不断提高，使露天矿的生产规模、劳动生产率、综合生产效率和作业质量不断提升，有的矿山已经实现了现场少人化（甚至无人化）开采。

二是软科学的应用不断深化。数字技术和优化方法在露天开采中的应用深度和广度不断增加，为生产中大大小小的技术决策以及整个矿山项目的投资决策提供了越来越充分、越来越科学的依据，使露天开采的效能越来越接近其最大潜力。

三是对开采所伴生的生态环境问题的重视程度不断提高。进入 21 世纪，可持续发展已经成为许多国家的核心发展理念。党的十八大以来，我国更是把生态文明建设提到了前所未有的战略高度，向全世界郑重宣布了争取在 2030 年前实现碳达峰、2060 年前实现碳中和的目标。而露天开采在为国民经济提供大量必需的矿产的同时，对生态环境造成严重损害。所以，露天开采的生态环境问题越来越受到重视。如何在开采方案设计和生产中使经济效益和生态环境损害达到最佳平衡，是当今露天开采领域必须解决的问题，也是未来露天开采技术的一个重要发展方向。

因此，本书作为采矿工程专业的教学用书和采矿从业人员的参考用书，既应涵盖金属矿床露天开采的传统内容，又应尽量做到与时俱进，讲述一些本领域相对成熟、具有实用价值的新研究成果，同时还应体现露天开采技术的主导发展趋势。本着这一原则，本书在内容设计上主要从以下三方面考虑：

（1）金属矿床露天开采的基本工艺、技术和设计方法。这部分属传统内容，解决的是如何把矿石采出来的问题，是任何从事露天开采的工程技术人员都需要掌握的最基本知识。

（2）开采方案优化。介绍一些在开采方案优化方面具有实用价值的研究成果，如最终境界优化、生产计划优化、分期方案优化等，包括优化原理、数学模型和求解算法。该部分是上述传统内容的深化，解决的是如何更好地把矿石采出来（即实现露天开采效益最大化）的问题。

（3）生态化优化。这部分内容旨在适应低碳、绿色发展的需要，践行"为环境设计"的理念，在开采方案的优化设计阶段就考虑露天开采对生态环境的损害，使求得的开采方案在经济效益最大化和生态环境损害最小化之间达到最佳平衡，即在尽量提高经济收益的同时尽量降低生态成本。

另外，为了适应露天开采正在向智能化迈进的发展趋势，在相关章节中加入了对智能化设备的简要介绍。

本书的1~4章介绍了矿床的品位（包括边界品位）和储量计算、岩石（体）性质、矿床数值模型的建立和项目评价的技术经济方法。严格来说，这部分内容不属于露天开采范畴，但它们是进行矿床评价和矿山设计的基础，其中的大部分概念都在后续章节中用到。所以，从全书内容的完整性和系统性角度，这部分内容是必要的。熟悉这部分内容的读者，或者在教学中这些内容已在其他课程涉猎，可以跳过这一部分。

总之，编者努力使本书在内容和结构上既体现金属矿床露天开采的基本特点和规律，又体现露天开采技术的现状和发展趋势，使之满足当今和今后一个时期露天开采教学的需要。

　　本书在编写过程中，参考了有关文献，在此对文献作者表示感谢。北京矿冶科技集团有限公司战凯对本书的编写提出了诸多宝贵建议，在此表示感谢。

　　由于编者水平有限，书中难免存在不足之处，真诚希望广大读者批评指正并提出改进意见。

　　谨以此书献给热爱采矿事业的人们。

编　者

2022 年 11 月

于东北大学

目　　录

绪　　论

A　矿产资源与采矿

自然资源是人类可以直接或间接利用的存在于自然界的物质或环境，与人类生存直接相关的自然资源有土地资源、水资源、气象资源、森林资源、海洋资源、矿产资源等。矿产资源是由存在于地壳中的矿物组成的可利用物质。人类已发现并命名的 105 种元素的绝大部分存在于地壳中，他们组成了约 3000 种已命名的矿物。严格地讲，地壳的每一个部位都或多或少含有某种或多种矿物，但矿物的存在不一定就成为矿产资源。"可利用"和"潜在可利用"是成为矿产资源的前提条件，它具有两层含义：一是矿物的存在形式、存在环境及其富集程度与数量，能够使人类在现有的和潜在的技术条件下将其从地层中挖掘出来，并从中提取出有用的矿产品，即可获取性；二是从地壳中获取的矿产品，在现有的或潜在的经济环境中可为获取者带来盈利，即可盈利性。在正常的市场经济条件下，矿产资源必须同时具有可获取性和可盈利性；而在非正常环境中，如战争时期或受贸易封锁时期，为了生存和发展，矿产品的获取可以不计代价，矿产资源只需具有可获取性。可见，矿产资源是个动态的概念，随着开采、提取和利用技术及经济和政治环境的变化而变化。

矿产资源依其在地壳中富集的物质形态的不同，可分为气态矿产（如天然气）、液态矿产（如石油）和固态矿产（如煤、铁等）三大类。固态矿产按其用途可分为能源矿产（如煤、铀）和非能源矿产（如铁、铜等）两大类。固态非能源矿产依其特性又可分为金属矿产（如铁、铜等）和非金属矿产（如石灰石、磷、金刚石等）。表 1 是美国地质调查署（U. S. Geological Survey，USGS）列出的现代经济系统中常见的矿产品。

地壳中矿物富集的区域称为矿化区域，矿化区域中的矿物富集到足够的程度且埋藏条件允许开采并值得开采时就形成矿产。对固态矿产而言，矿体是矿物富集形成的几何体，一个矿床一般包含有多个（条）矿体，也可以说矿床是由矿体组成的。

采矿是从地壳中将可利用矿物开采出来并运输到矿物加工地点或使用地点的行为、过程或工作。矿山是采矿作业的场所，包括开采形成的开挖体、运输通道和辅助设施等。开挖体暴露在地表的矿山称为露天矿；开挖体在地下的矿山称为地下矿。

表 1　现代经济系统中常见的矿产品

英文名	中文名	英文名	中文名
Aluminum	铝	Manufactured abrasives	硬质磨料
Antimony	锑	Mercury	汞
Arsenic	砷	Mica scrap & flake	碎云母
Asbestos	石棉	Mica sheet	片云母

英文名	中文名	英文名	中文名
Barite	重晶石	Molybdenum	钼
Bauxite & Alumina	铝土矿和氧化铝	Nickel	镍
Beryllium	铍	Nitrogen（fixed）、Ammonia	固氮、氨
Bismuth	铋	Peat	泥煤
Boron	硼	Perlite	珍珠岩
Bromine	溴	Phosphate rock	磷酸盐岩
Cadmium	镉	Platinum-group metals	铂、铂族金属
Cement	水泥	Potash	钾碱
Cesium	铯	Pumice、pumicite	浮石
Chromium	铬	Quartz crystal（industrial）	硅晶（工业用）
Clays	黏土	Rare earths	稀土
Cobalt	钴	Rhenium	铼
Columbium（Niobium）	钶（铌）	Rubidium	铷
Copper	铜	Rutite	金红石
Diamond（industrial）	金刚石（工业用）	Salt	盐
Diatomite	硅藻土	Sand & gravel（construction）	砂砾石（建筑用）
Feldspar	长石	Sand & gravel（industrial）	砂砾石（工业用）
Fluorspar	萤石	Scandium	钪
Gallium	镓	Selenium	硒
Garnet（industrial）	石榴石（工业用）	Silicon	硅
Gemstones	宝石	Silver	银
Germanium	锗	Soda ash	纯碱（苏打灰）
Gold	黄金	Sodium Sulfate	硫酸钠
Graphite（natural）	石墨（天然）	Stone（crushed）	碎石
Gypsum	石膏	Stone（dimension）	石材
Helium	氦	Strontium	锶
Ilmenite	钛铁矿	Sulfur	硫
Indium	铟	Talc & Pyrophyllite	滑石和叶蜡石
Iodine	碘	Tantalum	钽
Iron ore	铁矿石	Tellurium	碲
Iron & steel	钢铁	Thallium	铊
Iron & steel scrap	废钢铁	Thorium	钍
Iron & steel slag	渣钢铁	Tin	锡
Kyanite & related minerals	蓝晶石及相关矿物	Titanium & Titanium dioxide	钛和二氧化钛
Lead	铅	Tungsten	钨
Lime	石灰	Vanadium	钒

续表 1

英文名	中文名	英文名	中文名
Lithium	锂	Vermiculite	蛭石
Magnesium compound	化合镁	Yttrium	钇
Magnesium metal	金属镁	Zinc	锌
Manganese	锰	Zirconium & Hafnium	锆和铪

注：1. 表中矿产品不是以化学元素划分的，而是以能在市场上独立参与交易的产品划分的，如钢铁和废钢铁虽然元素相同，但由于它们作为两种独立商品参与交易，故列为两种矿产品；

　　2. 资料来源：美国地质调查署 *Mineral Commodity Summaries*。

B　采矿在社会经济发展中的地位

采矿是除农业耕作外人类从事的最早生产活动。从约 45 万年前旧石器时代人类为获取工具而采集石块开始，人类历史发展的每一个里程碑无不与采矿有关，事实上人类文明发展史的各个阶段就是以矿物的利用划分的，即：石器时代（公元前 4000 年以前）、铜器时代（公元前 4000 年~公元前 1500 年）、铁器时代（公元前 1500 年~公元 1780 年）、钢时代（公元 1780 年~1945 年）和原子时代（1945 年后）。表 2 是 Hartman（1987）给出的从史前到 20 世纪初机械化大规模采矿开始的采矿及矿物利用发展史简表。

表 2　采矿发展史简表[①]

时间（年份）	事　件
公元前 450000	旧石器时代人类为获取石头器具进行地表开采
40000	在非洲 Swaziland（斯威士兰）地表开采发展到地下开采
30000	在捷克斯洛伐克首先使用黏土烧制的器皿
18000	人类开始使用自然金和铜作为装饰品[②]
5000	埃及人用火法破碎岩石
4000	加工金属的最早使用，铜器时代开始
3400	埃及人开采绿松石，最早有记录的采矿
3000	中国人用煤炼铜[②]，埃及人最早使用铁器
2000	在秘鲁出现黄金制品，黄金制品在新大陆的最早使用
1000	希腊人使用钢铁
公元 100	罗马采矿业兴旺发展
122	罗马人在大不列颠使用煤
1185	Trent 的大主教颁布法令，使矿工获得法律和社会的权利
1524	西班牙人在古巴采矿，新大陆最早有记录的采矿
1550	捷克斯洛伐克最早使用提升泵
1556	第一部采矿著作（*De Re Metallica*，作者 Georgius Agricola）在德国出版
1585	北美洲发现铁矿（美国北卡洲）
1600s	铁、煤、铅、金开采在美国东部开始

续表2

时间（年份）	事　件
1627	炸药最早用于欧洲匈牙利矿山（在中国可能更早）
1646	北美第一座鼓风炉在美国麻省建成
1716	第一所采矿学校在捷克斯洛伐克建立
1780	工业革命开始，现代化机器最早用于矿山
1800s	美国采矿业蓬勃发展，淘金热打开西部大门
1815	Humphrey Davy 在英国发明矿工安全灯
1855	贝氏（Bessemer）转炉炼钢法首先在英国使用
1867	诺贝尔发明的达那炸药用于采矿
1903	第一座低品位斑岩铜矿在犹他州建成，机械化大规模开采时代在美国拉开序幕

① 在我国采矿发展史上，某些开采活动和矿物利用的发生时间也许比表中所列的更早，《采矿手册》第一卷（冶金工业出版社，1988）有较完整的论述；

② 可能的发生时间。

　　显然，采矿活动与矿物利用推动了人类历史的进步。每一个历史阶段，人类的生活水平和生产力都较前一个阶段有了很大的提高，一个主要原因就是新的、性能更优越的矿物的开采和利用，为人类提供了效能更高的工具和燃料。18世纪末的工业革命使人类开始步入工业文明，也揭开了人类大规模开发、利用矿产资源的新纪元。工业革命以来短短的200多年间，科学技术的飞速进步、生产力的大幅提高和人类财富的快速积累，均是以矿产资源的大规模开发和创造性利用为基础的。采矿业在现代工业经济中的地位可从以下两个方面加以说明。

　　首先，采矿业是基础性工业，为许多工业部门和农业提供原材料和辅助材料。表3列出了主要工业部门及农业利用的主要矿产品。没有采矿业，许多工业部门（特别是金属冶炼与加工业和机械制造业）就会陷入无米之炊的困境。

表3　现代经济中主要工业及农业部门利用的主要矿产品

部门	利用的主要矿产品
冶炼及加工工业	钢铁、铅、铜、锌、锰、镍、铬、钼、钴、钨、钒、钛、铌、钽、石灰石、白云岩、硅石、萤石、黏土等
建筑业	石灰石、黏土、石膏、高岭土、花岗石、大理石、钢铁、铅、铜、锌等
化学工业	磷、钾、硫、硼、纯碱、重晶石、石灰石、砷、明矾、铅、铂族金属、钛、钨、汞、镁、锌、硒等
石油工业	重晶石、铼、稀土金属、天然碱、钾、铂族金属、铅等
运输业	钢铁、铅、铜、锌、钛等
电子工业	铜、纯金、锌、银、铍、镉、铯、钛、锂、锗、硅、云母、稀土金属、铕、钇、铊、硒等
核工业	铀、钍、硼、镉、铪、稀土金属、石墨、铍、锆、铅、镁、镍、钛、铌、钒等
航天工业	铍、钛、锆、锂、碘、铯、银、钨、钼、镍、铬、铂、铋、钽、铼等
轻工业	砂岩、硅砂、长石、硒、硼、钛、镉、锌、锑、铅、钛、锂、稀土金属、萤石、重晶石、锡等
农业	磷、钾、硫、白云石、砷、锌、铜、萤石、汞、钴、镭等
医药业	石膏、辰砂、磁石、明矾、金、铂、镍、铬、钴、钼、钛、镭等

其次，国民经济的发展和人类生活水平的提高与矿产开发和利用有着密切的正相关关系。以铁矿为例，我国消费的铁矿由国产矿和进口矿组成，国产原矿的平均品位约为30%，进口矿全部为成品矿；按85%的选矿金属回收率和65%的精矿品位计算，1t国产原矿生产约0.3923t精矿；按此比例把国产原矿量折算为成品矿量，再加上进口矿量，得到成品矿消费总量；以1978年为100计算铁矿消费量指数，该指数与我国同期的国内生产总值（GDP）指数的比较如图1所示。从中可以看出国民经济的发展与铁矿石消费量之间的高度正相关关系。

矿产资源的消费强度和消费特征取决于一个国家所处的经济发展阶段。根据矿产资源消费生命周期理论，在工业化初期，矿产资源消耗强度快速增长；在工业化全面发展时期，矿产资源的消费强度继续增长，进入矿产资源的高消费阶段；在后工业化时期，矿产资源消耗强度呈下降趋势。这一由增长到成熟再到衰落的过程，形成了矿产资源消费生命周期的倒"U"形特征，如图2所示。

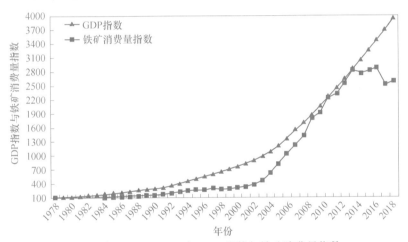

图1　我国1978~2019年GDP指数与铁矿消费量指数

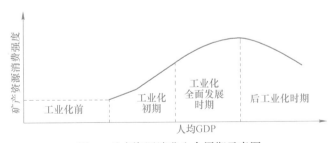

图2　矿产资源消费生命周期示意图

如果将矿产资源划分为三种类型，即传统矿种（主导矿种有铁、铜、铅、锌、锡、煤等）、现代矿种（主导矿种有铝、铬、锰、镍、钒、石油，天然气等）和新兴矿种（主导矿种有钴、锗、铂、稀土、钛、铀等），则传统矿种是工业化初期阶段使用的主导矿产资源；现代矿种是进入工业化成熟期及技术较发达阶段后广泛使用的矿产资源；新兴矿种主要是在经济结构多样化及技术先进的发达国家（处于后工业化时期）得到应用的矿产资源。矿产资源消费生命周期的结构特征如图3所示。

以美国为例，在 1900~2008 年间，其传统矿种中的铁矿的表观消费量如图 4 所示。这一变化趋势基本符合上述矿产资源消费的生命周期特征。

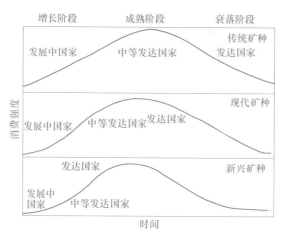

图 3 矿产资源消费生命周期的结构特征

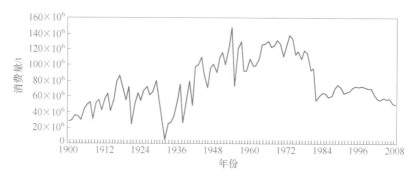

图 4 美国 1900~2008 年铁矿石的表观消费量

我国从 21 世纪初到 2014 年左右是工业化快速发展时期，铁矿消费量增长迅速（如图 1 所示）；之后，我国的经济发展进入新常态，由高速度增长向高质量增长转变，铁矿消费量有在波动中趋于稳定的趋势，即开始呈现出进入工业化成熟期的特征（对照图 1 和图 3）。

C 露天采矿技术发展概述

露天开采的基本工艺过程在过去一个多世纪以来没有根本性的变化。露天开采在工艺上的改进主要体现在陡工作帮、分期开采以及不同的运输方式（铁路、汽车和间断-连续运输）上。开采装备的不断进步，优化方法、数字技术和智能技术的不断深化应用，是推动露天采矿技术发展的主要动力，使露天矿的生产能力、生产效率和综合效益不断提升。

a 生产规模和效率

露天开采自 20 世纪 50 年代开始腾飞，其技术发展的一个重要标志是生产规模不断扩大，劳动生产率不断提高。据统计，20 世纪 80 年代全世界共有年产 1000 万吨以上矿石的各类露天矿 80 多座，其中年产矿石 4000 万吨、采剥总量 8000 万吨以上的超大型露天矿 20 多座，最大的露天矿的年矿石生产能力超过 5000 万吨、采剥总量超亿吨。美国铁矿开采业的平均劳动生产率（按采、选和烧结生产工人数算）达到每人每年约 12000 吨精矿。我国目前露天矿的最大年矿石生产能力超 2000 万吨，年采剥总量超 6000 万吨。可以说，如今限制露天矿生产规模的不是开采技术，而是储量规模和经济性。

b　采矿装备

现代露天矿能够达到如此大的开采规模和如此高的劳动生产率，其技术基础是采矿装备的快速进步，包括设备大型化、自动化、智能化及其性能的不断改进。

（a）穿爆设备

露天矿钻孔设备经历了活塞冲击钻、钢绳冲击钻到潜孔钻、牙轮钻的发展历程。国际上牙轮钻机的研制在 1950 年前已开始，20 世纪 60 年代牙轮钻在露天矿得到广泛应用；进入 70 年代后，美国露天矿 90% 的生产钻孔量由牙轮钻完成。俄罗斯金属矿山的牙轮钻机穿孔量约占 97%。潜孔钻在西方国家的露天矿已很少使用，主要用于辅助工程。

我国在 20 世纪 50 年代主要采用钢绳冲击钻，60 年代以孔径 100~200mm 的潜孔钻为主，70 年代开始从美国引进牙轮钻机。国产牙轮钻机的研制始于 20 世纪 60 年代，于 70 年研制成功我国第一台 HYZ-250 型顶部回转连续加压的滑架式牙轮钻机，经多次改进后于 1977 年改型为 KY-250，到 80 年代中期陆续实现了 KY 型牙轮钻机的系列化。从 20 世纪 80 年代初开始，通过对国外技术的吸收和再创新，研制出 YZ 型牙轮钻机，并在 80 年代末实现了系列化。如今，代表国产牙轮钻机最高技术水平的是 2019 年研制成功的新一代全液压、电力柴油双动力 WKY-310 牙轮钻机。现在我国大型露天矿以牙轮钻机为主，潜孔钻机多用于中小型矿山。

穿孔设备的技术进步主要体现在以下几个方面：

（1）牙轮钻机的轴压和孔径不断加大。美国 60R 钻机的轴压达 57~60t、德国的 HBM-550 钻机轴压达 60~70t。轴压的加大提高了钻进速度。美国钻机的钻进速度在坚硬岩石中达 9~15m/h；中硬和软岩中达 15~30m/h。加大孔径是为了增加单位孔长的爆破量。露天矿最常用的孔径是 200mm、250mm、310mm 和 330mm，最大孔径达 445mm。钻进速度和孔径的加大使穿孔效率提高、单位爆破量的穿孔费用下降。

（2）牙轮钻头的设计和钻齿材料的改进，提高了钻岩能力和钻头寿命。钻头形式经历了拖齿钻头、二轮钻头和三轮钻头的演变，钻岩硬度和钻进效率不断提高。现代钻机全用三轮钻头。钻齿材料有钢和碳化钨，前者用于软岩穿孔，后者用于所有硬岩穿孔。钻齿材料和加工技术的改进使钻头寿命不断增加。现代牙轮钻机的钻头寿命在坚硬岩石中可达 500~1000m，中硬岩石中可达 1000~3000m。

（3）其他方面的改进。包括：增加钻杆长度以适应高台阶开采；使用布袋脉冲除尘装置以减少粉尘污染；提高回转功率和回转转速以提高钻进速度；采用滑片式空压机取代螺杆式空压机并加大排渣风量和风压，以提高凿岩效率等。

爆破技术的发展主要体现在炸药、装药设备与爆破器材的不断改进上。炸药有铵油炸药、乳化炸药、重铵油炸药等，性能（如威力、装药密度和抗水性）不断提高。装药作业从人工装药发展到由装药车现场混制炸药和装填炮孔，实现了装药机械化和自动化，大大提高了装药效率和安全性。起爆器材经历了从火雷管到电雷管、延期电雷管，再到导爆索、导爆管雷管和数码电子雷管的发展历程，使爆破作业越来越安全可靠。台阶深孔微差松动爆破是露天矿爆破方式发展的代表性技术。

近年来，穿爆设备的自动化和智能化水平不断提高。智能钻机实现了自主/遥控移动、自主钻孔定位与孔深探测，自动调平、调压、注水、接卸钻杆等功能。智能装药车具有自主行驶和寻孔定位、自动配药与装填、远程调度等功能。

（b）采装设备

露天矿采装作业的常用设备是单斗挖掘机（也称动力铲）。世界上最早的动力铲出现于1835年，此后经历了从小到大、由蒸汽机驱动到内燃机驱动再到电力驱动、液压驱动的发展历程。早期的动力铲在铁轨上行走，主要用于铁路建筑。20世纪初，动力铲开始被用于露天矿山，第一台真正意义上的剥离铲于1911年问世，其斗容为2.73m³、铲臂长19.8m，斗杆长12.2m，为蒸汽机驱动、轨道行走。到1927年，轨道行走式的动力铲消失，被履带式全方位回转铲取代。挖掘机的快速大型化始于20世纪50年代末，60年代初Marion Power Shovel公司制造出了两台291M型电铲，斗容达19~26.8m³；1982年P&H的M5700型电铲问世，斗容为45.9m³。现代大型金属露天矿最常用的挖掘机斗容为9~25m³。

我国露天矿在20世纪50~70年代一直以仿苏3m³挖掘机为主；70年代中期开始生产4~4.6m³的WK-4系列挖掘机；1985年研制出10~14m³挖掘机；80年代开始从美国P&H公司引进技术，合作制造斗容16.8~35.2m³的大型挖掘机；进入21世纪后，相继自主开发研制成功斗容12~55m³的WK系列大型挖掘机。目前，我国的矿用挖掘机生产能力与技术水平已跻身世界前列。

挖掘机在机械方面的技术进步主要体现于：高性能组合斗齿的应用减少了维护时间；采用模块化设计的全封闭提升、回转和行走减速箱，提高了齿轮的啮合精度，便于安装和维护；采用驱动轮高置的近似链轮-链条驱动的履带驱动系统，消除了节距干涉，降低了驱动轮和履带板的磨损，提高了驱动系统的使用寿命；电气系统采用可编程逻辑控制+基础变频传动控制，提高了控制和调速性能。

智能化是近年来挖掘机技术的主要发展方向。自20世纪80年代初出现无线遥控挖掘机以来，智能化程度不断提高。智能操控系统使挖掘机具有环境感知、挖掘轨迹智能控制、自主避障、无人驾驶的遥控/自主作业等功能。目前，基于轨迹规划的自动挖掘技术已经比较成熟，应用也日趋广泛；国外部分产品已达到面向现场工况的自主作业阶段，实现了在相对简单工况下的全自主作业。国内在智能挖掘机的研发上也取得了长足进展，于2019年研制成功了基于5G的远程遥控挖掘机。

（c）运输设备

露天矿运输方式主要有铁路运输、汽车运输和间断-连续运输。西方国家在第二次世界大战前，铁路运输在露天矿占主导地位。矿用汽车于20世纪30年代中期应用于露天矿山。最早的矿用汽车载重量约为14t。到50年代中期，载重量为23t和27t的矿用汽车已很普遍，最大达到54t。60年代矿用汽车大型化开始高速发展，铁路运输逐步被汽车运输取代。载重量为318t的矿用汽车在70年代诞生。80年代以来，国外各类金属露天矿约80%的矿岩量由汽车运输完成。

矿用汽车有两种传动方式，即机械传动和电力传动（通称为电动轮汽车）。20世纪80年代前，载重85t以下的多用机械传动，85t以上的几乎全部用电力传动。电动轮汽车由70年代初期的90~108t为主、中期的136~154t为主发展到以后的200t以上。机械传动矿用汽车的大型化是进入80年代以来矿用汽车的一个发展方向，机械传动在大型矿用汽车中占的比例不断升高。1999年Catpillar公司推出了载重量为326t、设计总重量为558t、总功率2537kW的机械传动矿用汽车CAT797。如今，载重量300t以上的汽车被用于许多大型露天矿山。

我国露天矿20世纪60和70年代以12~32t汽车为主，1969年试制成功国产第一台SH380型32t矿用自卸车，但大多数从国外进口；70年代末引进100t和108t电动轮汽车；80年代引进154t电动轮汽车。国产108t电动轮汽车在20世纪80年代初投入使用，与美国合作制造的154t电动轮汽车于1985年生产成功。通过技术引进、吸收和创新，我国的矿用汽车技术不断提高，如今已能自主设计生产300吨级的矿用汽车，并形成了不同吨位级别的系列化产品，整车技术也达到了世界先进水平。

露天矿汽车的最新技术进步主要体现在智能化上。自Caterpillar公司1994年开始测试无人驾驶矿用卡车以来，矿用卡车的智能化水平不断提高，能够在无人操作的情况下自主实现倒车入位、精准停靠、运输、卸载的作业循环，并能自主避障。目前已有大量自动驾驶卡车在国外露天矿运营。无人驾驶卡车与自动调度系统的结合，使露天矿运输作业实现了远程化、少人化（甚至无人化）。我国于2017年开始生产、测试大型矿用无人驾驶卡车，有的车型已通过矿山现场测试，投入生产试运营。

胶带运输机是现代露天矿采用的另一种运输设备，于20世纪50年代开始在国外一些露天矿得到应用，主要用于松软矿岩和表土运输。60年代开始扩大到中硬岩运输。固定式、半固定式和可移动式破碎站的相继问世，大大扩展了胶带运输机的应用范围，形成了间断-连续运输工艺。从20世纪80年代初开始，这一工艺得到较快的推广应用，美国、加拿大的一些大型露天矿纷纷改用"汽车-可移动式破碎机-胶带运输机"运输系统，破碎机规格达到1.5m×2.3m，胶带宽达到2.4m。间断-连续运输技术的发展主要集中在可移动式破碎机的性能提高和适应各种运输条件的胶带运输机的研制，如履带行走胶带机、可伸缩式胶带机、可移动式胶带机、可水平转弯胶带机和陡角度胶带机等。在我国，间断-连续运输工艺在露天煤矿应用较多，在露天金属矿主要用于采场外的岩石运输。

c　信息化与智能化

如果说20世纪80年代之前露天采矿技术的发展主要是采矿装备的不断进步的话，那么之后的发展，主要是以计算机及其网络为核心的信息技术在矿山的推广应用。这些技术的应用使采矿业逐步从机械化时代步入了信息时代。而无线通信、人工智能、工业互联网、大数据、区块链、边缘计算、虚拟现实等新技术的不断深化应用，正在把采矿业带入又一个新的时代——智能时代。

（a）优化与管理信息化

计算机在国外矿山得到应用始于20世纪60年代初，最初只是用于简单的数据计算。随着计算机速度、容量、图形能力和相应软件的快速发展，计算机在矿山的应用越来越广。到20世纪80年代，计算机辅助设计、优化设计和管理信息系统在西方国家的矿山得到广泛应用。计算机在我国矿山的应用始于20世纪80年代中期，从90年代后期开始迅速推广。

计算机使许多优化理论、模型和算法走出书本，在矿山设计和生产中得到应用，并在应用中不断产生新的优化方法。常见的优化应用包括：矿床建模、最终境界优化、开采计划优化、生产能力优化、运输调度优化、边界品位/工业品位优化、配矿优化、设备更新策略优化、备品备件存量优化等。优化为矿山企业带来了巨大的经济效益。

计算机使矿山设计和管理从方法到手段发生了质的飞跃。开采方案设计、各种采掘计划编制、爆破设计、采场验收、爆区验收等工作均在计算机上完成，彻底丢掉了以图板、铅笔和求积仪为工具的手工作业方式。MIS、ERP等管理信息系统在矿山的应用也使矿山企业的管理手段和方式发生了质的变化，矿山管理逐步步入了信息化、网络化时代。

（b）智能矿山

进入21世纪，特别是近十年以来，智能技术发展迅速，在生产和生活中的应用日益广泛，"智能矿山（或智慧矿山）"也由概念的提出进入到实施阶段。智能化开采与经营已经成为当前以及未来一个时期全球采矿业竞争的主要领域。不少国家（包括我国）正在大力推进智能矿山建设，以期在采矿业竞争中取得主动权。

智能矿山是一个集生产要素（环境、设备、人）智能感知、生产过程智能管控、智能运营与决策等功能为一体，由许多软硬件子系统组成并由强大的通信网络连接的大系统。

生产要素智能感知，就是通过环境感知终端、智能传感器、智能摄像机、无线通信终端、无线定位终端等数字化工具和设备，融合图像识别、振动/运动感知、声音感知、射频识别、电磁感应等关键技术，实现对矿山环境数据、采矿装备状态信息、工况参数、工艺数据、人员信息等生产现场数据的全面采集，实时感知生产过程、设备运行状态以及人员的位置与身份等；通过各类通信手段接入不同设备管控系统和业务系统，形成强大的数据感知与采集网络，实现异构数据的协议转换、边缘处理和云端汇聚。作业环境数据感知和设备作业状态感知是实现采矿设备智能化作业的必备条件，也为生产系统的智能化运营与决策提供数据支持。

生产过程智能管控，就是应用智能化设备及其配套的管控系统，实现凿岩、装药、铲装、运输等生产环节的无人驾驶作业和作业参数的智能精准控制，达到生产高效化、作业精准化和现场少人化（甚至无人化）的目的；同时实现对生产过程各环节的生产情况和设备运行状态的实时远程监测、监控和调度。生产过程智能管控系统同时也是设备作业环境数据和设备运行状态数据的感知和采集系统。

智能运营与决策聚焦矿山生产和运营管理层面，通过对生产过程数据的快速分析，直观发现、分析和预警数据中隐含的问题；通过智能数据集技术，实现对数据的筛选、切割、排序、汇总、统计和展示，提供科学化、可视化、智能化的数据管理和数据服务，为管理和决策人员的各种运营管理与决策提供智能化支撑；通过对实时生产数据的全面感知、实时分析、优化、科学决策和精准执行，实现面向"地质建模-矿山规划-采掘计划-采矿设计-采矿作业-选矿流程-尾矿排放"全流程的生产过程优化。

D　露天开采的优缺点

与地下开采相比，露天开采的主要优点体现于：

（1）作业场所为开敞空间且尺寸大，作业条件好，生产安全性较高。

（2）大的作业空间为大型设备的使用创造了条件，且设备作业的灵活度较高，采场的几乎所有作业都能实现高度机械化，生产能力和劳动生产率都大大高于地下开采，在一定的采深范围内，吨矿开采成本也比地下开采低。

（3）开敞的作业场所为无线通信的全覆盖提供了条件，便于实现设备的遥控或自主作业，在露天矿实现采场少人化（乃至无人化）的智能开采比地下矿相对容易。

（4）矿石的损失率和贫化率低，一般为5%左右。

（5）基建期短，一般为地下开采的1/2左右。

露天开采的主要缺点有：

（1）生态环境损害大。采场和排土场损毁大面积土地及其承载的生态系统，破坏生态平衡；产生的废气和粉尘污染空气；采场排水使矿区及周边区域的浅层地下水位下降，影响周边区域的农牧业生产和生活用水；巨大的排土场可能发生滑坡和泥石流灾害。

（2）使用条件受矿体赋存条件限制，只适合于开采矿体顶部距地表较近的矿体；开采深度也受限制，合理开采深度一般不超过500m。

（3）生产受气候条件的影响较大。

1 品位与储量计算

欲投资一个矿床开采项目，首先必须估算其品位和储量。一个矿床的矿量、品位及其空间分布，是对矿床进行技术经济评价、可行性研究、矿山规划设计以及开采计划优化的基础，是矿山投资决策的重要依据。因此，品位估算、矿体圈定和储量计算是一项影响深远的工作，其质量直接影响到投资决策的正确性、矿山规划设计及开采计划的优劣。从一个市场经济条件下的矿业投资者的角度看，这一工作做不好可能导致两种对投资者不利的决策：

（1）矿体圈定与品位、矿量估算结果比实际情况乐观，估计的矿床开采价值在较大程度上高于实际可能实现的最高价值，致使投资者投资于利润远低于期望值，甚至带来严重亏损的项目。

（2）与第一种情况相反，矿床的矿量与品位的估算值在较大程度上低于实际值，使投资者错误地认为在现有技术经济条件下，矿床的开采不能带来可以接受的最低利润，从而放弃了一个好的投资机会。

然而，准确地估算出一个矿床的矿量、品位绝非易事。大部分矿体被深深地埋于地下，即使有露头，也只能提供靠近地表的局部信息。进行矿体圈定和矿量、品位估算的已知数据主要来源于极其有限的钻孔岩芯取样。已知数据量相对于被估算的量往往是一比几十万乃至几百万的关系，即对 1t 岩芯进行取样化验的结果，可能要用来推算几十万乃至几百万吨的矿量及其品位。因此，矿体圈定与矿量、品位估算不仅是一项十分重要的工作，而且是一项极具挑战性的工作。做好这一工作要求掌握现代理论知识与手段，并应用它们对有限的已知数据进行各种详细、深入的定量、定性分析；同时也要求从事这一工作的地质与采矿工程师具有科学的态度和求实精神。

本章将较详细地介绍当今世界上常用的矿量、品位估算方法，包括探矿数据的分析与处理、边界品位的确定、矿体圈定等，为读者提供矿床评价所需的基础知识和基本方法。

1.1 探矿数据及其预处理

金属矿床的探矿工程主要有钻探、槽探和坑探。钻探是获取地质信息的主要手段，用于矿体圈定与矿量、品位估算的数据主要来源于探矿钻孔的岩芯取样。因此，这里只介绍钻探和钻孔数据。

1.1.1 探矿钻孔及其取样数据

探矿钻孔一般按照一定的网度布置在一些叫作勘探线的直线上或附近，如图 1-1 所示。图中，每一个圆圈表示一个钻孔，实心圈为见矿孔，空心圈为未见矿孔；ZK22 等是钻孔编号。直线是勘探线，曲线是地形等高线。

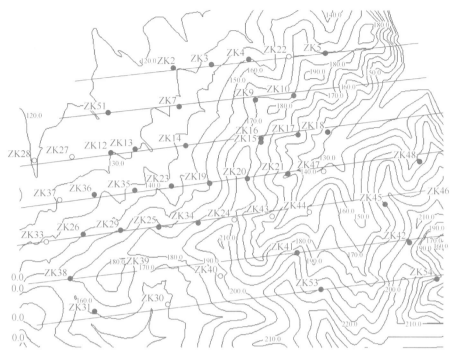

图 1-1   钻孔与勘探线

在钻孔过程中，每钻一定深度将岩芯取出，做好标记后按顺序放在箱中供搬运、贮存和化验。地质人员对取出的岩芯进行定性观察和简单的测试，以确定每一段岩芯的主要物理特性，如岩芯长度、岩性、颜色、硬度等，并记录下来，形成对钻孔穿过地段的地质特性的定性描述。表 1-1 是一个钻孔的岩芯观测结果的部分记录示例。

表 1-1   钻孔岩芯信息记录

钻孔号：ZK10		孔口坐标：6086.21E, 6821.68N, 170.01Z			
设计深度：135m		实际深度：143.26m		开孔方位角：	开孔倾角：90°
开孔日期：1994 年 10 月 12 日		终孔日期：1994 年 10 月 23 日			

换层深度/m			每层提取岩芯长度/m	每层岩芯采取率/%	岩石矿石描述
自	至	共计			
0.00	13.93	13.93			第四纪层
13.93	30.69	16.76	1.6	9.5	云母石英岩：黄绿色，片状结构，主要组成矿物为石英（25% ~ 30%），云母（约40%）和角闪石（约25%），其次有些磁铁矿
30.69	43.03	12.34	9.7	78.61	阳起磁铁石英岩：钢灰色~灰白色，细粒结构，主要组成矿物为石英（40% ~ 45%），磁铁矿（30% ~ 35%），阳起石（15% ~ 20%）
⋮	⋮	⋮	⋮	⋮	⋮

　　金属矿的许多探矿钻孔不是垂直的，即倾角（孔轴线与水平面的夹角）不是 90°，而且不同标高段的倾角一般也不相等（见图 1-2）；有的是因为钻孔穿越岩层的结构和力学性质的变化引起钻孔偏转，更多的是有目的地使钻孔向垂直于矿体倾斜面方向倾斜，以便获得更好的矿体信息。这种情况下需要进行测孔，分段测出钻孔的倾角和倾斜方向方位角。

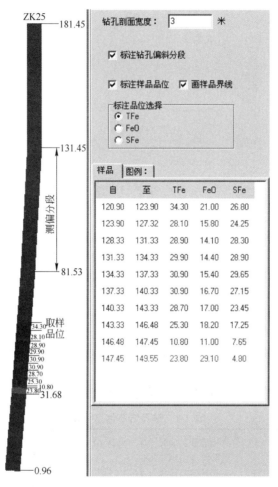

钻孔剖面宽度：　3　　米

☑ 标注钻孔偏斜分段

☑ 标注样品品位　☑ 画样品界线

标注品位选择
◉ TFe
○ FeO
○ SFe

样品	图例：			
自	至	TFe	FeO	SFe
120.90	123.90	34.30	21.00	26.80
123.90	127.32	28.10	15.80	24.25
128.33	131.33	28.90	14.10	28.30
131.33	134.33	29.90	14.40	28.90
134.33	137.33	30.90	15.40	29.65
137.33	140.33	30.90	16.70	27.15
140.33	143.33	28.70	17.00	23.45
143.33	146.48	25.30	18.20	17.25
146.48	147.45	10.80	11.00	7.65
147.45	149.55	23.80	29.10	4.80

图 1-2　钻孔取样柱状图及其品位

　　为直观起见，常常把表中的数据和文字描述绘成钻孔柱状图，如图 1-3 所示。为了确定岩芯的化学成分和品位，对岩芯进行取样，样品长度一般为 3m，样品的一半送往化验室进行化验，另一半保存下来备用。样品的化验结果记录在表 1-2 所示的表中。手工记录时常将表 1-1 和表 1-2 合并为一个表，称为钻孔地质资料记录表。对所有钻孔的定性描述和取样化验结果构成了勘探区域的基本地质数据，这些取样化验数据是进行矿体圈定和矿量、品位估算的依据。

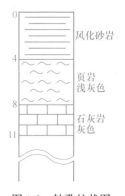

图 1-3　钻孔柱状图

表 1-2 钻孔岩芯取样化验结果记录

钻孔号：ZK10　　　　　　　孔口坐标：6086. 21E, 6821. 68N, 170. 01Z
设计深度：135m　　　　　　实际深度：143. 26m　　　　　　开孔方位角：　　　　　　开孔倾角：90°
开孔日期：1994 年 10 月 12 日　　终孔日期：1994 年 10 月 23 日

试样号	采样间隔/m			化学分析结果/%			备　注
	自	至	共计	TFe	FeO	SFe	
1083	30. 69	33. 69	3. 00	29. 80	16. 60	22. 50	
1084	33. 69	36. 69	3. 00	32. 20	15. 60	25. 10	
1085	36. 69	39. 69	3. 00	32. 95	16. 00	28. 00	
1086	39. 69	43. 03	3. 34	26. 40	14. 00	21. 00	
⋮	⋮	⋮	⋮	⋮	⋮	⋮	

现在广泛应用计算机把上述钻孔信息形成电子文件（文档或数据库）。一些软件可依据钻孔信息自动形成钻孔柱状图，并列出取样化验结果。图 1-2 就是计算机生成的钻孔取样柱状图（图中未标岩性）和取样品位列表。

在矿量和品位计算前，一般需要对取样数据进行预处理，包括样品组合处理和"极值"样品的处理。

1.1.2 样品组合处理

样品组合处理就是将几个相邻样品组合成为一个组合样品，并求出组合样品的品位。当矿岩界线分明，且在矿石段内垂直方向上品位变化不大时，常常将矿石段内（即上下矿岩界线之间）的样品组合成一个组合样品（见图 1-4），这种组合称为矿段组合。组合样品的品位 $\bar{g}$ 是组合段内各样品品位的加权平均值，即

$$\bar{g} = \sum_{i=1}^{n} l_i g_i \Big/ \sum_{i=1}^{n} l_i \tag{1-1}$$

式中　l_i——第 i 个样品的长度；
　　　g_i——第 i 个样品的品位；
　　　n——组合段内样品个数。

式（1-1）中用的是长度加权，是最常用的方法。如果不同样品的比重相差较大，可以采用重量加权法。

对于拟用露天开采的矿床，更具实际意义的样品组合处理是台阶样品组合，即把一个台阶高度内的样品组合成一个组合样品，如图 1-5 所示。组合样品的品位为：

$$\bar{g} = \sum_{i=1}^{n} l_i g_i \Big/ H \tag{1-2}$$

式中　H——台阶高度。

当一个样品跨越台阶分界线时（见图 1-5 中第一和第五个样品），在计算中样品的长度取落入本台阶的那部分长度（即图 1-5 中的 l_1' 和 l_5'），样品的品位不变。

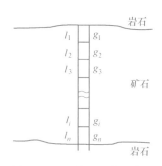

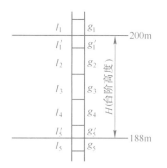

图 1-4 矿段样品组合示意图　　　　图 1-5 台阶样品组合示意图

对钻孔取样进行台阶样品组合处理的意义在于：

（1）对取样数据进行统计学、地质统计学分析，以及利用取样值进行品位估值时，只有当每个样品具有相同的支持体，即每个样品的体积相同时，分析计算结果才有意义。

（2）露天开采在垂直方向上是以台阶为开采单元的，一旦台阶的参考标高和台阶高度被确定，沿台阶高度无论品位如何变化，也无法进行选别开采。因此，在一个台阶高度内采用不同的取样品位是毫无意义的。

（3）组合样品的品位较原样品品位变化小，在一定程度上减轻了"极值"品位对分析计算的影响，也使样品的统计分布曲线和半变异函数曲线（这些概念将在以后几节讲述）趋于规则。

（4）样品组合处理减少了样品总数，节省了计算机内存和计算时间。

1.1.3 极值样品处理

极值样品（outlier）是指那些品位值比绝大多数样品的品位（或样品平均品位）高出许多的样品，它们在贵重金属矿床较为常见。例如，在一个金矿床取样 1000 个，经化验，这些样品的平均品位为 10g/t，其中有 10 个样品的品位在 100g/t 以上，这 10 个样品就可以被看成是极值样品。究竟品位比均值高出多少的样品算是极值样品，没有统一的、现成的标准，需视具体情况而定。极值样品虽然数量少，但对金属量影响大，为使品位的分析计算结果不至过分乐观，在实践中常常采用以下处理方法：

（1）限值处理。即将极值样品的品位降至某一上限值。比如在上述例子中，将所有高于 100g/t 样品的品位降至 100g/t。

（2）删除处理。即将极值样品从样本空间中删去，不参与分析计算。

使用上述处理方法时，应特别谨慎。虽然极值样品在数量上占样品总数的比例很小，但由于其品位很高，对矿石的总体品位和金属量的贡献值都很大。因此，不加分析地进行降值或删除处理，可能会严重歪曲矿床的实际品位和金属含量，人为地降低矿床的开采价值，这一点可用下面的例子说明。

假设对一金矿床进行钻探取样后得知，品位值服从对数正态分布，如图 1-6 所示。所有样品的平均品位 $\bar{g}=10$g/t，中值 $m=3$g/t（即高于 3g/t 和低于 3g/t 的样品各占 50%）；有 1% 的样品品位高于 100g/t。若将这 1% 的极值样品取出，单独计算其平均值，得

190g/t。那么这 1% 的样品对矿床总金属量的贡献为（190×1%）/$\bar{g}$ = 1.9/10 = 19%。也就是说，1% 的数据量代表的是 19% 的金属量。假如取边界品位为 3g/t（高于 3g/t 为矿石，否则为废石），矿石的平均品位（即高于 3g/t 的那部分样品的平均品位）经计算为 16g/t。如果把极值样品从样品空间删除，矿石的平均品位变为 （16×50% − 190×1%）/

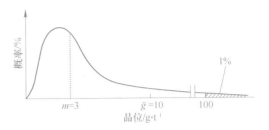

图 1-6 金矿取样品位对数正态分布示意图

（50%−1%）= 12.45g/t，也就是说，矿石品位被低估了 22%。如果将极值样品进行限值处理，将其品位值降到 100g/t，矿石的平均品位变为 （12.45×49% + 100×1%）/50% = 14.2g/t，也就是说，将矿石品位低估了 11%。

在正常、稳定的经济环境中，采矿的收益率一般在 15% 以下。因此，不加分析地将极值样品进行删除或限值处理，很可能将本来能够获取正常利润的矿床人为地变为没有开采价值，从而导致错误的投资决策。这对于一个在市场经济条件下，以盈利为主要目的的矿业投资者来说，无疑是一个重大的决策失误。

这里必须澄清的是，极值样品是实实在在存在的有效样品，并不是指那些由于化验或数据录入错误造成的、具有"错误品位值"的样品。如果有根据认为某些样品的品位是错误的，将这些样品从样本空间中删除，不仅是合理的，而且是必要的。

对极值样品的最理想的处理方法是，经过对探矿区域的地质构造和成矿机理进行深入分析，将这些样品的发生区域（或构造）划分出来，在进行品位与矿量的分析计算时，这些样品只参与其发生区域的品位与矿量计算，而不把它们外推到发生区域之外。但是在大多数情况下，由于钻孔间距大，已知的地质信息满足不了这种区域划分的要求。这时，可以将矿床看成是由两种不同的矿化作用形成的：样品中占绝大多数的"正常样品"可以看作是由主体矿化作用产生的样本空间；极值样品是由次矿化作用产生的样本空间。然后利用统计学方法，计算出空间任一点属于每一类矿化作用的概率，再根据这些概率计算矿床的品位与矿量。这一方法超出了本书的范畴，有兴趣的读者可参阅 Journel（1988）和 Parker 等人（1979）的论文。

1.2 矿床品位的统计学分析

对取样数据进行上述的预处理以后，做一些统计学分析，可以提供不少有关矿床的有用信息。因此，统计学分析常常是取样数据分析的第一步。对数据进行统计学分析的主要目的是确定：

（1）品位的统计分布规律及其特征值；

（2）品位变化程度；

（3）样品是否属于不同的样本空间；

（4）根据样品的分布特征，初步估计矿床的平均品位以及对于给定边界品位的矿量和矿石平均品位。

1.2.1　取样品位的统计分布规律

为了确定取样品位的统计分布规律，首先将取样品位值绘成如图 1-7 所示的直方图。图中横轴为品位，竖轴为落入每一品位段的样品数占样品总数的百分比。从直方图的轮廓线形状，可以看出品位大体上属于何种分布；从直方图在横轴方向的分散程度，可看出取样品位的变化程度。

图 1-7 给出的是几种常见的品位分布情况。图 1-7(a) 是一品位变化程度中等的正态分布，这样的分布在矿体厚大的层状或块状的硫化类矿床（如铜矿）中最为常见；图 1-7(b) 是一品位变化小的正态分布，常见于铁、镁等矿床；图 1-7(c) 是一对数正态分布（即品位的对数值服从正态分布），品位变化大，此类分布常见于钼、锡、钨以及贵重金属（如金、铂）矿床；图 1-7(d) 是一"双态"分布，即分布曲线是由两个不同分布组成的，说明样品来源于不同的样本空间。双态分布表明在矿床中很可能存在不同类型的矿石，或在不同区域呈现不同的成矿特征。如果出现图 1-7(d) 所示的情况，就需要对矿床地质和成矿机理进行深入分析，尽可能找出对应于不同分布的区域，然后对矿床进行区域划分，把来源于每一区域的样品进行分离，并做单独分析计算。

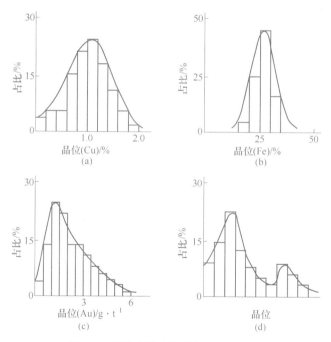

图 1-7　常见取样品位分布规律直方图

不同类型的矿床，其取样品位服从不同的统计学分布规律，但大多数金属矿床的品位服从正态分布或对数正态分布。下面对这两种分布的特征值及置信区间计算作简要介绍。

1.2.2　正态分布

检验样品值是否服从正态分布的一个简单方法，是将样品的累计发生频率（即小于某一品位的样品数占样品总数的百分比）与品位绘在正态概率纸上，如图 1-8 所示。图中横坐标为累计概率，纵坐标为品位。如果数据点基本落在一条直线上，那么就可以将样品的分布看成是正态分布。

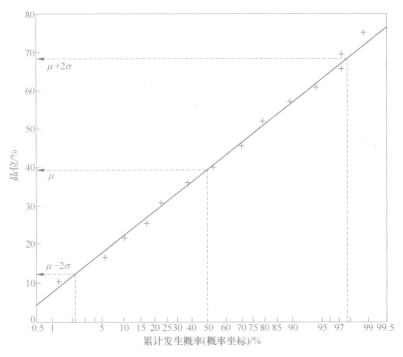

图 1-8　正态分布概率图

正态分布的特征值有均值 μ 和方差 σ^2，μ 和 σ^2 的真值是未知的。当我们获得 n 个样品，每个样品的值为 x_i（$i = 1, 2, \cdots, n$）时，μ 和 σ^2 的估计值 $\hat{\mu}$ 和 $\hat{\sigma}^2$ 可分别用下面的式子计算：

$$\hat{\mu} = \bar{x} = \frac{1}{n} \sum_{i=1}^{n} x_i \tag{1-3}$$

$$\hat{\sigma}^2 = S^2 = \frac{1}{n-1} \sum_{i=1}^{n} (x_i - \bar{x})^2 \tag{1-4}$$

或

$$S^2 = \frac{1}{n-1} \left(\sum_{i=1}^{n} x_i^2 - n\bar{x}^2 \right) \tag{1-5}$$

S^2 的平方根 S 是样本空间均方差 σ 的估计值。从统计学理论可知，一个正态样本空间的均值 μ 的估计量 $\hat{\mu}$ 也服从正态分布，其均值为 μ，方差为：

$$S_{\hat{\mu}}^2 = \frac{S^2}{n} \tag{1-6}$$

设均值 μ 小于 μ_p 的概率为 p，大于 μ_{1-p} 的概率也为 p，那么 μ 落在 μ_p 与 μ_{1-p} 之间的概率为 $1-2p$，如图 1-9 所示。我们称 $[\mu_p, \mu_{1-p}]$ 为均值在置信度为 $1-2p$ 时的置信区间。当样品数 $n \geqslant 25$ 时，均值的 68% 和 95%（即 p 为 16% 和 2.5%）置信区间可用下面的式子计算：

68% 置信区间：
$$[\mu_p, \mu_{1-p}] = \left[\bar{x} - \frac{S}{\sqrt{n}}, \ \bar{x} + \frac{S}{\sqrt{n}} \right] \tag{1-7}$$

95%置信区间:

$$\left[\mu_p,\ \mu_{1-p}\right]=\left[\overline{x}-2\frac{S}{\sqrt{n}},\ \overline{x}+2\frac{S}{\sqrt{n}}\right] \quad (1\text{-}8)$$

当 $n<25$ 时,计算任意置信度的置信区间的一般公式如下:

$$\left[\mu_p,\ \mu_{1-p}\right]=\left[\overline{x}-t_{1-p}\frac{S}{\sqrt{n}},\ \overline{x}+t_{1-p}\frac{S}{\sqrt{n}}\right] \quad (1\text{-}9)$$

图 1-9　置信区间示意图

式中　　t_{1-p}——学生分布(也称为 t 分布)表中自

由度为 $n-1$ 时, $t<t_{1-p}$ 的概率为 $1-p$ 时的 t 值, t 分布表见本章附表1-1。

例如,当 $n=10$, $p=5\%$,即 $1-p=95\%$ 时,从表中可查得 $t_{1-p}=1.833$。如果样品的平均品位为 $\overline{x}=20\%$,均方差 $S=10$。那么,置信度为 $1-2p=90\%$ 的置信区间为:

$$\left[20-1.833\frac{10}{\sqrt{10}},\ 20+1.833\frac{10}{\sqrt{10}}\right]=\left[14.20,\ 25.80\right]$$

也就是说,平均品位的真值 μ 有90%的可能性是在 $14.2\%\sim25.8\%$ 之间。

1.2.3　对数正态分布

当一个随机变量 X 的对数 $\ln(X)$ 服从正态分布时, X 就服从对数正态分布。检验样品是否服从对数正态分布的方法与检验正态分布的方法相似。将图1-8中纵坐标由算术坐标变为对数坐标即可,如图1-10所示。如果绘于图1-10的数据点基本落在一条直线上,就可认为样品服从对数正态分布。

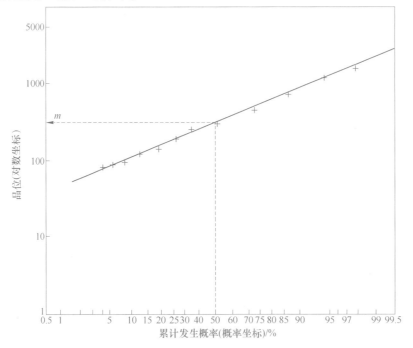

图 1-10　对数正态分布概率图

对数正态分布有二参数与三参数之分。当 $\ln(X)$ 是正态分布时，X 服从二参数对数正态分布。在某些情况下，$\ln(X)$ 不是正态分布，而当 X 加上一常数 β 时，$\ln(X+\beta)$ 是正态分布，这时我们说 X 服从三参数对数正态分布。

三参数对数正态分布有三个特征值：即加数 β，$(X+\beta)$ 的对数均值和 $(X+\beta)$ 的对数方差。当我们有 n 个样品时，就可以对这三个参数进行估值。

如果样品数目足够大，β 可用下式估计：

$$\beta = \frac{m^2 - f_1 f_2}{f_1 f_2 - 2m} \tag{1-10}$$

式中　m——对应于50%累计概率的取样值，也被称为几何均值或中值；

f_1，f_2——对应于累计概率 p 和 $1-p$ 的取样值。

从理论上讲，p 可以取任意值，但 p 取 5%~20% 之间时得到的结果最佳。

令 y_i 为 $(x_i+\beta)$ 的自然对数，即

$$y_i = \ln(x_i + \beta) \tag{1-11}$$

那么 $(X+\beta)$ 的对数均值 $\bar{y}$ 用下式估计：

$$\bar{y} = \frac{1}{n} \sum_{i=1}^{n} y_i \tag{1-12}$$

$(X+\beta)$ 的几何均值 m 的估计值为：

$$\hat{m} = e^{\bar{y}} \tag{1-13}$$

对数方差 σ_e^2 的估计值为：

$$S_e^2 = \frac{1}{n} \sum_{i=1}^{n} (y_i - \bar{y})^2 \tag{1-14}$$

或

$$S_e^2 = \frac{1}{n} \sum_{i=1}^{n} y_i^2 - \bar{y}^2 \tag{1-15}$$

三参数对数正态分布的均值 μ，几何均值 m 与对数方差 σ_e^2 之间存在以下关系：

$$\mu = m e^{\sigma_e^2/2} - \beta \tag{1-16}$$

当利用上面的公式从样品值计算出对数正态分布的特征值的估计值 β、$\hat{m}$ 和 S_e^2 以后，就可以获得均值 μ 的估计值 $\hat{\mu}$：

$$\hat{\mu} = \hat{m}\gamma - \beta \tag{1-17}$$

式中　γ——从本章附表 1-2 中根据 n 和 S_e^2 查得的系数，例如，当 $n=10$，$S_e^2=1.4$ 时，γ 为 1.936。

当 $n>1000$ 时，γ 可用下式计算：

$$\gamma = e^{S_e^2/2} \tag{1-18}$$

置信度为 $1-2p$ 的均值置信区间计算公式为：

区间上限：　　　　　　　　$\mu_{1-p} = (\hat{\mu}+\beta)\psi_{1-p} - \beta \tag{1-19}$

区间下限：　　　　　　　　$\mu_p = (\hat{\mu}+\beta)\psi_p - \beta \tag{1-20}$

式中　ψ_p——从本章附表 1-3 中根据 n 和 S_e^2 查出的系数。

本章附表 1-3a 列出的是当 $p=0.95$ 时的 ψ 值，附表 1-3b 列出的是当 $p=0.05$ 时的 ψ 值。更为完整的表可以在有关概率统计的书中找到。

当 n 很大（大于 1000）时，ψ_p 可用下式计算：

$$\psi_p = e^{(\sigma_t^2/2 + t_p\sigma_t)} \tag{1-21}$$

式中，$\sigma_t^2 = \dfrac{S_e^2}{n}\left(1 + \dfrac{S_e^2}{2}\right)$；$t_p$ 为从 t 分布表（附表 1-1）中查得的值。

例 1-1 设从一金矿床取样 10 个，取样品位服从二参数对数正态分布，即 $\beta = 0$。应用式（1-12）~式（1-14）计算，得对数均值 $\bar{y} = 0.600$，几何均值 $\hat{m} = 1.822$，对数方差 $S_e^2 = 0.050$。试估计矿体的平均品位和 90% 置信区间。

解： 从附表 1-2 中查得：当 $S_e^2 = 0.04$ 和 $n = 10$ 时，$\gamma = 1.020$；当 $S_e^2 = 0.06$ 和 $n = 10$ 时，$\gamma = 1.030$。因此，对于 $S_e^2 = 0.05$ 和 $n = 10$，线性插值得 $\gamma = 1.025$。应用公式（1-17），算得平均品位的估计值为：

$$\hat{\mu} = 1.822 \times 1.025 = 1.868$$

置信度为 90%（即 0.9）时，$p = 0.05$，$1-p = 0.95$。从附表 1-3a 和附表 1-3b 中分别查得：$\psi_{0.95} = 1.194$；$\psi_{0.05} = 0.897$，因此，置信区间为：

上限： $\qquad\qquad \mu_{0.95} = \hat{\mu}\psi_{0.95} = 1.868 \times 1.194 = 2.230$

下限： $\qquad\qquad \mu_{0.05} = \hat{\mu}\psi_{0.05} = 1.868 \times 0.897 = 1.676$

也就是说，有 90% 的可能性，平均品位的真值 μ 是在 1.676~2.230 之间。

1.3   边界品位与矿量

简单讲，边界品位是用于区分矿石与废石的临界品位值，矿床中高于边界品位的部分是矿石，低于边界品位的是废石。很显然，边界品位定得越高，矿石量也就越小。因此，边界品位是一个重要的参数，它的取值将通过矿石量及其空间分布影响矿山的生产规模、开采寿命和矿山开采规划。在一定的技术经济条件下，就一给定矿床而言，存在着一个使整个矿山的总经济效益达到最大的最佳边界品位。边界品位的确定是矿业界的重要科研课题之一。

将一系列边界品位和与之相对应的矿石量绘成曲线，就形成所谓的品位-矿量曲线，如图 1-11 所示。由上面对边界品位的定义可知，品位-矿量曲线是一条递减曲线。由于品位-矿量曲线指明了任一给定边界品位条件下的矿石量，它是对矿床进行初步技术经济评价的一个重要依据。

当品位服从均值为 μ 和方差为 σ^2 的正态分布时，品位-矿量曲线上的每一点可由下式求得：

$$T_c = T\varphi(u_c) \tag{1-22}$$

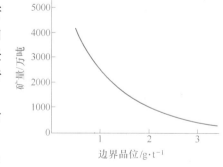

图 1-11   品位-矿量曲线示意图

式中 T——总矿岩量，即边界品位为零的"矿量"，对于一给定矿床或矿床中的一给定区域，T 是已知的；

$\varphi(u_c)$——高斯函数，即标准正态分布从 u_c 到 ∞ 的积分：

$$\varphi(u_c) = \frac{1}{\sqrt{2\pi}} \int_{u_c}^{\infty} e^{-t^2/2} dt \qquad (1\text{-}23)$$

式中 u_c——边界品位 g_c 的标准正态变量，即

$$u_c = \frac{g_c - \mu}{\sigma} \qquad (1\text{-}24)$$

T_c 中含有的金属量 Q_c 可由下式计算：

$$Q_c = T\mu\varphi(u_c) + T\frac{\sigma}{\sqrt{2\pi}} e^{-u_c^2/2} \qquad (1\text{-}25)$$

矿石中含有的金属量 Q_c 与边界品位 g_c 之间的关系曲线称为**品位-金属量曲线**，它也是一条递减曲线。

对应于边界品位 g_c 的矿石平均品位，即品位高于边界品位 g_c 的那部分物料的平均品位为：

$$G_c = \frac{Q_c}{T_c} \qquad (1\text{-}26)$$

当品位服从三参数对数正态分布时，可用下面的公式计算品位-矿量曲线：

$$T_c = T\varphi(u_{c1}) \qquad (1\text{-}27)$$

式中，φ 和 T 与正态分布条件下的定义相同；u_{c1} 为：

$$u_{c1} = \frac{1}{\sigma_e} \ln \frac{g_c + \beta}{\mu + \beta} + \frac{\sigma_e}{2} \qquad (1\text{-}28)$$

T_c 中的金属含量 Q_c 为：

$$Q_c = T\mu\varphi(u_{c2}) + \beta[\varphi(u_{c2}) - \varphi(u_{c1})] \qquad (1\text{-}29)$$

式中，u_{c2} 由下式算得：

$$u_{c2} = u_{c1} - \sigma_e \qquad (1\text{-}30)$$

应用品位-矿量曲线进行品位、矿量分析时，必须注意以下几点：

（1）品位分布是从样品值的分布得出的，分布的特征值 μ，σ 或 σ_e 是未知的，计算中只能用它们的估计值 $\hat{\mu}$，S 或 S_e。

（2）露天开采时，矿石不是以几千克大小的样品为单位采出的。对于选定的开采设备（电铲）和台阶高度，存在所谓的最小选别单元（SMU），矿床中的矿石是以 SMU 为单元采出的。SMU 在体积上要比样品大得多，如果把整个矿床分成体积为 SMU 的小块（称为单元体），那么这些小块的品位分布较样品品位分布更为集中（即方差更小）。因此，根据样品分布计算得出的品位-矿量曲线，并不能用来预报将被采出的品位-矿量关系。

（3）单元体的真实品位是未知的。单元体是否是矿石，不是根据其真实品位确定的，而是根据对单元体的品位的估计值确定的。由于估计有误差，根据估计值得出的品位-矿量曲线与实际采出的品位-矿量关系有一定的差别。

1.4　合理边界品位的确定

边界品位是区分矿石与废石（或称岩石）的临界品位，矿床中品位不低于边界品位的

块段为矿石，低于边界品位的块段为废石。从上一节中介绍的品位-矿量和品位-金属量曲线可知，边界品位的选择直接影响到可采矿石储量及其金属含量，进而影响矿山的生产规模、最终开采境界、设备选型和矿山生产寿命。因此，边界品位是一个对矿山总体经济效益有重大影响的技术经济参数。

国内矿山多采用"双指标"边界品位，即"地质边界品位"和"最小工业品位"，前者小于后者。品位大于等于最小工业品位的块段有工业开采价值，是开采加工的对象，称为**表内矿**；品位介于两者之间的矿段称为**表外矿**；品位低于地质边界品位的块段为废石。国际上通用的是"单指标"边界品位，没有表内矿和表外矿之分。单指标边界品位相当于双指标边界品位中的最低工业品位，但又不完全等同。

实际上，边界品位的作用是在两种不同的情况下做出合理的选择：即采还是不采；采出后是送往选厂还是送往排土场。由于在市场经济条件下，矿业投资者的主要经营目的是获取利润，因此进行决策选择的基本准则是经济准则，即在两种选择中选取经济效益最好者。没有开采价值的块段不会增加矿山企业的收益，或不予开采，或采出后作为废石送往排土场。当为了满足短期矿量需求将部分表外矿作为矿石送往选厂时，实质上是等于将单指标边界品位临时降低了。故在任何时候，只要将某一块段采出并送往选厂，该块段就是矿石，否则就是废石。采用双指标边界品位将矿石划分为表内、表外矿意义不大。本节讨论的边界品位是单指标边界品位。

1.4.1　盈亏平衡品位计算

一个给定块段的品位越高，其开采价值就越大。只要块段中所含矿物的价值高于其开采与加工等费用，将其作为矿石开采加工就可以使矿山企业的总盈利增加。使矿物的价值等于其开采加工等费用的品位称为**盈亏平衡品位**。当对一个矿段的处理存在两种选择时，应对两种选择进行比较，取最有利者（盈利最大或亏损最小者）。使两种选择的经济效益相等的品位称为**两种选择之间的盈亏平衡品位**。实践中常将盈亏平衡品位作为边界品位，在两种选择之间进行决策。

1.4.1.1　价值与成本计算

令 M_c 为 1t 矿石的开采与加工成本；M_v 为 1t 品位为 1 的矿石被加工成最终产品能够带来的经济收入。当最终产品为金属时

$$M_c = c_m + c_p + c_r' \tag{1-31}$$

式中　c_m，c_p，c_r'——1t 原矿的采矿成本、选矿成本和冶炼成本。

c_m 和 c_p 是按每吨原矿计算的，而冶炼成本一般按每吨精矿计算：

$$c_r' = \frac{g r_p}{g_p} c_r \tag{1-32}$$

式中　g——原矿品位；

　　　r_p——选矿金属回收率；

　　　g_p——精矿品位；

　　　c_r——每吨精矿的冶炼成本。

故 1t 矿石的开采与加工成本为：

$$M_c = c_m + c_p + \frac{gr_p}{g_p}c_r \tag{1-33}$$

若金属的售价为 P_r，冶炼的金属回收率为 r_r，M_v 可用下式计算：

$$M_v = r_p r_r P_r \tag{1-34}$$

当最终产品为精矿时：

$$M_c = c_m + c_p \tag{1-35}$$

$$M_v = \frac{r_p}{g_p}P_p \tag{1-36}$$

式中　P_p——每吨精矿售价。

1.4.1.2　可以不采的块段的盈亏平衡品位

设某一块段可以采也可以不采。这时需要做的决策是采与不采，这两种选择间的盈亏平衡品位 g_c 应满足以下条件：

开采盈利=不开采盈利

因为该块段可以不采，所以要开采就是作为矿石开采，故

开采盈利 $= g_c M_v - M_c$

若不予开采，盈利为零。所以有：

$$g_c M_v - M_c = 0$$

$$g_c = \frac{M_c}{M_v} \tag{1-37}$$

当最终产品为金属时，将式（1-33）和式（1-34）代入上式，得：

$$g_c = \frac{c_m + c_p}{r_p r_r P_r - \dfrac{r_p}{g_p}c_r} \tag{1-38}$$

当最终产品为精矿时，将式（1-35）和式（1-36）代入式（1-37），得：

$$g_c = \frac{(c_m + c_p)g_p}{r_p P_p} \tag{1-39}$$

因此，当块段的品位大于等于 g_c 时，应将其作为矿石开采，否则不予开采。

1.4.1.3　必采块段的盈亏平衡品位

如果某一块段必须被开采（如为了揭露其下面的矿石），那么对该块段的决策选择有：作为矿石开采后送往选厂，或作为废石采出后送往排土场。这两种选择间的盈亏平衡品位 g_c 应满足以下条件：

作为矿石处理的盈利=作为废石处理的盈利；

作为矿石处理时的盈利 $= g_c M_v - M_c$；

作为废石处理时的盈利 $= -c_w$（即 1t 废石的剥离和排土成本）。

故有

$$g_c M_v - M_c = -c_w$$

即

$$g_c = \frac{M_c - c_w}{M_v} \tag{1-40}$$

当最终产品为金属时：

$$g_c = \frac{c_m + c_p - c_w}{r_p r_r P_r - \dfrac{r_p}{g_p} c_w} \tag{1-41}$$

当最终产品为精矿时：

$$g_c = \frac{(c_m + c_p - c_w) g_p}{r_p P_p} \tag{1-42}$$

因此，当块段品位大于等于 g_c 时，将其作为矿石送往选厂要比作为废石送往排土场更为有利。值得注意的是，当块段的品位刚刚高于 g_c 时，将其作为矿石并不能获得盈利，然而既然块段必须采出，将其作为矿石处理的亏损小于作为废石处理的成本，故仍然将其划为矿石。

1.4.1.4　分期扩帮盈亏平衡品位

露天矿采用分期开采时，从一个分期境界到下一个分期境界之间的区域称为**分期扩帮区域**。是否进行下一期扩帮，取决于开采分期扩帮区域是否能带来盈利。进行这一决策的盈亏平衡品位应满足以下条件：

$$扩帮盈利 = 不扩帮盈利$$

当分期扩帮区域内矿石的平均品位为 g_c，平均剥采比（岩石量：矿石量）为 R 时，

$$扩帮盈利 = g_c M_v - M_c - R c_w$$

$$不扩帮盈利 = 0$$

故

$$g_c M_v - M_c - R c_w = 0$$

即

$$g_c = \frac{M_c + R c_w}{M_v} \tag{1-43}$$

当最终产品为金属时：

$$g_c = \frac{c_m + c_p + R c_w}{r_p r_r P_r - \dfrac{r_p}{g_p} c_r} \tag{1-44}$$

当最终产品为精矿时：

$$g_c = \frac{(c_m + c_p + R c_w) g_p}{r_p P_p} \tag{1-45}$$

式中的 g_c 称为分期扩帮盈亏平衡品位。如果分期扩帮区域内矿石的平均品位高于 g_c，将其开采比不开采更为有利。

必须注意的是，上面公式中用到剥采比 R。要计算分期扩帮区域的平均剥采比 R，就必须知道该区域内的矿石量和岩石量，这意味着在计算分期扩帮盈亏平衡品位前，已经在该区域中进行了矿岩划分，而矿岩划分需要用到边界品位。因此，首先假设决定开采分区扩帮区域，该区域变为必采区域，按上述必采块段的盈亏平衡品位计算方法计算边界品位，将该区域内每一块段按这一边界品位进行矿岩划分，得出区域内的矿石量、岩石量和剥采比 R，再按照式（1-44）或式（1-45）计算分期扩帮盈亏平衡品位。如果分期扩帮区

域内矿石的平均品位高于分期扩帮盈亏平衡品位，开采分期扩帮区域比不予开采更为有利。这里需要强调的是，计算分期扩帮盈亏平衡品位的目的不是区分矿岩，而是决定是否开采整个分期扩帮区域。

1.4.2　最大现值法（Lane 法）确定边界品位

以盈亏平衡品位作为边界品位进行矿岩划分时，只要开采与加工一个单元地段能带来盈利，就将其作为矿石开采，这样划分的结果是使总盈利达到最大。因此，盈亏平衡品位的计算实质上是从静态经济观点进行经济评价的。由于资金的时间价值（即同样数额的盈利在当前和几年后具有不同的经济效益），项目评价中一般用的是动态经济评价指标，即现值指标。所谓现值，就是将各年的现金流用一给定的折现率折现到项目零点的和，即

$$PV = \sum_{i=1}^{n} \frac{V_i}{(1+d)^i} \tag{1-46}$$

式中　PV——现值；

　　　n——项目寿命，a；

　　　V_i——从项目零点算起第 i 年末的现金流；

　　　d——折现率。

确定边界品位的最大现值法就是以矿山生产寿命期各年现金流的总现值最大为目标，求每年应该采用的边界品位。由于这一方法是 Lane 在 1964 年首先发表的，故也称为 Lane 法。

1.4.2.1　盈利及现值计算

这里假设矿山企业是以金属为最终产品的联合企业，包括开采、选矿和冶炼三个阶段，每一阶段具有自己的最大生产能力和单位生产成本。为叙述方便，定义以下符号：

M：采场最大生产能力，即每年能够采出的最大矿、岩总量；

m：单位开采成本，即开采单位物料的成本，包括穿孔、爆破、采装、运输、取样化验等成本，设矿石和岩石的单位开采成本相同；

C：选厂最大生产能力，即选厂每年能够处理的矿石（原矿）量；

c：单位选矿成本，即选厂处理单位矿石（原矿）的成本，包括破碎、磨矿、浮选（磁选或其他流程）、取样化验等成本；

R：冶炼厂最大生产能力，为方便起见，冶炼厂的生产能力以每年能够生产的最终产品（金属）表示，并假设送入冶炼厂的精矿品位是常数；

r：单位冶炼成本，即生产单位金属的冶炼成本，包括冶炼、精炼（有的金属不需要精炼）、包装、运输、保险、销售等成本；

f：不变成本，即在一定的产量范围内与产量无关的成本，包括管理费用、道路和建筑物的维修费用、租金等，但不包括设备折旧，不变成本的单位是"元/a"；

s：最终产品单位售价；

y：综合回收率，即选矿回收率和冶炼回收率的乘积。

设从现在起的一段时间增量内，考虑开采的矿、岩总量为 Q_m，这一时间增量一般为一年。那么，发生的开采费用为 mQ_m。Q_m 的一部分为矿石，虽然在边界品位未知的情况下无法确定 Q_m 含有的矿石量，但可设 Q_m 中的矿石量为 Q_c，故选矿费用为 cQ_c。设 Q_c 吨

矿石经选冶后得到的最终产品量为 Q_r，那么冶炼费用为 rQ_r。若开采 Q_m 并将矿石加工成最终产品的时间跨度为 T（即上面提到的时间增量），则不变费用为 fT（T 应该是开采时间、选矿时间和冶炼时间中的最大者）。这样，开采 Q_m 的盈利 P 为：

$$P = (s - r)Q_r - cQ_c - mQ_m - fT \tag{1-47}$$

上式是计算盈利的基本公式。然而，我们的决策目标不是总盈利最大，而是现值最大。所以，需要构造一个开采 Q_m 可以带来的现值增量（即开采 Q_m 对总现值的贡献量）的表达式。

设折现率为 d，从当前时间算起一直到矿山开采结束的未来盈利，折现到当前的现值为 V；从开采完 Q_m（即时间 T）算起一直到矿山开采结束的未来盈利折现到 T 的现值为 W。那么有：

$$V = W/(1 + d)^T + P/(1 + d)^T$$

或

$$W + P = V(1 + d)^T$$

由于 d 较小（一般为 0.1 左右），$(1+d)^T$ 可用泰勒级数的一次项近似，即

$$(1 + d)^T \approx 1 + Td$$

所以有

$$W + P = V(1 + Td)$$

或

$$V - W = P - VTd$$

$V-W$ 可视为开采 Q_m 产生的现值增量，记为 ΔV，则有

$$\Delta V = P - VTd$$

将式（1-47）代入上式，得：

$$\Delta V = (s - r)Q_r - cQ_c - mQ_m - (f + Vd)T \tag{1-48}$$

式（1-48）是现值增量的基本表达式。求作用于 Q_m 的最佳边界品位，就是求使 ΔV 最大的边界品位。由于 Q_m 是在当前时点考虑的下一个时间增量 T（如下一年）的开采量，那么将当前时点逐步（逐年）向后移，每开采一个 Q_m 对总现值的贡献值最大，意味着总现值最大。因此，ΔV 最大与总现值最大是一致的。

1.4.2.2　生产能力约束下的最佳边界品位

由于企业生产由采、选、冶三个阶段组成，每一阶段有其自己的最大生产能力，当不同阶段成为整个生产过程的瓶颈，即其生产能力制约着整个企业的生产能力时，最佳边界品位也不同。

A　采场生产能力约束下的最佳边界品位

当采场的生产能力制约着整个企业的生产能力时，时间 T 是由开采时间决定的，即 $T = Q_m/M$。这时的现值增量记为 ΔV_m，式（1-48）变为：

$$\Delta V_m = (s - r)Q_r - cQ_c - \left(m + \frac{f + Vd}{M}\right)Q_m \tag{1-49}$$

由于 Q_m 为矿、岩总量，不随边界品位变化，故使 ΔV_m 最大的边界品位是使 $(s-r)Q_r - cQ_c$ 最大的边界品位。最终产品量 Q_r 为：

$$Q_r = gyQ_c \tag{1-50}$$

式中　g——Q_c 的平均品位（即矿石的平均品位）。

因此，使 ΔV_m 最大的边界品位，等同于确定一个满足下式的边界品位：

$$\max\{[(s-r)gy-c]Q_c\} \tag{1-51}$$

用微分的概念，把矿岩量 Q_m 分为许多很小的单元块，每个单元块的量为 ΔQ，如果一个单元块的品位 g 能使 $(s-r)gy-c>0$，则

$$[(s-r)gy-c]\Delta Q > 0$$

那么，将该单元块作为矿石开采（即作为 Q_c 的组成部分），对式（1-51）的贡献为正；否则就不作为 Q_c 的组成部分。所以，满足式（1-51）的边界品位，记为 g_m，应满足

$$(s-r)g_m y - c = 0$$

即

$$g_m = \frac{c}{(s-r)y} \tag{1-52}$$

g_m 就是采场生产能力约束下的最佳边界品位。

B 选厂生产能力约束下的最佳边界品位

当选厂生产能力制约着整个企业的生产能力时，时间 T 是由选矿时间决定的，即 $T=Q_c/C$。这时的现值增量记为 ΔV_c，式（1-48）变为：

$$\Delta V_c = (s-r)Q_r - \left(c + \frac{f+Vd}{C}\right)Q_c - mQ_m \tag{1-53}$$

通过与上面同样的分析，使 ΔV_c 最大的边界品位为：

$$g_c = \frac{c + \dfrac{f+Vd}{C}}{(s-r)y} \tag{1-54}$$

C 冶炼厂生产能力约束下的最佳边界品位

当冶炼厂生产能力制约着整个企业的生产能力时，时间 T 由冶炼时间给出，即 $T=Q_r/R$。这时的现值增量记为 ΔV_r，式（1-48）变为：

$$\Delta V_r = \left(s-r-\frac{f+Vd}{R}\right)Q_r - cQ_c - mQ_m \tag{1-55}$$

使 ΔV_r 最大的边界品位为：

$$g_r = \frac{c}{\left(s-r-\dfrac{f+Vd}{R}\right)y} \tag{1-56}$$

1.4.2.3 生产能力平衡条件下的边界品位

矿石量和金属产量是边界品位的函数。对于不同的边界品位，可由品位的统计分布求出对应的矿石量和金属量，得出品位-矿量曲线和品位-金属量曲线（见本章 1.3 节）。使矿岩总量与矿石量之比等于最大采场生产能力与选厂生产能力之比的边界品位，称为采选平衡边界品位，记为 g_{mc}。g_{mc} 应满足下列条件：

$$\frac{Q_c}{Q_m} = \frac{C}{M} \tag{1-57}$$

也就是说，当采场与选厂均以最大生产能力满负荷运行时，在采场开采 Q_m 所需的时间里，选厂能够处理的矿石恰好是以 g_{mc} 为边界品位得到的矿量 Q_c。

同理，满足以下等式的边界品位称为采冶平衡边界品位，记为 g_{mr}。

$$\frac{Q_r}{Q_m} = \frac{R}{M} \qquad (1\text{-}58)$$

满足以下等式的边界品位称为选冶平衡边界品位，记为 g_{cr}。

$$\frac{Q_r}{Q_c} = \frac{R}{C} \qquad (1\text{-}59)$$

1.4.2.4　最佳边界品位

从上面的讨论中得到六个边界品位，即分别以采、选、冶中一个阶段的生产能力为约束的边界品位 g_m、g_c 和 g_r，以及使每两个阶段生产能力达到平衡的三个边界品位 g_{mc}、g_{mr} 和 g_{cr}。最佳边界品位是这六个边界品位之一。

首先考虑只有采场和选厂的情形。当边界品位变化时，Q_c 与 Q_r 随之变化。因此，以采场生产能力为约束的现值增量 ΔV_m 和以选厂生产能力为约束的现值增量 ΔV_c 也随之变化。当边界品位较低时，$\Delta V_m > \Delta V_c$；随着边界品位的增加，两者逐渐靠近；当边界品位等于 g_{mc} 时，$\Delta V_m = \Delta V_c$，之后 $\Delta V_m < \Delta V_c$。这一变化过程可用图 1-12 表示。

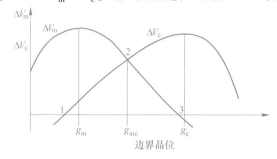

图 1-12　ΔV_m 与 ΔV_c 随边界品位变化示意图（情形 I）

当同时考虑采、选双重约束时，在任一边界品位处可获得的最大现值增量是 ΔV_m 和 ΔV_c 中的较小者，即图 1-12 中 1-2-3 部分。这种情形下，最佳边界品位是 1-2-3 区域的最高点 2 处的边界品位，即 g_{mc}。

还可能出现图 1-13 和图 1-14 所示的两种情形。在图 1-13 所示的情形中，最佳边界品位为 g_m；在图 1-14 所示的情形中，最佳边界品位为 g_c。

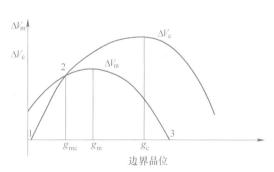

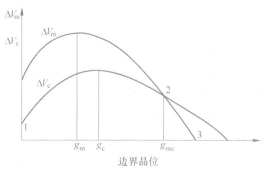

图 1-13　ΔV_m 与 ΔV_c 随边界品位变化
示意图（情形 II）

图 1-14　ΔV_m 与 ΔV_c 随边界品位变化
示意图（情形 III）

总结上述讨论，当同时考虑采场与选厂时，最佳边界品位 G_{mc} 可用下式求得：

$$\left.\begin{array}{lll} G_{mc} = g_m, & \text{如果} & g_{mc} \leqslant g_m \\ G_{mc} = g_c, & \text{如果} & g_{mc} \geqslant g_c \\ G_{mc} = g_{mc}, & \text{如果} & g_m < g_{mc} < g_c \end{array}\right\} \qquad (1\text{-}60)$$

用同样的分析，可以得出同时考虑采场与冶炼厂时的最佳边界品位 G_{mr}：

$$\left.\begin{array}{lll} G_{mr} = g_m, & \text{如果} & g_{mr} \leqslant g_m \\ G_{mr} = g_r, & \text{如果} & g_{mr} \geqslant g_r \\ G_{mr} = g_{mr}, & \text{如果} & g_m < g_{mr} < g_r \end{array}\right\} \qquad (1\text{-}61)$$

同时考虑选厂与冶炼厂时的最佳边界品位 G_{cr} 为：

$$\left.\begin{array}{lll} G_{cr} = g_r, & \text{如果} & g_{cr} \leqslant g_r \\ G_{cr} = g_c, & \text{如果} & g_{cr} \geqslant g_c \\ G_{cr} = g_{cr}, & \text{如果} & g_r < g_{cr} < g_c \end{array}\right\} \qquad (1\text{-}62)$$

当同时考虑采、选、冶三个阶段的约束时，在任一边界品位处，企业可能获得的最大现值增量为 ΔV_m、ΔV_c 和 ΔV_r 中的最小者，如图 1-15 所示。因此，整体最佳边界品位 G 是图 1-15 中 1-2-3-4 上的最高点所对应的边界品位。可以证明，最佳边界品位总是 G_{mc}、G_{mr} 和 G_{cr} 三者中大小为中间者，即

$$G = \text{中值}(G_{mc}, G_{mr}, G_{cr}) \qquad (1\text{-}63)$$

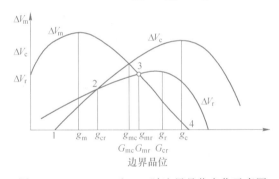

图 1-15　ΔV_m、ΔV_c 和 ΔV_r 随边界品位变化示意图

1.4.2.5　算法与算例

计算 g_c 和 g_r 时需要用到现值 V，而现值 V 在确定边界品位前是未知的。因此，求最佳边界品位需要进行迭代运算。具体步骤如下：

第 1 步：根据采、选、冶最大生产能力计算生产能力平衡品位 g_{mc}、g_{mr} 和 g_{cr}。由于最大生产能力不变，因此它们是固定值。

第 2 步：计算以采场生产能力为约束的边界品位 g_m。由于 g_m 与 V 无关，因此 g_m 也是固定值。

第 3 步：令 $V = 0$。

第 4 步：计算 g_c 和 g_r，并确定最佳边界品位 G。根据品位分布计算边界品位为 G 时矿床的总矿量 Q_{ct} 和总金属量 Q_{rt}。

第 5 步：计算当边界品位为 G 时，采、选、冶各阶段满负荷运行时所需的时间，需要

时间最长的阶段即为瓶颈阶段（即制约整个企业生产能力的阶段）。

第 6 步：计算使瓶颈阶段满负荷运行时其他阶段的年产量，这一产量小于对应阶段的最大生产能力。

第 7 步：根据各阶段的产量计算年盈利 P，并计算现值 V_1。

第 8 步：令 $V = V_1$，返回到第 4 步求得最佳边界品位 G。若新的 G 与上一次迭代得到的 G 不同，继续迭代；否则，停止迭代。迭代结果是第一年的最佳边界品位以及对应的开采量。

第 9 步：将第一年的开采量从总储量中去掉，得到第一年末（第二年初）的储量。假设品位分布不变。重复上述第 3 ~ 第 8 步，即可求得第二年的最佳边界品位。以此类推，直至总储量被采完，就得到了各年的最佳边界品位。

以 Lane 方法计算边界品位，用到一个基本假设：矿床中品位的统计学分布处处相同，即矿床内不同区域的品位分布相同，且等于整个矿床的品位分布。

例 1-2 采场最大生产能力（矿岩）$M = 100$ 万吨/a，单位开采成本（矿岩）$m = 1$ 元/t，选厂最大生产能力（原矿）$C = 50$ 万吨/a，单位选矿成本（原矿）$c = 2$ 元/t，冶炼厂最大生产能力（金属）$R = 40$ 万千克/a，单位冶炼成本（金属）$r = 5$ 元/kg，金属售价 $s = 25$ 元/kg，综合回收率 $y = 100\%$，不变成本 $f = 300$ 万元/a，总矿岩量 $Q_{mt} = 1000$ 万吨，折现率 $d = 15\%$。为简便起见，假设矿床品位服从表 1-3 中的均匀分布。试用 Lane 法计算边界品位。

表 1-3 矿床品位的统计学分布

品位段/kg·t⁻¹	储量/t	品位段/kg·t⁻¹	储量/t
0.0 ~ 0.1	100×10^4	0.6 ~ 0.7	100×10^4
0.1 ~ 0.2	100×10^4	0.7 ~ 0.8	100×10^4
0.2 ~ 0.3	100×10^4	0.8 ~ 0.9	100×10^4
0.3 ~ 0.4	100×10^4	0.9 ~ 1.0	100×10^4
0.4 ~ 0.5	100×10^4	总计	1000×10^4
0.5 ~ 0.6	100×10^4		

解： 首先计算品位-矿量曲线和品位-金属量曲线。计算结果列入表 1-4 中。

表 1-4 不同边界品位下的矿量与金属量

边界品位 G/kg·t⁻¹	矿量 Q_{ct}/t	金属量 Q_{rt}/kg	边界品位 G/kg·t⁻¹	矿量 Q_{ct}/t	金属量 Q_{rt}/kg
0.0	1000×10^4	500×10^4	0.5	500×10^4	375×10^4
0.1	900×10^4	495×10^4	0.6	400×10^4	320×10^4
0.2	800×10^4	480×10^4	0.7	300×10^4	255×10^4
0.3	700×10^4	455×10^4	0.8	200×10^4	180×10^4
0.4	600×10^4	420×10^4	0.9	100×10^4	95×10^4

g_{mc} 是使 $Q_c/Q_m = C/M = 50/100 = 0.5$ 的边界品位，由于无论 Q_m 等于多少，它是总储量 Q_{mt} 的一部分，根据上述假设，Q_m 中品位的分布与 Q_{mt} 中品位的分布相同，因此 $Q_c/Q_m = Q_{ct}/$

$Q_{mt} = 0.5$，即 $Q_{ct} = 0.5 \times Q_{mt} = 500$。从表 1-4 可知，$Q_{ct} = 500$ 时的边界品位为 0.5，故 $g_{mc} = 0.5$。

g_{mr} 是使 $Q_r/Q_m = R/M = 40/100 = 0.4$ 的边界品位。与上面理由相同，$Q_{rt}/Q_{mt} = 0.4$，$Q_{rt} = 0.4 \times 1000 = 400$。从表 1-4 可知，$g_{mr}$ 介于 0.4 与 0.5 之间，利用线性插值得 $g_{mr} = 0.444$。

g_{cr} 是使 $Q_r/Q_c = R/C = 40/50 = 0.8$ 的边界品位，也是使 $Q_{rt}/Q_{ct} = 0.8$ 的边界品位。从表 1-4 可知，当边界品位为 0.6 时，$Q_{rt} = 320$，$Q_{ct} = 400$，两者之比为 0.8，故 $g_{cr} = 0.6$。

$$g_m = \frac{c}{(s-r)y} = \frac{2}{(25-5) \times 1} = 0.1$$

令 $V = 0$，有

$$g_c = \frac{c + \dfrac{f + Vd}{C}}{(s-r)y} = \frac{2 + \dfrac{300}{50}}{(25-5) \times 1} = 0.4$$

$$g_r = \frac{c}{\left(s - r - \dfrac{f + Vd}{R}\right)y} = \frac{2}{\left(25 - 5 - \dfrac{300}{40}\right) \times 1} = 0.16$$

由于 $g_{mc} > g_c$，$G_{mc} = g_c = 0.4$；$g_{mr} > g_r$，$G_{mr} = g_r = 0.16$；$g_{cr} > g_c$，$G_{cr} = g_c = 0.4$。取 G_{mc}、G_{mr} 和 G_{cr} 三者中大小为中间者，得 $G = 0.4$。

从表 1-4 可知，当边界品位 $G = 0.4$ 时，矿量 $Q_{ct} = 600$，金属量 $Q_{rt} = 420$。按最大生产能力计算三个阶段所需时间：采场的采剥时间 $T_m = 1000/100 = 10a$，选厂的选矿时间 $T_c = 600/50 = 12a$，冶炼厂的冶炼时间 $T_r = 420/40 = 10.5a$。所以，选厂是瓶颈。实际上，$G = g_c$ 意味着整个企业的生产能力受选厂生产能力的约束，不用计算时间也可以从 G 的选择上确定瓶颈阶段。

由于边界品位 G 是受选厂生产能力约束的边界品位，所以选厂满负荷运行，年产量 $Q_c = C = 50$ 万吨。从表 1-4 可知，当边界品位为 0.4 时，总矿量 $Q_{ct} = 600$ 万吨。因此，按所选定的边界品位开采，为选厂提供 50 万吨矿石所要求的采场的年矿岩产量为 $Q_m = 50 \times 1000/600 = 83.3$ 万吨。当边界品位为 0.4 时，600 万吨矿石含有的金属量为 420 万千克。故 50 万吨矿石产量所对应的金属产量为 $Q_r = 50 \times 420/600 = 35$ 万千克。

年盈利为：

$$\begin{aligned} P &= (s-r)Q_r - cQ_c - mQ_m - fT \\ &= (25-5) \times 35 - 2 \times 50 - 1 \times 83.3 - 300 \times 1 \\ &= 216.7 \text{ 万元} \end{aligned}$$

将储量开采完需要 12 年。每年盈利为 P，12 年的现值为：

$$V = \sum_{i=1}^{12} \frac{P}{(1+d)^i} = 1174.6 \text{ 万元}$$

基于这一新的 V 值，计算新的 g_c 和 g_r，得 $g_c = 0.576$，$g_r = 0.247$。其他品位不变，即 $g_m = 0.1$，$g_{mc} = 0.5$，$g_{mr} = 0.444$，$g_{cr} = 0.6$。

依据最佳品位确定原则得 $G = 0.5$。由于 $G = g_{mc}$，所以采场与选厂均以满负荷运行，达到生产能力平衡。故 $Q_c = 50$，$Q_m = 100$。从表 1-4 查得：当边界品位为 0.5 时，总矿量为 500 万吨，总金属量为 375 万千克。所以金属年产量 $Q_r = 50 \times 375/500 = 37.5$ 万千克。年盈

利为 $P=250$ 万元。生产年限为 10 年，现值为 $V=1254.7$ 万元。

以 $V=1254.7$ 重复以上计算，得到的最佳边界品位为 $G=0.5$，与上次迭代结果相同。因此第一年的最佳边界品位为 0.5，采场、选厂和冶炼厂的产量分别为 100 万吨，50 万吨和 37.5 万千克。

经过第一年的开采，总矿岩量变为 900 万吨，这 900 万吨的矿岩在各品位段的分布密度保持不变，表 1-3 变为表 1-5。以表 1-5 为新的品位分布，计算不同边界品位（0.1 ~ 0.9）下的矿量与金属量，以 $V=0$ 为初始现值，重复第一年的步骤，可求得第二年的最佳边界品位和采、选、冶三个阶段的产量。这样逐年计算，最后结果列于表 1-6。从此表可以看出，前七年中，采场与选厂以满负荷运行（两者的生产能力达到平衡），此后，选厂变为瓶颈。

表 1-5 第一年末储量品位分布表

品位段/kg·t⁻¹	储量/t	品位段/kg·t⁻¹	储量/t
0~0.1	90×10⁴	0.6~0.7	90×10⁴
0.1~0.2	90×10⁴	0.7~0.8	90×10⁴
0.2~0.3	90×10⁴	0.8~0.9	90×10⁴
0.3~0.4	90×10⁴	0.9~1.0	90×10⁴
0.4~0.5	90×10⁴	总计	900×10⁴
0.5~0.6	90×10⁴		

表 1-6 最佳边界品位的计算结果

年	边界品位/kg·t⁻¹	矿岩产量/t	矿石产量/t	金属产量/kg	年盈利/元
1	0.5	100×10⁴	50×10⁴	37.5×10⁴	250×10⁴
2	0.5	100×10⁴	50×10⁴	37.5×10⁴	250×10⁴
3	0.5	100×10⁴	50×10⁴	37.5×10⁴	250×10⁴
4	0.5	100×10⁴	50×10⁴	37.5×10⁴	250×10⁴
5	0.5	100×10⁴	50×10⁴	37.5×10⁴	250×10⁴
6	0.5	100×10⁴	50×10⁴	37.5×10⁴	250×10⁴
7	0.5	100×10⁴	50×10⁴	37.5×10⁴	250×10⁴
8	0.49	97×10⁴	50×10⁴	37.1×10⁴	245×10⁴
9	0.46	93×10⁴	50×10⁴	36.5×10⁴	238×10⁴
10	0.44	89×10⁴	50×10⁴	35.9×10⁴	229×10⁴
11	0.41	21×10⁴	13×10⁴	8.8×10⁴	55×10⁴

1.4.3 动态规划法确定边界品位

为了使矿床开采的总体动态经济效益最大（即净现值 NPV 最大），边界品位的确定必须考虑两个方面：一是边界品位在时间上的动态特征；二是在空间上的动态特征。换言之，最佳边界品位既随时间变化，又随开采地点变化，而且两者是相互联系的。

在时间上的动态特征已经在上述 Lane 方法中得以考虑，能够确定每一开采时段的边界品位。然而，用 Lane 方法计算边界品位的一个基本假设是：矿床中品位的统计学分布处处相同，即矿床内不同区域的品位分布相同，且等于整个矿床的品位分布。基于这一假设，以 NPV 最大为目标计算的边界品位随时间降低。这一假设和计算结果不符合大多数矿床的实际情况：

（1）大多数矿床的品位的统计学分布在不同区域有不同的特征，有高品位区和低品位区（即品位的均值随区位变化），不同区域内品位的变化程度也不同，有的区域内品位较为稳定，有的区域内品位变化较大（即品位的方差随区位变化），这种变化在贵重金属和有色金属矿床尤为突出。

（2）在某些矿床采用逐渐降低的边界品位是不合理的。例如，在一个浅部品位低、深部品位高的矿床，开始若干年用较高的边界品位、往后用较低的边界品位，显然是不合理的，因为矿床开采一般是从浅部向深部发展，在开始若干年的低品位区用高的边界品位，会造成重大经济损失。

因此，边界品位的确定必须考虑空间上的动态特征，即不同区域的品位的变化。下面介绍的动态规划法就考虑了这一特征。

1.4.3.1 决策单元

由于要考虑品位在空间上的动态特征，对不同时段的边界品位进行决策时，必须考虑各个时段所开采的区域，基于各区域内品位的统计学分布特征进行决策。进行边界品位决策的每一开采区段称为一个决策单元。

决策单元的划分与采矿方法、品位的分布特征、取样数据密度有关。对于地下开采，矿床在垂直方向上被划分为阶段（或分段），每一阶段（或分段）又一般划分为矿块，矿块是地下开采的最小单元。如果品位变化较大且取样间距小（密度高），一个决策单元可以是一个矿块。有的采矿方法（如分段崩落法）没有明确的矿块划分，决策单元可以是一个分段的一个较短的开采区段。如果品位的空间分布较为稳定，决策单元就可大些，可以把几个矿块合并作为一个决策单元，或者取一个较长的开采区段作为一个决策单元。当勘探程度不够、取样稀少时，小的决策单元中样品太少，无法得出其品位的统计分布。这种情况下，一种方法是采用大决策单元；更好的方法是用较小的单元，用几个相邻单元的联合体内的样品求品位分布，联合体内的每个决策单元都使用这一品位分布。

对于露天开采，如果矿床品位变化较大且取样间距小，可以把长期采剥计划中每年开采的区域作为决策单元；如果品位的空间分布较为稳定或取样间距大，可把采剥计划中相邻几年的开采区域作为决策单元。

决策单元划分的原则是，一个决策单元中的品位统计分布与其相邻单元有明显不同，且决策单元中有足够的样品体现其品位-矿量和品位-金属量关系。不同决策单元的大小和形态一般是不同的。

参照矿床的长期开采计划，把拟开采的整个区域划分出决策单元后，依据决策单元中的样品品位，计算每个决策单元的品位-矿量和品位-金属量曲线（或列表）。

1.4.3.2 动态规划模型

把拟开采的整个区域划分出决策单元后，我们要解决的问题就是确定开采每个决策单元时应该使用的边界品位，以使总净现值最大。

要解决这一问题，不能把一个决策单元的边界品位看作与其他决策单元无关而单独计算，因为一个决策单元的边界品位决策会影响后续决策单元的边界品位。因此，这一问题必须以动态决策方式解决，动态规划适合于求解此类相互关联的动态决策问题。

A 阶段与状态

在动态规划中，把所给问题的过程恰当地分为相互联系的阶段，描述阶段的变量称为阶段变量；把每一阶段所处的状况或条件称为状态，描述状态的变量称为状态变量。一般每个阶段有多个可能的状态。

对于边界品位决策问题，一个决策单元为一个阶段，阶段数等于决策单元数。决策单元具有时间属性，即生产中决策单元是按照开采计划的顺序开采的，每个决策单元有其开采时间。必须按开采先后顺序对决策单元排序，与阶段对应，即第一阶段对应于第一个（最先开采的）决策单元，第二阶段对应于第二个决策单元，以此类推。

状态定义为累计矿量，即一个阶段的某个状态是从开始开采到该阶段末的这一状态所开采的矿石总量。

每一阶段的状态数取决于本阶段及之前各阶段所对应的决策单元的品位分布，以及要求的计算分辨率。以铜矿床为例，假设考虑的最低和最高边界品位分别为 0.5% 和 1.2%。第一个决策单元对应于边界品位 0.5% 和 1.2% 的矿量可以从该单元的品位-矿量关系计算得出，假设分别为 200 万吨和 100 万吨。第一阶段的累计矿量是第一个决策单元可能采出的矿石量，即 100 万 ~200 万吨，若以 5 万吨为步长（分辨率），第一阶段共有 21 个状态：第一个状态为 100 万吨，第二个状态为 105 万吨，…，第 21 个状态为 200 万吨。假设从第二个决策单元的品位-矿量关系计算的对应于最低边界品位 0.5% 和最高边界品位 1.2% 的矿量分别为 80 万吨和 50 万吨，那么头两个阶段（头两个决策单元）的累计矿量在 150 万 ~280 万吨之间，以同样的步长，第二阶段共有 27 个状态：第一个状态为 150 万吨，第二个状态为 155 万吨，…，第 27 个状态为 280 万吨。以此类推，可确定所有阶段的所有状态。不难看出，如此定义的状态变量隐含了每个决策单元的品位的统计学分布和边界品位：一个阶段上的不同状态实质上代表了在该阶段及之前各阶段所对应的各个决策单元的品位分布条件下的边界品位。

B 数学模型

确定了阶段和状态后，就可把它们置于如图 1-16 所示的顺序动态规划网络图中，横轴代表阶段，竖轴代表状态。如上所述，阶段的顺序与开采计划中对应的决策单元的开采顺序相同，即第一阶段对应于最先开采的单元，第二阶段对应于第二个开采的单元，以此类推。每一阶段的状态按累计矿量从小到大排序，如图中的圆圈所示。图中每一箭线代表一个可能的状态转移。为了清晰起见，图中没有把全部箭线画出。由于累计矿量不可能减小，所以一个阶段的某个状态只能从前一阶段上矿量比该状态小的那些状态"转移而来"。如果图中表示状态的圆圈的相对大小代表累计矿量的相对大小，那么，状态转移箭线只能从小圈指向大圈。

下面以地下开采为例，并假设矿山企业的最终产品为精矿，建立数学模型。为叙述方

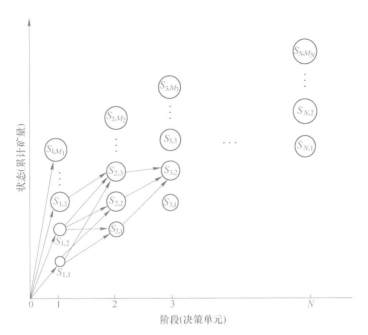

图 1-16　边界品位优化的动态规划网络图

便，定义以下变量：

N：阶段数；

i：阶段序号，$i = 1, 2, \cdots, N$；

$S_{i,j}$：阶段 i 的状态 j，$j = 1, 2, \cdots, M_i$

M_i：阶段 i 上的状态数；

$Q_{i,j}$：状态 $S_{i,j}$ 对应的累计矿量，$Q_{i,j}$ 的计算如上所述；

$T_{i,j}$：从开始沿最佳路径到达 $S_{i,j}$ 需要的时间长度；

$\mathrm{NPV}_{i,j}$：沿最佳路径到达状态 $S_{i,j}$ 时获得的累计 NPV；

$g_{i,j}$：对应于状态 $S_{i,j}$ 的最佳边界品位；

d：折现率；

m_i：阶段 i（开采决策单元 i 时）的计划采矿能力，是每年送入选厂的原矿量，可以是常数；

C_{m}：单位开采成本；

C_{p}：单位选矿成本；

R_{m}：回采率；

R_{p}：选矿金属回收率；

Y：废石混入率；

G_{p}：精矿品位；

P_i：阶段 i 的精矿售价，可以是常数。

考虑阶段 i 的状态 $S_{i,j}$。当 $S_{i,j}$ 是从前一阶段（$i-1$）的状态 $S_{i-1,k}$ 到达时，这一状态转移中在阶段 i 对应的决策单元 i 内开采的矿量 $q_{i,j}(i-1, k)$ 为：

$$q_{i,j}(i-1, k) = Q_{i,j} - Q_{i-1,k} \tag{1-64}$$

该方程建立了相邻阶段上状态之间的联系，称为状态转移方程。

对应于矿量 $q_{i,j}(i-1,\ k)$ 的边界品位 $g_{i,j}(i-1,\ k)$ 可以从决策单元 i 的品位-矿量关系求得，即 $g_{i,j}(i-1,\ k)$ 是满足下式的边界品位：

$$q_{i,\ j}(i-1,\ k) = Q\int_{g_{i,\ j}(i-1,\ k)}^{\infty} f_i(g)\,\mathrm{d}g \qquad (1\text{-}65)$$

式中　Q——决策单元 i 对应于边界品位 0 的总量；

　$f_i(g)$——决策单元 i 内矿物品位的分布密度函数，该函数依据落入该单元的样品求得。

　　　　如果不好求得品位分布密度函数的数学表达式，可根据决策单元内的样品品位计算出不同边界品位的矿量表，查得矿量 $q_{i,j}(i-1,\ k)$ 对应的边界品位。

在这一状态转移中，按边界品位 $g_{i,j}(i-1,\ k)$ 开采的矿量 $q_{i,j}(i-1,\ k)$ 里含有的金属量记为 $M_{i,j}(i-1,\ k)$，由下式计算：

$$M_{i,\ j}(i-1,\ k) = Q\int_{g_{i,\ j}(i-1,\ k)}^{\infty} gf_i(g)\,\mathrm{d}g \qquad (1\text{-}66)$$

$M_{i,j}(i-1,\ k)$ 也可以从品位-金属量表中查得。

所以，当状态 $S_{i,j}$ 是从前一阶段 $(i-1)$ 的状态 $S_{i-1,k}$ 到达时，精矿销售获得的利润 $P_{i,j}(i-1,\ k)$ 可以简单计算如下：

$$P_{i,\ j}(i-1,\ k) = \frac{M_{i,\ j}(i-1,\ k)R_{\mathrm{m}}R_{\mathrm{p}}P_i}{G_{\mathrm{p}}} - q_{i,\ j}(i-1,\ k)R_{\mathrm{m}}\frac{1}{1-Y}(C_{\mathrm{m}}+C_{\mathrm{p}}) \qquad (1\text{-}67)$$

在决策单元 i 内开采矿量 $q_{i,j}(i-1,\ k)$ 需要的时间 $t_{i,j}(i-1,\ k)$ 是

$$t_{i,\ j}(i-1,\ k) = \frac{q_{i,\ j}(i-1,\ k)R_{\mathrm{m}}}{m_i(1-Y)} \qquad (1\text{-}68)$$

当状态 $S_{i,j}$ 是从状态 $S_{i-1,k}$ 到达时，从开始到状态 $S_{i,j}$ 需要的累计时间记为 $T_{i,j}(i-1,\ k)$，用下式计算：

$$T_{i,\ j}(i-1,\ k) = T_{i-1,\ k} + t_{i,\ j}(i-1,\ k) \qquad (1\text{-}69)$$

这样，通过从状态 $S_{i-1,k}$ 到 $S_{i,j}$ 的转移，$S_{i,j}$ 处实现的累计净现值 $\mathrm{NPV}_{i,j}(i-1,\ k)$ 为：

$$\mathrm{NPV}_{i,\ j}(i-1,\ k) = \mathrm{NPV}_{i-1,\ k} + \frac{P_{i,\ j}(i-1,\ k)}{(1+d)^{T_{i,\ j}(i-1,\ k)}} \qquad (1\text{-}70)$$

如图 1-16 所示，状态 $S_{i,j}$ 可以从前一阶段的不同状态转移而来。不难理解，当状态 $S_{i,j}$ 来自阶段 $i-1$ 的不同状态（即取不同的 k）时，在阶段 i 开采的矿量（见式（1-64））不同，对应的边界品位、开采时间和金属量也都不同。那么，状态 $S_{i,j}$ 处实现的累计 NPV 也不同。因而，对于一个状态 $S_{i,j}$，每一个状态转移（图 1-16 中指向 $S_{i,j}$ 的每一条箭线）有一个边界品位和累计净现值。那么，对应于最大累计 NPV 的那个转移是最佳转移，其对应的边界品位是状态 $S_{i,j}$ 的最佳边界品位，即 $g_{i,j}$。如此，动态规划的递归函数为：

$$\mathrm{NPV}_{i,\ j} = \max_{k\in K_{i,\ j}}\{\mathrm{NPV}_{i,\ j}(i-1,\ k)\} = \max_{k\in K_{i,\ j}}\left\{\mathrm{NPV}_{i-1,\ k} + \frac{P_{i,\ j}(i-1,\ k)}{(1+d)^{T_{i,\ j}(i-1,\ k)}}\right\} \qquad (1\text{-}71)$$

式中　$K_{i,j}$——阶段 $i-1$ 上可以转移到阶段 i 上状态 $S_{i,j}$ 的状态数。

上述式（1-64）~式（1-69）把边界品位与利润 $P_{i,j}(i-1,\ k)$ 和时间 $T_{i,j}(i-1,\ k)$ 联系起来，所以式（1-71）隐含着最佳边界品位 $g_{i,j}$ 的选择。

初始条件为:

$$\left.\begin{array}{l} Q_{0,\,0} = 0 \\ T_{0,\,0} = 0 \\ \mathrm{NPV}_{0,\,0} = 0 \end{array}\right\} \tag{1-72}$$

应用以上各式,从第一阶段开始,逐阶段对状态进行评价,直到完成图 1-16 中所有阶段上的所有状态,就得到了每一阶段上每一状态的最佳状态转移及其对应的最佳边界品位和累计 NPV。然后,从最后阶段上具有最大累计 NPV 的那个状态开始,逆向追踪出各阶段的最佳状态转移,直到第一阶段,就得到了最佳路径,即动态规划的最佳策略。这一最佳策略给出了开采每一决策单元时应该使用的最佳边界品位、对应的矿量和经济收益。

上述模型由于没有考虑剥离量和剥离成本,所以只适用于地下开采。稍加改动,就可以得出适用于露天开采的优化模型。

1.5 矿体圈定与储量计算

1.5.1 矿体圈定

有了边界品位,就可进行矿体圈定。在我国矿体圈定通常是在剖面上进行,即把勘探线上(或近处)的钻孔投影到沿勘探线的垂直剖面上,并标明每个取样的位置和品位(见图 1-17),然后依据取样品位和边界品位进行矿体圈定。

简单地讲,矿体圈定的过程就是将相邻钻孔上大于和等于边界品位的样品用闭合线圈起来的过程。当一条矿体被一个钻孔穿越,而在相邻的钻孔消失时,一般将矿体延伸到两钻孔的中点;或者根据矿体的自然尖灭趋势,在两钻孔之间实行自然尖灭。在矿体圈定过程中,要充分考虑矿床的地质构造(如断层和岩性)和成矿规律。图 1-18 是当边界品位等于 25% 时根据图 1-17 中的取样品位圈定的矿体示意图。

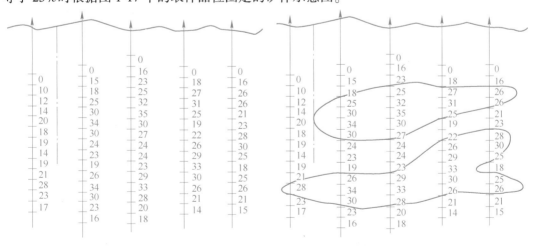

图 1-17 标有取样品位的剖面图   图 1-18 边界品位为 25% 时矿体圈定示意图

有时,除边界品位外,还考虑圈入矿体的钻孔上的样品的最低平均品位。例如,在某铜矿,矿体圈定中的边界品位为 1.0%,圈入矿体的各个钻孔上的样品的最低平均品位为 1.2%。

1.5.2　矿量计算

矿体圈定完成后，根据每个剖面上的矿体面积，就可以进行矿量计算。如果存在多条（层）矿体，按矿层分别计算其矿量。

最简单的矿量算法是把相邻两剖面间的一条矿体看作柱体计算其体积。考虑到矿体形态的变化，也可分为以下三种形式计算。

（1）当一条矿体在两个相邻剖面上的面积（S_1 和 S_2）相差小于等于 40% 时，把两剖面之间的该条矿体看作柱体，体积用下式计算：

$$V = \frac{S_1 + S_2}{2}L \tag{1-73}$$

式中　L——剖面间距。

（2）当一条矿体在两个相邻剖面上的面积相差大于 40% 时，把两剖面之间的该条矿体看做台体，体积用下式计算：

$$V = \frac{S_1 + S_2 + \sqrt{S_1 S_2}}{3}L \tag{1-74}$$

（3）当一条矿体在两个相邻剖面间尖灭时，把两剖面之间的该条矿体看作锥体，体积用下式计算：

$$V = \frac{S}{3}L \tag{1-75}$$

计算出相邻两剖面间矿体块段的体积后，该块段的矿量 T 为：

$$T = V\gamma \tag{1-76}$$

式中　γ——本块段矿石容重。

然后将所有块段的矿量相加，得出一条矿体的总矿量。把各条矿体的矿量相加，得出矿床的总矿量。

1.5.3　矿体平均品位计算

按上述方法圈定的某条矿体的平均品位可按以下方法计算：

（1）对穿越该条矿体的每一钻孔的样品进行"矿段样品组合"，求出组合样品的品位；

（2）求出每一组合样品的影响面积，该面积是以钻孔为中线向两侧各外推二分之一钻孔间距得到的矿体面积；

（3）对组合样品品位以其影响面积为权值进行加权平均，求出该条矿体在剖面上的平均品位；

（4）计算该条矿体在相邻两剖面间的块段的平均品位，即该条矿体在这两个剖面上的平均品位的面积加权平均值；

（5）一条矿体的总平均品位是该条矿体各个块段的平均品位，以块段矿量为权值的加权平均值。

上述方法是矿体圈定与矿量、品位计算的传统方法，在我国许多地质部门和矿山仍在使用。随着计算机的应用，出现了更科学的矿体圈定与矿量、品位计算方法——数值模型法，在国外得到广泛应用。下一章介绍常用的数值模型的建立方法。

1.6 矿石损失贫化指标及其计算

1.6.1 矿石损失与贫化概念

在矿床开采过程中，由于某些原因造成一部分有利用价值的储量（即工业储量）不能采出或采下的矿石未能完全运出而损失掉。凡在开采过程中造成矿石在数量上的减少，叫作矿石损失。在开采过程中损失的工业储量占总工业储量的百分比，叫作矿石损失率。而采出的纯矿石量占工业储量的百分比叫作矿石回采率。

在开采过程中，不仅有矿石损失，还会造成矿石质量的降低，叫作矿石贫化。它有两种表示方法：其一是混入矿石中的废石量占采出矿石量的百分比，叫作废石混入率；其二是矿石品位降低的百分数，叫作矿石贫化率。在开采过程中，废石的混入和高品位粉矿的流失等都会造成矿石贫化，但废石混入是主要原因。

有时还用到另外一个指标——金属回收率。金属回收率是采出矿石中含有的金属量占工业储量中所含金属量的百分比。

矿石损失率与贫化率是评价矿床开采的主要指标，分别表示地下资源的利用情况和采出矿石的质量情况。在金属矿床开采中，降低矿石损失率、废石混入率和贫化率具有重大意义。例如，开采一个储量 1 亿吨的金属矿床，矿石损失率从 15% 降到 10%，就可以多回收 500 万吨矿石。这对充分利用矿产资源，延长矿山生产寿命，都有重要意义。同时，矿石的损失必然使采出的矿石量减少，进而导致分摊到每吨采出矿石的基建费用增加，并引起采出矿石成本的提高。此外，在开采高硫矿床时，损失在地下的高硫矿石，可能引起地下火灾。再如，一个年产 100 万吨铜矿石的矿山，若采出的铜矿石品位为 1% 时，忽略加工过程的损失，每年可产 10000t 金属铜。当采出矿石品位降低 0.1% 时，每年就要少生产 1000t 金属铜。废石混入率的增加，必然增加矿石运输、提升和加工费用。同时，矿石品位降低会导致选矿流程的金属实收率和最终产品质量的降低。因此，矿石贫化所造成的经济损失是巨大的。

另外，资源损失还对矿区及其外围环境带来严重的污染。损失在地下的矿石，其中大量金属被溶析于排出地表的矿坑水中，地表废石场废石含有的金属被雨水冲洗溶析，以及选矿厂尾矿水等，都直接威胁周围农田作物及河、湖、池塘鱼类的生长，污染工业与民用水源。所以，降低矿石损失与贫化，是提高矿山经济及社会效益的重要环节。

我们应当把降低矿石损失、贫化作为改进矿山工作及提高经济效益的重要环节，努力从采用先进开采技术和加强科学管理两个方面，寻求降低矿石损失和贫化的有效措施。

1.6.2 矿石损失的原因

矿石损失按不同性质分为设计损失和开采损失。

设计损失主要是指由于开采设计规定不予回收而造成的矿石损失，一般与地质、水文条件，开采技术条件，安全条件等有关。

开采损失主要是指在矿床开采过程中，由于所采用的采矿方法和采掘（剥）作业方式等原因，造成部分应采工业矿量丢失而产生的损失。开采损失又可分为采下损失和未采下损失。其中采下损失是指因边坡滑落、废石剥离、夹石剔除以及爆破飞散等产生的矿石损失；装、卸、运等过程中所造成的矿石损失等。未采下损失主要包括丢失的台阶（阶段）边缘和边坡的残存或挂帮矿石，或因采剥作业不正规造成未采下的矿石等。

1.6.3　矿石损失贫化指标计算

1.6.3.1　矿石损失贫化过程及其计算公式

定义以下量：

Q：矿体（矿块）的工业储量，t；

Q_s：开采过程中损失的工业储量，t；

Q_y：混入采出矿石中的废石量，t；

Q_c：采出矿石量，t；

C：工业储量矿石的原地品位；

C_c：采出矿石（包括混入的废石）的品位；

C_y：混入废石的品位。

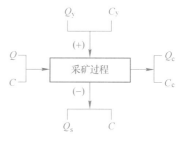

图 1-19　矿石损失贫化示意图

这七个量之间的关系如图 1-19 所示。可写出以下平衡方程式：

矿石量平衡式：
$$Q_c = Q - Q_s + Q_y \tag{1-77}$$

金属量平衡式：
$$Q_c C_c = (Q - Q_s)C + Q_y C_y \tag{1-78}$$

按定义，矿石损失贫化的计算式为：

矿石损失率：
$$S = \frac{Q_s}{Q} \times 100 \tag{1-79}$$

矿石贫化率：
$$P = \frac{C - C_c}{C} \times 100 \tag{1-80}$$

废石混入率：
$$Y = \frac{Q_y}{Q_c} \times 100 \tag{1-81}$$

矿石回采率：
$$H_k = \frac{Q - Q_s}{Q} \times 100 \tag{1-82}$$

利用式（1-77）与式（1-78）可得：

$$S = \left[1 - \frac{(C_c - C_y)Q_c}{(C - C_y)Q} \right] \times 100 \tag{1-83}$$

$$Y = \frac{C - C_c}{C - C_y} \times 100 \tag{1-84}$$

$$H_k = 100 - S \tag{1-85}$$

或

$$H_k = \frac{Q_c}{Q}(100 - Y) \tag{1-86}$$

按照定义和式（1-80），金属回收率 H_j 为：

$$H_j = \frac{Q_c C_c}{QC} \times 100 = \frac{Q_c}{Q}(100 - P) \tag{1-87}$$

为了区分废石混入率和矿石贫化率的概念，需将这两个指标作进一步解释。确切地说，废石混入率是反映回采过程中废石混入的程度；而矿石贫化率是反映回采过程中矿石品位降低的程度，故矿石贫化率又可称为矿石品位降低率。按混入废石是否含有品位，可进一步剖析两者在数量上的关系。

当混入废石不含品位（$C_y = 0$）时，废石混入率和矿石贫化率在数值上相等，即 $P = Y$；但这仅仅是在数值上的相等，在概念上，两者是表示在开采过程中矿石质量降低的两个不同的指标。当混入废石含有品位时，由式（1-80）与式（1-84）可知，矿石贫化率小于废石混入率，即 $P < Y$。

1.6.3.2 矿石损失与贫化的计算程序

（1）直接法。如果采用的采矿方法允许地质测量人员进入采场实地观测，可通过直接测量得出工业储量 Q、工业储量损失量 Q_s 和废石混入量 Q_y，采出矿量 Q_c 可用矿石称量法或装运设备计数法统计出来；工业储量的原地品位 C 和采出矿石的品位 C_c 可通过取样化验求得。这种情况下可直接按式（1-79）~式（1-81）分别计算矿石损失率、矿石贫化率和废石混入率。

（2）间接法。如果采用的采矿方法不允许地质测量人员进入采场进行实地观测，就无法直接测得工业储量 Q、工业储量损失量 Q_s 和废石混入量 Q_y。但根据地质取样化验资料可以估算工业储量矿石的原地品位 C 和混入废石的品位 C_y，按矿块所圈入的矿体形态可估算工业储量 Q，用从装运设备内采集样品的化验数据可统计计算采出矿石的品位 C_c，按矿石称量法或装运设备计数法可统计出采出矿量 Q_c。这样，可利用这些量间接计算损失贫化指标：

1）废石混入率按式（1-84）计算；

2）矿石回采率按式（1-86）计算，再按式（1-85）计算矿石损失率；

3）矿石贫化率按式（1-80）计算。

对于单个矿块（矿段），一般只计算废石混入率、矿石回采率、矿石贫化率三项指标。计算多矿块（矿段）总的矿石损失贫化指标时，除计算这三项指标外，一般还要计算金属回收率。用 i 表示矿块（矿段）序号，n 为计算的矿块（矿段）数，多矿块（矿段）的总的损失贫化指标按下列公式计算。

废石混入率：

$$Y = \frac{\sum\limits_{i=1}^{n} Q_{yi}}{\sum\limits_{i=1}^{n} Q_{ci}} \times 100 \tag{1-88}$$

矿石回采率：

$$H_k = \frac{\sum\limits_{i=1}^{n} Q_i - \sum\limits_{i=1}^{n} Q_{si}}{\sum\limits_{i=1}^{n} Q_i} \times 100 = \frac{\sum\limits_{i=1}^{n} Q_{ci}}{\sum\limits_{i=1}^{n} Q_i}(100 - Y) \qquad (1\text{-}89)$$

工业储量的原地平均品位：

$$C = \frac{\sum\limits_{i=1}^{n} Q_i C_i}{\sum\limits_{i=1}^{n} Q_i} \qquad (1\text{-}90)$$

采出矿石的平均品位：

$$C_c = \frac{\sum\limits_{i=1}^{n} Q_{ci} C_{ci}}{\sum\limits_{i=1}^{n} Q_{ci}} \qquad (1\text{-}91)$$

矿石贫化率：

$$P = \frac{C - C_c}{C} \times 100 \qquad (1\text{-}92)$$

金属回收率：

$$H_j = \frac{\sum\limits_{i=1}^{n} Q_{ci} C_{ci}}{\sum\limits_{i=1}^{n} Q_i C_i} \times 100 = \frac{\sum\limits_{i=1}^{n} Q_{ci}}{\sum\limits_{i=1}^{n} Q_i}(100 - P) \qquad (1\text{-}93)$$

当 $C_y = 0$（即混入废石不含品位）时，对比矿石回采率 H_k 与金属回收率 H_j：当 $H_j < H_k$ 时，表明高品位矿块（矿段）的矿石的损失率大于低品位矿块（矿段）；当 $H_j > H_k$ 时，情况相反。在生产中，力求 $H_j > H_k$。

当 $C_y > 0$（即混入废石含有品位）时，为了从矿石回采率 H_k 与金属回收率 H_j 的对比中分析高品位矿石的损失状况，需从金属回收总量中减去废石中的金属量后计算 H_j，再对比 H_j 与 H_k。此时 H_j 按下式计算：

$$H_j = \frac{\sum\limits_{i=1}^{n} Q_{ci} C_{ci} - \sum\limits_{i=1}^{n} Q_{yi} C_{yi}}{\sum\limits_{i=1}^{n} Q_i C_i} \times 100 \qquad (1\text{-}94)$$

例 1-3 开采某铁矿床，已知：矿块工业储量 $Q = 84000\mathrm{t}$；矿块工业储量的品位 $C = 60\%$；从该矿块采出的矿石量 $Q_c = 80000\mathrm{t}$；采出矿石的品位 $C_c = 57\%$；混入废石的品位 $C_y = 15\%$。试求：废石混入率、矿石回采率、矿石贫化率、金属回收率。

解： 废石混入率由式（1-84）得：

$$Y = \frac{C - C_c}{C - C_y} \times 100 = \frac{60 - 57}{60 - 15} \times 100 = 6.67$$

矿石回采率由式 (1-86) 得：

$$H_k = \frac{Q_c}{Q}(100 - Y) = \frac{80000}{84000}(100 - 6.67) = 88.88$$

矿石贫化率由式 (1-80) 得：

$$P = \frac{C - C_c}{C} \times 100 = \frac{60 - 57}{60} \times 100 = 5.00$$

金属回收率由式 (1-87) 得：

$$H_j = \frac{Q_c}{Q}(100 - P) = \frac{80000}{84000}(100 - 5) = 90.48$$

附表1-1 t 分布表

$$P\{t(n) < t_p(n)\} = p$$

n \ p	0.75	0.90	0.95	0.975	0.99	0.995
1	1.0000	3.0777	6.3138	12.7062	31.8207	63.6574
2	0.8165	1.8856	2.9200	4.3027	6.9646	9.9248
3	0.7649	1.6377	2.3534	3.1824	4.5407	5.8409
4	0.7407	1.5332	2.1318	2.7764	3.7469	4.6041
5	0.7267	1.4759	2.0150	2.5706	3.3649	4.0322
6	0.7176	1.4398	1.9432	2.4469	3.1427	3.7074
7	0.7111	1.4149	1.8946	2.3646	2.9980	3.4995
8	0.7064	1.3968	1.8595	2.3060	2.8965	3.3554
9	0.7027	1.3830	1.8331	2.2622	2.8214	3.2498
10	0.6998	1.3722	1.8125	2.2281	2.7638	3.1693
11	0.6974	1.3634	1.7959	2.2010	2.7181	3.1058
12	0.6955	1.3562	1.7823	2.1788	2.6810	3.0545
13	0.6938	1.3502	1.7709	2.1604	2.6503	3.0123
14	0.6924	1.3450	1.7613	2.1448	2.6245	2.9768
15	0.6912	1.3406	1.7531	2.1315	2.6025	2.9467

$\frac{p}{n}$	0.75	0.90	0.95	0.975	0.99	0.995
16	0.6901	1.3368	1.7459	2.1199	2.5835	2.9208
17	0.6892	1.3334	1.7396	2.1098	2.5669	2.8982
18	0.6884	1.3304	1.7341	2.1009	2.5524	2.8784
19	0.6876	1.3277	1.7291	2.0930	2.5395	2.8609
20	0.6870	1.3253	1.7247	2.0860	2.5280	2.8453
21	0.6864	1.3232	1.7207	2.0796	2.5177	2.8314
22	0.6858	1.3212	1.7171	2.0739	2.5083	2.8188
23	0.6853	1.3195	1.7139	2.0687	2.4999	2.8073
24	0.6848	1.3178	1.7109	2.0639	2.4922	2.7969
25	0.6844	1.3163	1.7081	2.0595	2.4851	2.7874
26	0.6840	1.3150	1.7056	2.0555	2.4786	2.7787
27	0.6837	1.3137	1.7033	2.0518	2.4727	2.7707
28	0.6834	1.3125	1.7011	2.0484	2.4671	2.7633
29	0.6830	1.3114	1.6991	2.0452	2.4620	2.7564
30	0.6828	1.3104	1.6973	2.0423	2.4573	2.7500
31	0.6825	1.3095	1.6955	2.0395	2.4528	2.7440
32	0.6822	1.3086	1.6939	2.0369	2.4487	2.7385
33	0.6820	1.3077	1.6924	2.0345	2.4448	2.7333
34	0.6818	1.3070	1.6909	2.0322	2.4411	2.7284
35	0.6818	1.3062	1.6896	2.0301	2.4377	2.7238
36	0.6814	1.3055	1.6883	2.0281	2.4345	2.7195
37	0.6812	1.3049	1.6871	2.0262	2.4314	2.7154
38	0.6810	1.3042	1.6860	2.0244	2.4286	2.7116
39	0.6808	1.3036	1.6849	2.0227	2.4258	2.7079
40	0.6807	1.3031	1.6839	2.0211	2.4233	2.7045
41	0.6805	1.3025	1.6829	2.0195	2.4208	2.7012
42	0.6804	1.3020	1.6820	2.0181	2.4185	2.6981
43	0.6802	1.3016	1.6811	2.0167	2.4163	2.6951
44	0.6801	1.3011	1.6802	2.0154	2.4141	2.6923
45	0.6800	1.3006	1.6794	2.0141	2.4121	2.6896

附表 1-2 估算对数正态分布均值中的 γ 值

S_e^2 \ n	2	3	4	5	6	7	8	9	10	12	14	16	18	20	50	100	1000
0.00	1.000	1.000	1.000	1.000	1.000	1.000	1.000	1.000	1.000	1.000	1.000	1.000	1.000	1.000	1.000	1.000	1.000
0.02	1.010	1.010	1.010	1.010	1.010	1.010	1.010	1.010	1.010	1.010	1.010	1.010	1.010	1.010	1.010	1.010	1.010
0.04	1.020	1.020	1.020	1.020	1.020	1.020	1.020	1.020	1.020	1.020	1.020	1.020	1.020	1.020	1.020	1.020	1.020
0.06	1.030	1.030	1.030	1.030	1.030	1.030	1.030	1.030	1.030	1.030	1.030	1.030	1.030	1.030	1.030	1.030	1.030
0.08	1.040	1.040	1.040	1.040	1.040	1.041	1.041	1.041	1.041	1.041	1.041	1.041	1.041	1.041	1.041	1.041	1.041
0.10	1.050	1.051	1.051	1.051	1.051	1.051	1.051	1.051	1.051	1.051	1.051	1.051	1.051	1.051	1.051	1.051	1.051
0.12	1.061	1.061	1.061	1.061	1.061	1.061	1.061	1.061	1.061	1.062	1.062	1.062	1.062	1.062	1.062	1.062	1.062
0.14	1.071	1.071	1.071	1.072	1.072	1.072	1.072	1.072	1.072	1.072	1.072	1.072	1.072	1.072	1.072	1.072	1.072
0.16	1.081	1.082	1.082	1.082	1.082	1.082	1.082	1.083	1.083	1.083	1.083	1.083	1.083	1.083	1.083	1.083	1.083
0.18	1.091	1.092	1.092	1.093	1.093	1.093	1.093	1.093	1.093	1.094	1.094	1.094	1.094	1.094	1.094	1.094	1.094
0.20	1.102	1.102	1.103	1.103	1.104	1.104	1.104	1.104	1.104	1.104	1.104	1.104	1.104	1.105	1.105	1.105	1.105
0.3	1.154	1.156	1.157	1.158	1.158	1.159	1.159	1.159	1.160	1.160	1.160	1.160	1.160	1.161	1.161	1.162	1.162
0.4	1.207	1.210	1.212	1.214	1.215	1.216	1.216	1.217	1.217	1.218	1.218	1.219	1.219	1.219	1.220	1.221	1.221
0.5	1.260	1.266	1.269	1.272	1.273	1.275	1.276	1.276	1.277	1.278	1.279	1.279	1.280	1.280	1.282	1.283	1.284
0.6	1.315	1.323	1.328	1.332	1.334	1.336	1.337	1.338	1.339	1.341	1.342	1.343	1.344	1.344	1.348	1.349	1.350
0.7	1.371	1.382	1.389	1.393	1.397	1.399	1.401	1.403	1.404	1.406	1.408	1.409	1.410	1.411	1.416	1.417	1.419
0.8	1.427	1.442	1.451	1.457	1.462	1.465	1.468	1.470	1.472	1.475	1.477	1.478	1.480	1.481	1.487	1.490	1.492
0.9	1.485	1.503	1.515	1.523	1.529	1.533	1.537	1.540	1.542	1.546	1.549	1.551	1.552	1.554	1.562	1.565	1.568
1.0	1.543	1.566	1.580	1.591	1.598	1.604	1.608	1.612	1.615	1.620	1.623	1.626	1.628	1.630	1.641	1.645	1.649

续附表 1-2

S_e^2 \ n	2	3	4	5	6	7	8	9	10	12	14	16	18	20	50	100	1000
1.1	1.602	1.630	1.648	1.661	1.670	1.677	1.682	1.687	1.691	1.697	1.701	1.705	1.708	1.710	1.723	1.728	1.733
1.2	1.662	1.696	1.718	1.733	1.744	1.752	1.759	1.765	1.770	1.777	1.782	1.787	1.790	1.793	1.810	1.816	1.822
1.3	1.724	1.764	1.789	1.807	1.820	1.831	1.839	1.846	1.851	1.860	1.867	1.872	1.876	1.880	1.900	1.908	1.916
1.4	1.786	1.832	1.862	1.884	1.900	1.912	1.922	1.930	1.936	1.947	1.955	1.961	1.966	1.971	1.995	2.004	2.014
1.5	1.848	1.903	1.938	1.963	1.981	1.996	2.007	2.017	2.025	2.037	2.047	2.054	2.060	2.065	2.095	2.106	2.117
1.6	1.912	1.975	2.015	2.044	2.066	2.082	2.096	2.107	2.116	2.131	2.142	2.151	2.158	2.164	2.199	2.212	2.226
1.7	1.977	2.049	2.095	2.128	2.153	2.172	2.188	2.021	2.212	2.229	2.242	2.252	2.260	2.267	2.308	2.323	2.340
1.8	2.043	2.124	2.177	2.214	2.243	2.265	2.283	2.298	2.310	2.330	2.345	2.357	2.367	2.375	2.422	2.440	2.460
1.9	2.110	2.201	2.260	2.303	2.336	2.361	2.382	2.399	2.413	2.436	2.453	2.467	2.478	2.487	2.542	2.563	2.586
2.0	2.178	2.280	2.347	2.395	2.431	2.460	2.484	2.503	2.519	2.545	2.565	2.581	2.594	2.604	2.668	2.692	2.718
2.1	2.247	2.360	2.435	2.489	2.530	2.563	2.589	2.611	2.630	2.659	2.682	2.700	2.714	2.726	2.800	2.827	2.858
2.2	2.317	2.442	2.526	2.586	2.632	2.669	2.698	2.723	2.744	2.778	2.803	2.824	2.840	2.854	2.937	2.969	3.004
2.3	2.388	2.526	2.618	2.686	2.737	2.778	2.811	2.839	2.863	2.900	2.929	2.952	2.971	2.987	3.082	3.118	3.158
2.4	2.460	2.612	2.714	2.788	2.846	2.891	2.928	2.959	2.986	3.028	3.060	3.086	3.108	3.125	3.233	3.244	3.320
2.5	2.533	2.699	2.812	2.894	2.957	3.008	3.049	3.084	3.113	3.160	3.197	3.226	3.250	3.270	3.391	3.438	3.490
2.6	2.607	2.789	2.912	3.003	3.073	3.128	3.174	3.213	3.245	3.298	3.339	3.371	3.398	3.420	3.557	3.610	3.669
2.7	2.682	2.880	3.015	3.114	3.191	3.253	3.304	3.346	3.382	3.441	3.486	3.522	3.552	3.577	3.730	3.791	3.857
2.8	2.759	2.973	3.120	3.229	3.314	3.382	3.437	3.484	3.524	3.589	3.639	3.680	3.713	3.740	3.912	3.980	4.055
2.9	2.836	3.068	3.228	3.347	3.440	3.514	3.576	3.627	3.671	3.743	3.799	3.843	3.880	3.911	4.102	4.178	4.263
3.0	2.914	3.166	3.339	3.469	3.570	3.651	3.718	3.775	3.824	3.902	3.964	4.013	4.054	4.088	4.301	4.387	4.482

附表 1-3a 对数正态分布 95% 置信区间上限 $\psi_{0.95}$ 值

S_e^2 \ n	5	10	15	20	50	100	1000
0.01	1.000	1.000	1.000	1.000	1.000	1.000	1.000
0.02	1.241	1.117	1.084	1.067	1.038	1.026	1.007
0.04	1.362	1.171	1.122	1.099	1.055	1.037	1.011
0.06	1.466	1.216	1.154	1.124	1.069	1.046	1.013
0.08	1.561	1.256	1.181	1.146	1.080	1.053	1.015
0.10	1.652	1.293	1.207	1.166	1.091	1.060	1.017
0.12	1.740	1.327	1.230	1.184	1.100	1.066	1.019
0.14	1.827	1.361	1.253	1.202	1.109	1.072	1.020
0.16	1.914	1.393	1.274	1.219	1.118	1.078	1.022
0.18	1.999	1.425	1.295	1.236	1.126	1.084	1.023
0.20	2.087	1.455	1.316	1.252	1.135	1.089	1.025
0.30	2.532	1.606	1.415	1.328	1.172	1.113	1.031
0.40	3.019	1.756	1.509	1.399	1.207	1.135	1.037
0.50	3.563	1.910	1.603	1.470	1.240	1.156	1.042
0.60	4.176	2.070	1.682	1.541	1.273	1.175	1.047
0.70	4.870	2.237	1.798	1.614	1.306	1.196	1.052
0.80	5.663	2.415	1.901	1.688	1.338	1.215	1.057
0.90	6.570	2.604	2.006	1.763	1.371	1.235	1.062
1.00	7.605	2.805	2.117	1.842	1.404	1.254	1.067
1.10	8.795	3.019	2.233	1.924	1.437	1.274	1.071
1.20	10.155	3.250	2.355	2.008	1.471	1.294	1.076
1.30	11.718	3.497	2.483	2.096	1.506	1.314	1.080
1.40	13.513	3.761	2.617	2.187	1.540	1.334	1.085
1.50	15.569	4.045	2.758	2.282	1.576	1.354	1.089
1.60	17.928	4.351	2.907	2.380	1.613	1.374	1.094
1.70	20.639	4.680	3.064	2.484	1.650	1.395	1.098
1.80	23.749	5.034	3.229	2.592	1.688	1.416	1.103
1.90	27.318	5.414	3.403	2.704	1.728	1.438	1.107
2.00	31.398	5.825	3.588	2.822	1.767	1.459	1.112
2.10	36.079	6.268	3.783	2.945	1.808	1.481	1.116
2.20	41.444	6.745	3.989	3.074	1.850	1.504	1.121
2.30	47.586	7.260	4.208	3.209	1.893	1.526	1.125
2.40	54.611	7.815	4.438	3.351	1.937	1.549	1.130
2.50	62.661	7.415	4.683	3.498	1.982	1.572	1.134
2.60	71.861	9.061	4.941	3.670	2.029	1.596	1.139
2.70	82.366	9.759	5.214	3.816	2.076	1.620	1.144
2.80	94.377	10.512	5.504	3.986	2.125	1.645	1.148
2.90	108.115	11.326	5.811	4.164	2.175	1.670	1.153
3.00	123.750	12.206	6.137	4.351	2.226	1.695	1.158

附表 1-3b　对数正态分布 95％置信区间下限 $\psi_{0.05}$ 值

S_e^2 ＼ n	5	10	15	20	50	100	1000
0.01	1.0000	1.0000	1.0000	1.0000	1.0000	1.0000	1.0000
0.02	0.8978	0.9333	0.9458	0.9540	0.9697	0.9782	0.9927
0.04	0.8589	0.9071	0.9246	0.9344	0.9573	0.9692	0.9895
0.06	0.8302	0.8874	0.9079	0.9200	0.9478	0.9622	0.9872
0.08	0.8070	0.8708	0.8943	0.9077	0.9398	0.9564	0.9852
0.10	0.7870	0.8563	0.8821	0.8972	0.9328	0.9512	0.9833
0.12	0.7693	0.8439	0.8716	0.8878	0.9264	0.9464	0.9817
0.14	0.7535	0.8323	0.8617	0.8790	0.9204	0.9420	0.9801
0.16	0.7389	0.8216	0.8527	0.8709	0.9149	0.9380	0.9787
0.18	0.7255	0.8116	0.8442	0.8632	0.9097	0.9341	0.9773
0.20	0.7129	0.8023	0.8360	0.8558	0.9048	0.9304	0.9760
0.30	0.6605	0.7618	0.8008	0.8243	0.8828	0.9139	0.9701
0.40	0.6187	0.7284	0.7717	0.7981	0.8639	0.8996	0.9648
0.50	0.5838	0.6995	0.7462	0.7744	0.8470	0.8867	0.9600
0.60	0.5538	0.6739	0.7270	0.7534	0.8313	0.8741	0.9554
0.70	0.5277	0.6508	0.7020	0.7338	0.8168	0.8632	0.9511
0.80	0.5044	0.6297	0.6825	0.7156	0.8030	0.8525	0.9470
0.90	0.4836	0.6103	0.6646	0.6987	0.7899	0.8421	0.9429
1.00	0.4650	0.5923	0.6476	0.6826	0.7774	0.8322	0.9389
1.10	0.4481	0.5756	0.6317	0.6674	0.7654	0.8226	0.9351
1.20	0.4328	0.5599	0.6165	0.6530	0.7538	0.8133	0.9313
1.30	0.4189	0.5452	0.6023	0.6393	0.7426	0.8042	0.9276
1.40	0.4062	0.5315	0.5888	0.6262	0.7318	0.7954	0.9240
1.50	0.3946	0.5186	0.5760	0.6137	0.7214	0.7868	0.9203
1.60	0.3840	0.5065	0.5637	0.6018	0.7112	0.7784	0.9168
1.70	0.3743	0.4950	0.5521	0.5904	0.7014	0.7702	0.9133
1.80	0.3655	0.4842	0.5410	0.5794	0.6918	0.7622	0.9098
1.90	0.3574	0.4740	0.5305	0.5688	0.6825	0.7544	0.9064
2.00	0.3501	0.4644	0.5203	0.5587	0.6734	0.7466	0.9030
2.10	0.3433	0.4552	0.5106	0.5489	0.6646	0.7391	0.8996
2.20	0.3372	0.4466	0.5014	0.5395	0.6560	0.7317	0.8962
2.30	0.3316	0.4385	0.4925	0.5304	0.6476	0.7245	0.8929
2.40	0.3266	0.4308	0.4840	0.5217	0.6394	0.7173	0.8896
2.50	0.3220	0.4234	0.4759	0.5133	0.6314	0.7104	0.8864
2.60	0.3179	0.4166	0.4681	0.5044	0.6236	0.7035	0.8831
2.70	0.3142	0.4100	0.4606	0.4974	0.6160	0.6967	0.8799
2.80	0.3110	0.4039	0.4535	0.4899	0.6085	0.6901	0.8767
2.90	0.3081	0.3981	0.4467	0.4826	0.6012	0.6836	0.8736
3.00	0.3055	0.3926	0.4401	0.4756	0.5941	0.6772	0.8704

2 矿床数值模型

2.1 矿床模型概述

矿床数值模型是指将矿床的空间范围划分为单元块形成的离散模型，也称为矿床块状模型，模型中的单元块称为模块。根据模块的形态，矿床模型可分为不规则模型和规则模型两大类，不规则模型中模块的形状或大小不同，或两者皆不相同，如三角形模型和多边形模型；规则模型中模块的形状和大小相同，一般为立方体。由于规则模型便于计算机处理，现今应用的绝大多数矿床模型为规则模型。矿床模型中每一个模块被赋予一个或数个特征值（也称为属性）。建立矿床模型的目的是为更科学地估算模块的某一或多个特征值的数值，描述特征值的空间分布。

根据需要，矿床模型可以是三维的，也可以是二维的。三维块状模型是把矿床的三维空间范围划分为三维模块形成的离散模型，如图 2-1 所示。模块的特征值为品位或开采价值的模型是最常用的三维块状模型，前者有时称为品位模型或地质模型，后者称为价值模型。

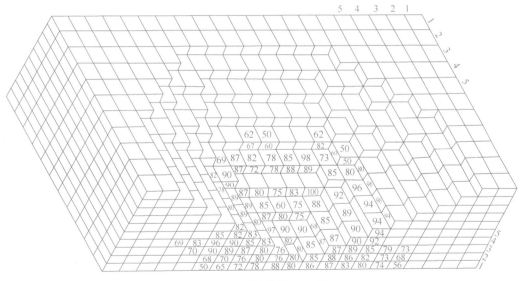

图 2-1　三维块状模型示意图

最常用的二维块状模型是标高模型，它是把矿床在水平面的范围划分为二维模块形成的离散模型，模块的特征值是模块中心处的标高。标高模型通常用来描述地表地形、露天采场形态等；在矿体为近水平的矿床中，标高模型可用来描述每层矿体的顶板标高和底板标高。

块状模型中，模块在水平方向一般取正方形，其边长视具体情况而定，一般为 10~25m。三维块状模型中模块的高度对于露天开采的矿床等于露天矿台阶高度，对于地下开采的矿床可取分段高度。

将矿床分为模块后，需要应用某种方法依据已知数据（一般为钻孔取样）对每个模块的特征值进行估算。估值后，特征值在模型范围内每一位置变为已知，便于统计计算。例如，对品位模型中每个模块的品位进行估算后，相当于模型范围内每一位置的品位变为已知，可以方便地圈定矿体，进行矿量和品位计算。

本章着重介绍两种常用的模块估值方法——地质统计学法和距离反比法，并对价值模型、标高模型等的建立作简要介绍。

2.2   地质统计学概论

地质统计学（geostatistics）是 20 世纪 60 年代初期出现的一个新兴应用数学分支，其基本思想是由南非的 Danie Krige 在金矿的品位估算实践中提出来的，后来由法国的 Georges Matheron 经过数学加工，形成一套完整的理论体系。在过去的 50 多年中，地质统计学不仅在理论上得到发展与完善，而且在实践中得到日益广泛的应用。如今，地质统计学在国际上除被用于矿床的品位估算外，也被用于其他领域中研究与位置有关的参数变化规律和参数估计，如农业中农作物的收成、环保中污染物的分布等。本节将从矿床的品位估算的角度，简要介绍地质统计学的基本概念、原理和方法。

2.2.1   基本概念与函数

应用传统统计学（"传统"二字是相对于地质统计学而言的）可以对矿床的取样数据进行各种分析，并估计矿床的平均品位及其置信区间。在给定边界品位时，传统统计学也可用于初步估算矿石量和矿石平均品位。然而，传统统计学的分析计算均基于一个假设，即样品是从一个未知的样品空间随机选取的，而且是相互独立的。根据这一假设，样品在矿床中的空间位置是无关紧要的，从相隔上千米的矿床两端获取的两个样品与从相隔几米的两点获取的两个样品从理论上讲是没有区别的，它们都是一个样本空间的两个随机取样而已。

但是在实践中，相互独立性是几乎不存在的，钻孔的位置（即样品的选取）在绝大多数情况下也不是随机的。当两个样品在空间的距离很小时，样品间会存在较强的相似性，而当距离很大时，相似性就会减弱或不存在。也就是说，样品之间存在着某种联系，这种联系的强弱是与样品的相对位置有关的，这样就引出了"区域化变量"的概念。

2.2.1.1   区域化变量与协变函数

如果以空间一点为中心获取一个样品，样品的特征值 $X(z)$ 是该点的空间位置 z 的函数，那么变量 X 即为一区域化变量。

显然，矿床的品位是一个区域化变量，而控制这一区域化变量之变化规律的是地质构造和矿化作用。区域化变量的概念是整个地质统计学理论体系的核心，用于描述区域化变量变化规律的基本函数是协变函数和半变异函数。

设有两个随机变量 X_1 与 X_2，如果 X_1 与 X_2 之间存在某种相关性，那么从传统统计学可知，这种相关关系由 X_1 与 X_2 的协方差 $\sigma(X_1, X_2)$ 表示：

$$\sigma(X_1,\ X_2) = E[\ (X_1 - E[X_1])(X_2 - E[X_2])\ ] \tag{2-1}$$

让 $\sigma_{X_1}^2$ 和 $\sigma_{X_2}^2$ 分别表示 X_1 和 X_2 的方差，则：

$$\sigma_{X_1}^2 = E[\ (X_1 - E[X_1])^2\ ] \tag{2-2}$$

$$\sigma_{X_2}^2 = E[\ (X_2 - E[X_2])^2\ ] \tag{2-3}$$

式中　$E[\ *\ ]$——随机变量 $*$ 的数学期望。

X_1 与 X_2 之间的相关系数为：

$$\rho_{X_1,\ X_2} = \frac{\sigma(X_1,\ X_2)}{\sigma_{X_1}\sigma_{X_2}} \tag{2-4}$$

当 X_1 与 X_2 互相独立时，即两者之间不存在任何相关性时，协方差与相关系数均为零。当 X_1 与 X_2 "完全相关"时，相关系数为 1.0（或 -1.0）。

如果 X_1 和 X_2 不是一般的随机变量，而是区域化变量 X 在矿体 Ω 中相距 h 的两个位置的取值，即：

X_1 代表 $X(z)$：区域化变量 X 在矿体 Ω 中 z 点的取值；

X_2 代表 $X(z+h)$：区域化变量 X 在矿体 Ω 中距 z 点 h 处的取值。

那么，由式（2-1）可计算 $X(z)$ 与 $X(z+h)$ 在矿体 Ω 中的协方差：

$$\begin{aligned}\sigma(X(z),\ X(z+h)) &= \sigma(h) \\ &= E[\ (X(z) - E[X(z)])(X(z+h) - E[X(z+h)])\ ]\end{aligned} \tag{2-5}$$

$\sigma(h)$ 称为区域化变量 X 在 Ω 中的协变函数（covariogram）。

让 σ_1^2 和 σ_2^2 分别表示 $X(z)$ 与 $X(z+h)$ 在矿体 Ω 中的方差，则：

$$\sigma_1^2 = E[\ (X(z) - E[X(z)])^2\ ] \tag{2-6}$$

$$\sigma_2^2 = E[\ (X(z+h) - E[X(z+h)])^2\ ] \tag{2-7}$$

那么 $X(z)$ 与 $X(z+h)$ 之间的相关系数为：

$$\rho(h) = \frac{\sigma(h)}{\sigma_1\sigma_2} \tag{2-8}$$

$\rho(h)$ 称为区域化变量 X 在 Ω 中的相关函数（correlogram）。

对于任何矿床，都可能估算出其协变函数 $\sigma(h)$。但在利用 $\sigma(h)$ 对矿床中模块的品位进行估值时，需满足二阶稳定性条件。

二阶稳定性条件（second order stationarity conditions）：

（1）$X(z)$ 的数学期望与空间位置 z 无关，即对任意位置 z_0，有：

$$E[X(z_0)] = \mu \tag{2-9}$$

（2）协变函数与空间位置无关，只与距离 h 有关，即对于任何位置 z_0，有：

$$E[\ (X(z_0) - \mu)(X(z_0 + h) - \mu)\ ] = \sigma(h) \tag{2-10}$$

当式（2-10）成立时，$X(z)$ 与 $X(z+h)$ 的方差相等，即：$\sigma_1^2 = \sigma_2^2 = \sigma^2$，相关函数（式 2-8）变为：

$$\rho(h) = \frac{\sigma(h)}{\sigma^2} \tag{2-11}$$

2.2.1.2　半变异函数

用于描述区域化变量变化规律的另一个更具实用性的函数是半变异函数

（semivariogram）。半变异函数的定义为：

$$\gamma(h) = \frac{1}{2}E[(X(z) - X(z + h))^2] \tag{2-12}$$

如果满足二阶稳定性条件，半变异函数与协变函数之间存在以下关系：

$$\gamma(h) = \sigma^2 - \sigma(h) \tag{2-13}$$

证明：

$$\gamma(h) = \frac{1}{2}E[(X(z) - X(z + h))^2]$$

$$= \frac{1}{2}E[((X(z) - \mu) - (X(z + h) - \mu))^2]$$

$$= \frac{1}{2}E[(X(z) - \mu)^2] + \frac{1}{2}E[(X(z + h) - \mu)^2] - E[(X(z) - \mu)(X(z + h) - \mu)]$$

$$= \frac{1}{2}\sigma_1^2 + \frac{1}{2}\sigma_2^2 - \sigma(h)$$

$$= \sigma^2 - \sigma(h)$$

图 2-2 是关系式（2-13）的示意图。

当 $h = 0$ 时，点 z 和 $z+h$ 变为一点，区域化变量 X 的取值 $X(z)$ 与 $X(z+h)$ 应变为同一取值。从以上各式可以看出，$\sigma(0) = \sigma^2$，$\gamma(0) = 0$。实际上，在同一位置获得两个完全相同的样品几乎是不可能的。如果我们从紧挨着的两点（$h \approx 0$）取两个样品，由于取样过程中的误差和微观矿化作用的变化，两个样品不会完全相同；即使是把同一个样品化验两次，由于化验过程中的误差，化验结果也难以完全相同。因此，在许多情况下半变异函数在原点附近不等于零，这种现象称为块金效应。块金效应的大小用块金值 N 表示：

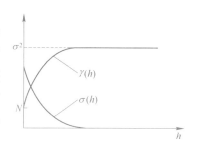

图 2-2　半变异函数与
协变函数的关系示意图

$$N = \lim_{h \to 0}\gamma(h) = \sigma^2 - \lim_{h \to 0}[\sigma(h)] \tag{2-14}$$

应用半变异函数进行估值时，需满足内蕴假设。

内蕴假设（intrinsic hypothesis）：

（1）区域化变量 X 的增量的数学期望与位置无关，即对于区域 Ω 内的任意位置 z_0，有：

$$E[X(z_0) - X(z_0 + h)] = m(h) \tag{2-15}$$

（2）半变异函数与位置无关，即对于区域 Ω 内的任意位置 z_0，有：

$$\frac{1}{2}E[(X(z_0) - X(z_0 + h))^2] = \gamma(h) \tag{2-16}$$

内蕴假设的内涵是：区域化变量的增量在给定区域 Ω 内的所有位置上具有相同的概率分布。内蕴假设要求的条件要比二阶稳定性条件宽松得多，当满足后者时，前者自然得到满足。

2.2.2 实验半变异函数及其计算

像普通随机变量的概率分布特征值一样，半变异函数对任一给定矿床 Ω 是未知的，需要通过取样值对之进行估计。

设从矿床 Ω 中获得一组样品，相距 h 的样品对数为 $n(h)$，那么半变异函数 $\gamma(h)$ 可以用下式估计：

$$\gamma(h) = \frac{1}{2n(h)} \sum_{i=1}^{n(h)} \left[x(z_i) - x(z_i + h) \right]^2 \tag{2-17}$$

式中　$x(z_i)$——在 z_i 处的样品值；

$x(z_i+h)$——在与 z_i 相距 h 处的样品值。

由式（2-17）计算的半变异函数称为实验半变异函数。下面举例说明实验半变异函数的计算过程。

例 2-1　在一条直线上取得 10 个样品，其位置如图 2-3 所示，试计算实验半变异函数。

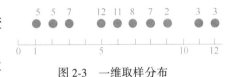

图 2-3　一维取样分布

解：样品是一个离散集，因此我们只能对几个离散 h 值计算 $\gamma(h)$。应用公式（2-17）计算的结果列于表 2-1 中并绘于图 2-4。以 $h=3$ 为例，计算过程列于表 2-2 中。

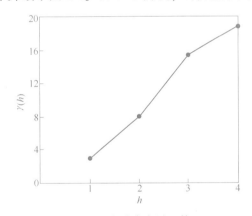

图 2-4　实验半变异函数

表 2-1　基于图 2-3 中数据的实验半变异函数计算结果

间距 h	1	2	3	4
样品对数 $n(h)$	7	6	6	6
$\gamma(h)$	2.857	8.167	15.667	18.917

表 2-2　$h=3$ 时 $\gamma(h)$ 的计算过程

样　品　对		计　　算	
$x(z)$	$x(z+3)$	$x(z)-x(z+3)$	$[x(z)-x(z+3)]^2$
5	12	-7	49
7	11	-4	16
12	7	5	25
11	2	9	81

续表 2-2

样 品 对		计 算	
$x(z)$	$x(z+3)$	$x(z)-x(z+3)$	$[x(z)-x(z+3)]^2$
7	3	4	16
2	3	−1	+1
$\gamma(3)=188/12=15.667$			$\Sigma=188$

上例中，样品落于一直线上，是一个在一维空间计算实验半变异函数的问题。在二维或三维空间，半变异函数是具有方向性的，即在不同的方向上，半变异函数可能不一样。下面是一个在二维空间计算半变异函数的算例。

例 2-2 如图 2-5 所示，在矿床的某一台阶取样 31 个，样品位于间距为 1 的规则网格点上，各样品的品位如图中的数字所示。试求在 4 个方向上的实验半变异函数。

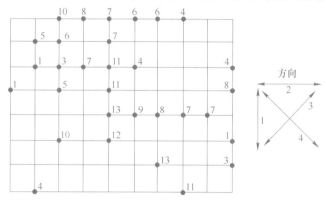

图 2-5 二维取样分布

解：在任一方向上，计算过程与例 2-1 相同。只是在一给定方向上选取间距为 h 的样品对时，只能在该方向上选取。在方向 1 和 2 上的实验半变异函数计算结果列于表 2-3 中，在方向 3 和 4 上的计算结果列于表 2-4 中。

表 2-3 例 2-2 中在方向 1 和 2 上的实验半变异函数计算结果

方　向	$h=1$		$h=2$		$h=3$	
	$n(h)$	$\gamma(h)$	$n(h)$	$\gamma(h)$	$n(h)$	$\gamma(h)$
1	11	3.91	12	9.00	8	11.06
2	14	4.07	14	7.64	9	15.22

表 2-4 例 2-2 中在方向 3 和 4 上的实验半变异函数计算结果

方　向	$h=\sqrt{2}$		$h=2\sqrt{2}$		$h=3\sqrt{2}$	
	$n(h)$	$\gamma(h)$	$n(h)$	$\gamma(h)$	$n(h)$	$\gamma(h)$
3	10	5.90	11	12.09	6	20.08
4	9	5.06	12	12.92	6	16.83

若将平面上所有方向上相距为 h 的样品对用于计算 $\gamma(h)$，得到的实验半变异函数称为该平面上的平均实验半变异函数。本例中的平均实验半变异函数计算结果列于表 2-5。

所有 4 个方向上的实验半变异函数与平均半变异函数计算结果绘于图 2-6。

表 2-5 例 2-2 中平均实验半变异函数计算结果

h	1	$\sqrt{2}$	2	$2\sqrt{2}$	3	$3\sqrt{2}$
$n(h)$	25	19	26	23	17	12
$\gamma(h)$	4.00	5.50	8.27	12.52	13.26	18.46

在实践中，样品在平面上的分布可能很不规则，不可能所有样品都位于规则的网格点上，样品间的距离也不会是一个基数的整数倍，而且往往需要计算任意方向的实验半变异函数。因此，恰好落在某一给定方向的方向线上和间距恰好等于某一给定 h 的样品对很少（或几乎不存在）。所以，如图 2-7 所示，在计算实验半变异函数时，需要确定一个最大方向角偏差 $\Delta\alpha$ 和距离偏差 Δh。如果一对样品 $x(z_i)$ 和 $x(z_j)$ 所在的位置连成的向量 $z_i \to z_j$ 的方向落于 $\alpha - \Delta\alpha$ 和 $\alpha + \Delta\alpha$ 之间，那么就可以认为 $x(z_i)$ 和 $x(z_j)$ 是在方向 α 上的一个样品对；如果样品 $x(z_i)$ 和 $x(z_j)$ 之间的距离落于 $h - \Delta h$ 和 $h + \Delta h$ 之间，就可认为这两个样品是相距 h 的一个样品对；$2\Delta\alpha$ 称为窗口（window）。在实际计算中，往往以 $2\Delta h$ 作为 h 的增量，以 Δh 作为最小 h 值（即偏移量 Offset），例如，当 $2\Delta h = 10\text{m}$ 时，h 取 5m，15m，25m…

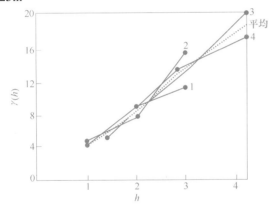

图 2-6 不同方向上的实验半变异函数

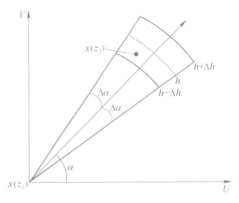

图 2-7 二维半变异函数的实用计算方法

在三维空间，图 2-7 中的扇形变为图 2-8 中的锥体，空间的某一方向由方位角 φ 与倾角 ψ 表示。另外，在三维空间，一个样品不是一个二维点，而是具有一定长度的三维体，所以在计算半变异函数前，需要将样品进行组合处理，形成等长度的组合样品。在实验半变异函数的实际计算中，首先要对所有样品对进行矢量运算，找出落于方向与间距最大偏差范围内的样品对，然后对这些样品对应用公式（2-17）进行计算，获得半变异函数 $\gamma(h)$ 曲线上的一个点。需要说明的是，距离 h 是所有落入间距偏差范围的样品对的距离的平均值。

2.2.3 半变异函数的数学模型

实验半变异函数由一组离散点组成，在实际应用时很不方便，因此常常将实验半变异函数拟合为一个可以用数学解析式表达的数学模型。常见的半变异函数的数学模型有以下几种：

（1）球状模型（spherical model）。实验半变异函数在大多数情况下可以拟合成球状模

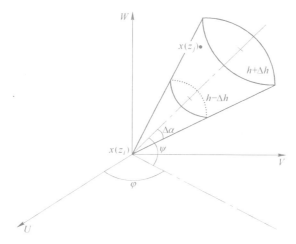

图 2-8　三维半变异函数的实用计算方法

型。因此，球状模型是应用最广的一种半变异函数模型，其数学表达式为：

$$\gamma(h) = \begin{cases} C\left(\dfrac{3h}{2a} - \dfrac{h^3}{2a^3}\right) & h \leqslant a \\ C & h \geqslant a \end{cases} \tag{2-18}$$

式中，C 称为槛值或台基值（sill），一般情况下可以认为 $C = \sigma^2$（σ^2 为样品的方差），a 称为变程（range）。

　　图 2-9 是球状模型的图示。从图中可以看出，$\gamma(h)$ 随 h 的增加而增加，当 h 达到变程时，$\gamma(h)$ 达到槛值 C；之后 $\gamma(h)$ 便保持常值 C。这种特征的物理意义是：当样品之间的距离小于变程时，样品是相互关联的，关联程度随间距的增加而减小，或者说，变异程度随间距的增加而增大；当间距达到一定值（变程）时，样品之间的关联性消失，变为完全随机，这时 $\gamma(h)$ 即为样品的方差。因此，变程实际上代表样品的影响范围。

　　（2）随机模型（random model）。当区域化变量 X 的取值是完全随机的，即样品之间的协方差 $\sigma(h)$ 对于所有 h 都等于 0 时，半变异函数是一常量：

$$\gamma(h) = C \tag{2-19}$$

　　这一模型称为随机模型，其图示为一水平直线，如图 2-10 所示。随机模型表明，区域化变量 X 的取值与位置无关，样品之间没有关联性。随机模型有时也被称为纯块金效应模型（pure nugget effect model）。

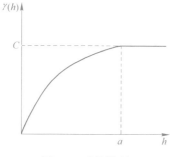

图 2-9　球状模型

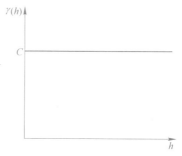

图 2-10　随机模型

（3）指数模型（exponential model）。指数模型的数学表达式为：
$$\gamma(h) = C(1 - e^{-h/a}) \qquad (2-20)$$
指数模型的特征与球状模型相似（见图 2-11），变异速率较小。式（2-20）中的 a 是原点处的切线达到 C 时的 h 值。

（4）高斯模型（Gaussian model）。高斯模型的数学表达式为：
$$\gamma(h) = C(1 - e^{-h^2/a^2}) \qquad (2-21)$$

如图 2-12 所示，高斯模型在原点的切线为水平线，表明区域化变量在短距离内变异很小。

（5）线性模型（linear model）。线性模型的数学表达式为一线性方程，即：
$$\gamma(h) = \frac{p^2}{2}h \qquad (2-22)$$
式中，p^2 为一常量，且
$$p^2 = E\big[(X(z_i + 1) - X(z_i))^2\big] \qquad (2-23)$$

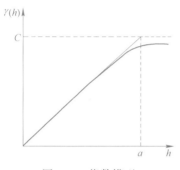

图 2-11　指数模型

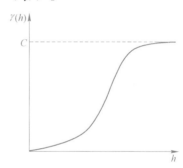

图 2-12　高斯模型

如图 2-13 所示，线性模型没有槛值，$\gamma(h)$ 随 h 无限增加。

（6）对数模型（logarithmic model）。对数模型的表达式为：
$$\gamma(h) = 3\alpha\ln(h) \qquad (2-24)$$
式中　α——常量。

当 h 取对数坐标时，对数模型为一条直线，如图 2-14 所示。对数模型没有槛值。当 $h<1$ 时，$\gamma(h)$ 为负数，由半变异函数的定义（式（2-12））可知，$\gamma(h)$ 不可能为负数。所以对数模型不能用于描述 $h<1$ 时的区域化变量特性。

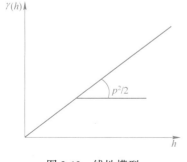

图 2-13　线性模型

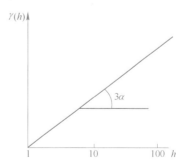

图 2-14　对数模型

（7）嵌套结构（nested structures）。除对数模型和随机模型外，均有 γ（0）= 0。但由于取样、化验误差和矿化作用在短距离内（小于最小取样间距）的变化，在绝大多数情况下半变异函数在原点不等于零，即存在块金效应。因此，在实践中应用最广的模型是具有块金效应的球状模型，其数学表达式为：

$$\gamma(h) = \begin{cases} N + C\left(\dfrac{3h}{2a} - \dfrac{h^3}{2a^3}\right) & h \leqslant a \\ N + C & h \geqslant a \end{cases} \tag{2-25}$$

式中　N——块金效应；

　　　C——球模型的槛值；

　　　a——球模型的变程。

上式实质上是由两个结构组成的：一个是纯块金效应结构（或随机结构），另一个是球形结构。由多个半变异函数组成的结构称为嵌套结构。

在某些情况下，区域化变量的结构特性较复杂，难以用单一结构的数学模型描述。这时，往往采用几个结构的数学组合来描述较复杂的嵌套结构。实践中较常见的嵌套结构由块金效应与两个球模型组成，即：

$$\gamma(h) = N + \gamma_1(h) + \gamma_2(h) \tag{2-26}$$

式中，$\gamma_1(h)$、$\gamma_2(h)$ 为具有不同的 a 和 C 值的球模型。

图 2-15 是这一嵌套结构的示意图。

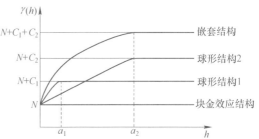

图 2-15　球模型的嵌套结构示意图

2.2.4　半变异函数的拟合

实践中，半变异函数是根据有限数目的地质取样建立的，而通过取样我们只能得到由一些离散点组成的实验半变异函数。为使用方便，需要对实验半变异函数进行加工获得实验半变异函数的数学模型。将实验半变异函数加工成数学模型的过程称为半变异函数的拟合。这里只讲述球模型的拟合。

图 2-16 是从一组样品得到的实验半变异函数。虽然数据点的分布不很规则，但仍可看出 $\gamma(h)$ 具有随 h 首先增加，然后趋于稳定的特点。因此，其数学模型应为具有块金效应的球模型。如果能确定块金值 N、球模型的槛值 C 和变程 a，拟合也就完成了。

首先确定 $C+N$。从数据点的分布很难看出 $\gamma(h)$ 稳定在何值，但从理论上讲，可以认为其最大值等于样品的方差 σ^2。因此，在实际拟合时，往往取 $C+N=\sigma^2$。本例中，$\sigma^2 = 0.135$，故 $C+N=0.135$。

其次确定块金值。根据槛值以下靠近原点的数据点变化趋势，作一条斜线（即球模型在 $h=0$ 处的切线），斜线与纵轴的截距即为块金值 N。从图中可以看出，$N \approx 0.02$。这样 $C = 0.135 - 0.02 = 0.115$。

最后确定变程。根据球模型的数学表达式可知，$\gamma(h)$ 在 $h=0$ 处的切线斜率为 $C/(2a/3)$。所以，上面求块金值时所作的斜线与等于最大值的水平线的交点的横坐标为 $2a/3$。从图中可以看出，$2a/3$ 约为 100m，所以变程 a 约为 150m。

利用实际数据进行半变异函数的拟合通常是个十分复杂的过程，需要对地质特征有较

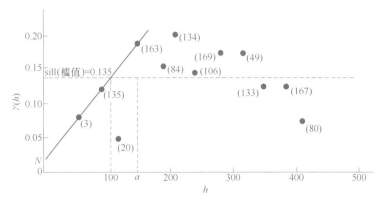

图 2-16　实验半变异函数的球模型拟合

好的了解和拟合经验。当取样间距较大时，变程以内的数据点很少，很难确定半变异函数在该范围内的变化趋势，而恰恰这部分曲线是半变异函数最重要的组成部分。在这种情况下，常常求助于"沿钻孔实验半变异函数"（down-hole semivariogram），即沿钻孔方向建立的实验半变异函数。因为沿钻孔取样间距小，沿钻孔半变异函数可以捕捉短距离内的结构特征，帮助确定半变异函数的块金值和变化趋势。但必须注意，当存在各向异性时，沿钻孔半变异函数只代表区域化变量沿钻孔方向的变化特征，并不能完全代表其他方向上半变异函数在短距离的变化特征。

2.2.5　各向异性

当区域化变量在不同方向呈现不同特征时，半变异函数在不同方向也具有不同的特性，这种现象称为各向异性（anisotropy）。常见的各向异性有两种。

几何各向异性（geometric anisotropy）的特点是半变异函数的槛值不变，变程随方向变化。如果求出任一平面内所有方向上的半变异函数，半变异函数在平面上的等值线是一组近似椭圆，如图 2-17 所示。椭圆的短轴和长轴方向称为主方向（principal directions）。对应于半变异函数最大值 σ^2 的等值线上的每一点 r 到原点的距离是在 $O{\rightarrow}r$ 方向上半变异函数的变程。对应于 σ^2 的等值线椭圆称为各向异性椭圆，它是影响范围的一种表达。若平面为水平面，各向异性椭圆的长轴方向一般与矿体的走向重合（或非常接近）。因此即使矿体的产状是未知的，通过半变异函数的各向异性分析也可以看出矿体的走向。

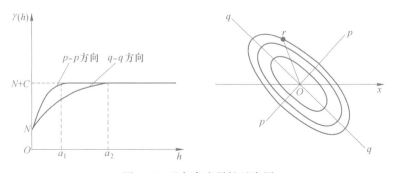

图 2-17　几何各向异性示意图

区域各向异性的特点是半变异函数的槛值随方向变化，如图 2-18 所示。

在三维空间，各向异性椭圆变为椭球体，并有三个主方向。确定三个主方向的一般步骤如下：

（1）在水平面的几个方向上计算半变异函数，得到水平面上的各向异性椭圆，其长轴方向为走向，如图 2-19 所示。

（2）在图 2-19 中垂直于走向的垂直剖面上，计算不同方向上的半变异函数，得到该剖面上的各向异性椭圆，其长轴方向为倾向、短轴方向为主方向 3（变程最小的方向），如图 2-20所示。

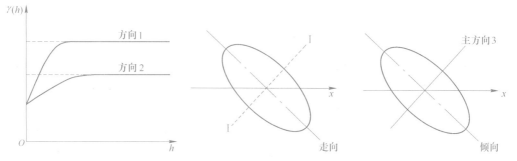

图 2-18　区域各向异性示意图　　图 2-19　水平面上的各向异性椭圆　　图 2-20　图 2-19 中剖面
I—I 上的各向异性椭圆

（3）在倾向面（即走向线与倾向线所在的空间平面）上，计算不同方向上的半变异函数，得到该平面上的各向异性椭圆，其长轴方向即为主方向 1 （变程最大的方向）、短轴方向为主方向 2，如图 2-21 所示。

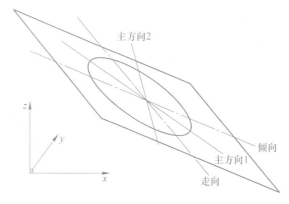

图 2-21　倾向面上的各向异性椭圆

在实际应用中，各向异性椭圆不会像图中那样规整，确定椭圆的长轴和短轴方向时应注意两者是相互垂直的关系，最后确定的三个主方向也是相互垂直的。

2.2.6　半变异函数平均值的计算

应用地质统计学方法进行估值时，需要计算半变异函数在两个几何体之间或在一个几何体内的平均值。设在区域 Ω 中有两个几何体 V 和 W，如果在 V 中任取一点 z，在 W 中

任取一点 z'，z 与 z' 之间的距离为 h，那么半变异函数在两点上的值为 $\gamma(h)$，也可记为 $\gamma(z, z')$。半变异函数在 V 和 W 之间的平均值就是当 z 取 V 中所有点、z' 取 W 中所有点时，$\gamma(z, z')$ 的平均值，即：

$$\bar{\gamma}(V, W) = \frac{1}{VW} \int_{z \,\mathrm{in}\, V} \int_{z' \,\mathrm{in}\, W} \gamma(z, z') \mathrm{d}z\mathrm{d}z' \tag{2-27}$$

上式积分可以用数值方法计算。将 V 划分为 n 个大小相等的子体，每个子体的中心位于 $z_i(i=1, 2, \cdots, n)$；同理，将 W 划分为 n' 个子体，每个子体的中心位于 $z_j'(j=1, 2, \cdots, n')$。这样，上面的积分可用下式逼近：

$$\bar{\gamma}(V, W) = \frac{1}{nn'} \sum_{i=1}^{n} \sum_{j=1}^{n'} \gamma(z_i, z_j') \tag{2-28}$$

当 V 和 W 是同一几何体时，$\bar{\gamma}(V, V)$ 即为半变异函数在几何体 V 内的平均值：

$$\bar{\gamma}(V, V) = \frac{1}{n^2} \sum_{i=1}^{n} \sum_{j=1}^{n} \gamma(z_i, z_j) \tag{2-29}$$

式中　　z_i，z_j——V 中的子体中心位置。

根据半变异函数的定义，$\gamma(z_i, z_j') = E[(x_i - x_j')^2]/2$，$x_i$ 和 x_j' 分别为区域化变量 X 在 z_i 和 z_j' 处的取值。这样，式（2-28）和式（2-29）也可分别改写为以下的形式：

$$\bar{\gamma}(V, W) = \frac{1}{nn'} \sum_{i=1}^{n} \sum_{j=1}^{n'} \frac{1}{2} E[(x_i - x_j')^2] \tag{2-30}$$

$$\bar{\gamma}(V, V) = \frac{1}{n^2} \sum_{i=1}^{n} \sum_{j=1}^{n} \frac{1}{2} E[(x_i - x_j)^2] \tag{2-31}$$

如果几何体 W 代表的是一个取样，用 ω 表示，取样的中心位于 z_0，取样的值为 x_0，而且取样 ω 的体积很小，不再划分为子体，即 $n'=1$，那么式（2-28）变为：

$$\bar{\gamma}(\omega, V) = \frac{1}{n} \sum_{i=1}^{n} \gamma(z_0, z_i) \tag{2-32}$$

式（2-30）变为：

$$\bar{\gamma}(\omega, V) = \frac{1}{n} \sum_{i=1}^{n} \frac{1}{2} E[(x_0 - x_i)^2] \tag{2-33}$$

$\bar{\gamma}(\omega, V)$ 称为半变异函数在取样 ω 与几何体 V 之间的平均值。

如果 V 也代表一个取样 ω'，ω' 的中心位于 z_0'，ω' 的取值为 x_0'，ω' 的体积很小，不再划分为子体（$n=1$），那么式（2-32）和式（2-33）分别变为：

$$\bar{\gamma}(\omega, \omega') = \gamma(z_0, z_0') \tag{2-34}$$

$$\bar{\gamma}(\omega, \omega') = \frac{1}{2} E[(x_0 - x_0')^2] \tag{2-35}$$

$\bar{\gamma}(\omega, \omega')$ 称为半变异函数在两个样品之间的"平均值"。

当然，如果取样的体积较大，需要把取样也划分为子体时，半变异函数在取样与几何体之间、取样与取样之间的平均值，和半变异函数在两个几何体之间的平均值是一回事。因此，式（2-28）或式（2-30）是计算半变异函数平均值的一般公式，其他公式都是这两个公式的特例。值得注意的是，当把取样也划分为离散点进行计算时，意味着半变异函数不是由具有一定体积的取样数值得来的，而是从无限小的点值得到的，这样的半变异函数称为点半变异函数（point semivariogram）。但在实践中点半变异函数是未知的，半变异函数是通过具有一定体积的取样数据建立的。因此，在实际计算中，一般把取样看作是"不可再分"的。

2.2.7 克里金法

由于地质统计学的基本思想是由 Danie Krige（丹尼·克里金）提出的，所以应用地质统计学进行估值的方法被命名为克里金法（Kriging），有时也翻译成克里格法。克里金估值是在一定条件下具有无偏性和最佳性的线性估值。

所谓无偏性，就是对参数（特征值）的估值 $\hat{\mu}_V$ 与其真值 μ_V 之间的偏差的数学期望为零，即：

$$E[\hat{\mu}_V - \mu_V] = 0 \tag{2-36}$$

所谓最佳性，是指估计值与真值之间偏差的平方的数学期望达到最小，即：

$$E[(\hat{\mu}_V - \mu_V)^2] = \min \tag{2-37}$$

$E[(\hat{\mu}_V - \mu_V)^2]$ 也称为估计方差（estimation variance），用 σ_E^2 表示；用克里金法进行估值的估计方差称为克里金方差（Kriging variance）或克里金误差（Kriging error），用 σ_K^2 表示。

所谓线性估值，是指未知量 μ_V 的估计量 $\hat{\mu}_V$ 是若干个已知取样值 x_i 的线性组合，即：

$$\hat{\mu}_V = \sum_{i=1}^{n} b_i x_i \tag{2-38}$$

式中 b_i——常数。

设从区域 Ω 中取样 n 个，样品 ω_i 的值为 $x_i(i=1, 2, \cdots, n)$；Ω 中的一个单元体 V 的未知真值为 μ_V，如图 2-22 所示。那么，用这 n 个样品对 μ_V 的克里金估值即为式（2-38）。

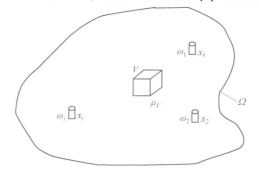

图 2-22 克里金法示意图

根据无偏性要求 $E[\hat{\mu}_V - \mu_V] = 0$，有：

$$E\left[\sum_{i=1}^{n} b_i x_i - \mu_V\right] = \sum_{i=1}^{n} b_i E[x_i] - E[\mu_V] = 0$$

如果在区域 Ω 内，区域化变量满足内蕴假设且"无漂移"，$E[x_i] = E[\mu_V] = \mu$（μ 为参数在 Ω 的平均值），上式变为：

$$\sum_{i=1}^{n} b_i \mu - \mu = 0$$

消去 μ，得：

$$\sum_{i=1}^{n} b_i = 1 \quad \text{或} \quad \sum_{i=1}^{n} b_i - 1 = 0 \tag{2-39}$$

因此，估值具有无偏性的充要条件是取样值的权值之和为 1。

将几何体 V 看作是由 m 个相同的子体组成，每个子体的值为 v_k，那么 μ_V 等于子体值的平均值，即：

$$\mu_V = \frac{1}{m} \sum_{k=1}^{m} v_k$$

这样，克里金方差为：

$$\sigma_K^2 = E\left[(\hat{\mu}_V - \mu_V)^2 \right] = E\left[\left(\sum_{i=1}^{n} b_i x_i - \frac{1}{m} \sum_{k=1}^{m} v_k \right)^2 \right]$$

令 x_j 表示另一个样品 ω_j 的值（当 $j=i$ 时，$x_j = x_i$）；v_l 表示 V 中的另一个子体的值（当 $l=k$ 时，$v_l = v_k$）。那么当 $\sum_{i=1}^{n} b_i = 1$ 时，上式可以改写为：

$$\begin{aligned}
\sigma_K^2 &= E\left[-\sum_{i=1}^{n} \sum_{j=1}^{n} \frac{1}{2} b_i b_j (x_i - x_j)^2 - \frac{1}{m^2} \sum_{k=1}^{m} \sum_{l=1}^{m} \frac{1}{2} (v_k - v_l)^2 + \sum_{i=1}^{n} b_i \left(\frac{1}{m} \sum_{k=1}^{m} (x_i - v_k)^2 \right) \right] \\
&= -\sum_{i=1}^{n} \sum_{j=1}^{n} \frac{1}{2} b_i b_j E\left[(x_i - x_j)^2 \right] - \frac{1}{m^2} \sum_{k=1}^{m} \sum_{l=1}^{m} \frac{1}{2} E\left[(v_k - v_l)^2 \right] + \\
&\quad 2 \sum_{i=1}^{n} b_i \left(\frac{1}{m} \sum_{k=1}^{m} \frac{1}{2} E\left[(x_i - v_k)^2 \right] \right)
\end{aligned} \tag{2-40}$$

从公式（2-35）可知：

$$\frac{1}{2} E\left[(x_i - x_j)^2 \right] = \bar{\gamma}(\omega_i, \omega_j)$$

即半变异函数在样品 ω_i 和 ω_j 间的平均值；从公式（2-31）可知：

$$\frac{1}{m^2} \sum_{k=1}^{m} \sum_{l=1}^{m} \frac{1}{2} E\left[(v_k - v_l)^2 \right] = \bar{\gamma}(V, V)$$

即半变异函数在几何体 V 内的平均值；从公式（2-33）可知：

$$\frac{1}{m} \sum_{k=1}^{m} \frac{1}{2} E\left[(x_i - v_k)^2 \right] = \bar{\gamma}(\omega_i, V)$$

即半变异函数在取样 ω_i 和 V 之间的平均值。将这些等式代入式（2-40），得：

$$\sigma_K^2 = -\sum_{i=1}^{n} \sum_{j=1}^{n} b_i b_j \bar{\gamma}(\omega_i, \omega_j) - \bar{\gamma}(V, V) + 2 \sum_{i=1}^{n} b_i \bar{\gamma}(\omega_i, V) \tag{2-41}$$

这样，最佳估值就是在式（2-39）的条件下求 σ_K^2 达到最小值时的权值 $b_i (i=1, 2, \cdots, n)$。应用拉格朗日乘子法，得拉格朗日函数：

$$L(b_1, b_2, \cdots, b_n, \lambda) = \sigma_K^2 - 2\lambda \left(\sum_{i=1}^{n} b_i - 1 \right) \tag{2-42}$$

式中 2λ——拉格朗日乘子。

在式（2-39）的条件下求 σ_K^2 达到最小的条件是拉格朗日函数对 $b_i (i=1, 2, \cdots, n)$

和 λ 的一阶偏微分为零，即：

$$\left.\begin{aligned}\frac{\partial L}{\partial b_i} &= 0 \qquad i = 1,\ 2,\ \cdots,\ n\\\frac{\partial L}{\partial \lambda} &= 0\end{aligned}\right\}\qquad(2\text{-}43)$$

将式（2-41）代入式（2-42）中并求导，得式（2-43）的具体形式为：

$$\left.\begin{aligned}\sum_{j=1}^{n} b_j \overline{\gamma}(\omega_i,\ \omega_j) + \lambda &= \overline{\gamma}(\omega_i,\ V) \qquad i = 1,\ 2,\ \cdots,\ n\\\sum_{j=1}^{n} b_j &= 1\end{aligned}\right\}\qquad(2\text{-}44)$$

将式（2-44）展开，得：

$$\left.\begin{aligned}b_1\overline{\gamma}(\omega_1,\ \omega_1) + b_2\overline{\gamma}(\omega_1,\ \omega_2) + \cdots + b_n\overline{\gamma}(\omega_1,\ \omega_n) + \lambda &= \overline{\gamma}(\omega_1,\ V)\\b_1\overline{\gamma}(\omega_2,\ \omega_1) + b_2\overline{\gamma}(\omega_2,\ \omega_2) + \cdots + b_n\overline{\gamma}(\omega_2,\ \omega_n) + \lambda &= \overline{\gamma}(\omega_2,\ V)\\\vdots \qquad\qquad \vdots \qquad\qquad \vdots \qquad \vdots \quad&\quad \vdots\\b_1\overline{\gamma}(\omega_n,\ \omega_1) + b_2\overline{\gamma}(\omega_n,\ \omega_2) + \cdots + b_n\overline{\gamma}(\omega_n,\ \omega_n) + \lambda &= \overline{\gamma}(\omega_n,\ V)\\b_1 \qquad\quad + b_2 \qquad\qquad + \cdots + b_n \qquad\quad + 0 &= 1\end{aligned}\right\}\qquad(2\text{-}45)$$

式（2-45）是由 $n+1$ 个方程组成的线性方程组，称为克里金方程组。解这个方程组，就可求出 $n+1$ 个未知数（$b_1,\ b_2,\ \cdots,\ b_n,\ \lambda$）。将求得的 $b_1,\ b_2,\ \cdots,\ b_n$ 代入式（2-38），即得到 μ_V 的无偏、最佳、线性估值 $\hat{\mu}_V$。

式（2-45）也可用矩阵形式表示，令：

$$\boldsymbol{A} = \begin{bmatrix}\overline{\gamma}(\omega_1,\ \omega_1) & \overline{\gamma}(\omega_1,\ \omega_2) & \cdots & \overline{\gamma}(\omega_1,\ \omega_n) & 1\\\overline{\gamma}(\omega_2,\ \omega_1) & \overline{\gamma}(\omega_2,\ \omega_2) & \cdots & \overline{\gamma}(\omega_2,\ \omega_n) & 1\\\vdots & \vdots & \vdots & \vdots & \vdots\\\overline{\gamma}(\omega_n,\ \omega_1) & \overline{\gamma}(\omega_n,\ \omega_2) & \cdots & \overline{\gamma}(\omega_n,\ \omega_n) & 1\\1 & 1 & \cdots & 1 & 0\end{bmatrix}$$

$$\boldsymbol{B} = \begin{bmatrix}b_1\\b_2\\\vdots\\b_n\\\lambda\end{bmatrix}\qquad \boldsymbol{C} = \begin{bmatrix}\overline{\gamma}(\omega_1,\ V)\\\overline{\gamma}(\omega_2,\ V)\\\vdots\\\overline{\gamma}(\omega_n,\ V)\\1\end{bmatrix}$$

式（2-45）可改写为：

$$\boldsymbol{AB} = \boldsymbol{C}\qquad(2\text{-}46)$$

上式的解为：

$$\boldsymbol{B} = \boldsymbol{A}^{-1}\boldsymbol{C}\qquad(2\text{-}47)$$

如果区域化变量在 Ω 中满足二阶稳定性假设，有 $\gamma(h) = \sigma^2 - \sigma(h)$。因此，克里金方程组也可用协变函数表示，这时：

$$A = \begin{bmatrix} \overline{\sigma}(\omega_1, \omega_1) & \overline{\sigma}(\omega_1, \omega_2) & \cdots & \overline{\sigma}(\omega_1, \omega_n) & 1 \\ \overline{\sigma}(\omega_2, \omega_1) & \overline{\sigma}(\omega_2, \omega_2) & \cdots & \overline{\sigma}(\omega_2, \omega_n) & 1 \\ \vdots & \vdots & \vdots & \vdots & \vdots \\ \overline{\sigma}(\omega_n, \omega_1) & \overline{\sigma}(\omega_n, \omega_2) & \cdots & \overline{\sigma}(\omega_n, \omega_n) & 1 \\ 1 & 1 & \cdots & 1 & 0 \end{bmatrix}$$

$$B = \begin{bmatrix} b_1 \\ b_2 \\ \vdots \\ b_n \\ -\lambda \end{bmatrix} \qquad C = \begin{bmatrix} \overline{\sigma}(\omega_1, V) \\ \overline{\sigma}(\omega_2, V) \\ \vdots \\ \overline{\sigma}(\omega_n, V) \\ 1 \end{bmatrix}$$

式中，$\overline{\sigma}(\omega_i, \omega_j)$ 为协变函数在两个取样间的平均值；$\overline{\sigma}(\omega_i, V)$ 为协变函数在取样 ω_i 和几何体 V 之间的平均值。$\overline{\sigma}(\omega_i, \omega_j)$ 和 $\overline{\sigma}(\omega_i, V)$ 的计算公式与 $\overline{\gamma}(\omega_i, \omega_j)$ 和 $\overline{\gamma}(\omega_i, V)$ 的计算公式在形式上相同。

例 2-3 如图 2-23 所示，矿床 Ω 中有一个方块，其边长为 3，一个样品 ω_1 位于方块的中心，其品位为 $x_1 = 1.2\%$；另一个样品 ω_2 位于方块的一角，其品位为 $x_2 = 0.5\%$。半变异函数的方程为：

$$\begin{cases} \gamma(h) = 0.5h & h \leqslant 2 \\ \gamma(h) = 1.0 & h \geqslant 2 \end{cases}$$

假设品位在矿床中满足内蕴假设且无漂移，而且不存在各向异性，试用克里金法估计方块 V 的品位。

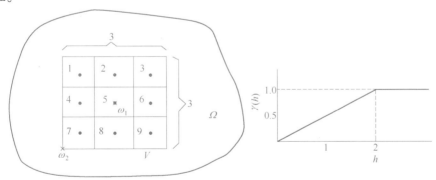

图 2-23 例 2-3 中方块与样品相对位置及半变异函数示意图

解：

（1）计算 $\overline{\gamma}(\omega_i, \omega_j)$。$\omega_1$ 与 ω_2 之间的距离为 $1.5\sqrt{2} = 2.121$，ω_1 和 ω_2 到自身的距离为 0。根据式（2-34），有：

$$\overline{\gamma}(\omega_1, \omega_2) = \overline{\gamma}(\omega_2, \omega_1) = \gamma(2.121) = 1.0$$
$$\overline{\gamma}(\omega_1, \omega_1) = \overline{\gamma}(\omega_2, \omega_2) = \gamma(0) = 0.0$$

（2）计算 $\overline{\gamma}(\omega_1, V)$ 和 $\overline{\gamma}(\omega_2, V)$。将 V 等分为如图 2-23 所示的 9 个小块，根据式

（2-32），有：

$$\bar{\gamma}(\omega_1, V) = \frac{1}{9} \sum_{i=1}^{9} \gamma(z_0, z_i)$$

式中 z_0——ω_1 的位置；

z_i——第 i 个小块的中心位置。

当 $i=2$ 时，样品 ω_1 距第二小块中心的距离为 1，因此 $\gamma(z_0, z_2) = \gamma(1) = 0.5$。类似地可以求出任意 i 的 $\gamma(z_0, z_i)$：

$$\gamma(z_0, z_1) = 0.707$$
$$\gamma(z_0, z_2) = 0.500$$
$$\gamma(z_0, z_3) = 0.707$$
$$\gamma(z_0, z_4) = 0.500$$
$$\gamma(z_0, z_5) = 0.000$$
$$\gamma(z_0, z_6) = 0.500$$
$$\gamma(z_0, z_7) = 0.707$$
$$\gamma(z_0, z_8) = 0.500$$
$$+ \gamma(z_0, z_9) = 0.707$$
$$\overline{}$$
$$\sum = 4.828$$

$$\bar{\gamma}(\omega_1, V) = 4.828/9 \approx 0.536$$

仿照上述做法，求得：$\bar{\gamma}(\omega_2, V) = 0.882$。

（3）建立克里金方程组并求解。将上面求得的 $\bar{\gamma}(\omega_i, \omega_j)$ 和 $\bar{\gamma}(\omega_i, V)$ 代入式（2-45），有：

$$\begin{cases} 0.0b_1 + 1.0b_2 + \lambda = 0.536 \\ 1.0b_1 + 0.0b_2 + \lambda = 0.882 \\ b_1 + b_2 = 1.0 \end{cases}$$

解上面的方程组得：$b_1 = 0.673$，$b_2 = 0.327$，$\lambda = 0.209$。

（4）求方块 V 的品位。方块 V 的品位的估值为：

$$\hat{\mu}_V = b_1 x_1 + b_2 x_2 = 0.673 \times 1.2\% + 0.327 \times 0.5\% = 0.971\%$$

（5）计算方块品位估值的克里金方差。计算克里金方差 σ_K^2 需要计算 $\bar{\gamma}(V, V)$，根据式（2-29）有：

$$\bar{\gamma}(V, V) = \frac{1}{81} \sum_{i=1}^{9} \sum_{j=1}^{9} \gamma(z_i, z_j)$$

式中，z_i 和 z_j 为 V 中两个小方块的中心位置，对于每一对 z_i 和 z_j，$\gamma(z_i, z_j)$ 的算法与上述第（2）步 $\gamma(z_0, z_i)$ 的算法相同。计算结果为：

$$\bar{\gamma}(V, V) = 0.683$$

将有关数值代入式（2-41）得：

$$\sigma_K^2 = 0.175$$

2.2.8 影响范围

当对块状模型中每一模块的品位或其他特征值进行估值时，需要确定由哪些取样参与估值运算。一般地，对被估模块有影响的取样都应参与估值运算。

在地质统计学中品位是区域化变量，而且用半变异函数描述品位在矿床中的相互关联特征。因此，地质统计学为帮助确定合理影响范围提供了理论依据。如前所述，在大多数情况下，品位的半变异函数的数学模型为球模型。球模型的特点是：半变异函数 $\gamma(h)$ 随距离 h 的增加而增加，当 h 增加到变程 a 时，$\gamma(h)$ 达到最大值。由于最大值为样品的方差，这表明当 $h \geq a$ 时，取样值变为完全随机，取样之间失去了相互影响。因此，半变异函数的变程 a 可以作为影响距离的一种度量。

影响范围是这样一个几何体，从其中心到表面上任意一点的距离等于在这一方向的影响距离。在各向同性条件下，影响范围在二维空间是一圆，在三维空间是一球体；当存在各向异性时，影响范围在二维空间是一椭圆，在三维空间是一椭球体。确定合理的影响范围首先要建立各个方向的半变异函数，进行各向异性分析。

应用地质统计学对一个模块的特征值进行估值时，落入以被估模块的中心为中心的影响范围内的那些取样参与估值运算，即式（2-38）中的 n 个取样。

在实际应用中，椭球体使用起来很不方便，常常把它简化为长方体。长方体的三条边的方向分别对应于各向异性的三个主方向，三条边的边长等于或略大于三个主方向上半变异函数的变程的两倍。各向异性的三个主方向的确定见前面 2.2.5 节。在应用地质统计学对一个模块的特征值进行估值时，以模块的中心为中心点，在三个主方向上进行取样搜索，在这三个方向上距离中心点的距离小于等于对应方向上的影响距离的取样，参与该模块的估值运算。

影响范围在品位、矿量计算中起着相当重要的作用，在某些情况下，所选取的影响范围不同，矿量计算结果会有很大的差别。然而，确定合理影响范围是一件不容易的事，需要对矿床的成矿特征和地质构造有深入的了解，同时也需要丰富的实践经验。地质统计学可以帮助确定合理的影响范围，但并不意味着各向异性椭球体（在各向同性情况下为球体）就是最合理的影响范围，最后决策应是综合考虑各种因素（包括经验）的结果。

2.2.9 克里金法建立品位模型的一般步骤

用克里金法建立三维块状品位模型，就是依据已知品位值的地质取样，应用克里金法估计出模型中所有模块的品位值，这是一项复杂而耗时的工作。一般步骤如下：

（1）合理划分区域。采矿和地质人员一起仔细分析矿床的地质构造和成矿特征，结合探矿取样品位的统计学分布特征和半变异函数特征，确定是否矿床的不同区域具有不同的特征。如果出现较明显的区域性特征变化，把矿床划分为若干个区域，使每个区域内没有较明显的特征变化。因此，这是一个烦琐的试错过程。

（2）各向异性分析。在每个区域进行前面 2.2.5 节所述的各向异性分析，确定每个区域的三个主方向和三个主方向上的半变异函数。完成这项工作需要在水平面、垂直于走向的垂直剖面和倾向面上分别计算不同方向上的半变异函数，且在计算中需要空间坐标转换。

（3）确定影响距离。以三个主方向上的半变异函数的变程为依据，确定这三个方向上的影响距离。影响距离一般取半变异函数的变程的 1.0~1.25 倍。如果进行了区域划分，需要对每个区域分别确定影响距离。

（4）克里金估值。以模型中每个模块的中心为中点，利用三个主方向上的影响距离进行取样搜索，找到落入影响范围的取样，用这些取样的品位对模块的品位进行克里金估值。如果进行了区域划分，对于不同区域内的模块要用相应区域的三个主方向上的影响距离进行取样搜索，并用相应区域的三个主方向上的半变异函数进行克里金估值。

如果不加分析，囫囵吞枣地用所有取样得到一个半变异函数，把这个平均半变异函数应用于所有模块，建立的模型很可能是误差很大的很差的模型（除非矿床极其简单：没有构造控制、各向同性、特征处处相同）。

2.3   距离反比法

克里金估值具有显著优点：可以量化估值的方差，且估值方差最小。但当取样间距较大时，难以建立半变异函数模型，特别是变程以内的半变异函数变化特征。这种情况下，常用较简单的方法建立矿床模型。一个比较常用的方法是距离反比法（inverse distance method）。

距离反比法中，参与估值的一个取样的权值 b_i 与取样到被估模块中心的距离 d_i 的 N 次方成反比，即 $b_i = (1/d_i^N)/\sum_i (1/d_i^N)$。这意味着，离模块越远的取样其权值越小。这在定性上与克里金法类似，但权值会随距离的增加不断减小，而且不是使估值方差最小的权值。

图 2-24 是二维空间的距离反比法示意图。参照该图，距离反比法的一般步骤如下：

（1）以被估模块的中心为中心，以影响距离确定影响范围。在二维空间，影响范围为圆（各向同性）或椭圆（各向异性）；在三维空间，影响范围为球体（各向同性）或椭球体（各向异

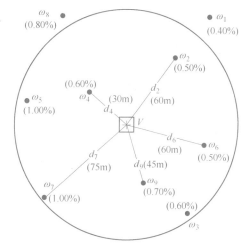

图 2-24   距离反比法示意图

性）。实际应用中，常常在矿体走向、倾向和垂直于矿体倾向面的三个方向上，分别确定影响距离，以长方体作为影响范围；走向上的影响距离最大，垂直于矿体倾向面方向上的影响距离最小，倾向上的影响距离介于前两者之间。图 2-24 中假设各向同性，影响距离为 R，影响范围为以 R 为半径的圆。

（2）计算每一取样与被估模块中心的距离，确定落入影响范围的样品。

（3）利用下式计算模块的品位 x_V：

$$x_V = \frac{\sum_{i=1}^{n} \dfrac{x_i}{d_i^N}}{\sum_{i=1}^{n} \dfrac{1}{d_i^N}} \tag{2-48}$$

式中　x_i——落入影响范围的第 i 个取样 ω_i 的品位；

d_i——第 i 个取样到模块中心的距离。

在实际应用中，有时采用所谓的角度排除，即当一个取样与被估模块中心的连线与另一个取样与被估模块中心的连线之间的夹角小于某一给定值 α 时，距模块较远的样品将不参与模块的估值运算（如图 2-24 中的 ω_3 与 ω_5）。α 值一般在 15° 左右。如果没有取样落入影响范围之内，模块的品位为零。

式（2-48）中的指数 N 对于不同的矿床取值不同。假设有两个矿床，第一个矿床的品位变化程度较第二个矿床的品位变化程度大，即第二个矿床的品位较第一个矿床连续性好，那么在离模块同等距离的条件下，第一个矿床中取样对模块品位的影响应比第二个矿床小。因此，在估算某一模块的品位时，第一个矿床中取样的权值，在同等距离条件下，应比第二个矿床中取样的权值小。也就是说，在品位变化小的矿床，N 取值较小；在品位变化大的矿床，N 取值较大。在铁、镁等品位变化较小的矿床中，N 一般取 2；在贵重和某些有色金属（如黄金）矿床中，N 的取值一般大于 2，有时高达 4 或 5。如果有区域异性存在，不同区域中品位的变化不同，则需要在不同区域取不同的 N 值。同时，一个区域的取样一般不参与另一区域的模块品位的估值运算。以图 2-24 中的数据为例，若 $N=2$，则被估模块的品位为 0.628%。

2.4　价 值 模 型

在计算机优化设计中（如露天矿的最终开采境界和采剥计划优化），常常用到价值模型。价值模型中每一模块的特征值是假设将其采出并处理后能够带来的经济净价值。模块的净价值是根据块中所含可利用矿物的品位、开采与处理中各道工序的成本及产品价格计算的。其中，模块的品位取自品位模型，所以建立价值模型首先需要建立品位模型，或者说，价值模型是由品位模型"转换"而来的。

矿床所含矿物的种类不同，矿山企业经营体制和成本管理制度不同，计算模块价值所用到的技术参数就不同。对于一个以纯金属为最终产品的采、选、冶联合企业，用于计算模块价值的一般性参数列于表 2-6 中。采、选、冶各工序的管理费用一般分摊到每吨矿石或每吨岩石。由于许多管理工作覆盖整个企业，共用部分需分摊到每吨矿石和岩石；有的金属（如黄金）需要精冶，精冶一般是在企业外部进行的，所以只计算精冶厂的收费和粗冶产品运至精冶地点的运输费用。

表 2-6　计算金属矿床模块净价值的一般参数

参　　数		单　位
矿物参数	可利用矿物地质品位	% 或 g/t
	矿石回采率	%
	选矿金属回收率	%
	粗冶金属回收率	%
	精冶金属回收率	%

续表 2-6

参　　数		单　位
成本参数	开采成本：	
	穿孔（矿或岩）	元/t
	爆破（矿或岩）	元/t
	装载（矿或岩）	元/t
	运输（矿或岩）	元/t(或 t·km)
	排土（岩石）	元/t
	排水（矿和岩）	元/t
	与开采有关的管理费用（矿和岩）	元/t
	选矿成本：	
	矿石二次装运（矿石）	元/t
	选矿（矿石）	元/t
	精矿运输（精矿）	元/t
	与选矿有关的管理费用（矿石）	元/t
	冶炼成本：	
	粗冶（精矿）	元/t
	与粗冶有关的管理费用（矿石）	元/t
	粗冶产品运输（粗冶金属）	元/t
	精冶（粗冶金属或精冶金属）	元/t
	销售成本（精冶金属）	元/t
市场参数		元/t 或元/g

表 2-6 中的技术经济参数种类繁多，为建立价值模型时使用方便，需要对各项成本进行分析归纳和单位换算，并标明归纳后每项成本的作用对象（矿或岩）。表 2-7 是根据表 2-6 中的参数归纳后的结果。

表 2-7 用于建立价值模型的成本归类及作用对象

成本项	岩石块	矿石块
开采成本/元·t^{-1}	$aH+b$	$cH+d$
选矿成本：		
选矿/元·t^{-1}		X
运输/元·t^{-1}		X
管理成本：		
矿石/元·t^{-1}		X
岩石/元·t^{-1}	X	
金属/元·t^{-1}		X

成 本 项	岩 石 块	矿 石 块
冶炼成本（元/t 或 g）最终产品		X
销售成本（元/t 或 g）最终产品		X

注：1. 由于每一模块的开采成本与深度有关，所以开采成本一般用深度 H 的线性函数表示，a、b、c、d 为常数；
  2. "X" 表示该项成本的作用对象。

对于岩石模块，只有成本没有收入，所以其净价值 NV_w 为负数。

$$NV_w = - T_w C_w \tag{2-49}$$

式中　T_w——岩石模块重量；

　　　C_w——表 2-7 中作用于岩石的所有单位成本之和。

对于矿石模块，其净价值 NV_o 为收入与成本之差，一般为正数，简化的计算公式为：

$$NV_o = T_o grp - T_o C_o \tag{2-50}$$

式中　T_o——矿石模块的重量；

　g, r, p——矿石模块的品位、综合金属回收率和金属售价；

　　　C_o——表 2-7 中所有作用于矿石并换算成吨矿成本的单位成本之和。

从以上的讨论可以看出，矿床价值模型是地质、成本与市场信息的综合反映。

2.5　标 高 模 型

标高模型是二维块状模型，它是把矿床在水平面的范围划分为二维模块形成的离散模型，模块的特征值是模块中心处的标高。标高模型通常用来描述地表地形、露天采场形态等；在矿体为近水平的矿床中，标高模型可用来描述每层矿体的顶板标高和底板标高。在露天矿的最终开采境界和采剥计划优化中，都需要建立地表标高模型。

建立标高模型就是依据已知点的标高数据估算每一模块中心处的标高。建立标高模型依据的数据一般有两类：一是点数据，如探矿钻孔的孔口标高或对矿区进行测量得到的测点标高；另一类是等高线数据，即在矿区已经有标高等高线图。

对于第一类数据，可以用本章 2.2 和 2.3 节讲述的方法进行估值（标高的估值是在水平面内的二维估值）。如果数据点间距较大，这样建立的模型的准确度较低。即使数据点间距较小，也很难控制突变性的地貌变化，如已被露天开采的台阶、洪水冲出的陡峭沟壑等。

基于等高线数据建立标高模型，如果算法得当，可以获得较高的准确度，而且对突变性的地貌变化有较好的控制。下面简要介绍一个基于等高线数据建立标高模型的插值算法。

图 2-25 是某矿地表地形等高线。图 2-26 为模块标高插值算法示意图，其中的等高线为图 2-25 中虚线框内等高线的放大，方块 V 为被估模块。

参照图 2-26，算法步骤如下：

（1）在选定的一个起始方向上作一条通过模块中心的足够长的直线，称为扫描线。

（2）把扫描线以模块中心为界分为两段，分别求每一段扫描线与所有等高线的交点，找出每一段扫描线与等高线的交点中距离模块中心最近的点，记录这两个交点。扫描

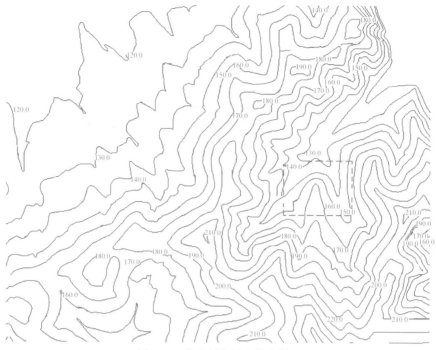

图 2-25 地表标高等高线实例

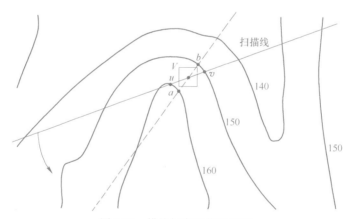

图 2-26 模块标高插值示意图

线位于图中实线位置时，这两点为点 u 和点 v。计算并记录这两点间的距离，称为交点距离。

（3）把扫描线以模块中心为轴心按逆时针（或顺时针）方向旋转一个角度 $\Delta\alpha$，重复第（2）步，获得另外一对交点，把该对交点间的距离与记录中的交点距离进行比较，保留相距近的一对交点及其距离。

（4）以 $\Delta\alpha$ 为步长，继续绕模块中心按相同方向旋转扫描线，每旋转一次，重复以上两步，直到旋转的累计角度等于（或大于）180°。这样，通过 180° 扫描，在某个方向上的模块的两侧找到了相距最近的两个交点，称为最近交点对。图中的最近交点对为点 a 和点 b。

（5）利用最近交点对 a 和 b 的标高进行线性插值，得出模块 V 中心处标高的估计值 z_V：

$$z_V = z_a + \frac{d_{aV}(z_b - z_a)}{d_{ab}} \qquad (2\text{-}51)$$

式中　z_a，z_b——点 a 和点 b 所在等高线的标高；

　　　d_{ab}——a、b 两点间的水平距离；

　　　d_{aV}——点 a 到模块中心的水平距离。

（6）对模型中的每一模块，重复以上各步，得到所有模块的标高估值。此时，标高模型建立完毕。

上述算法中，角度步长 $\Delta\alpha$ 越小，估值精度越高，但运算量越大。模块边长越小，标高模型的分辨率越高，但运算量越大。

图 2-27 是基于图 2-25 中等高线，用上述算法建立的地表标高模型的三维透视图。建模中模块取边长为 5m 的正方形，角度步长 $\Delta\alpha =$ 5°。对比图 2-27 和图 2-25 可以定性地看出，标高模型较好地描绘出等高线所表达的地形。

图 2-28 是图 2-26 中间部分的再次放大。图中每一模块中的数值为该模块中心处的标高估值。对比标高估值与等高线标高可以看出，上述算法的估值精度较高。

图 2-27　地表标高模型的三维透视显示

	129.98														
129.59		130.84	131.96	132.95	133.78	134.66	135.33	135.61	135.16	134.30	133.38	132.34	131.35	130.44	130.95	131.92
130.78	131.65	132.51	133.52	134.48	135.28	136.04	136.64	136.73	136.38	135.91	135.09	134.22	133.29	132.75	132.49	132.86
132.38	133.29	134.19	135.12	136.15	136.89	137.51	138.07	138.03	138.01	137.70	136.98	136.12	135.48	134.99	134.08	131.92
133.84	134.88	135.82	136.77	137.80	138.56	139.17	139.72	140.13 / 139.99	139.67	138.93	138.23	137.78	136.88	135.29	134.07
135.30	136.41	137.40	138.38	139.41	140.72	141.85	142.89	143.37	143.31	142.64	141.60	140.82	140.14 138.69	136.90	135.57
136.77	137.85	138.93	139.96	142.06	143.92	145.32	146.33	146.65	146.63	145.86	144.91	143.84	142.43	140.59	138.58	136.72
138.24	139.32	140.81	143.12	145.42	147.17	148.69	149.96	149.96	149.91	149.16	147.76	146.40	144.56	142.44	140.30	138.03
139.71	141.47	143.63	145.96	148.47	150.58	151.98	153.42	153.43	153.07	152.32	150.39	148.53	146.19	144.03	141.97	139.53
142.06	144.07	146.26	148.62	150.93	153.07	154.93	156.71	156.90	156.24	154.49	152.45	150 149.93	147.61	145.42	143.13	140.83
144.13	146.31	148.71	150.89	152.94	155.02	157.26	159.54	160.84 160	158.55	156.34	153.86	151.29	148.89	146.61	144.25	141.96
145.86	148.08	150.45	152.53	154.46	156.59	159.08	160.41	160.57	160.41	157.67	155.07	152.51	149.85	147.44	145.16	142.81

图 2-28　地表标高模型模块的标高估值与等高线对比

该算法虽然简单，但适用于控制突变性的地貌变化，如露天矿的台阶坡面和道路、洪水冲出的陡峭沟壑等。图2-29是某露天铁矿采场端帮的台阶线，实线为台阶坡顶线，虚线为台阶坡底线，两者之间为台阶坡面，还有运输坡道。

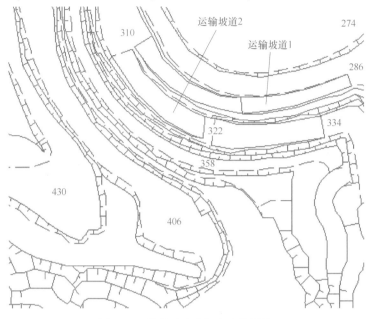

图2-29　某露天矿采场台阶线局部

由于台阶坡面很陡，台阶坡顶线与坡底线之间的水平距离小，所以用边长为2m的小模块建立标高模型，角度步长 $\Delta\alpha = 7.5°$。建模所得标高模型的三维透视图如图2-30所示。可以看出，标高模型很好地描绘了台阶坡面和运输坡道。如果用测点进行估值，即使测点较密，也会使这类地貌发生较大程度的扭曲。

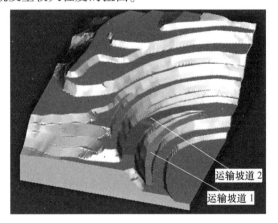

图2-30　图2-29中采场的标高模型三维透视显示

2.6　定　性　模　型

上述品位模型、价值模型和标高模型都为定量模型，其模块的特征值是定量的量。在一些应用中，如在建立品位模型和露天矿的优化设计中，为计算机处理方便，经常建立一些定性模型。定性模型中模块的特征值是一定性的量，如模块所处的不同区域、模块的岩性等。在定性模型中，一般用一个整数特征值来代表定性量，整数的不同取值代表不同的性质，如1、2、3分别表示分区1、分区2、分区3，也可分别代表石英岩、碳酸岩、砂岩等。

定性模型的建立一般是基于划分不同性质的闭合线数据，即首先需要圈定不同性质的区域，然后给落入不同区域的模块赋予表示相应区域内某一性质的整数值。

例如，应用克里金法建立品位模型前，根据各种分析把矿床划分为5个不同的区域，并在模型的每一模块层所在的水平面上用闭合线圈出了5个分区。图2-31所示是模型某一模块层所在的水平面上的区域划分。如果该模块层的一个模块的中心落入第i（$i=1$，2，3，4，5）个分区，该模块的特征值取i。需要的唯一运算是判别模块中心点落入哪个分区多边形内。有了这样一个区域划分模型，应用克里金法建立品位模型时，只要从该模型读取模块的特征值就知道了该模块所在的区域，继而用该区域的影响距离和半变异函数进行克里金估值运算。

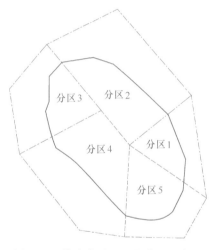

图2-31　某个水平面上的分区示意图

有些情况下可以把定性模型和定量模型合为一个模型。例如，在上述的品位模型数据结构中增加一个整数变量用于记录模块所在区域，在克里金估值前先依据分区的圈定给所有模块的这一变量赋值，然后在克里金估值中应用这一变量值即可。如果一个定性模型被用于多种用途，单独建立和储存定性模型更便于应用。

3 岩石的力学性质与质量分级

岩体是采矿的对象，但其力学性质复杂难测。岩体的力学性质由组成岩体的岩石、结构面和赋存条件决定，在工程中经常依据岩石的力学性质，结合结构面及其赋存条件的调查结果，来推断岩体的力学性质。本章主要介绍岩石的物理力学性质、岩石与岩体的质量分级。

3.1 岩石的物理力学性质

岩石（包括矿石）的物理力学性质与凿岩、爆破、装运、地压管理等的关系十分密切。岩石的物理力学性质主要有容重、强度、弹性、塑性、脆性、硬度、磨蚀性等。

3.1.1 容重

单位体积（包括其内部的孔隙体积）岩石的重量称为岩石的容重。岩石容重取决于组成岩石的矿物成分、孔隙发育程度及其含水量。岩石容重在一定程度上反映了岩石的力学性质。一般地，岩石容重愈大，其强度、硬度、磨蚀性等也愈高；反之，容重愈小，其强度、硬度、磨蚀性等也愈低。岩石处于天然状态（即人为松动或破碎之前）的容重称为天然容重或实方容重。常见岩石的天然容重见表 3-1。

表 3-1 常见岩石的天然容重 （kN/m³）

岩石名称	天然容重	岩石名称	天然容重	岩石名称	天然容重
花岗岩	23.0~28.0	砾岩	24.0~26.6	新鲜花岗片麻岩	29.0~33.0
闪长岩	25.2~29.6	石英砂岩	26.1~27.0	角闪片麻岩	27.6~30.5
辉长岩	25.5~29.8	硅质胶结砂岩	25.0	混合片麻岩	24.0~26.3
斑岩	27.0~27.4	砂岩	22.0~27.1	片麻岩	23.0~30.0
玢岩	24.0~28.6	坚固页岩	28.0	片岩	29.0~29.2
辉绿岩	25.3~29.7	砂质页岩	26.0	特别坚硬的石英岩	30.0~33.0
粗面岩	23.0~26.7	页岩	23.0~26.2	片状石英岩	28.0~29.0
安山岩	23.0~27.0	硅质灰岩	28.1~29.0	大理岩	26.0~27.0
玄武岩	25.0~31.0	白云质灰岩	28.0	白云岩	21.0~27.0
凝灰岩	22.9~25.0	泥质灰岩	23.0	板岩	23.1~27.5
凝灰角砾岩	22.0~29.0	灰岩	23.0~27.7	蛇纹岩	26.0

3.1.2 强度

岩石在各种载荷作用下达到破坏时的应力称为岩石的强度。根据载荷类别，岩石的强度有抗压强度、抗拉强度和抗剪强度等。根据加载的方向数，岩石的抗压强度有单轴抗压强度、双轴抗压强度和三轴抗压强度；抗剪和抗拉强度一般只用到单轴强度。根据加载速率，岩石的强度有静态强度和动态强度。

岩石在压缩载荷作用下发生破坏时的压应力称为岩石的抗压强度。岩石的单轴抗压强度一般介于 20~300MPa 之间。岩石在剪切载荷作用下发生破坏时的剪应力称为岩石的抗剪强度，抗剪强度一般只有抗压强度的 $1/12 \sim 1/8$。岩石在拉伸载荷作用下发生破坏时的拉应力称为岩石的抗拉强度，抗拉强度一般只有抗压强度的 $1/25 \sim 1/4$。岩石的各种强度的大小顺序是：单轴抗拉强度<抗剪强度<单轴抗压强度<双轴抗压强度<三轴抗压强度。因此，要使岩石破坏，应尽可能使其处于拉伸或剪切的状态。上述关于岩石强度的定义是静态强度（应变率为 $10^{-7} \sim 10^{-4} s^{-1}$）。矿山现场大多数情况下利用岩石的静态强度进行计算和设计，但是对于凿岩、爆破和破碎等动态加载过程，岩石的破碎需要考虑其动态强度，岩石的动态强度随加载率的增大而增大。

岩石的强度对于同种岩石而言并非定值，它与岩石的赋存位置、本身的结构和环境有关。所以，在研究强度时，必须考虑影响岩石强度的各种因素。岩石内存在节理和裂隙等软弱结构时，其强度会降低；岩石的各向异性会造成强度随加载方向变化；对于火成岩，其矿物颗粒有的是晶体，有的是非晶体，晶体的形状和颗粒大小对强度都有影响；沉积岩往往是沉积物胶结而成，其强度与颗粒之间的胶结物性质也有关系。此外，岩石的湿度、温度及岩石的风化程度等对其强度也有影响。

3.1.3 弹性、塑性和脆性

岩石在除去外力后恢复其原来形状和体积的特性称为岩石的弹性。弹性大的岩石在凿岩、爆破等冲击载荷下不易破坏。在破坏后有明显残余变形的特性称为岩石的塑性，几乎没有残余变形的特性称为岩石的脆性。金属矿山经常遇到的岩石大多数属于脆性岩石。

岩石的变形性质不仅与岩石种类有关，而且与受力条件有关。在三向受压或高温条件下，塑性会显著增加，在常态下呈脆性的岩石，在上述条件下也可能呈塑性。在冲击载荷作用下，岩石脆性会显著增加，如岩石在凿岩、爆破等冲击载荷作用下，大多数呈脆性破坏。

3.1.4 硬度与磨蚀性

岩石抵抗工具侵入的能力称为岩石的硬度。凡是用刃具切削或挤压的方法凿岩，首先必须使工具侵入岩石才能达到钻进的目的。因此，岩石硬度在采矿中是一个具有重要意义的指标。岩石的硬度取决于岩石的组成，即矿物颗粒的硬度、形状、大小、晶体结构以及颗粒间胶结物的性质等。

磨蚀性一般是指在工具与岩石的作用过程中，岩石对工具的磨损程度。磨蚀性越大，对工具的磨损越大，对凿岩工作越不利。影响磨蚀性的主要因素有：

（1）岩石的成分。岩石中石英的含量、粒度的大小及分布对磨蚀性影响很大。一般来说，石英的含量越高，磨蚀性越大。

（2）岩石的结构。主要表现为岩石的不均匀性，它对岩石磨蚀性有明显的影响。由于不同矿物可能在岩石中形成软硬相间的不均匀状态，造成局部应力集中，使其磨蚀性增大。

（3）岩石的强度。岩石的强度越高，磨蚀性也越强。

3.2　岩石与岩体质量分级

破碎岩石和防止岩体破坏是采矿工程的一对基本矛盾。在凿岩、井巷掘进和开采中，一方面，我们希望岩石易于破坏，以提高作业效率和降低能耗；另一方面，又希望留在原地的岩石不易破坏，提高工程稳定性、降低支护成本并保障作业安全。

因此，针对各类工程及其工艺要求将岩石进行特性分级，对设计、施工和管理具有重要实用价值，可为各种工程的工艺提供方法选择和设计上的依据，从而制定合理的技术措施，实现安全、高效开采。岩石的类型多且结构复杂，同种岩石的性质变化也很大，再加上地下工程受力复杂，科学的岩石分级是一个十分重要又非常复杂的问题。

岩石（岩体）分级的原则之一，是按不同工程技术、工艺过程的要求进行分级。例如，从有效破碎岩石的角度出发，首先要考虑岩石破碎的难易程度，按此定出合理的分级指标；从防止岩体破坏的角度出发，则必须考虑岩体的稳定性，首先要看岩体的完整性如何，据此制定出分级的指标。岩石或岩体分级的方法有坚固性分级、可钻性分级、可爆性分级等；岩体的分级方法有岩体结构分类、岩体质量分级、岩体地质力学分类、巴顿岩体质量分类等。

3.2.1　岩石的坚固性分级

岩石的坚固性分级是矿山广泛应用的一种分级方法。这种分级方法认为，岩石破碎的难易程度和岩体的稳定性这两个方面趋于一致，也就是说，难以破碎的岩石也较为稳定。这一分级方法是由普罗特基雅柯诺夫提出的，所以对岩石依上述原则进行定量分级称为普氏分级。岩石的坚固性被划分为十级，见表 3-2。

表 3-2　普氏岩石分级

等级	坚固程度	代表性岩石	普氏系数 f
I	最坚固的岩石	最坚固、最致密和韧性的玄武岩及石英岩；其他各种特别坚固的岩石	20
II	很坚固的岩石	很坚固的花岗岩、石英斑岩、硅质片岩、某些石英岩、最坚固的砂岩和石灰岩	15
III	坚固的岩石	致密的花岗岩及花岗质岩石、很坚固的砂岩和石灰岩、石英质矿脉、坚固的砾岩、很坚固的铁矿石	10
III$_a$	坚固的岩石	坚固的石灰岩、不坚固的花岗石、坚固的砂岩、坚固的大理岩、白云岩、黄铁矿	8
IV	相当坚固的岩石	一般的砂岩、铁矿石	6
IV$_a$	相当坚固的岩石	硅质页岩、页岩质砂岩	5
V	中等坚固的岩石	坚固的黏土质岩石、不坚固的砂岩和石灰岩	4
V$_a$	中等坚固的岩石	各种不坚固的页岩、致密泥质岩	3

等级	坚固程度	代表性岩石	普氏系数 f
VI	相当软弱的岩石	软的页岩、很软的石灰岩、白垩、岩盐、石膏、冻土、无烟煤、普通泥灰岩、裂缝发育的砂岩、胶结砾石、岩质土壤	2
VI$_a$	相当软弱的岩石	碎石质土壤、裂缝发育的灰岩、凝结成块的砾石和碎石、坚固的软硬化黏土	1.5
VII	软弱的岩石	致密的黏土、软弱的烟煤、坚固的冲积-黏土质土壤	1.0
VII$_a$	软弱的岩石	轻砂质黏土、黄土、砾石	0.8
VIII	土质岩石	腐殖土、泥煤、轻砂质土壤、湿砂	0.6
IX	松散的岩石	砂、山坡堆积、细砾石、松土、采出的煤	0.5
X	砂土类	流砂、沼泽土壤、含水黄土及含水土壤	0.3

普氏分级的指标为坚固性系数 f，也称为普氏系数。目前 f 值是按岩石单轴抗压强度来确定的，即：

$$f = \frac{\sigma_c}{10} \tag{3-1}$$

式中 σ_c——岩石的单轴抗压强度，MPa。

普氏分级的最大优点是简单。但实际应用中，会有较大误差，因为岩石的破碎难易程度或岩体的稳定性与岩石的单轴抗压强度不能——对应，单轴抗压强度高的岩石不一定就不易破碎、稳定性高。

3.2.2 岩石的可钻性分级

岩石的可钻性表示钻头在岩石上钻孔的难易程度。它是合理选择凿岩方法、钻头规格和凿岩参数的依据，也是制定凿岩计划和任务、考核凿岩效率、计算成本和消耗的根据。目前岩石的可钻性分级方法有：压入硬度法、微钻头钻进法、钻速方程反求法、岩屑硬度法、凿碎比功法和钎刃磨钝宽度法等，最后两种方法由东北大学提出。凿碎比功是凿碎单位体积岩石所需要的功，用来表示岩石钻凿的难易程度；钎刃磨钝宽度则反映了岩石的磨蚀性。

根据岩石凿碎比功的大小将岩石分为七级，按钎刃的磨钝宽度分为三级，分别见表3-3和表3-4。大量矿山实践证明，这种分级与凿岩难易程度的相关性较高。

表 3-3 岩石可钻性分级

等级	可钻性	凿碎比功（能）范围/(kg·m)·cm^{-3}
I	极易	<20
II	易	20~<30
III	中等	30~<40
IV	中难	40~<50
V	难	50~<60
VI	很难	60~<70
VII	极难	≥70

表 3-4　岩石磨蚀性分级

等级	磨蚀性	钎刃磨钝宽度/mm
Ⅰ	弱	≤0.2
Ⅱ	中	0.3~0.6
Ⅲ	强	≥0.7

3.2.3　岩石的可爆破性分级

岩石在爆炸能量作用下发生破坏的难易程度称为岩石的可爆破性。岩石的可爆破性是岩石本身物理力学性质和炸药爆炸参数、爆破工艺等因素的综合反映，不是单一的岩石固有属性。可爆破性影响爆破效果。爆破漏斗是一般爆破工程的根本形式。爆破漏斗体积的大小和爆破块度的粒级组成，均直接反映能量的消耗状态和爆破效果，从而表征了岩石的可爆破性。此外，岩石的结构特征（如节理、裂隙）也是影响岩石爆破的重要因素，影响岩石爆破的难易，更影响爆破块度的大小，所以声测指标（如岩石弹性波速、岩石波阻抗等）也是岩石可爆破性分级的重要判据之一。因此，爆破漏斗试验和声波测定包含了影响岩石可爆破性的主要因素，如岩石的结构（组分）、裂隙、物理力学性质等，特别是岩石的变形性质及其动力特性。

据此，东北大学在 20 世纪 80 年代提出的岩石可爆破性分级法，是在爆破材料参数、工艺等一定的条件下进行现场爆破漏斗试验和声波测定，计算出岩石的可爆破性指数，据此综合评价岩石的爆破效果并进行岩石的可爆破性分级。

对岩石爆破漏斗的体积与岩石块度进行测定，得出爆破漏斗体积、大块率、小块率和平均合格率，利用声波测试测出岩体的波阻抗。用下式计算岩石的可爆破性指数：

$$N = \ln \frac{1.01 \mathrm{e}^{67.22} K_1^{7.42} \rho_{\mathrm{C}}^{2.03}}{\mathrm{e}^{38.44 V} K_2^{1.89} K_3^{4.75}} \tag{3-2}$$

式中　N——岩石的可爆破性指数；

　　　V——爆破漏斗体积，m^3；

　　　K_1——大块（>30cm）率，%；

　　　K_2——平均合格率，%；

　　　K_3——小块（<5cm）率，%；

　　　ρ_{C}——岩体波阻抗，$\mathrm{kPa \cdot s/m}$；

　　　e——自然对数的底。

根据岩石可爆破性指数将岩石分为五级，见表 3-5。

表 3-5　岩石可爆破性分级表

级别		可爆破性指数 N	可爆破性程度	代表性岩石
Ⅰ	Ⅰ₁	≤29	极易爆	千枚岩、破碎性砂岩、泥质板岩、破碎性白云岩
	Ⅰ₂	>29~38		
Ⅱ	Ⅱ₁	>38~46	易爆	角砾岩、绿泥岩、米黄色白云岩
	Ⅱ₂	>46~53		

续表 3-5

级别		可爆破性指数 N	可爆破性程度	代表性岩石
Ⅲ	Ⅲ₁	>53~60	中等	阳起石石英岩、煌斑岩、大理岩、灰白色白云岩
	Ⅲ₂	>60~68		
Ⅳ	Ⅳ₁	>68~74	难爆	磁铁石英岩、角闪岩、长片麻岩
	Ⅳ₂	>74~81		
Ⅴ	Ⅴ₁	>81~86	极难爆	矽卡岩、花岗岩、浅色砂岩
	Ⅴ₂	>86		

3.2.4 岩体质量分级

岩体质量分级为岩体的稳定性评价和工程设计参数的合理选取提供依据。目前常用的岩体质量分级有 RQD 分类、Q 系统分类、RMR 分类、RSR 分类和 BQ 分类等。我国根据岩体基本质量的定性特征和岩体基本质量指标 BQ 制定了工程岩体基本质量分级标准，将岩体分为五级，见表 3-6。

表 3-6 岩体基本质量分级

基本质量级别	基本质量的定性特征	基本质量指标（BQ）
Ⅰ	坚硬岩，岩体完整	>550
Ⅱ	坚硬岩，岩体较完整； 较坚硬岩，岩体完整	550~451
Ⅲ	坚硬岩，岩体较破碎； 较坚硬岩，岩体较完整； 较软岩，岩体完整	450~351
Ⅳ	坚硬岩，岩体破碎； 较坚硬岩，岩体较破碎~破碎； 较软岩，岩体较完整~较破碎； 软岩，岩体完整~较完整	350~251
Ⅴ	较软岩，岩体破碎； 软岩，岩体较破碎~破碎； 全部极软岩及全部极破碎岩	≤250

岩体基本质量指标 BQ 根据岩石的单轴抗压强度 σ_c（MPa）和岩体完整性系数 K_v 计算：

$$BQ = 100 + 3\sigma_c + 250K_v \tag{3-3}$$

使用公式（3-3）计算时，应符合以下规定：

（1）当 $\sigma_c > 90K_v + 30$ 时，令 $\sigma_c = 90K_v + 30$；

（2）当 $K_v > 0.04\sigma_c + 0.4$ 时，令 $K_v = 0.04\sigma_c + 0.4$。

岩体完整性系数（K_v）可以利用超声波进行测试，也可依据岩体单位体积内结构面条数 J_v 从表 3-7 查得。

表 3-7　岩体完整程度划分

岩体完整程度	完整	较完整	较破碎	破碎	极破碎
岩体完整性系数 K_v	>0.75	0.55~0.75	0.35~0.55	0.15~0.35	<0.15
结构面条数 J_v/条·m^{-3}	<3	3~10	10~20	20~35	>35

4　技术经济基础

在工程实践中，需要做大大小小的决策，决策过程实际上就是在有限的可利用资源（如资金、时间等）条件下，从多个可供选择的方案中选出最佳方案。技术经济学（也称为工程经济学，Engineering Economics）的研究内容就是从经济角度定量地分析不同方案的优劣，为决策者提供决策支持。技术经济学应用最广的领域是对工程项目的投资效益评价。本章简要介绍技术经济学中资金的时间价值和项目评价方法，为矿山设计者和经营管理者进行科学决策，也为本书一些优化模型中的经济评价，提供理论和方法基础。

4.1　利息与利率

资金像其他物品和服务一样，可以拥有也可以借用。借用时，资金的借出者（贷方）通常期望从借款人（借方）得到补偿。因此，借贷双方一般要商定一个补偿费额，即钱的"租金"。利息即是在一定时间内使用贷款的租金。借款额也称为本金，在一给定时期终了时借方付与贷方的利息与该时期开始时借款额的比值称为利息率（简称为利率）。借方付贷方利息的时间间隔称为计息期。影响利率的主要因素有：

（1）贷款风险。即借款方能够按期、如数偿还本金和利息的可能性。风险越高，利率也越高。

（2）资金供需关系。当市场对资金的需求增加而可用于贷款的资金保持一定或增加较小时，利率就会上升；反之，利率会下降。例如，20 世纪 80 年代初美国的高利率的部分原因，就是美国政府大量借款来填补每年高达 2000 亿美元的预算赤字，使资金需求增加。

（3）业务成本。即对贷款进行记账、管理中所发生的所有费用。

（4）贷款期限。长期贷款的利率一般低于短期贷款的利率。

（5）政府的金融政策。即政府出于对国民经济进行宏观调控的目的对利率实行的各种有关政策。例如，中央银行可能为抑制通货膨胀而提高利率，或为刺激经济发展而降低利率。

根据计息方式的不同，利率有简单利率和复合利率之分。如果对于给定的本金来说，无论到期的利息是否取走，每一计息期的利息不变，换言之，如果利息本身不带来利息，这时的利率为简单利率，或者说是按简单利率计息的。如果到期的利息不取走时，利息与本金一起参与未来各计息期的利息计算，换言之，如果利息本身带来利息，这时的利率为复合利率，或者说是按复合利率计息的。

例如，1000 元的本金按年利率 10% 贷出，贷款期限为两年，每年计一次利息，那么按简单利率计息，每年的利息为 100 元，两年终了时的本利总额为 1200 元。如果按复合利率计息，第一年末利息为 100 元，第二年末的利息为 110 元［即（1000+100）×10%］，两年终了时的本利总额为 1210 元。

4.2 资金的时间价值及其计算

由于利息的存在，资金具有了时间价值。也就是说，不同时间的等额花费与收入具有不同的经济效果；而不同金额的花费与收入，由于其发生的时间不同可能具有等价的经济效果。例如，现时的 1000 元收入与一年后的 1000 元收入是不等价的，因为现时的 1000 元可以存入银行（或投资），在一年后挣得利息（或投资回报）。如果将现时的 1000 元存入银行且年利率为 10%，则这 1000 元相当于一年后的 1100 元。资金的时间价值体现于现值、终值、年金之间的等价换算关系上。现定义以下术语和符号。

现值 P：现值是指现时的货币量，或是将来货币量折算到现时的价值（即相当于现时的价值）。现时一般为 n 个时段（一个时段通常为一年）中第一个时段的起点，即所研究问题的零时点。

终值 F：终值是指资金经过 n 个时段后的价值，或发生在距现时 n 个时段的货币量。

等额金 A：等额金是指每一时段末发生的等额货币量。当一个时段为一年时，等额金称为年金。

利率 i：即每一计息期的利息率。

如无特别指出，以下叙述中每一时段均为一年，利率均指年利率，且均按复合利率计息。

4.2.1 单笔资金的现值与终值

4.2.1.1 单笔资金的终值

已知现值为 P，利率为 i，第一年末的价值为：

$$P+Pi=P(1+i)$$

第二年末的价值为：

$$P(1+i)+P(1+i)i=P(1+i)^2$$

以此类推，第 n 年末 P 的终值为：

$$F=P(1+i)^n \tag{4-1}$$

令

$$(F/P, i, n)=(1+i)^n$$

则

$$F=P(F/P, i, n) \tag{4-2}$$

$(F/P, i, n)$ 称为单笔资金复率系数或简称终值系数，这一符号的意义是已知现值 P，在给定利率 i 和时间 n 的条件下求终值 F。

4.2.1.2 单笔资金的现值

已知 n 年末的终值为 F，利率为 i，从式（4-1）可求得现值 P 为：

$$P = \frac{F}{(1+i)^n} \tag{4-3}$$

已知终值求现值，可从两个角度理解，即现值 P 为多少时经过 n 年的复利计算才能得到终值 F；或者说 n 年后的货币量 F 相当于现时的货币量 P 是多少。令

$$(P/F, i, n) = \frac{1}{(1+i)^n}$$

则 $$P = F(P/F, i, n) \tag{4-4}$$

$(P/F, i, n)$ 称为单笔资金现值系数或折现系数。

4.2.2 年金与终值和现值

4.2.2.1 年金的终值

n 年中每年末发生的等额资金为 A(即年金为 A)、利率为 i 时，这一系列资金在 n 年末的终值是多少呢？第 j 年末距第 n 年末为 $n-j$ 年，根据单笔资金的终值计算公式 (4-1)，第 j 年末发生的资金 A 在第 n 年末的终值为 $A(1+i)^{n-j}$，故年金的终值为：

$$F = A \sum_{j=1}^{n} (1 + i)^{n-j}$$

利用等比级数求和公式，得：

$$F = A \frac{(1 + i)^n - 1}{i} \tag{4-5}$$

令 $$(F/A, i, n) = \frac{(1 + i)^n - 1}{i}$$

则 $$F = A(F/A, i, n) \tag{4-6}$$

$(F/A, i, n)$ 称为等额资金系列复率终值系数或年金终值系数。

4.2.2.2 资金存储系数

已知要在 n 年末获得资金 F，每年末存入的等量金额为多少时才能达到目的？这是一个已知终值求年金的问题，从式 (4-5) 直接解得：

$$A = F \frac{i}{(1 + i)^n - 1} \tag{4-7}$$

令 $$(A/F, i, n) = \frac{i}{(1 + i)^n - 1}$$

则 $$A = F(A/F, i, n) \tag{4-8}$$

$(A/F, i, n)$ 称为等额资金系列存储系数或资金存储系数。

4.2.2.3 年金的现值

在 n 年中每年末发生的资金为 A(即年金为 A)，这一年金系列的现值是多少？年金的终值可用式 (4-5) 求得，求得终值后，再利用式 (4-3) 求终值的现值，所以有：

$$P = A \frac{(1 + i)^n - 1}{i(1 + i)^n} \tag{4-9}$$

令 $$(P/A, i, n) = \frac{(1 + i)^n - 1}{i(1 + i)^n}$$

则 $$P = A(P/A, i, n) \tag{4-10}$$

$(P/A, i, n)$ 称为等额资金系列现值系数或年金现值系数。

4.2.2.4 资金回收系数

已知现时贷款额为 P，在 n 年内分期偿还且利率为 i 时，每年应付的等额金为多少？

或从贷方的角度讲，每年应回收的等额金为多少时才能在 n 年内将本利全部收回？这是一个已知现值求年金的问题，可从式（4-9）直接解得：

$$A = P\frac{i(1+i)^n}{(1+i)^n - 1} \tag{4-11}$$

令

$$(A/P, i, n) = \frac{i(1+i)^n}{(1+i)^n - 1}$$

则

$$A = P(A/P, i, n) \tag{4-12}$$

$(A/P, i, n)$ 称为资金回收系数。

4.2.3 现金流量图

在求解与资金的时间价值有关的问题时，将现金的流入和流出及其发生时间作成现金流量图，有助于清晰地表达问题的实质，选用正确的解题步骤和计算公式。简言之，现金流是资金在给定时间的流入与流出。例如，当购买商品时，现金从购买者流到销售者，对购买者来说是现金流出，而对销售者来说是现金流入。当然，资金不一定只限于现金，可以是支票、银行转账或者一切其他可以转变为现金的支付方式。

现金流量图由代表时间的横线和代表现金流的带箭头的竖线组成。现金流入为正，由位于横线上方的上向箭线表示；现金流出为负，由位于横线下方的下向箭线表示。箭线的长短代表现金流量的大小。一般地，箭线的长度并不根据现金流量按严格的比例画出，只是定性地表示现金流量的相对大小。例如，某公司贷款 20000 元，在 36 个月内还清，月利息为 1%，求每月还款额。这是一个已知现值 P 求年金 A 的问题，其现金流量如图 4-1 所示。

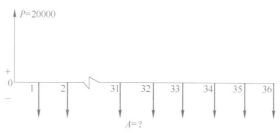

图 4-1   现金流量示意图

例 4-1   某项目可以在未来五年的头三年带来 1000 万元/a 的净收益，在后两年带来 600 万元/a 的净收益。若年利率为 12%，该项目的净收益现值为多少？

解：这一问题的现金流量图如图 4-2 所示。最直接（但较烦琐）的求解方法是应用单项资金的现值公式求每年净收益额的现值，然后相加。然而，将现金流量图进行分解，可使计算更简便。一种分解方法如图 4-3 所示。

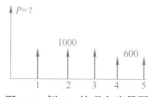

图 4-2   例 4-1 的现金流量图

根据这一分解，现值 P 的计算如下：

$$P = P_1 + P_2 = 600(P/A, \ 0.12, \ 5) + 400(P/A, \ 0.12, \ 3)$$
$$= 2162.87 + 960.73 = 3123.60$$

另一种分解方法如图 4-4 所示，现值 P 的计算如下：

$$P = P_1 + P_2 = 1000 \ (P/A, \ 0.12, \ 3) + 600 \ (P/A, \ 0.12, \ 2) \ (P/F, \ 0.12, \ 3)$$
$$= 2401.83 + 721.77 = 3123.60$$

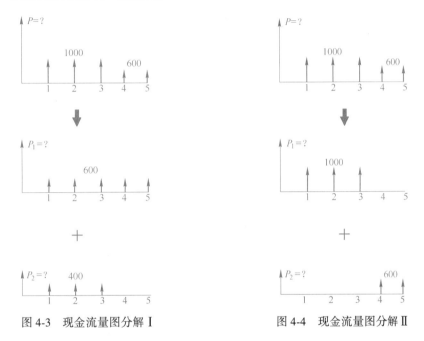

图 4-3　现金流量图分解 I　　　　　　图 4-4　现金流量图分解 Ⅱ

4.3　等　价　性

不同投资方案虽然产生的现金流量大小及时间可能不同，但当考虑资金的时间价值时，这些方案很可能是"等价"的。如果在给定利率条件下不同投资方案具有相等的现值，就称这些方案在给定的利率条件下是等价的，或者说它们具有等价性（equivalence）。从纯经济角度讲，具有等价性的方案对投资者具有同等的吸引力。

表 4-1 列出了四个投资方案的现金流。如果不考虑资金的时间价值，这些方案具有不同的价值。方案 D 的总现金流量最大，应该是最好的方案。然而，如果考虑资金的时间价值且利率为 10%，这四个方案的现值均为 10000，故是等价的。若不考虑其他因素，从纯经济角度出发，选择哪个方案都是一样的。

表 4-1　四个不同投资方案的现金流及现值

时　间	方案 A	方案 B	方案 C	方案 D
第 1 年	1000	3500	3154.71	0.0
第 2 年	1000	3250	3154.71	0.0

时　间	方案 A	方案 B	方案 C	方案 D
第 3 年	1000	3000	3154.71	0.0
第 4 年	11000	2750	3154.71	14641
合　计	14000	12500	12618.84	14641
$i=10\%$ 现值	10000	10000	10000	10000

4.4　投资项目经济评价方法

当一个投资者面临多个可供选择的投资项目时，就需要对每个项目的优劣从经济角度进行评价，为决策者提供定量的决策支持。经济评价结果应提供：

（1）项目是否能带来可接受的最低收益；

（2）可选项目的优劣排序；

（3）投资风险分析。

从纯经济角度出发，任何评价标准应遵循的原则为：盈利较高的项目优于盈利较低的项目；获利早的项目优于获利晚的项目。必须强调的是，评价标准本身不能作为投资决策，只能通过定量的经济分析为决策者提供决策支持；最终决策必须由决策者综合考虑和衡量所有定量的和定性的信息后做出。

投资项目经济评价方法可分为两大类，即静态评价法和动态评价法。

4.4.1　静态评价法

静态评价法，顾名思义就是不考虑资金的时间价值的评价方法，主要有投资返本期法和投资差额返本期法。目前，静态评价法已经很少使用。

4.4.1.1　投资返本期法

投资返本期法（也称为投资回收期法）曾经是投资项目评价中的主要评价标准，如今该法有时作为辅助性方法与其他方法（主要是动态评价法）一起使用。所谓投资返本期，是指项目投产后的净现金收入的累加额能够收回项目投资额所需的年数。表 4-2 列出了 5 个投资额相等但净现金收入和项目寿命不同的虚拟项目。

表 4-2　投资返本期举例

项　目		A	B	C	D	E
投　资		10000	10000	10000	10000	10000
净现金收入	第 1 年	2000	7000	1000	6000	6000
	第 2 年	2000	2000	2000	2000	2000
	第 3 年	2000	1000	7000	2000	2000
	第 4 年	2000	2000	2000	0	3000
	第 5 年	2000			0	4000

续表 4-2

项　目		A	B	C	D	E
净现金收入	第 6 年	2000			0	1000
	第 7 年	2000			0	1000
	第 8 年				0	500
投资返本期/a		5	3	3	3	3

投资返本期的计算十分简单，将净现金收入（净现金流）逐年相加，累加额等于投资额的年数，即为投资返本期。表 4-2 中项目 A 需要 5 年，其余项目均需 3 年时间将投资回收（即返本）。

应用该方法进行投资项目评价时，如果计算所得投资返本期小于可接受的某一最大值，则该项目是可取的；否则，该项目是不可取的。多个项目比较时，投资返本期短的项目优于投资返本期长的项目。

投资返本期法有几个明显的不足之处：

（1）该方法对返本期以后的现金流不予考虑，不能真实反映项目的实际盈利能力。例如，表 4-2 中项目 D 和 E 具有相同的投资返本期，但项目 D 根本不能盈利（只能回收投资），项目 E 却在返本后继续带来净收入，项目 E 显然优于项目 D。

（2）该方法不考虑现金流发生的时间，只考虑回收投资所需的时间长度。例如，项目 B 和 C 具有相同的投资返本期和相等的盈利额，但项目 B 早期净收入大于项目 C，根据前述经济评价标准应遵循的准则，项目 B 优于项目 C。

（3）应用该方法确定某一项目是否可取时，需要首先确定一个可接受的最长投资返本期，而最长投资返本期的确定具有很强的主观性。

4.4.1.2 投资差额返本期法

对投资项目做经济比较时，经常遇到的问题是不同项目的投资与经营费用各有优劣：投资大的项目往往由于装备水平高、工艺先进等原因，其经营费用低；投资小的项目由于相反的原因，其经营费用高。这时，可用投资差额返本期法确定项目的优劣。

投资差额返本期的实质是：两个项目比较时，计算用节约下来的经营费用回收多花费的投资，如果能在额定的年数（即可接受的最长时间）内回收，则投资大、经营费用低的项目优于投资小、经营费用高的项目；反之，投资小、经营费用高的项目优于投资大、经营费用低的项目。

投资差额返本期的计算如下：

$$T = \frac{I_1 - I_2}{C_2 - C_1} \tag{4-13}$$

式中　I_1，C_1——投资大、经营费用低的项目（项目 1）的投资和年经营费用；

　　　I_2，C_2——投资小、经营费用高的项目（项目 2）的投资和年经营费用。

若 T 小于或等于可接受的最长返本期 T_0，则项目 1 优于项目 2；反之，则项目 2 优于项目 1。$1/T$ 称为投资效果系数。

当比较多于两个项目时，最佳项目是满足下式者：

$$I_i + T_0 C_i = 最小 \tag{4-14}$$

4.4.2 动态评价法

动态评价法是考虑资金的时间价值的投资项目评价方法，应用最广的有净现值法和内部收益率法。

4.4.2.1 净现金流

净现金流是现金流入与现金流出的代数差。由于税收及会计法则的不同，不同国家（甚至同一国家的不同行业）的净现金流的计算有差别。项目寿命期某一年的净现金流的一般计算如下：

```
      销售收入
    +其他收入（如固定资产残值、流动资金回收）
    -年经营费用
    -固定资产折旧
    ─────────────────────────────
    =税前盈利（税基）
    -所得税（税基×所得税率）
    ─────────────────────────────
    =税后盈利
    +固定资产折旧
    ─────────────────────────────
    =经营现金流
    -投资
    ─────────────────────────────
    =净现金流
```

4.4.2.2 折现率

计算未来某时点（或若干个时期）发生的现金流的现值称为折现。折现中使用的利率也称为折现率。但在用净现值法进行项目评价时，折现率一般不等于利率。一方面，在资本市场发达的市场经济条件下，项目投资所需的大部分资金是通过某些渠道在资本市场上融资获得（如贷款、债券、股票等），使用不属于自己的资金是要有代价的（如贷款就得还本付息），这一代价称为资本成本（cost of capital）。对项目的期望回报率（即收益）的最低线是资本成本，如果一个项目不能带来高于资本成本的回报率，则从纯经济角度讲，该项目不能增加投资者的财富，故是不可取的。因此，投资评价中使用的折现率一般都高于利率。另一方面，当一个投资者决定投资于一个项目时，用于投资的资金（无论是自己拥有的还是从资本市场获得的）就不能用于别的项目的投资，这就等于失去了从替代项目获得回报的机会，所以替代项目的可能收益率称为机会成本。只有当被评价项目的回报率高于机会成本时，被评价项目才是可取的，否则就应把资金投到替代项目。因此，项目评价中用的折现率应不低于机会成本。折现率应该是可接受的最低回报率，在数值上应等于资本成本，或机会成本加上业务成本及风险附加值。

折现率的选取对于正确评价投资项目十分重要。折现率过高，会低估项目的价值，使好的项目失去吸引力；折现率过低，会高估项目的价值，可能导致投资于回报率低于可接受的最低值的项目。了解折现率的构成，对于选用适当的折现率很有帮助。折现率由四个主要要素构成：

（1）基本机会成本。如前所述，机会成本是替代项目的可能回报率，它被看作折现率的基本要素，其他要素被作为附加值累加到机会成本之上，故而称之为基本机会成本。

（2）业务成本。业务成本包括经纪费用、投资银行费用、创办和发行费用等。

（3）风险附加值。根据项目的投资风险而适当上调的数值。

（4）通货膨胀调节值。如果项目评价中的每一现金流都按其发生时的价格（即当时价格）计算，说明现金流中包含通货膨胀，那么折现率也应包含通货膨胀率。一般来说，当在资本市场上筹集资金时，由资本市场确定的资本成本已包含了资金提供者对未来通货膨胀的考虑。因此，如果项目评价中的现金流是按不变价格计算的（即不包含通货膨胀），而折现率是取之于资本市场的资本成本，那么就应将折现率下调，下调幅度一般等于通货膨胀率。

依据资本成本或各构成要素确定的折现率是可接受的最低收益率，也称为基准收益率。

4.4.2.3 净现值法

投资项目的净现值 NPV（net present value），是按选定的折现率（即基准收益率），将项目寿命期（包括基建期）发生的所有净现金流折现到项目时间零点的代数和。

$$NPV = \sum_{j=0}^{n} \frac{NCF_j}{(1 + d)^j} \tag{4-15}$$

式中　NCF_j——第 j 年末发生的净现金流量；

　　　　d——折现率；

　　　　n——项目寿命。

净现值法就是依据投资项目的净现值评价项目是否可取，或对多个项目进行优劣排序的方法。当 NPV>0 时，被评价项目的收益率高于基准收益率，说明投资于该项目可以增加投资者的财富，故项目是可取的；若 NPV<0，项目是不可取的。NPV 大的项目优于 NPV 小的项目。

例 4-2　某项目的初始投资和各年的现金流如图 4-5 所示，试计算基准收益率为 12% 和 15% 时的净现值，并评价项目是否可取。

解：项目的净现金流如图 4-6 所示。

当 $d = 12\%$ 时：

$$NPV = -100000 + 18000 \frac{(1 + 0.12)^9 - 1}{0.12 \times (1 + 0.12)^9} + \frac{38000}{(1 + 0.12)^{10}} = 8143$$

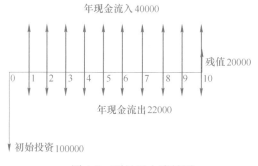

图 4-5　项目现金流量图

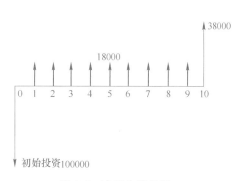

图 4-6　净现金流量图

当 $d = 15\%$ 时：

$$\mathrm{NPV} = -100000 + 18000 \frac{(1 + 0.15)^9 - 1}{0.15 \times (1 + 0.15)^9} + \frac{38000}{(1 + 0.15)^{10}} = -4718$$

因此，当折现率为 12% 时，项目是可取的；当折现率为 15% 时，项目是不可取的。

4.4.2.4　内部收益率法

投资项目的内部收益率 IRR(internal rate of return) 是指使净现值为零的收益率，即满足下式的 d 值：

$$\mathrm{NPV} = \sum_{j=0}^{n} \frac{\mathrm{NCF}_j}{(1 + d)^j} = 0 \tag{4-16}$$

如果计算所得的内部收益率 IRR 大于基准收益率，则项目是可取的；如果 IRR 小于基准收益率，则项目是不可取的。对多个项目进行优劣评价时，IRR 大的项目优于 IRR 小的项目。IRR 的计算一般需要试算若干次。内部收益率法又称为贴现法。

例 4-3　计算例 4-2 的内部收益率。

解：从例 4-2 的计算可知，当折现率为 12% 时，NPV>0；折现率为 15% 时，NPV<0。所以 IRR 在 12% ~ 15% 之间，取 $d = 14\%$，得 NPV = -715。因此 IRR 在 12% ~ 14% 之间，通过几次试算，得 IRR = 13.83%。因此，当基准收益率为 12% 时，内部收益率大于基准收益率，项目是可取的；当基准收益率为 15% 时，项目是不可取的。

应用内部收益率法对项目的可行性评价和优劣排序结论与净现值法相同。

4.5　投资风险分析

投资风险是指在经济评价时，由于未来因素的不确定性，对投资项目的现金流的估计值（或预期值）与项目实际发生的现金流出现不可预见的偏差。在市场经济条件下，任何项目都具有其特有的投资风险，只是风险大小不同而已。矿山项目是公认的投资风险较大的投资项目，其投资风险主要来源于：矿石储量及品位的估算误差较大；未来生产成本及产品价格的不确定性；基建时间长和基建投资大。

前面介绍的项目经济评价属于确定型评价。在确定型评价中，对现金流计算所涉及的各个参数只作点估计，即每一参数只有一个估计值。点估计常常代表评价者对被估参数的最佳估计。确定型评价结果体现于评价标准（如 NPV 或 IRR）的单一数值。由于经济评价中各种参数的不确定性，确定型分析只能反映实际可能出现的一种结果，而这一结果往往与项目的实际运营结果有一定（有时是较大）的偏差。例如，有的项目在实施时所需的基建投资额比经济评价时估计的投资额高出 50%，甚至 100%。因此，分析项目风险，对正确的投资决策是十分重要的。

不确定性分析是投资风险分析的常用方法。在不确定性分析中，对各有关参数的估值不再是点估计，而是估计其取值的概率分布。概率分布可能是离散的，也可能是连续的。分析结果也不再是评价标准的单一值，而是评价标准的概率分布。从这一概率分布可以看出各种结果的可能性，计算评价标准的数学期望，从而对投资风险作出较可靠的判断。下面用一算例对不确定性分析加以说明。

例 4-4 某铜矿正在考虑扩建，矿石生产能力由原来的 3.15Mt/a 扩大到 4.2Mt/a，矿山扩建后的剩余寿命为 10 年。

（1）有关参数的点估计值如下：

$$
\begin{aligned}
&矿石平均品位：\quad &0.8\%；\\
&金属回收率：\quad &90\%；\\
&生产成本增加额：\quad &3.5\times10^6\ \$/a；\\
&扩建投资：\quad &13.5\times10^6\ \$；\\
&铜价格：\quad &1000\ \$/t。
\end{aligned}
$$

（2）扩建投资额、矿石平均品位和金属回收率的离散分布为：

扩建投资额：	13.0	13.5	16.0
概率 P：	0.05	0.55	0.40
矿石平均品位：	0.75%	0.80%	0.85%
概率 P：	0.40	0.50	0.10
金属回收率：	90%	85%	
概率 P：	0.60	0.40	

假设其他参数为确定型，其取值仍为点估计值。试对该扩建项目用 IRR 法进行确定型评价并进行不确定性分析。

解：（1）确定型评价。根据参数的点估计值，扩建项目的年净现金流量为：

$$
NCF = (4.2 - 3.15) \times 10^6 \times \frac{0.8}{100} \times 0.9 \times 1000 - 3.5 \times 10^6 = 4.06 \times 10^6\ \$
$$

扩建项目的净现金流量如图 4-7 所示。

经过几次试算，得到扩建项目的内部收益率 IRR = 27.4%。

（2）不确定性分析。基于扩建投资额、矿石平均品位和金属回收率的可能取值，共有 3×3×2 = 18 种可能的 IRR 值。图 4-8 给出了每种可能结果的概率。对于每一种可能性，其 IRR 的计算与确定型相同。例如，当扩建投资额为 $13.0 \times 10^6\ \$$，矿石平均品位为 0.75%，金属回收率为 90% 时，

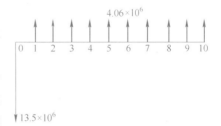

图 4-7 扩建项目净现金流量图

年净现金流量为：

$$
NCF = (4.2 - 3.15) \times 10^6 \times \frac{0.75}{100} \times 0.9 \times 1000 - 3.5 \times 10^6 = 3.588 \times 10^6\ \$
$$

由

$$
-13.0 \times 10^6 + 3.588 \times 10^6 (P/A, IRR, 10) = 0
$$

求得 IRR = 24.5%。

从图 4-8 可知，扩建项目获得 24.5% 的内部收益率的概率为 0.012（或 1.2%），通过类似计算，求得全部可能结果并列入表 4-3。依据表 4-3 中的 IRR 值及相应的概率值，可形成概率直方图和累积概率直方图，分别如图 4-9 和图 4-10 所示。

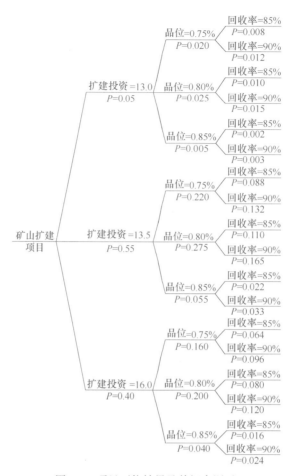

图 4-8　项目可能结果及其概率图示

表 4-3　不确定性分析计算结果

扩建投资额/$	品位/%	回收率/%	IRR/%	概率 P
13.0×10^6	0.75	85	20.9	0.008
13.0×10^6	0.80	85	25.0	0.010
13.0×10^6	0.85	85	29.0	0.002
13.0×10^6	0.75	90	24.5	0.012
13.0×10^6	0.80	90	28.7	0.015
13.0×10^6	0.85	90	32.8	0.003
13.5×10^6	0.75	85	19.8	0.088
13.5×10^6	0.80	85	23.8	0.110
13.5×10^6	0.85	85	27.6	0.022
13.5×10^6	0.75	90	23.3	0.132
13.5×10^6	0.80	90	27.4	0.165
13.5×10^6	0.85	90	31.4	0.033

续表 4-3

扩建投资额/ $	品位/%	回收率/%	IRR/%	概率 P
16.0×10^6	0.75	85	15.0	0.064
16.0×10^6	0.80	85	18.6	0.080
16.0×10^6	0.85	85	22.1	0.016
16.0×10^6	0.75	90	18.2	0.096
16.0×10^6	0.80	90	21.9	0.120
16.0×10^6	0.85	90	25.4	0.024

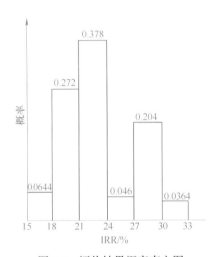

图 4-9 评价结果概率直方图

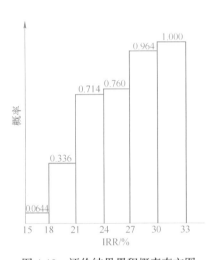

图 4-10 评价结果累积概率直方图

IRR 的数学期望（即平均值）为：

$$IRR_a = \sum_{i=1}^{18} IRR_i \cdot P_i = 22.7\%$$

从图 4-10 可以看出，有 76% 的可能性扩建项目的内部收益率小于 27%，也就是说项目的实际收益率低于确定型评价所得收益率（27.4%）的可能性是很高的。

上例只是一个简单的风险分析算例，只考虑了三个参数的概率分布。实质上，产品价格和生产成本等参数都具有不确定性。对项目进行投资风险分析，应根据可利用信息对尽可能多的参数的概率分布进行估计，以使分析结果尽可能全面地反映可能出现的各种投资后果。另外，上例中用的是离散分布，若有足够的数据，可得出有关参数的连续分布密度函数，利用连续分布进行风险分析，在计算方法与步骤上与离散分布相似。当然，不确定性分析也可用其他评价标准（如 NPV），但 IRR 是最常用的评价标准。

5　露天开采基本概念

图 5-1 所示为某露天铁矿采场标高模型的三维显示。图 5-2 (a) 所示是同一矿山在生产中使用的线型平面投影图,图 5-2 (b) 所示为该采场的一个剖面。采场要素包括:台阶、

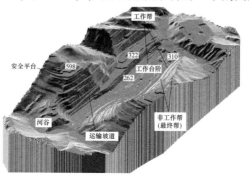

图 5-1　某露天铁矿采场标高模型的三维显示

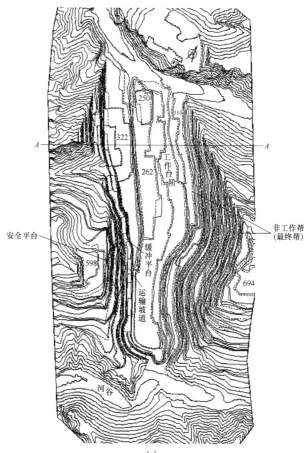

(a)

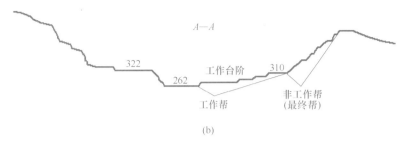

图 5-2　某露天铁矿采场平面投影图与横剖面图

(a) 平面投影图；(b) 横剖面图

运输坡道及其缓冲平台、安全平台、工作台阶（平盘）、工作帮、非工作帮（也称为最终帮）等。本章结合这些采场要素介绍露天开采的基本概念。

5.1　台阶要素

5.1.1　基本概念

露天矿在垂直方向上是以台阶为单元进行开采的。图 5-3 所示为台阶的组成要素。一个台阶的上部平面称为坡顶面，下部平面称为坡底面，两者之间的斜面称为台阶坡面。台阶坡顶面与台阶坡面的交线称为坡顶线（也称为上沿线），台阶坡底面与台阶坡面的交线称为坡底线（也称为下沿线），台阶坡面与水平面的夹角 α 称为台阶坡面角。台阶的坡顶面与其坡底面之间的垂直高度 H 称为台阶高度。图 5-2（a）中的实线即为各台阶的坡顶线，虚线为坡底线。

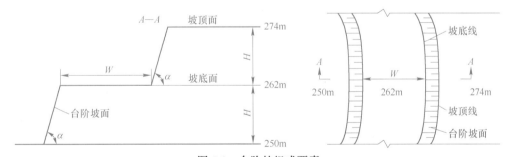

图 5-3　台阶的组成要素

台阶一般用其坡顶面和坡底面所在标高水平命名，如图 5-3 所示，剖面图中的上部台阶称为 262~274m 台阶，下部台阶称为 250~262m 台阶。一个台阶的坡顶面同时是它上部相邻台阶的坡底面，其坡底面同时是它下部相邻台阶的坡顶面。

5.1.2　台阶高度

除非有特殊原因，所有台阶设计为相同的台阶高度。

台阶高度是露天开采中最重要的几何要素之一。影响台阶高度的因素有生产能力、采装设备的作业技术规格以及对开采的选别性要求等。生产能力大时，台阶高度也要大些，反之，台阶高度应小一些。为保证挖掘机挖掘时能获得较高的满斗系数（铲斗的装满程度），台阶高度应不小于挖掘机推压轴高度的 2/3。另外，为避免挖掘过程中在台阶的顶部形成伞岩，台阶高度应不大于（至多略大于）挖掘机的最大挖掘高度。图 5-4 所示为电铲的作业技术规格图解，斗容为 20m³ 的电铲（WK-20）的主要作业技术规格参数见表 5-1。从表 5-1 中可知，该挖掘机的最大挖掘高度是 14.4m。若选用该型电铲，台阶高度定为 12～15m 较为合适。

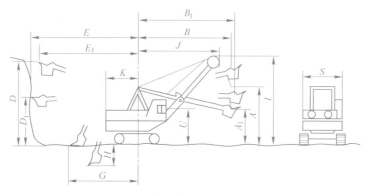

图 5-4　电铲的作业技术规格图解

表 5-1　20m³电铲（WK-20）的主要作业技术规格参数

规格参数	参数值	规格参数	参数值
斗容/m³	20	最大挖掘半径 E/m	21.2
最大卸载高度 A/m	9.1	最大挖掘半径时的挖掘高度 D_1/m	8.84
最大卸载半径 B_1/m	18.7	站立水平挖掘半径 G/m	13.3
最大卸载半径时的卸载高度 A_1/m	5.6	下挖深度 H/m	1.75
最大卸载高度时的卸载半径 B/m	18.4	机体尾部回转半径 K/m	7.95
最大挖掘高度 D/m	14.4	机体（包括驾驶室）宽度 S/m	8.534
最大挖掘高度时的挖掘半径 E_1/m	20.3	司机视线水平高度 U/m	7.8

在品位变化大、矿物价值高的矿山中（如金矿和铀矿），开采选别性是制约台阶高度的重要因素。开采选别性是指在开采过程中能够将不同品位和类型的矿石及废石进行区分开采的程度。以金矿为例，往往需要对于一个区域内的高品位矿、低品位矿、硫化矿、氧化矿及废石进行区分开采，运往各自的目的地。如将低品位矿送往堆浸场，高品位矿送往选矿厂，废石送往排土场等。由于一个台阶在垂直方向上是不可分采的，即使在台阶高度内矿石的品位、矿种或矿岩界线变化很大（如某处台阶的上半部分是矿石，下半部分是废石），也不可能在开采过程中将同一台阶高度上不同种类的矿石及废石分离出来，由此所造成的贫化和不同矿种的混杂是不可避免的。可见，台阶高度越大，开采选别性越差。因此，开采对选别性要求较高的矿床时，应选取较小的台阶高度。一般说来，黑色金属矿床的品位变化较小、矿体形态较为规则、矿物价值低，对选别性要求较低，台阶高度一般大于 10m，以 12～15m 最为常见。大多数贵重金属矿床的特征恰恰相反，所以台阶高度一般要小一些。

另外，台阶高度也制约着铲装设备的选择，当选用汽车运输时，铲装设备的斗容和装卸参数又进一步制约着汽车的选型。台阶高度较高时，可以选用大型铲装和运输设备，矿山的生产能力也高。在一定范围内，增加台阶高度会降低穿孔、爆破和铲装成本。台阶高度同时也影响着最终边帮的几何特征。由此可以看出，台阶高度的选取对整个露天矿的开采经济效益和生产效率有着重要的影响。因此，应综合考虑各种相关因素确定最佳的台阶高度。

5.1.3 台阶坡面角

台阶坡面角主要是由岩体稳定性决定的，其取值随岩体稳定性的增强而增大。确定台阶坡面角时，需要进行岩石稳定性分析，或参照岩体稳定性相类似的矿山选取。另外，岩体层理面的倾向对台阶坡面角有直接的影响。当台阶坡面与岩体层理面的倾向相同或相近，而且层理面倾角较陡时，台阶坡面角等于层理面的倾角。均质岩体中台阶坡面角与岩石坚固性的大体关系见表 5-2。国内部分金属露天矿的台阶坡面角见表 5-3。

表 5-2 均质岩体中台阶坡面角与岩石坚固性的大体关系

岩石坚固性系数	台阶坡面角/(°)
>8	70~75
3~8	60~70
1~3	50~60

表 5-3 国内部分金属露天矿的台阶坡面角

矿山名称	台阶坡面角/(°)
大孤山铁矿	70
东鞍山铁矿	75
南芬铁矿	45（矿体下盘）
大石河铁矿	65
白云鄂博铁矿	70
白银厂铜矿	70

5.1.4 工作平盘与安全平台

仍然处于被开采状态的台阶称为工作平盘，也称为工作台阶或工作平台，如图 5-1 和图 5-2 中所标示。

图 5-5 所示为一个工作平盘的局部示意图。工作台阶上进行爆破、采掘的部分称为爆破带，其宽度 W_c 为爆破带宽度（或采区宽度），台阶的采掘方向是挖掘机沿采掘带前进的方向，台阶的推进方向是台阶向外扩展的方向。

在开采过程中，工作台阶不能一直推进到上个台阶的坡底线位置，而是应留有一定的宽度 W_s，留下的这部分称为安全平台。安全平台的作用是收集从上部台阶滑落的碎石和阻止大块岩石滚落。安全平台的宽度一般为 2/3~1 个台阶高度。在矿山开采寿命期末，有时将安全平台的宽度减小到台阶高度的 1/3 左右。工作平盘的宽度 W 等于采区宽度与安全

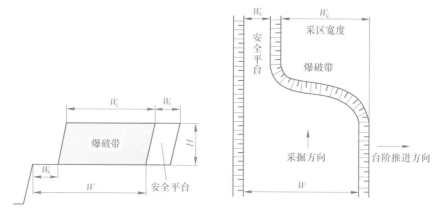

图 5-5 工作平盘的局部示意图

平台宽度之和。最小工作平盘宽度是刚刚满足采运设备以正常效率安全作业所需要的空间的宽度，其计算详见第 7 章第 7.2 节。

    沿工作平盘的外缘常用碎石堆筑一道安全挡墙（如图 5-6 所示），用于阻止石块滚落到下面的台阶和防止汽车或其他设备驶落台阶。安全挡墙的高度一般等于汽车轮胎的半径，其坡面角等于碎石的安息角（一般为 35°左右）。

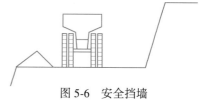

图 5-6 安全挡墙

5.2 帮坡与帮坡角

    露天采场的帮坡就是由各台阶组成的空间曲面。在采场的扩延过程中会形成各式各样的帮坡。

5.2.1 工作帮及其帮坡角

    由一组相邻工作台阶组成的帮坡称为工作帮，如图 5-1 和图 5-2 中所标示。工作帮上的台阶要素如图 5-7 所示。工作帮坡角在西方国家一般定义为最上一个工作台阶的坡顶线与最下一个工作台阶的坡底线连成的假想斜面与水平面的夹角。若工作帮由 n 个相邻的工作台阶组成，工作帮坡角 θ 可由下式计算：

$$\theta = \arctan \frac{nH}{\sum_{i=1}^{n-1} W_i + \frac{nH}{\tan\alpha}} \tag{5-1}$$

式中 H——台阶高度；

     W_i——从最下部工作台阶算起第 i 个工作平盘的宽度，最上部工作平盘宽度不参与运算；

     α——台阶坡面角。

    工作帮坡角在我国一般定义为最上一个工作台阶的坡顶面内沿线（即其上部台阶的坡底线）与最下一个工作台阶的坡底线连成的假想斜面（如图 5-7 中的虚线）与水平面的夹

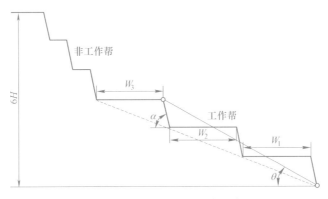

图 5-7 工作帮与工作帮坡角示意图

角。在这一定义下，最上部工作平盘宽度也参与运算，式（5-1）变为式（5-2）。下文中，工作帮坡角均采用第一种定义。

$$\theta = \arctan \frac{nH}{\sum\limits_{i=1}^{n} W_i + \dfrac{nH}{\tan\alpha}} \tag{5-2}$$

我国金属露天矿的工作帮坡角一般为 15°~20°。

5.2.2 非工作帮及其帮坡角

最终境界是开采结束时的采场，它圈定了整个露天矿的开采范围，在开采前就已设计好（最终境界的设计见第 6 章）。由一组已经推进到各自的最终境界位置、不再开采的台阶组成的帮坡称为非工作帮或最终帮，如图 5-1 和图 5-2 中所标示。工作帮随台阶的推进向最终帮靠近，已经推进到最终帮位置的台阶称为已靠帮台阶。一段非工作帮的帮坡角称为非工作帮坡角或最终帮坡角，一般定义为最上一个已靠帮台阶的坡顶线（或坡底线）与最下一个已靠帮台阶的坡底线连成的假想斜面与水平面的夹角。

在一些情况下，非工作帮上每个台阶都留有安全平台，如图 5-8 所示。这时，最终帮坡角为：

$$\theta = \arctan \frac{nH}{\sum\limits_{i=1}^{n-1} W_{si} + \dfrac{nH}{\tan\alpha}} \tag{5-3}$$

或

$$\theta = \arctan \frac{nH}{\sum\limits_{i=1}^{n} W_{si} + \dfrac{nH}{\tan\alpha}} \tag{5-4}$$

式中　W_{si}——从最下部算起第 i 个已靠帮台阶的安全平台宽度。

在另外一些情况下，非工作帮上并不是每个台阶都留有安全平台，而是每隔几个（一般为 2~4 个）台阶留一个安全平台，如图 5-9 所示，这种情形称为并段。并段是在台阶靠帮过程中，台阶的坡顶线一直推进到其上部相邻台阶的坡底线位置实现的。由于并段后各并段台阶的坡面形成一个高陡斜面，石块滚落到安全平台上的滚落速度加大，所以实行并段后的安全平台宽度应适当加宽，一般是每"并入"一个台阶，安全平台的宽度增加 1/3

左右。并段可使最终帮坡角 θ 明显增大。

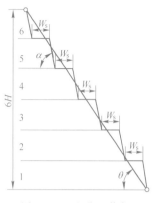

图 5-8　一段非工作帮

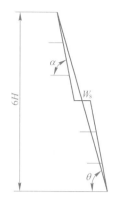

图 5-9　实行并段的一段非工作帮

5.2.3　运输坡道及其对最终帮坡角的影响

　　如图 5-1 和图 5-2 所示，运输坡道是连通台阶与台阶之间的通道，也是采场到地表的通道。矿石和废石通过运输坡道从采掘面运往地表。运输坡道的宽度根据运输设备的规格及其两侧的安全距离确定，坡度一般为 8% 左右，长度等于台阶高度除以坡度。

　　在最终帮上，相邻台阶的坡道首尾相接，可能形成很长的连续坡道。为了减少陡坡的持续长度，以免重车在陡坡上连续行驶时间过长引起引擎过热和加速机械磨损，同时也避免下坡连续刹车时间过长使汽车制动鼓发热，造成可能的车速失控而发生事故，每隔一定距离设一段水平（或坡度很缓的）道路，称为缓冲平台（如图 5-2 所示）。缓冲平台的坡度一般不大于 3%，长度在 80m 左右。当坡道坡度为 8% 左右时，连续陡坡的坡长应限制在约 350m 以内。

　　最终帮上的运输坡道对最终帮坡角有很大影响。图 5-10 所示为运输坡道通过的一段最终帮的剖面，坡道的宽度为 W_R，坡道在该剖面上位于下数第 4 个台阶的中腰。图中的 θ 为该段边帮的总帮坡角。道路将整段边帮分为 AC 和 DB 两段，图中 θ_1 和 θ_2 分别为这两段的帮坡角，有时称为路间帮坡角。若坡道宽度 $W_R = 30m$，安全平台宽度 $W_s = 10m$，台阶高度 $H = 12m$，坡面角 $\alpha = 70°$，则 $\theta = 34.13°$，$\theta_1 = 44.14°$，$\theta_2 = 42.84°$；如果没有坡道，这段边帮的总帮坡角为 43.37°。可见，在边帮上加入运输道路会使总帮坡角变缓许多（本例中变缓了约 9°）。

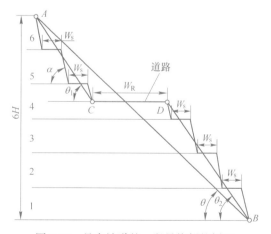

图 5-10　具有坡道的一段最终帮的剖面

这一简单的例子说明，在设计最终境界时，整体最终帮坡角的选取应考虑到运输道路的布置情况，而路间帮坡角（图 5-10 中 θ_1 和 θ_2）不应大于帮坡稳定性允许的最大帮坡角。

5.3 露天开采一般过程

假设一露天矿最终境界内的地表地形较为平坦，地表标高为 200m，台阶高度为 12m。图 5-11 所示为该露天矿开采的一般过程示意图。首先在地表境界线的一端沿矿体走向掘沟到 188m 水平，如图5-11（a）所示；出入沟掘完后在沟底以扇形工作面推进，如图 5-11（b）所示；当 188m 水平被揭露出足够面积时，向 176m 水平掘沟，掘沟位置仍在右侧最终帮，如图 5-11（c）所示；之后，形成了 188~200m 台阶和 176~188m 台阶同时推进的局面，如图 5-11（d）所示；随着开采的进行，新的工作台阶不断投入生产，上部一些台阶推进到最终帮（即已靠帮）；若干年后，采场现状变为如图 5-11（e）所示；当整个矿山开采完毕时，每个台阶都推进到了其设计的最终位置，形成了如图 5-11（f）所示的最终境界。

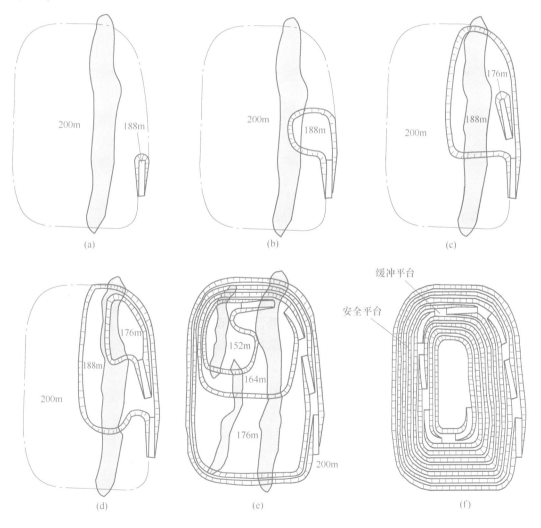

图 5-11 露天开采一般过程示意图

上述露天开采过程通过凿岩（钻孔）、爆破、铲装、运输、排岩等工序具体实现，各工序环节相互衔接、相互影响、相互制约，共同构成了露天开采的最基本生产工艺。

5.4 分 期 开 采

在开采过程中，台阶在水平方向一直推进到最终境界的开采方式称为全境界开采，图5-11 所示的开采过程就是全境界开采。全境界开采只有一个境界，即最终境界。与全境界开采相对应的是分期开采。分期开采就是将最终境界划分成若干个中间境界，称为分期境界，如图 5-12 所示，工作台阶在每一分期内只推进到相应的分期境界。在一个分期境界内的矿岩开采完之前的某一时点，有计划地开始在本分期境界与下一分期境界之间的区域自上而下进行采剥，向下一分期境界扩帮过渡。如此逐期开采、逐期过渡，直至推进到最后一个分期境界，即最终境界。

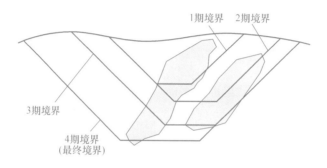

图 5-12 分期境界示意图

我国有不少金属露天矿经历了几次境界设计，把第 x 次设计的境界也称为"x 期境界"。然而，这种"分期开采"不是在一开始就规划为分期开采，而是每一次设计的境界都是最终境界，只是在所设计的最终境界将要开采完毕时，发现在当时和预测的技术经济条件下矿床中还有足够的工业储量值得继续开采，从而就针对剩余储量重新设计一个最终境界。这种分期开采，就开采方案的规划设计而言，并不是严格意义上的分期开采。本书中的分期开采是指在一开始就规划为分期开采，预先设计好分多少期以及每一分期境界和最终境界的大小和形态，并按分期开采的特点和要求编制长期采剥计划。关于分期开采的较详细论述，见第 9 章。

6   最终境界设计与优化

6.1   概　　述

应用第 1 章中讲述的方法或是第 2 章建立的品位块状模型得到的矿石储量是矿床的地质储量。由于受到自然与技术条件的制约和出于经济上的考虑，一般只有一部分地质储量用露天开采是技术上可行和经济上合理的，这部分储量称为可采储量。圈定可采储量的三维几何体称为最终开采境界或最终境界，用它预计在矿山开采结束时的采场大小和形状。图 6-1 所示为某露天矿最终境界的平面投影图。

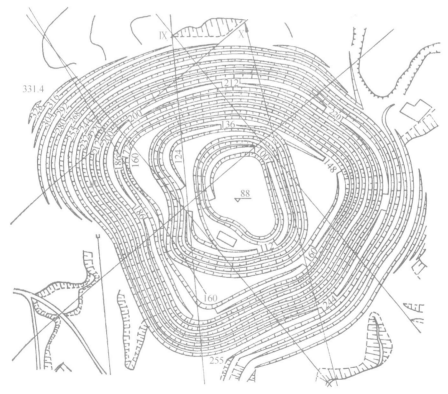

图 6-1   某露天矿最终境界平面投影图

从第 5 章 5.3 节所描述的露天开采过程可知，露天开采是一个使矿区内原始地貌连续发生变形的过程。在开采过程中，或是山包消失，或是形成深度和广度不断增加的坑体（即采场）。采场的边坡必须能够在较长的时期内保持稳定，不发生滑坡。为满足边坡稳定性要求，最终帮坡角不能超过某一最大值（一般在 35°~55° 之间，具体值需根据岩体的稳定性确定）。最终帮坡角对最终境界形态的约束是设计境界时必须考虑的几何约束。

从充分利用矿物的角度来看，最终境界应包括尽可能多的地质储量。然而，由于几何约束的存在，开采某部分的矿石必须在剥离该部分矿石上面一定范围内的岩石后才能实现，如图 6-2 所示。剥离岩石本身只能带来资金的消耗，不会带来经济收入。因此，从经济角度来看，存在一个使矿山企业的总经济效益最大的最终境界。

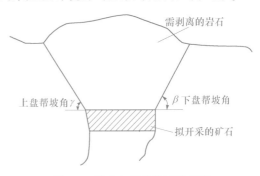

图 6-2　采矿与剥离关系示意图

在具有竞争性的市场经济条件下，矿山企业与其他行业的企业一样，其主要经营目标是经济效益最大化。因此，最终境界的确定是露天矿规划设计中的一项十分重要的工作，既是技术决策，又是经济决策。然而，最佳最终境界的确定并非易事，它要求设计者具有较强的理论基础和较丰富的实践经验。

最终境界设计在方法与手段上经历了三个阶段：

（1）手工设计阶段。这一阶段的最终境界设计以经济合理剥采比为基本准则，在垂直剖面图和分层平面图上进行手工设计和计算，用求积仪量取图形的面积，计算矿岩量。手工设计如今已成为历史。

（2）计算机辅助设计阶段。这一阶段在方法上与手工阶段基本相同，以计算机为平台，计算机屏幕代替了纸质图纸，设计过程在计算机上进行，相关计算由软件完成，设计结果在屏幕上显示并用绘图仪绘成图纸，相关数据存入某种形式的文件。所用软件通常是 AutoCAD 或专门为矿山设计开发的应用软件。计算机辅助境界设计在我国始于 20 世纪 80 年代后期，现已得到广泛的应用。

（3）优化设计阶段。最终境界优化设计的研究在国际上始于 20 世纪 60 年代初，在实践中得到较广泛的应用则是在计算机的存储容量和速度达到一定的水平以后，在时间上大体上始于 20 世纪 80 年代中期。有许多优化方法问世，用于最终境界优化的方法有图论法、浮锥法、动态规划法、网络最大流法等，应用最广泛的是图论法与浮锥法。最终境界优化设计在我国已得到较广泛的应用。

本章重点介绍最终境界设计的传统方法与优化方法中的浮锥法、地质最优境界序列评价法和图论法。

6.2　传统设计方法

6.2.1　经济合理剥采比与设计准则

6.2.1.1　经济合理剥采比

根据设计境界所追求的经济目标不同，计算经济合理剥采比的常用方法有三种：盈亏平衡法、原矿成本比较法和价格法。

A 盈亏平衡法

盈亏平衡法追求的境界设计目标是露天开采总利润最大。图 6-3 所示为理想矿体的横剖面示意图，矿体与围岩之间有清晰的界线，矿体厚度为 t，倾角为 45°，矿体延深到很深。假设上、下盘最终帮坡角均为 45°，那么在该断面上最终境界应该多大为好呢？由于矿体倾角与最终帮坡角相等，矿岩下盘界线显然是剖面上最终境界的一个帮。若矿体的水平厚度 m 满足布置铲运设备所要求的最小宽度，最终境界底宽应该是 m。在深度为 H 的水平上作一水平线，与矿体上、下盘界线分别相交于 A、B 点，从 A 点向上以 45°角（最终帮坡角）作直线与地表相交于 C 点，如图 6-4 所示，$CABD$ 组成一个最终境界。该境界内废石总量为 W，矿石总量为 O，W 与 O 之比称为该境界的平均剥采比，用 R_a 表示，即：

$$R_a = \frac{W}{O} \tag{6-1}$$

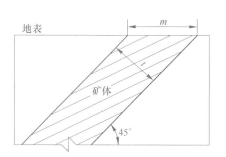

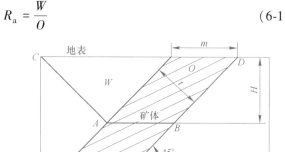

图 6-3　理想矿体的横剖面示意图　　　　　图 6-4　深度为 H 的境界剖面示意图

如果境界深度增加 dH，境界变为 $C'A'B'D$（如图 6-5 所示），境界内废石量增加 dW（即 $C'A'AC$ 部分），矿石量增加 dO（即 $ABB'A'$ 部分）。dW 与 dO 之比在国外称为瞬时剥采比，在我国称为境界剥采比，用 R_i 表示，即：

$$R_i = \frac{dW}{dO} \tag{6-2}$$

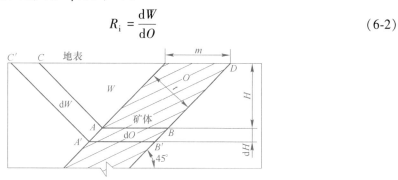

图 6-5　境界剥采比示意图

设 dO 和 dW 的度量单位均为吨。dO 和 dW 是地质量（也称为原地量），考虑到开采过程中的矿石损失和废石混入，用以下三式计算采出的矿石增量及其平均品位和废石增量：

$$dO_c = \frac{dOr_m}{1 - y} \tag{6-3}$$

$$g_c = g_o - y(g_o - g_w) \tag{6-4}$$

$$\mathrm{d}W_c = \mathrm{d}W - \mathrm{d}O_c y + (1 - r_m)\mathrm{d}O = \mathrm{d}W + \left(1 - \frac{r_m}{1-y}\right)\mathrm{d}O \tag{6-5}$$

式中 $\mathrm{d}O_c$——采出的矿石增量，t；

g_c——$\mathrm{d}O_c$ 的平均品位；

$\mathrm{d}W_c$——采出的废石增量，t；

r_m——矿石回采率（小数）；

y——废石混入率（小数）；

g_o——$\mathrm{d}O$ 的平均地质品位；

g_w——混入矿石中废石的平均地质品位。

设矿山企业的最终产品为精矿，那么开采增量 $\mathrm{d}W$ 和 $\mathrm{d}O$ 带来的利润增量为：

$$\mathrm{d}P = \frac{\mathrm{d}O_c g_c r_p}{g_p}p_p - \mathrm{d}O_c(c_m + c_p) - \mathrm{d}W_c c_w \tag{6-6}$$

式中 $\mathrm{d}P$——利润增量，元

r_p——选矿金属回收率（小数）；

g_p——精矿品位；

p_p——精矿价格，元/t；

c_m，c_p，c_w——矿石开采、选矿、废石剥离的单位成本，元/t。

把式 (6-2)~式 (6-5) 代入式 (6-6)，得：

$$\mathrm{d}P = \mathrm{d}O\left\{\frac{r_m\left[g_o - y(g_o - g_w)\right]r_p}{(1-y)g_p}p_p - \frac{r_m}{1-y}(c_m + c_p) - \left(1 - \frac{r_m}{1-y}\right)c_w - R_i c_w\right\} \tag{6-7}$$

或 $$\frac{\mathrm{d}P}{\mathrm{d}O} = \frac{r_m\left[g_o - y(g_o - g_w)\right]r_p}{(1-y)g_p}p_p - \frac{r_m}{1-y}(c_m + c_p) - \left(1 - \frac{r_m}{1-y}\right)c_w - R_i c_w \tag{6-8}$$

从式 (6-7) 和式 (6-8) 可以看出，利润增量随境界剥采比 R_i 的增加而减小（因为需要花费更多的剥岩费用）。从图 6-5 可知，对于给定的 $\mathrm{d}H$、$\mathrm{d}O$ 不变（因为矿体厚度不变），$\mathrm{d}W$ 随着深度 H 的增加而增加。也就是说，境界剥采比随境界深度而增加。因此，利润增量 $\mathrm{d}P$ 或 $\mathrm{d}P/\mathrm{d}O$ 随境界深度的增加而减小。只要利润增量大于零，那么，就应开采 $\mathrm{d}W$ 和 $\mathrm{d}O$，因为这样会使总利润 P 增加。当利润增量为零时，总利润达到最大值，这时的境界为最佳境界。因此，利润增量为零时的境界剥采比定义为经济合理剥采比（也称为盈亏平衡剥采比），用 R_b（单位为 t/t）表示：

$$R_b = \frac{1}{c_w}\left\{\frac{r_m\left[(1-y)g_o + yg_w\right]r_p}{(1-y)g_p}p_p - \frac{r_m}{1-y}(c_m + c_p)\right\} - \left(1 - \frac{r_m}{1-y}\right) \tag{6-9}$$

从式 (6-9) 可知，对于给定矿床（地质品位 g_o 一定），经济合理剥采比不直接依赖于境界的大小和几何形状，只依赖于矿石回采率、选矿回收率、精矿品位、废石混入率与成本、价格等技术经济参数，这些参数值可以通过采选工艺、市场与成本分析得出，也可通过收集类似矿山的数据得出。式 (6-9) 不是计算经济合理剥采比的通用公式，企业的最终产品、成本构成和考虑的因素不同，计算经济合理剥采比的算式也不同，必须根据矿山的具体情况进行计算。总的原则是在计算中应包括从开采到最终产品加工的整个过程中

与采剥量有关的各项成本和损失、贫化等参数。

如果不考虑矿石在开采过程中的损失与贫化，即假设矿石回采率 $r_m = 1$（即 100%）、废石混入率 $y = 0$，式（6-9）可简化为：

$$R_b = \cfrac{\cfrac{g_o r_p}{g_p} p_p - (c_m + c_p)}{c_w} \qquad (6\text{-}10)$$

B 原矿成本比较法

以上推导只考虑露天开采，不考虑地下开采，是以露天开采总利润最大为目标计算经济合理剥采比的。如果矿体埋深较大，应该考虑上部用露天开采、下部用地下开采。为了使整个矿床的开采总利润最大，需要确定一个露天与地下开采的最佳深度分界线，分界线以上的矿体用露采比地采更经济，而以下的矿体用地采比露采更经济。这一分界线处的境界剥采比定义为这种情况下的经济合理剥采比。"更经济"可以简单地用"原矿成本更低"来度量，即分界线以上的露采单位原矿成本比地采单位原矿成本低，分界线以下的地采单位原矿成本比露采单位原矿成本低。那么，此定义下的经济合理剥采比就是露采单位原矿成本等于地采单位原矿成本时的境界剥采比。在不考虑损失贫化的条件下，境界剥采比为 R_i（t/t）时，1t 原矿的露采成本为 $R_i c_w + c_m$；地采不用剥离，所以 1t 原矿的地采成本即为其单位开采成本 c_u（元/t）。二者相等时的 R_i 即为经济合理剥采比 R_b(t/t)，即：

$$R_b = \frac{c_u - c_m}{c_w} \qquad (6\text{-}11)$$

C 价格法

对于某些开采价值低、只适用露天开采的矿床，境界设计所追求的经济目标可能不是总利润最大，而是在给定技术经济条件下达到企业希望的利润率。这种情况下，可以简单地用原矿利润率为标准计算经济合理剥采比，即把经济合理剥采比定义为"原矿利润率等于企业希望达到的利润率时的境界剥采比"。

原矿利润率定义为：1t 原矿的销售利润与 1t 原矿的成本之比。在不考虑损失贫化的条件下，境界剥采比为 R_i(t/t) 时，原矿利润率为：

$$\delta = \frac{p_o - (R_i c_w + c_m)}{(R_i c_w + c_m)} = \frac{p_o}{R_i c_w + c_m} - 1 \qquad (6\text{-}12)$$

式中　δ——原矿利润率；

　　　p_o——原矿价格，元/t。

随着境界剥采比 R_i 增加，原矿利润率 δ 降低。δ 等于企业希望达到的利润率 δ_o 时的境界剥采比，就是此定义下的境界合理剥采比 R_b(t/t)，即：

$$R_b = \cfrac{\cfrac{p_o}{1 + \delta_o} - c_m}{c_w} \qquad (6\text{-}13)$$

在上述三种经济合理剥采比的推导中，矿量和废石量均以吨计量，价格和各项单位成本均以元/t 计量，所以式（6-9）~式（6-11）和式（6-13）计算的经济合理剥采比的单位均为 t/t。剥采比的单位通常有三种，即 t/t、m^3/t 和 m^3/m^3，我国金属露天矿最常用的是

t/t，其次为 m^3/m^3。矿量、废石量、价格和成本的计量单位不同，采用的剥采比的单位不同，计算经济合理剥采比的算式的具体形式也不同。如果矿量的单位为 t，废石量的单位为 m^3，价格、单位采矿成本和单位选矿成本的单位均为元/t，单位剥离成本的单位为元/m^3，剥采比的单位用 m^3/m^3，那么，经济合理剥采比的算式就与上述各式不同，这种情况下的算式推导留给读者。

6.2.1.2 设计准则

确定了经济合理剥采比后，传统方法设计最终境界的准则是：境界剥采比 R_i＝经济合理剥采比 R_b。从上述对经济合理剥采比的定义和推导可知，依据这一准则设计的最终境界对于所追求的经济目标而言，经济效果最好：或是露天开采总利润最大，或是露采+地采总利润最大，或是利润率不低于企业希望达到的利润率。

依据这一准则设计最终境界是一个试错的过程，即对于不同位置的境界计算其境界剥采比并与已确定的经济合理剥采比作比较，直到找到这样一个位置，其境界剥采比最接近且不大于经济合理剥采比，此境界即为最佳最终境界。

需要说明以下两点：

(1) 当同时考虑露采和地采确定最终境界时（即确定露采与地采最佳分界线时），用上述原矿成本比较法（式 (6-11)）得到的经济合理剥采比，远不能反映露采与地采在经济性上的相对优劣。这是因为原矿成本只反映了二者相对经济性的一个方面，二者在投资、矿石回采率和贫化率等方面也有显著差别。因此，要综合反映二者的相对优劣，达到露采+地采总利润最大的境界设计目标，就需在经济合理剥采比的计算中把这些因素也考虑在内。另外，对于适合于先露采后地采的矿床，地采是在境界设计完成很长时间之后（一般为十几年到几十年）才开始，那时的地采原矿成本 c_u 很难预测。因此，式 (6-11) 的实用价值不大。也许，更好的方法是：先不考虑地下开采，按露天开采总利润最大为目标用盈亏平衡法计算经济合理剥采比，据此设计最终境界；开采到一定深度后（如发现生产成本有显著升高时，或境界将近采完时），再依据当时的技术经济条件对境界作重新设计并与转入地下开采作较综合、详细的比较，确定最终方案。

(2) 对于某些覆盖层很厚、初期剥岩量很大或矿体很不连续的矿床，虽然在某个境界位置其境界剥采比不大于经济合理剥采比，但整个境界的平均剥采比可能很高。为了保证整个境界能够盈利或露采不劣于地采，需要用境界的平均剥采比 R_a＜经济合理剥采比 R_b 作为补充准则来核验，因为只有当 R_a＜R_b 时整个境界才能盈利或露采不劣于地采。对于绝大多数金属露天矿而言，符合准则 R_i＝R_b 时，就自动符合 R_a＜R_b。

在大多数金属露天矿的设计中，一般都以露天开采总利润最大为设计目标，用盈亏平衡法计算经济合理剥采比 R_b，依据 R_i＝R_b 准则设计最终境界。以下 6.2.2 节和 6.2.3 节是依据这一准则在不同情况下设计最终境界的具体方法。

6.2.2 线段比法和面积比法

对于走向较长且厚度较小的矿体，设计方法通常为：在地质横剖面图上运用线段比法或面积比法依次确定出各剖面位置上的合理开采深度，然后在矿体的纵剖面图上对各剖面合理开采深度进行综合均衡，圈定出最终境界。

6.2.2.1　横剖面上面积比法确定长矿体的合理开采深度

参照图 6-6，面积比法的设计步骤如下：

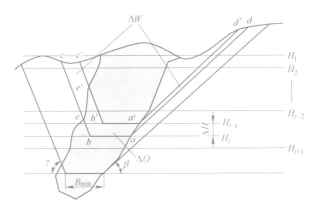

图 6-6　横剖面面积比法确定合理开采深度示意图

第 1 步：根据开采与运输设备的规格、作业形式、设备两侧的安全距离等，选定最终境界的最小底宽 B_{min}，并根据边帮岩体的稳定性确定每一横剖面处的上、下盘最终帮坡角 γ、β。

第 2 步：在每一地质横剖面图上确定出若干深度方案，当矿体形态简单时，可少取一些深度方案；否则，应在境界剥采比变化大的地方多增加一些深度方案。

第 3 步：对于某一剖面上的深度方案 H_i，在 H_i 水平处以选定的最小底宽确定出该开采深度的境界底线位置 ab，从 b、a 两点分别以上、下盘境界帮坡角 γ、β 画上、下盘边坡线 bc、ad，c、d 分别为上盘边坡线和下盘边坡线与地表的交点。假设 bc 线交矿体上盘界线于 e 点。

第 4 步：从 H_i 水平开始向上减少 ΔH 高度（ΔH 通常取一个开采台阶的高度），在 H_{i-1} 水平处以同样的方法作出境界线 $c'b'a'd'$，$c'b'$ 交矿体上盘界线于 e' 点。

第 5 步：求出自 H_{i-1} 水平降深到 H_i 水平后所需开采的废石面积 ΔW 与可采出的矿石面积 ΔO，其中，ΔW 为废石多边形 $cc'e'e$ 与 $dd'a'a$ 的面积之和，ΔO 为矿石多边形 $e'b'a'abe$ 的面积。

第 6 步：求算开采深度 H_i 的境界剥采比 R_i，$R_i = \Delta W / \Delta O$。

第 7 步：若 $R_i \approx R_b$，则 H_i 水平即为该地质横剖面图上最佳的境界深度；否则，重复第 3 步至第 6 步，试算其他深度方案，直至 $R_i \approx R_b$ 成立。

6.2.2.2　横剖面上线段比法确定长矿体的合理开采深度

地质横剖面上的线段比是面积比的一种简化形式，当矿体走向较长，且矿体形态变化不大时，可运用线段比来代替面积比，这样既可保证设计工作具有一定的精度，又免除了求算面积的工作。线段比法的原理可以用图 6-7 来说明。

图 6-7 所示为一地形平坦的规则矿体，矿体的水平厚度为 m，矿体倾角为 α，上、下盘最终帮坡角分别为 γ、β。$abcd$ 是深度为 H 的境界，$a_1b_1c_1d_1$ 是深度为 $H-\Delta H$ 的境界，ag 和 dh 为 c_1c 的平行线。四边形 b_1c_1cb、aa_1b_1b 及 d_1dcc_1 的面积分别用 ΔA、ΔV_1 及 ΔV_2 表示，根据几何关系有：

$$\Delta A = m \cdot \Delta H$$

$$\Delta V_1 = abe - a_1 b_1 e = \frac{1}{2}H(\cot\gamma + \cot\alpha)\, H - \frac{1}{2}(H - \Delta H)(\cot\gamma + \cot\alpha)(H - \Delta H)$$

$$= (\cot\gamma + \cot\alpha)\, H \cdot \Delta H - \frac{1}{2}(\cot\gamma + \cot\alpha)\,\Delta H^2$$

$$\Delta V_2 = dcf - d_1 c_1 f = (\cot\beta - \cot\alpha)\, H \cdot \Delta H - \frac{1}{2}(\cot\beta - \cot\alpha)\,\Delta H^2$$

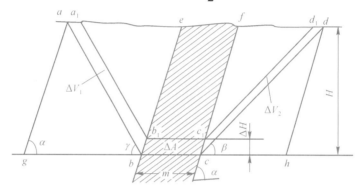

图 6-7 　横剖面线段比法原理示意图

境界剥采比 R_i 为：

$$R_i = \frac{\Delta V_1 + \Delta V_2}{\Delta A} = \frac{(\cot\gamma + \cot\alpha)\, H + (\cot\beta - \cot\alpha)\, H - \frac{1}{2}(\cot\gamma + \cot\beta)\,\Delta H}{m}$$

当 $\Delta H \to 0$ 时，则：

$$R_i = \frac{\Delta V_1 + \Delta V_2}{\Delta A} = \frac{(\cot\gamma + \cot\alpha)\, H + (\cot\beta - \cot\alpha)\, H}{m} = \frac{ae + df}{bc} = \frac{gb + ch}{bc} \tag{6-14}$$

由此可见，境界剥采比 R_i 可用线段 （$gb+ch$） 与 bc 之比来计算。

以上是指理想情况而言。一般情况下，参照图 6-8，用线段比法确定横剖面上合理开采深度的步骤如下：

第 1 步：根据开采与运输设备的规格、作业形式、设备两侧的安全距离等，确定最终境界的最小底宽 $B_{\min}$，并根据边帮岩体的稳定性确定每一横剖面处的上、下盘最终帮坡角 γ、β。

第 2 步：在地质横剖面图上结合矿体的赋存形态确定开采深度为 H 的境界剥采比。图 6-8 中深度为 H 的境界是 $abcd$，它交地表于 a、d 两点，交分支矿体界线于 e、f、g、h 诸点。首先，确定露天矿底的延深方向，也就是将本水平露天矿底的下盘帮坡底与上水平的下盘帮坡底相连，得 cc_0。然后，依次从 a、e、f、g、h、d 点作 cc_0 的平行线，交 bc 的延长线于 a_1、e_1、f_1、g_1、h_1、d_1。

第 3 步：计算深度 H 的境界剥采比 R_i：

$$R_i = \frac{a_1 e_1 + f_1 b + cg_1 + h_1 d_1}{e_1 f_1 + g_1 h_1 + bc} \tag{6-15}$$

第 4 步：若 $R_i \approx R_b$，则 H 为该横剖面上的最佳开采深度；否则，重复第 2 步和第 3

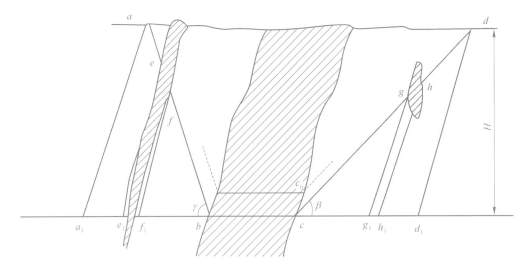

图 6-8 确定境界剥采比的线段比法示意图

步，试算其他的深度方案，直至 $R_i \approx R_b$ 成立。

6.2.2.3 水平剖面上面积比法确定短矿体的合理开采深度

对于走向短的矿体，其端部的岩石量对境界剥采比影响很大，此时水平剖面图能较好地反映矿体的赋存特点和形态，所以宜采用水平剖面上的面积比法确定短露天矿的最佳开采深度。参照图 6-9，具体的确定步骤如下：

第 1 步：选择几个深度方案，基于地质勘探线剖面图绘制出每一深度方案所在水平的平面图。

第 2 步：在各开采深度的平面图上，依据矿体形态、运输设备的要求确定出该水平的境界底部周界（如图 6-9 所示）；根据境界底部周界与境界帮坡角确定出各地质勘探线剖面图上的相应境界（如图 6-10 所示）。

第 3 步：将各地质勘探线剖面图上的地面境界点投影到带有底部周界的平面图上，依次连接地面境界点，圈定出矿体上、下盘两侧的地表境界线（如图 6-9 所示）。

第 4 步：为了确定矿体端部的境界线，需要切割出若干个端部辅助剖面，如图 6-11 所示。在各辅助剖面上，依据端部境界帮坡角确定出地表境界点（图 6-11 中的 m 点），将该点投影到平面图上。依次连接各辅助剖面的地表境界点，就形成了端部境界的地表界线。（如图 6-9 所示）。上、下盘地表境界线与端部地表境界线相连，形成完整的地表境界线（图 6-9 中 L）。

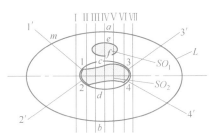

图 6-9 短露天矿水平剖面示意图

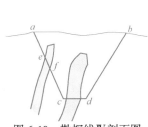

图 6-10 勘探线Ⅳ剖面图

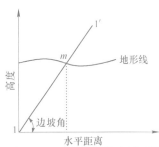

图 6-11 1—1'端部辅助剖面图

第5步：在水平平面图上，根据圈定出的地表境界内（图6-9中 L 内）所包含的矿石面积与废石面积，运用面积比法估算出境界剥采比 R_i：

$$R_i = \frac{L - SO_1 - SO_2}{SO_1 + SO_2} \tag{6-16}$$

第6步：若 $R_i \approx R_b$，则该开采深度为最佳开采深度；否则，按相同步骤试算其他的深度方案，直至 $R_i \approx R_b$ 成立。

6.2.2.4　最终境界的审核与调整

应用上述方法确定出各剖面上的开采深度后，需要进行必要的审核与调整，以圈定出整个最终境界的可行方案。

A　调整最终开采底平面标高

采用水平剖面上的面积比法确定出的短矿体的开采底平面标高，一般不需另行调整。但对采用横剖面法确定出的长矿体的开采深度，需要进行纵向底平面标高的调整，一般步骤如下：

第1步：将在各横剖面上确定出的最佳开采深度投影到纵剖面图上（如图6-12所示），连接各开采深度点，得到境界在纵剖面图上的理论开采深度，如图6-12中虚线所示。

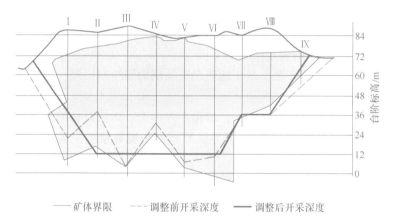

—— 矿体界限　--- 调整前开采深度　—— 调整后开采深度

图6-12　在地质纵断面图上调整露天矿底平面标高示意图

第2步：调整纵剖面上的开采深度。调整的原则是：当纵剖面上的各理论开采深度相差不大时，境界底可设计为同一标高；否则，境界底可调整成阶梯形。调整时，应使纵剖面图上调整后底平面标高线以上增加的总面积与其下减少的总面积近似相等；调整后，最终境界内的平均剥采比应小于经济合理剥采比，最终境界底平面的纵向长度应满足最短运输线路的长度要求。

B　圈定最终境界的底部周界

参照图6-13，圈定境界底部周界的一般步骤如下：

第1步：在调整后的境界底平面所在各水平绘制分层平面图。

第2步：按调整后的境界底平面标高修正各横剖面图上的境界，并将修正后的各开采底平面界线点投影到境界底相应水平的分层平面图上，在每一境界底水平面上连接各界线

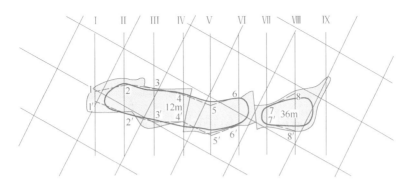

I～IX 剖面线　‑‑‑ 理论周界　—— 最终设计周界

图 6-13　底部周界的圈定

点，得到理论底部周界。

第 3 步：修正底部周界。修正原则是：底部周界要尽量平直，弯曲部分要满足运输设备最小转弯半径的要求；每一境界底部水平上底部周界的纵向长度要满足设置运输线路的长度要求。

6.2.3　基于品位-经济合理剥采比关系设计最终境界

上述线段投影法与面积投影法适用于矿体产状较为规则、品位变化较小且矿岩界线较为清晰的矿床，在我国的铁矿设计中最为常用。当境界设计目标是露天开采总利润最大时，经济合理剥采比是地质品位的线性函数（参见式（6-9）或式（6-10））。若矿床的地质品位变化较大（如贵重金属与有色金属矿床），那么境界线的位置不同，其穿越的矿体品位有较大的差别。这种情况下，就不应采用一成不变的经济合理剥采比进行境界设计，而应采用与境界线穿越的矿体部位的品位所对应的经济合理剥采比。不同矿体品位的经济合理剥采比可应用式（6-9）或与之类似的算式计算。在实践中为方便起见，常常将这一算式绘成一条品位-经济合理剥采比直线（如图 6-14 所示）。从经济意义上讲，这一直线表明了具有某一品位的矿石可以"支持"的剥岩量。下面介绍不同情况下利用品位-经济

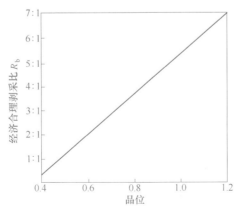

图 6-14　品位-经济合理剥采比关系示意图

合理剥采比关系在剖面上设计最终境界的方法。

6.2.3.1 横剖面和纵剖面上的最终境界设计

图 6-15 中，aa'、bb'、cc'、dd' 和 ee' 是横剖面线，AA' 是纵剖面线。这两种剖面上的最终境界设计方法相同。

A 境界底位于岩石中

图 6-16 所示为一矿床模型剖面示意图，图中矿体被分为一定尺寸的模块，每块的品位已应用第 2 章中讲的方法求出，并标于每一模块中。矿体下面为废石，并已知最终境界的深度为矿体下端与岩石的交界线所在的深度，即境界底位于岩石中。这时，剖面上境界的确定就是确定上、下盘境界线的位置。以上盘（左）境界线为例，具体设计步骤如下：

第 1 步：在上盘估计位置根据上盘帮坡角 γ 画一直线 aa'，在图上量取该直线上岩石段 $a'e$ 的长度 l_w 和矿石段 ea 的长度 l_o，根据下式估算境界所在位置的境界剥采比 R_i：

$$R_i = \frac{l_w \rho_w}{l_o \rho_o} \tag{6-17}$$

式中　ρ_w，ρ_o——分别为岩石和矿石的容量。

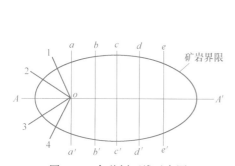

图 6-15　各种剖面线示意图

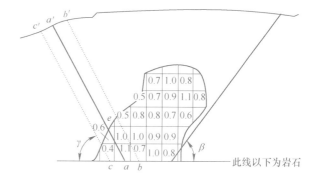

图 6-16　境界底位于岩石中时最终境界设计示意图

第 2 步：量取矿石段 ea 穿过的每一矿石块的线段长度 l_{oi}（$\sum l_{oi} = l_o$），并根据下式计算矿石段的平均品位：

$$g_a = \frac{\sum l_{oi} g_{oi}}{l_o} \tag{6-18}$$

式中　g_{oi}——矿石段穿过的第 i 块矿石的品位。

第 3 步：从品位-经济合理剥采比关系图（图 6-14）上根据 g_a 读取经济合理剥采比 R_b。如果 $R_i \approx R_b$，aa' 即为左帮境界线；否则，继续下一步。

第 4 步：将境界线移至另一位置（bb'，cc'，…），重复以上各步，直到 $R_i \approx R_b$ 为止。

利用同样的方法，可以确定右帮境界线的位置。最后应检查最终境界的底宽，如底宽小于最小底宽，应作适当调整，使之等于最小底宽。

B 境界底位于矿石中

图 6-17 所示为最终境界底位于矿石中的情形。这种情况下，境界的深度也需要确定。境界线上的岩石剥离费用不仅得到两帮上的矿石带来的收入的支持，而且也得到境界底上

矿石收入的支持。所以，在计算境界剥采比和矿石的平均品位时，应考虑境界底线穿过的矿石段。具体步骤如下：

第 1 步：根据上、下盘帮坡角 γ、β 和最小底宽 $B_{\min}$，画出与矿床模型剖面图等比例的境界剖面。

第 2 步：将境界剖面置于矿床模型剖面图的一个估计位置，量取境界左边帮线穿过的岩石段长度 l_w 和矿石段长度 l_o，l_o 包括境界底线的一半。同理，量取境界右边帮线穿过的矿、岩线段长度，右边帮的矿石段长度包括境界底线的另一半。应用式（6-17）分别计算左、右帮的境界剥采比。

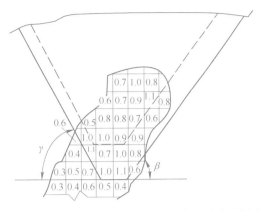

图 6-17 境界底位于矿石中时最终境界设计示意图

第 3 步：量取境界左帮线与底线左半段穿越的各个矿石块的线段长度；再量取境界右帮线与底线右半段穿越的各个矿石块的线段长度。应用式（6-18）分别计算左、右帮矿石段的平均品位。

第 4 步：依据平均品位，从品位—经济合理剥采比关系图上分别读取左、右帮的经济合理剥采比。

第 5 步：移动境界位置，重复第 2 步~第 4 步，直到左、右帮上的境界剥采比足够接近左、右帮的经济合理剥采比为止，就得到了该剖面上的境界。

C 境界底与一个帮位于矿石中

图 6-18 所示为最终境界底与下盘边帮位于矿石中的情形。由于矿体下盘倾角小于或等于下盘帮坡角，境界下盘边帮即为下盘矿岩交界线。因此，下盘境界帮线的位置已定，只需要确定上盘境界线与底线的位置。这种情况下的境界确定步骤与上述"境界底位于矿石中"相同，只是在计算上盘帮线穿越的矿石段的长度和平均品位时，应包括境界底线全长及其穿越的矿块的品位；境界的下盘帮线不参与计算。

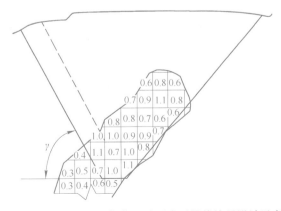

图 6-18 境界底与一个帮位于矿石中时最终境界设计示意图

6.2.3.2 径向剖面上的境界设计

最终境界是三维的，纵向和横向剖面上的境界线还不足以构成三维境界。要想控制最终境界在三维空间的形态，还需要在矿体两端的径向剖面上确定境界的位置与形态。图6-15中，o—1、o—2、o—3和o—4为径向剖面线。

在径向剖面上确定最终境界的基本原理与在纵、横剖面图上相同，只是在计算境界剥采比时，应考虑径向剖面的特点。在平面投影图上，每一横（或纵）剖面的影响范围是以剖面线为中线向两侧各延伸1/2剖面间距的范围（基本上是长方体）。径向剖面的影响范围是以剖面线为中线的扇形棱体。图6-19（a）所示为矿体及最终境界与地表的交线的平面投影图。将径向剖面o—2影响扇区抽出并放大，其立体图如图6-19（b）所示。境界在o—2剖面影响扇区内的真实境界剥采比是该区境界坡面与岩石及矿石的相交面积之比，即B/A。但在径向剖面上进行设计时，像在纵、横剖面上一样，只能量取剖面上的境界线穿越岩石与矿石的线段长度，即剖面图6-19（c）中的l_w和l_o。l_w/l_o称为径向剖面上的表观境界剥采比，记为R_{ai}。真实境界剥采比R_i与表观境界剥采比R_{ai}之间的关系：

$$R_i = (R_{ai} + 1)^2 - 1 \tag{6-19}$$

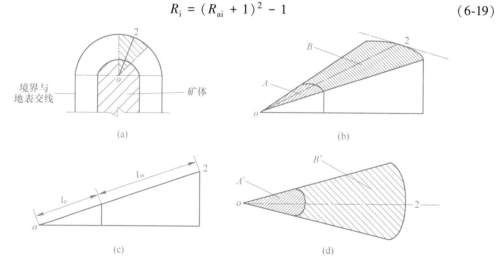

图6-19 径向剖面境界剥采比计算示意图

（a）境界边帮平面投影；（b）o—2剖面线影响区域立体图；（c）o—2剖面；（d）o—2剖面线影响区域平面投影

因此，在径向剖面上确定最终境界时，与在横剖面上一样，首先选一估计位置，然后量取径向剖面上境界线穿越的矿石段与岩石段长度，计算矿石的平均品位与表观境界剥采比，根据式（6-19）将表观境界剥采比换算为真实境界剥采比，然后将真实境界剥采比与依据平均品位从品位-经济合理剥采比关系图上读取的经济合理剥采比进行比较，若两者相差较大，移动境界线位置，重复计算，直到两者基本相等为止。

6.2.3.3 最终境界的核定

确定了各种剖面上的境界线后，就可以将它们连接起来求得完整的最终开采境界。然而，在大多数的情况下，各剖面上的境界有一定程度的差异（有时差异很大）：有的剖面上的境界较宽，而有的剖面上的境界较窄；一些剖面上的境界较浅，而另一些剖面上的境界较深。因此，在连接时需要视情况做某些调整，这种调整称为光滑处理。这一过程很难以较为通用的步骤给出，实践经验起着重要作用。读者可参照第 6.2.2.4 节中介绍的最终境界的审核与调整步骤。

最终境界内的开采矿量为各剖面影响体的矿量之和，开采矿量的平均品位等于各剖面上矿石平均品位的加权平均值。这里不详细介绍。

6.3　浮　锥　法

应用第 2 章所述的方法建立了矿床价值块状模型后，矿床中每一模块的净价值变为已知。那么，确定露天开采总利润最大的最终境界就变成一个在满足几何约束（即允许的最大最终帮坡角）条件下，找出使总开采价值达到最大的模块集合的问题。本节介绍求解这一问题的浮锥法，包括正锥开采法和负锥排除法。

6.3.1　浮锥法 I ——正锥开采法

由于境界最终帮坡角（以下简称"帮坡角"）的约束，要开采价值模型中某一净价值为正的模块（简称"正模块"），就必须采出以该模块为顶点、以最大允许帮坡角为锥壳倾角的锥体（锥顶朝下）内的所有模块。所以，正锥开采法的基本原理是：把锥体顶点在价值模型中逐模块层自上而下依次浮动到每一正模块的中心，如果一个锥体（包括顶点模块）的总净价值（简称"锥体价值"）为正，即该锥体为"正锥"，就开采该锥体，即把其中的所有模块都包含在境界内；如果锥体价值为负，就不予开采；如果锥体价值为 0，由用户决定是否开采。这一锥体浮动与开采过程重复若干次，直至找不到锥体价值为正（或 0）的锥体为止，所有被开采的模块就构成了最佳境界。

6.3.1.1　正锥开采算法

把价值模型的水平模块层自上而下编号，标高最高的为第 1 层。把垂直方向上的一列模块称为一个模块柱，也按某一顺序编号。为叙述方便，定义以下变量：

K：模型中的模块层总数；

k：模块层序号，$k = 1$，2，$\cdots$，K；

J：模型中的模块柱总数；

j：模块柱序号，$j = 1$，2，$\cdots$，J；

$b_{k,j}$：第 k 层、第 j 个模块柱的那个模块；

$v_{k,j}$：模块 $b_{k,j}$ 的净价值；

Y：0-1 变量，$Y = 0$ 表示尚未开采任何锥体，$Y = 1$ 表示已经有锥体被开采。

正锥开采浮锥法的基本算法如下：

第 1 步：置模块层序号 $k = 1$，即从最上一层模块开始；置 $Y = 0$。

第 2 步：置模块柱序号 $j = 1$，即从第 k 层的第 1 个模块开始。

第 3 步：如果 $v_{k,j} > 0$，模块 $b_{k,j}$ 为一正模块，以 $b_{k,j}$ 的中心为顶点构造一个锥壳倾角等于所在区域各方位上最大允许帮坡角的锥体（锥顶朝下）；找出落入该锥体的所有模块（包括 $b_{k,j}$），并计算锥体的价值 $V_{k,j}$，继续下一步；如果 $v_{k,j} \leqslant 0$，转到第 5 步。

第 4 步：如果锥体价值 $V_{k,j} \geqslant 0$，将锥体中的所有模块采去，并置 $Y = 1$；否则，什么也不做，直接执行下一步。

第 5 步：置 $j=j+1$，如果 $j \leqslant J$，即考虑第 k 层的下一个模块，返回到第 3 步；否则，第 k 层的所有模块已经考虑完毕，继续下一步。

第 6 步：置 $k=k+1$，如果 $k \leqslant K$，即考虑下一个（更深的）模块层，返回到第 2 步；否则，继续下一步。

第 7 步：模型中所有的模块已经被锥体"扫描"了一遍，扫描中发现的价值大于或等于 0 的锥体都已被"采出"。然而，由于许多锥体之间有重叠，一个价值为负的锥体 A，当它与后面的一个价值为非负的锥体 B 的重叠部分随着 B 被采去后，锥体 A 的价值可能变为非负。因此，如果 $Y=1$，即在本轮扫描中出现了价值大于或等于 0 的锥体，返回到第 1 步，进行下一轮扫描；否则，说明本轮扫描中没有发现任何价值大于或等于 0 的锥体，算法结束。

例 6-1 二维价值模型如图 6-20（a）所示。设每个模块都是正方形，且最大允许帮坡角在整个模型范围都是 45°。应用上述算法求最佳境界。

解：第 1 层只有一个正模块 $b_{1,6}$，由于其上没有其他模块，所以以该模块为顶点的锥体只包含 $b_{1,6}$ 一个模块，锥体价值为 +2。把这一锥体（即模块 $b_{1,6}$）采去，模型变为图 6-20（b）。第 1 层的所有正模块考察完毕。

自左至右考虑第 2 层的正模块。第 1 个正模块为 $b_{2,4}$，以 $b_{2,4}$ 为顶点的锥体包含 $b_{1,3}$、$b_{1,4}$、$b_{1,5}$ 和 $b_{2,4}$ 共 4 个模块，锥体价值为 +1，将锥内的模块采去后，价值模型变为图 6-20（c）。第二层的下一个正模块为 $b_{2,5}$，以 $b_{2,5}$ 为顶点的锥体只包含 $b_{2,5}$，将其采去后，模型如图 6-20（d）所示。第 2 层的所有正模块考察完毕。

自左至右考虑第 3 层的正模块。第 1 个正模块为 $b_{3,3}$，从图 6-20（d）可以看出，以 $b_{3,3}$ 为顶点的锥体价值为 -1，故不予采出。第 3 层的下一个正模块为 $b_{3,4}$，以 $b_{3,4}$ 为顶点的锥体价值为 0，采去该锥体后得图 6-20（e）。取第 3 层的下一个正模块 $b_{3,5}$，以 $b_{3,5}$ 为顶点的锥体价值为 -1，故不予采出。第 3 层的所有正模块考察完毕。自此，对模型完成了一轮浮锥扫描。

基于当前模型（即图 6-20（e）），再从第 1 层开始，进行下一轮扫描。从图 6-20（e）可知，第 1、2 层没有正模块，第 3 层的第 1 个正模块为 $b_{3,3}$，以 $b_{3,3}$ 为顶点的锥体价值为 +2，如图 6-20（f）所示，采去该锥体后得图 6-20（g）。第 3 层的下一个正模块为 $b_{3,5}$，以 $b_{3,5}$ 为顶点的锥体价值为 -1，故不予采出。自此，完成了第二轮浮锥扫描。

基于当前模型（即图 6-20（g）），进行下一轮扫描。模型中不再存在任何价值为正或 0 的锥体。算法结束。

在上述过程中采出的所有模块的集合组成了最佳境界，如图 6-20（h）所示，最佳境界的总净价值为 +6。开采终了的采场现状如图 6-20（g）所示。境界的平均体积剥采比为 $7 : 5 = 1.4$。

虽然在上面的简单算例中，应用浮锥法确实得到了总价值最大的最终开采境界，但该方法是"准优化"算法，在某些情况下不能求出总价值最大的境界。根本原因是这一算法没有考虑锥体之间的重叠。顶点位于某一正模块的锥体价值为正，是由于锥体中正模块的价值足以抵消负模块的价值。换言之，负模块得以开采是由于正模块的"支撑"。当顶点分别位于两个正模块的两个锥体有重叠部分时，若单独考察任一锥体，其价值可能为负；但当考察二锥体的联合体时，联合体的总价值却可能为正。结果，由于上述算法是依次考

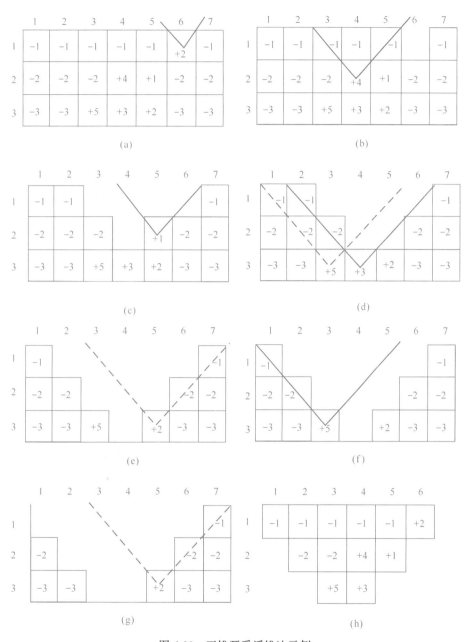

图 6-20　正锥开采浮锥法示例

察单个锥体的，所以就可能遗漏本可带来盈利的模块集合。类似的，也可能导致开采一个本可以不采的非盈利模块集合。下面是两个反例。

反例 1　遗漏盈利模块集合。对于图 6-21 所示情形，根据上述算法，结论是最终境界只包括 $b_{1,2}$ 一个模块，因为以正模块 $b_{3,3}$、$b_{3,4}$ 和 $b_{3,5}$ 为顶点的三个锥体的价值均为负数。但当考察这三个锥体的联合体或以 $b_{3,4}$ 和 $b_{3,5}$ 为顶点的两个锥体的联合体时，联合体的价值均为正。所以，最佳境界应为粗黑线所圈定的模块的集合，总开采价值为+6。

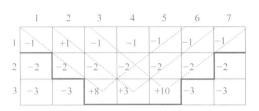

图 6-21　正锥开采浮锥法反例 1

反例 2　开采非盈利模块集合。对于图 6-22（a）所示的情形，在分别考察 $b_{2,2}$ 和 $b_{2,4}$ 时，以它们为顶点的两个锥体的价值均为负，故不予开采。当锥的顶点移到 $b_{3,3}$ 时，锥体价值为+2，依据算法得出的境界为图 6-22（b）所示的模块集合，境界总值为+2。结果，境界包含了本可以不采的、具有负值的模块集合 $\{b_{2,3}, b_{3,3}\}$。出现这一结果的原因是算法没有考察图 6-22（a）中两个虚线锥体的联合体。本例中的最优境界应该是图 6-22（c），其总价值为+3。

从以上讨论可以看出，要使浮锥法能够找出总净价值最大的那个境界，就必须考虑锥体之间的重叠，考察所有具有重叠部分的锥体的不同组合（即联合体），这对于一个具有数十万乃至超百万个模块的实际矿床模型，是不现实的。不过，虽然浮锥法不能保证所得境界的最优性，但在大部分情况下，求得的境界与总价值最大的境界之间的差别并不显著；再考虑到模块品位的不确定性和技术经济参数的不确定性和动态可变性，浮锥法仍有其应用价值。

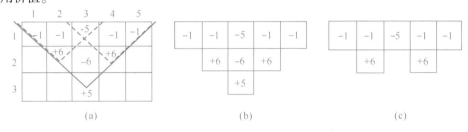

图 6-22　正锥开采浮锥法反例 2

6.3.1.2　锥壳模板

为简单明了起见，以上算例都是二维的，构造锥体并找出落入锥体的那些模块似乎很简单。对于三维空间的实际模型，这项运算就变得复杂而费时。而且，在实际应用中，由于不同部位的岩体稳定性不同以及运输坡道的影响，最终帮坡角一般都不是一个常数，而是不同方位或区域有不同的帮坡角，这就更增加了运算时间。一个便于计算机编程且能够处理变化帮坡角的方法，是"预制"一个（或多个）足够大的锥壳模板。

图 6-23（a）所示为一个三维锥体示意图。把三维锥壳在 X–Y 水平面上的投影离散化为与价值模型中模块在 X、Y 方向上的尺寸相等的二维模块，如图6-23（b）所示，标有"0"的模块对应于锥的顶点，称为锥顶模块；每一模块的属性是锥壳在该模块中心的 X、Y 坐标处相对于锥体顶点的垂直高度，顶点的标高为0。由于顶点是最低点，所以每一模块的相对标高均为正值。每一模块的相对标高根据其所在方位的最终帮坡角计算。如图6-23（b）所示，假设帮坡角分为四个方位范围，范围Ⅰ、Ⅱ、Ⅲ、Ⅳ内的帮坡角分别为

45°、50°、48°、51°。如果模块的边长为 20m，那么，简单的三角计算可知，在标有 i 的那个模块的中心处，锥壳的相对标高为 128.062m。这样，可以计算出模板上每一模块的锥壳相对标高。一个锥壳模板可以存在一个二维数组中。

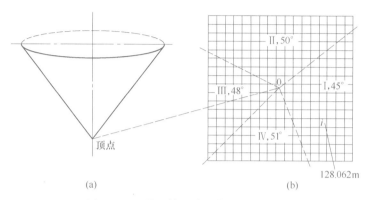

图 6-23 三维锥体及其锥壳模板示意图
（a）三维锥体；（b）锥壳模板

有了预制的锥壳模板，在应用上述算法时，将模板的顶点模块置于价值模型中的某一正块 b_0 处，如果高于 b_0 的某一模块 b_i 的中心标高大于或等于模块 b_0 的中心标高加上模块 b_i 对应的锥壳模板上的模块的相对标高，则模块 b_i 落在以 b_0 为顶点的锥体内；否则，落在锥体外。

6.3.2 浮锥法 II ——负锥排除法

正锥开采法是在模型中寻找那些值得开采的部分予以开采，为了满足帮坡角的约束，"值得开采的部分"就变为价值为正（或非负）的锥体。那么反向思之，如果把模型中那些不值得开采的部分都排除掉，剩余的部分就具有最大的总价值，即最优境界。同理，为了满足帮坡角的约束，"不值得开采的部分"是价值为负的锥体，称之为"负锥"；不过，这里的锥体是锥顶向上（与正锥

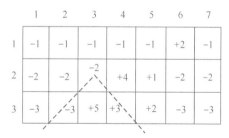

图 6-24 负锥排除法中的锥体

开采法中的锥体相反），这一点可以用图 6-24 说明。假设图中的模块均为正方形，最大允许帮坡角为 45°。如果排除了（即不采）价值为-2 的模块 $b_{2,3}$，那么，以 $b_{2,3}$ 为顶点、以 45°为锥壳倾角向下作的锥体（图中虚线所示）内的所有其他模块（$b_{3,2}$、$b_{3,3}$ 和 $b_{3,4}$）都无法开采，因为开采 $b_{3,2}$、$b_{3,3}$ 和 $b_{3,4}$ 都要求把 $b_{2,3}$ 也采去，或者说，$b_{3,2}$、$b_{3,3}$ 和 $b_{3,4}$ 都被 $b_{2,3}$ "压着"，只有把整个锥体排除，剩余的部分才能满足帮坡角约束。

因此，负锥排除法的基本原理是：在模型中找出所有价值为负的（锥顶向上的）锥体，予以排除，剩余部分即为最佳境界。锥体排除过程从一个最大境界开始，所以需首先圈定最大境界。

6.3.2.1 最大境界的圈定——几何定界

根据探矿钻孔的布置范围和地表不可移动且必须保护的建构筑物（如路桥、重要建筑

等）与自然地貌（如河流、湖泊等）的分布，以及各种受保护物的法定保护范围，可以在地表圈定一个最大开采范围界线，即最终境界在地表的界线不可能或不允许超出这一范围。这一范围的圈定不需要准确，足够大且不跨越保护安全线即可。

图 6-25 所示为某铁矿床的地表地形和探矿钻孔布置图，图中的圆点表示钻孔；为具有代表性，还假设矿区西北部有一条不许改道且必须保护的高等级公路，在西南部有一座受保护的千年古寺。依据钻孔布置范围以及距公路和古寺的安全距离要求，地表最大开采范围线可能如图中的粗点划线所示。

圈定了地表最大开采范围线之后，在矿床模型中找出模块柱中心距这一范围线的水平距离最近的所有模块柱，称之为边界模块柱。然后，依次以每个边界模块柱中心线上标高为该处的地表标高的点为顶点，按其所在方位（或区域）的最大允许帮坡角向下作锥体，把所有这些锥体从矿床模型中排除，模型的剩余部分就是几何上可能的最大境界。这一过程称为几何定界。

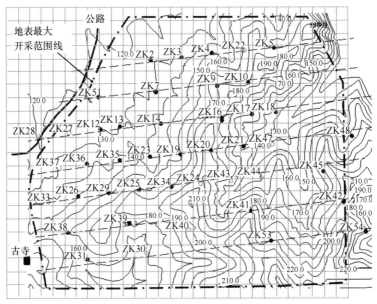

图 6-25　地表最大开采范围线示意图

为清晰起见，在图 6-26 所示的二维剖面上进一步说明几何定界。图中的长方格表示模块，模块柱按自左至右的顺序编号。上盘的边界模块柱为模块柱 1，其中心线在地表标高处的点为 A 点，以 A 为顶点按上盘最大帮坡角 γ 向下作锥体，并将它排除。下盘的边界模块柱为模块柱 21，其中心线在地表标高处的点为 B 点，以 B 为顶点按下盘最大帮坡角 β 向下作锥体，并将它排除。矿床模型剩余部分 ACB 即为该剖面上根据地表最大开采范围圈定的最大几何境界。

为了更准确地以块状模型表述境界的帮坡角和地表地形，使之与实际帮坡角和地表地形达到最大限度的一致，在排除一个锥体时，并不是把落入锥体中的模块全部按整块排除，而是把每一个与锥壳相交的模块柱的底部标高提高到该模块柱中线处锥壳的标高。例如，图 6-26 中模块柱 17 中线处的锥壳标高为 z_{17}，所以就把该模块柱的底部提升到 z_{17}，底部以下的部分被排除。同理，每一个模块柱的顶部标高设置为该模块柱中心线处的地表

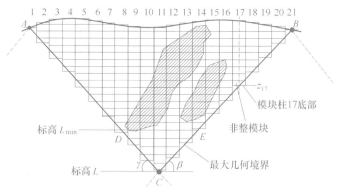

图 6-26　几何定界示意图

标高。这样，所有模块柱的底部与顶部之间的部分就组成了境界。显然，在模块柱的底部和顶部会出现非整模块（一个模块的一部分）。

在最大几何境界内的下部，也许根本没有矿石模块，图 6-26 中标高 L_{min} 以下根本没有矿体，可以把境界的这部分（DEC）去掉，即把底部标高小于 L_{min} 的所有模块柱的底部标高提升到 L_{min}。最后得到的完全以块状模型表述的最大境界如图 6-27 所示，这个境界是该矿床在这个剖面上可能的最大境界。

得到最大境界后，就可通过从最大境界中排除负锥求得最佳境界。排除过程可以是外围排除或自下而上排除。

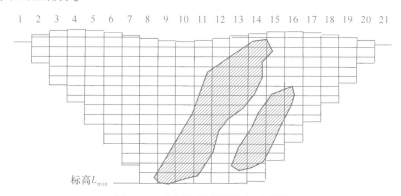

图 6-27　几何定界得到的最大境界

6.3.2.2　外围排除算法

外围排除算法就是在境界的外围寻找并排除负锥，直到在境界的外围找不到负锥为止。为叙述方便，定义以下变量：

J：矿床模型中的模块柱总数；

j：模块柱序号，$j = 1$，2，$\cdots$，J；

$z_{min,j}$：模块柱 j 的底部标高；

$z_{max,j}$：模块柱 j 处的地表标高；

$V_{j,z}$：顶点位于模块柱 j 中心线上标高 z 处的锥体价值；

Y：0–1 变量，$Y = 0$ 表示尚未排除任何锥体，$Y = 1$ 表示已经有锥体被排除。

外围排除算法的步骤如下：

第 1 步：置当前境界为最大境界，即置最大境界范围外的所有模块柱的顶部与底部标高均为该模块柱处的地表标高；置最大境界范围内的所有模块柱的底部标高为最大境界的同一模块柱的底部标高，顶部标高为模块柱处的地表标高。建立足够大的锥顶向上、各方位的锥壳与水平面之间的夹角等于相反方位的最终帮坡角的锥壳模板，"足够大"是指把锥顶置于矿床模型中的任意一个模块柱的中心，锥壳在 $X–Y$ 水平面的投影都可覆盖矿床模型在 $X–Y$ 水平面上的全部。建立锥壳模板的方法与前面 6.3.1.2 节中所述相同，但由于这里的锥体是锥顶向上，所以锥壳模板中除锥顶模块外所有模块的属性值（即模块中心处的锥壳相对于锥体顶点的标高）是负数。

第 2 步：置模块柱序号 $j=1$，即从矿床模型中第 1 个模块柱开始；置 $Y=0$。

第 3 步：如果 $z_{\min,j}=z_{\max,j}$，说明整个模块柱 j 已经被排除（即不在当前境界范围之内），转到第 6 步；否则，继续下一步。

第 4 步：把锥体顶点置于模块柱 j 的中心线上标高为 $z=z_{\min,j}+\Delta z$ 处，Δz 一般取矿床模型的模块高度（一般等于台阶高度）。计算锥体的价值 $V_{j,z}$。

第 5 步：如果 $V_{j,z}<0$，把锥体从当前境界排除，即把底部标高低于锥壳标高的所有模块柱的底部标高提升到相应的锥壳标高（若锥壳标高$>z_{\max,j}$，就提升到 $z_{\max,j}$）。置 $Y=1$，排除了这一锥体后的境界变为当前境界；如果 $V_{j,z}\geq0$，什么也不做，直接执行下一步。

第 6 步：置 $j=j+1$，如果 $j\leq J$，返回到第 3 步（即考察下一个模块柱）；否则，继续下一步。

第 7 步：模型中所有的模块柱已经被浮锥"扫描"了一遍，扫描中发现的负锥体被排除。如果 $Y=1$，即在本轮扫描中出现并排除了至少一个负锥体，返回到第 2 步，进行下一轮扫描；否则（$Y=0$），说明本轮扫描中没有发现任何负锥体，算法结束。

以剖面上的二维境界为例，进一步说明上述算法。图 6-28 即为图 6-27 中的最大境界。对于模块柱 1，条件 $z_{\min,1}=z_{\max,1}$ 成立，即整个模块柱 1 在求最大境界中已被排除。因此，转而考察模块柱 2，把锥体顶点置于该模块柱中心线上标高为 $z=z_{\min,2}+\Delta z$ 处，如图中锥体 C_2 所示。当前境界落入 C_2 的部分即为锥壳下的那一窄条。计算 C_2 的价值 $V_{2,z}$，锥体 C_2 中没有矿石，所以 $V_{2,z}<0$，将 C_2 排除，即把底部标高低于锥壳标高的所有模块柱（本例中为模块柱 2~8）的底部标高提升到相应的锥壳标高，当前境界变为图 6-29。比较图 6-28 和图 6-29，最大境界左侧外围被切去了一条。

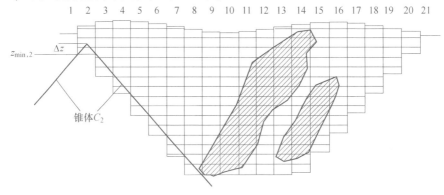

图 6-28   外围排除法示例（Ⅰ）

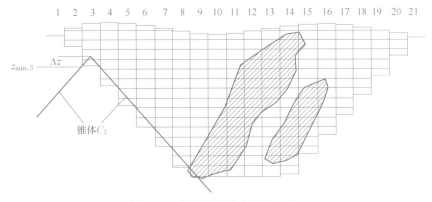

图 6-29　外围排除算法示例（Ⅱ）

考察模块柱 3。把锥体顶点置于该模块柱中心线上标高为 $z=z_{\min,3}+\Delta z$ 处，如图 6-29 中锥体 C_3 所示。当前境界落入 C_3 的部分即为锥壳下的那一窄条。计算 C_3 的价值 $V_{3,z}$，锥体 C_3 中没有矿石，所以 $V_{3,z}<0$，将 C_3 排除，即把底部标高低于锥壳标高的所有模块柱（即模块柱 3~8）的底部标高提升到相应的锥壳标高，当前境界变为图 6-30，境界的左侧外围又被切去了一条。

再把锥体顶点移动到模块柱 4 中心线上标高为 $z=z_{\min,4}+\Delta z$ 处（图 6-30 中的锥体 C_4），……如此移动下去，每移动一次，计算锥体价值，若价值为负，就把锥体排除，直到所有模块柱被考察完毕，完成了一次扫描。

再从模块柱 1 开始，进行下一次扫描，直到在一次扫描中没有发现任何负锥，算法终止。这时的境界就是最佳境界。本例的最佳境界可能如图 6-31 所示。

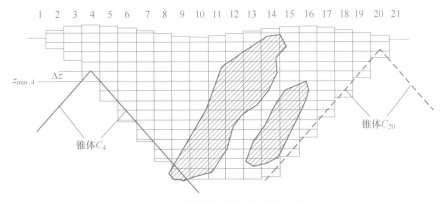

图 6-30　外围排除算法示例（Ⅲ）

算法中 Δz 的取值对于结果境界的最优性有影响：一般而言，Δz 越小，求得的境界就越优，即其总价值与真正最优境界的总价值越接近，但计算时间也越长。Δz 可以作为优化精度的控制参数，由用户输入，一般取台阶高度的 $0.25~1.0$ 倍。

6.3.2.3　自下而上排除算法

顾名思义，自下而上排除算法就是从最大境界的最低水平开始，以一个预定标高步

6 最终境界设计与优化

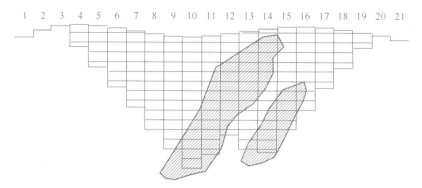

图 6-31　外围排除算法得到的最终境界

长，逐步向上，一个水平一个水平地进行锥体扫描，把遇到的负锥排除。这一过程持续若干轮，直到在某一轮扫描中没有遇到任何负锥为止，剩余部分即为最佳境界。先定义以下变量：

$z_{\min}$：当前境界的最低标高，即所有未被完全排除的模块柱的底部标高中的最小者；

$z_{\max}$：最大境界范围内的最高地表标高；

z：当前水平标高；

Δz：标高步长；

其他变量的定义同前。自下而上排除算法如下：

第1步：置当前境界为最大境界，即置最大境界范围外的所有模块柱的顶部与底部标高均为该模块柱处的地表标高；置最大境界范围内的所有模块柱的底部标高为最大境界的同一模块柱的底部标高，顶部标高为模块柱处的地表标高。找出当前境界的最低标高 $z_{\min}$以及地表最高标高 $z_{\max}$。预制锥壳模板。

第2步：置当前水平标高 $z = z_{\min} + \Delta z$，$Y = 0$。

第3步：置模块柱序号 $j = 1$，即从第一个模块柱开始。

第4步：如果 $z_{\min,j} = z_{\max,j}$，说明整个模块柱 j 不在当前境界范围之内，转到第8步；否则，继续下一步。

第5步：如果 $z_{\min,j} \geq z$，即模块柱 j 的底部标高高于当前水平，转到第8步；否则，继续下一步。

第6步：把锥体顶点置于模块柱 j 中心线上标高为 z 的位置，计算锥体价值 $V_{j,z}$。

第7步：如果 $V_{j,z} < 0$，把锥体从当前境界排除，即把底部标高低于锥壳标高的所有模块柱的底部标高提升到相应的锥壳标高（若锥壳标高 $> z_{\max,j}$，就提升到 $z_{\max,j}$），置 $Y = 1$。排除了这一锥体后的境界变为当前境界。如果 $V_{j,z} \geq 0$，直接执行下一步。

第8步：置 $j = j + 1$，如果 $j \leq J$，返回到第4步，考察下一个模块柱；否则，在当前水平 z 上所有模块柱已被扫描了一遍，执行下一步。

第9步：置 $z = z + \Delta z$，即把当前水平上移 Δz。如果 $z \leq z_{\max}$，返回到第3步，进行这一新水平上的扫描；否则（$z > z_{\max}$），执行一步。

第10步：整个模型已经被浮锥自下而上逐水平扫描了一遍，扫描中发现的负锥都已被排除。如果 $Y = 1$，即在本轮扫描中出现并排除了负锥，置此时的境界为当前境界，刷新当前境界的最低标高 $z_{\min}$，返回到第 2 步，进行下一轮扫描；否则（$Y=0$），说明本轮扫描中没有发现任何负锥，算法结束，当前境界即为最佳境界。

算法中 Δz 的取值会影响所得境界的最优性：一般而言，Δz 越小，求得的境界就越优，即其总价值与真正最优境界的总价值越接近，但计算时间也越长。Δz 可以作为优化精度的控制参数，由用户输入，Δz 的取值一般为台阶高度的 $0.25 \sim 1.0$ 倍。

以剖面上的二维境界为例，进一步说明自下而上排除算法。图 6-32 所示为最大境界，其地表最高标高 $z_{\max}$ 和最低标高 $z_{\min}$ 如图中所标示。算法开始时，最大境界即为当前境界。标高步长 Δz 设定为模块高度。

置当前水平标高 $z=z_{\min}+\Delta z$，如图 6-32 中所标示。模块柱序号 $j=1$ 时，$z_{\min,1}=z_{\max,1}$，即整个模块柱 1 在当前境界范围之外；$j=2 \sim 7$ 时，$z_{\min,j} \geqslant z$，即这些模块柱的底部标高均高于当前水平 z。因此，当前水平的第一个锥体是顶点位于模块柱 8 的中心线上标高 z 处的锥体（图中的实线锥体），计算该锥体的价值 $V_{8,z}$，该锥体里没有矿石，$V_{8,z}<0$，将锥体排除，即把底部标高低于锥壳标高的所有模块柱的底部标高提升到相应的锥壳标高，排除锥体后的境界变为当前境界，然后把锥体浮动到同一水平的下一模块柱中线处。图 6-32 中的省略号和箭头表示这一锥体浮动过程。本水平最后一个锥体的顶点位于模块柱 14 的中线处（图中的虚线锥体）；对于 $j=15 \sim 20$，$z_{\min,j} \geqslant z$；对于 $j=21$，$z_{\min,21}=z_{\max,21}$，所以对于 $j=15 \sim 21$ 什么也不需要做。当前水平扫描完毕，排除了这一过程中发现的负锥后，当前境界变为如图 6-33 所示。

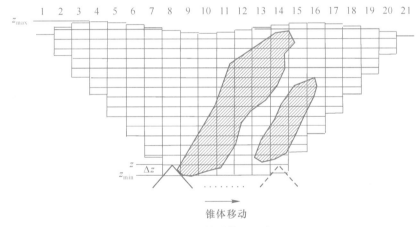

图 6-32　自下而上排除算法示意图（Ⅰ）

置 $z=z+\Delta z$，即当前水平上移一个模块高度，重复上述过程，在这一新的水平上进行锥体扫描和负锥排除，如图 6-33 中所标示。

每提升一次当前水平 z，就重复上述锥体移动和负锥排除过程，直到 $z>z_{\max}$，就完成了一轮扫描。如果在本轮扫描中有负锥被排除，就基于本轮扫描得到的当前境界，进行下一轮扫描；否则，算法终止，当前境界即为最佳境界。

6.3.2.4　锥体价值的计算

在上述外围排除算法和自下而上排除算法中，都需要计算顶点位于模块柱 j 的中心线上标高 z 处的锥体的价值 $V_{j,z}$。下面介绍利用预制的锥壳模板，计算锥体价值的算法。先

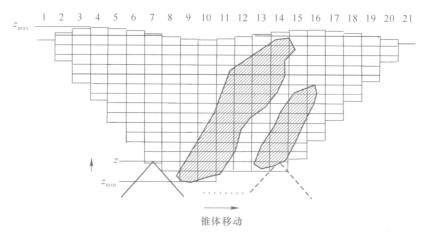

图 6-33   自下而上排除算法示意图（Ⅱ）

定义下列变量（未定义的变量同前）：

k：矿床模型中的模块层序号，第 1 层为模型中的最低模块层，最高层为第 K 层；

z_k：第 k 模块层的中心标高；

$b_{k,i}$：矿床模型中位于第 k 模块层、第 i 模块柱的模块；

$v_{k,i}$：模块 $b_{k,i}$ 的净价值；

h：模块高度，一般等于台阶高度。

第 1 步：置锥体价值 $V_{j,z}=0$；置模块柱序号 $i=1$，即从矿床模型中第 1 个模块柱开始。

第 2 步：如果 $z_{\min,i}=z_{\max,i}$，说明整个模块柱 i 不在当前境界范围之内，转到第 9 步；否则，继续下一步。

第 3 步：找出模块柱 i 对应的锥壳模板上的模块，其属性值 z_q 是锥壳在该位置的相对标高（即相对于顶点的标高，为负值）。那么，模块柱 i 中心线处锥壳的绝对标高为：

$$z_i = z + z_q \tag{6-20}$$

如果 $z_i > z_{\max,i}$，令 $z_i = z_{\max,i}$。

如果 $z_{\min,i} \geqslant z_i$，说明当前境界的模块柱 i 没有任何部分落入锥体，转到第 9 步；否则，继续下一步。

第 4 步：置模块层序号 $k=1$，即从矿床模型的最低模块层开始。

第 5 步：如果 $z_k - h/2 \geqslant z_i$，模块 $b_{k,i}$ 全部位于锥壳（或地表）以上，即不在锥体内，转到第 9 步；否则，执行下一步。

第 6 步：如果 $z_k + h/2 \leqslant z_i$，模块 $b_{k,i}$ 全部落入锥体内，把其价值计入锥体价值，即置 $V_{j,z} = V_{j,z} + v_{k,i}$；否则，直接执行下一步。

第 7 步：模块 $b_{k,i}$ 部分落入锥体内，其落入锥体内的体积比例可以用落入的高度比例近似。这一比例为：

$$r = \left[z_i - (z_k - h/2) \right] / h \tag{6-21}$$

把同比例的模块价值计入锥体价值，即置 $V_{j,z} = V_{j,z} + r v_{k,i}$。

第 8 步：置 $k=k+1$，即沿着模块柱 i 向上走一个模块层，如果 $k \leqslant K$，返回到第 5 步；否则，执行下一步。

第 9 步：置 $i=i+1$，如果 $i \leq J$，返回到第 2 步，考察下一个模块柱；否则，所有模块柱已考察完毕，算法结束。这时的 $V_{j,z}$ 值即为所求的锥体价值。

上述算法没有体现对模块柱底部和顶部可能出现的非整模块的处理。如何调整算法，使之能正确处理非整模块的问题留给读者。

在外围排除算法和自下而上排除算法中，也可以依据锥体的剥采比确定是否排除一个锥体，即当锥体的剥采比大于经济合理剥采比时，将锥体排除。这样，可以不建立价值模型，基于品位模型优化最终境界。计算锥体的剥采比的算法步骤与上述计算锥体价值完全相同，只是依据模块的矿岩属性（是矿石模块还是废石模块）及其体积和容重，计算锥体的废石量和矿石量，进而计算锥体的剥采比。

6.4　地质最优境界序列评价法

地质最优境界系列评价法，就是首先产生一系列"地质最优境界"，而后对这一系列中的所有境界进行经济评价，得出总利润最大的境界。

6.4.1　定义与优化定理

地质最优境界的定义为：如果在所有满足最终帮坡角 $\{\beta\}$ 要求的矿岩总量为 T、矿石量为 Q 的境界集合 $\{V(T, Q)\}$ 中，某个境界的矿石中含有的金属量 M 最大，这个境界称为对于 T 和 Q 的地质最优境界，记为 $V^*(T, Q)$，简记为 V^*。

由于岩体性质的各向异性和区域异性，最终帮坡角一般都随方位或区域变化，定义中的 $\{\beta\}$ 表示由不同方位或区域的最大允许最终帮坡角组成的数组。

由 N 个大小不同的地质最优境界按矿岩总量从小到大排序组成的序列，$\{V_1^*, V_2^*, \cdots, V_N^*\}$，称为地质最优境界序列，简记为 $\{V^*\}_N$。

定理 6-1　如果地质最优境界序列 $\{V^*\}_N$ 中的最小境界 V_1^* 足够小、最大境界 V_N^* 足够大、相邻境界之间的增量足够小，那么在满足下述假设的条件下，总利润最大的境界一定是 $\{V^*\}_N$ 中的某一个。

假设 1　对所开采的矿产品来说，市场具有完全竞争性，即一个矿山的生产规模不会影响该矿产品的市场价格。

假设 2　在矿床范围内，境界的位置和形状对总成本（即开采完境界内的矿岩花费的总投资和生产成本）的影响，相对于境界中矿岩量对总成本的影响来说很微小，可以忽略不计。

假设 3　矿石回采率和贫化率、选矿金属回收率及精矿品位是常数，不随境界变化。

6.4.2　地质最优境界序列的产生算法

上述优化定理要求地质最优境界序列 $\{V^*\}_N$ 中的 V_1^* 足够小、V_N^* 足够大，且相邻境界之间的增量足够小。从理论上讲，这一序列包含无穷多个境界。但对于一个现实问题，只考虑有限数量的地质最优境界就可以了。

首先，可以依据矿床探明储量预先设定序列中的最小境界的含矿量，并优化出序列中的最大境界。比如，假设矿床中适合露天开采的探明矿石储量为 5 亿吨，最优境界的矿石量一般不会小于这一储量的 $1/3\sim 1/2$，因此，序列 $\{V^*\}_N$ 中的最小境界 V_1^* 的矿石量 Q_1^* 可设定为 2 亿吨左右。序列 $\{V^*\}_N$ 中的最大境界 V_N^* 可以基于一个比当前技术经济条件下的经济合理剥采比高许多的经济合理剥采比，进行境界优化求得。比如，当前技术经济条件下的经济合理剥采比 R_b 为 5 左右，以 $R_b=10$ 优化得到的境界可作为序列中的最大境界 V_N^*。几乎可以肯定，最优境界的大小位于如此确定的最小和最大境界之间。

其次，地质最优境界之间的增量也不必太小。假如最大地质最优境界内的矿量为 4.5 亿吨，那么可以估计出其合理开采寿命在 30 年左右、合理年矿石生产能力为 1500 万吨左右。如果两个地质最优境界的矿量差别仅为 100 万吨（比如一个是 3.50 亿吨，另一个是 3.51 亿吨），可以预见，二者的总利润之间的差别很小，不会达到影响最终境界方案决策的程度。所以，地质最优境界之间的矿石量增量取估计的合理年矿石生产能力的 $1/2\sim 1$，就可满足现实需要。这样，假设最大境界的矿量为 4.5 亿吨，最小境界的矿量为 2.0 亿吨，相邻境界间的矿石量增量取 1000 万吨，序列 $\{V^*\}_N$ 中的境界总数 N 约为 26。

根据上述对地质最优境界的定义，求序列中的每个地质最优境界，都是一个在满足给定矿岩总量 T 和矿石量 Q 的条件下，求金属量 M（M 是矿石里的金属量，下同）最大的境界的优化问题。这是一个同时针对 T 和 Q 的"双参数化"优化问题，在数学上很难求解。所以常常把这一问题简化为只针对 T 或 Q 的单参数化问题进行求解。

对于给定的矿岩总量 T 和矿石量 Q 求金属量 M 最大的境界，等同于对于给定的废石量 W 和矿石量 Q 求金属量 M 最大的境界，也等同于对于给定的废石量 W 和矿石量 Q 求 $M/(W+Q)$ 最大的境界。如果把 $M/(W+Q)$ 定义为"境界平均品位"，并且把求解地质最优境界的双参数化问题简化为只针对 Q 的单参数化问题，那么，地质最优境界就可近似地定义为"在所有满足最终帮坡角 $\{\beta\}$ 要求的矿石量为 Q 的境界中，境界平均品位最高的那个境界。"依据这一近似定义，可用一个称为"增量排除法"的近似算法产生地质最优境界序列。

根据上述讨论，假设已经设定拟产生的地质最优境界序列 $\{V^*\}_N$ 中最小境界 V_1^* 的矿石量为 Q_1^*，相邻境界之间的矿石量增量为 ΔQ。增量排除法的基本思路是：首先基于一个比当前技术经济条件下的经济合理剥采比高许多的经济合理剥采比，进行境界优化，求得的境界为 $\{V^*\}_N$ 中的最大境界 V_N^*，其矿石量为 Q_N^*；从最大境界 V_N^* 开始，从中按最终帮坡角 $\{\beta\}$ 排除矿石量为 ΔQ、平均品位最低的一个增量（增量的平均品位 $=\Delta M/(\Delta W+\Delta Q)$，$\Delta M$ 为增量里矿石 ΔQ 的金属含量，ΔW 为增量里的废石量），那么，剩余部分就是所有矿石量为 $Q_N^*-\Delta Q$ 的境界中平均品位最高者，亦即对于 $Q_N^*-\Delta Q$ 的地质最优境界，记为 V_{N-1}^*；再从 V_{N-1}^* 中排除矿石量为 ΔQ、平均品位最低的一个增量，就得到下一个更小的地质最优境界 V_{N-2}^*；如此进行下去，直到剩余部分的矿量等于或小于 Q_1^*，这一剩余部分即为序列中最小的那个地质最优境界 V_1^*。这样，就得到一个由 N 个地质最优境界组成的序列 $\{V_1^*,V_2^*,\cdots,V_N^*\}$，即 $\{V^*\}_N$。

产生地质最优境界序列不需要建立矿床的价值模型，建立品位模型即可。图 6-34 是块状品位模型和境界 V_i^* 的一个垂直横剖面示意图，每一栅格表示一个模块，其高度等于台阶高度，垂直方向上的一列模块称为一个模块柱。为了使以块状模型描述的境界能够准确表达境界帮坡角和地表地形，在帮坡和地表处的模块多数为"非整模块"，即整模块的一部分。参照图6-34，产生地质最优境界序列的增量排除算法如下：

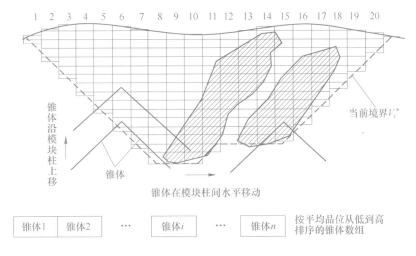

图6-34 产生地质最优境界序列的增量排除法示意图

第1步：构建一个足够大的锥顶朝上、各方位的锥壳与水平面之间的夹角等于相反方位的最终帮坡角的锥壳模板。"足够大"是指把锥体顶点置于任何一个模块柱中线时，都能覆盖 X-Y 水平面上的矿床模型范围。关于锥壳模板的构建，参照6.3.1.2节，所不同的是这里的锥体是锥顶朝上（6.3.1.2节中的锥体是锥顶朝下），锥壳模板中除锥顶模块外每一个模块的属性值（即模块中心处的锥壳相对于锥体顶点的标高）为负值。

第2步：应用境界优化的负锥排除算法，基于一个比当前技术经济条件下的经济合理剥采比高许多的经济合理剥采比，优化出一个境界，作为地质最优境界序列中的最大境界 V_N^*。依据 V_N^* 中的矿石量，设定最小地质最优境界的矿石量 Q_1^* 以及相邻境界之间的矿石增量 ΔQ。

第3步：置当前境界为最大境界 V_N^*。

第4步：置模块柱序号 $j=1$，即取当前境界范围内的模块柱1。

第5步：把锥壳模板的顶点置于模块柱 j 在当前境界内最低的那个模块的中心，该模块是沿模块柱 j 从下数第一个中心标高大于该处当前境界边帮或底部标高的模块。

第6步：找出当前境界中落入锥体内的所有模块（整块和非整块），计算锥体的矿石量、废石量和平均品位（锥体的平均品位等于锥体里矿石所含金属量除以锥体的矿岩总量）。如果锥体的矿石量不大于 ΔQ，把该锥体按平均品位从低到高置于一个锥体数组中，继续下一步；如果锥体的矿石量大于 ΔQ，该锥体弃之不用，转到第8步。

第7步：把锥体沿模块柱 j 向上移动一个台阶高度（即一个模块高度）。如果这一标高已经高出该模块柱处的地表标高一个给定的距离，继续下一步；否则，回到第6步。

第8步：如果 $j<J$（J 为当前境界范围内的模块柱总数），置 $j=j+1$，即取下一个模块柱，回到第5步；否则，执行下一步。

第9步：至此，当前境界范围内的所有模块柱被锥体自下而上"扫描"了一遍，得到了一组按平均品位从低到高排序的 n 个锥体组成的锥体数组。从数组中找出前 m 个锥体的

"联合体"（联合体中锥体之间的重叠部分只计一次），使联合体的矿石量最接近 ΔQ。

第 10 步：把上一步得到的锥体联合体中的所有锥体从当前境界中排除。排除一个锥体就是把受该锥体影响的每个模块柱的底部标高提升到此模块柱中线处的锥壳标高。排除了这些锥体后，得到了一个比当前境界的矿石量小约 ΔQ 的一个新境界，存储这一境界。

第 11 步：计算上一步得到的新境界的矿石量，如果其矿石量大于设定的最小境界的矿石量 Q_1^*，置当前境界为这一新境界，回到第 4 步，产生下一个更小的境界；否则，所有境界产生完毕，算法结束。

上述算法中，由于排除的是平均品位最低的 m 个锥体的联合体（联合体的矿石量约等于 ΔQ），排除后得到的境界最有可能是所有矿量与之相同的境界中，境界平均品位最高的那个境界，即地质最优境界。然而，由于许多锥体之间存在重叠的部分，该算法并不能保证得到的是相同矿量的境界中境界平均品位最高的那个。例如，单独考察锥体数组中各个锥体时，锥体 1 和锥体 2 是平均品位最低的两个锥体；但考察两个锥体的联合体时，也许锥体 8 和锥体 11 的联合体的平均品位低于锥体 1 和锥体 2 的联合体的平均品位。要找出矿石量约等于 ΔQ 的平均品位最低的锥体的联合体，就需要考察所有不同锥体的组合；对于一个实际矿山，组合数量巨大，考察所有组合是不现实的。因此东北大学开发的优化软件提供了两个不同的优化级别供使用者选择：级别 1 不考虑锥体重叠；级别 2 部分考虑锥体重叠。优化级别 2 的运行时间要大大长于优化级别 1。

优化级别 1：在算法的第 9 步和第 10 步中，锥体的联合体的排除过程为：排除数组中第 1 个锥体，其矿石量为 q_1；如果 $q_1<\Delta Q$，重新计算排除了第 1 个锥体后第 2 个锥体的矿石量 q_2（因为两个锥体间若有重叠，排除第 1 个锥体后第 2 个锥体的量会发生变化），如果 $q_1+q_2<\Delta Q$，排除第 2 个锥体；重新计算第 3 个锥体的矿石量 q_3，如果 $q_1+q_2+q_3<\Delta Q$，排除第 3 个锥体……一直到第 m 个锥体时 $\sum_{i=1}^{m} q_i \approx \Delta Q$ 为止。

优化级别 2：在算法的第 9 和第 10 步中，锥体的联合体的排除过程为：排除第 1 个锥体，其矿石量为 q_1；如果 $q_1<\Delta Q$，重新计算排除了第 1 个锥体后数组中所有尚未被排除的锥体 i（$i=2, 3, \cdots, n$）的矿岩量和平均品位，从中选出平均品位最低且 $q_1+q_k \leqslant \Delta Q$ 的锥体 k，把第 k 个锥体与第 2 个锥体互换位置，排除换位后的锥体 2；如果 $q_1+q_2<\Delta Q$，重新计算数组中所有尚未被排除的锥体 i（$i=3, 4, \cdots, n$）的矿岩量和平均品位，从中选出平均品位最低且 $q_1+q_2+q_l \leqslant \Delta Q$ 的锥体 l，把第 l 个锥体与第 3 个锥体互换位置，排除换位后的锥体 3……一直到排除了 m 个锥体时 $\sum_{i=1}^{m} q_i \approx \Delta Q$ 为止。

另外，上述算法中把一次扫描得到的所有锥体都存入了锥体数组。对于一个实际矿山，一次扫描的模块柱可能有上万个甚至更多，锥体数量巨大，这样做所需的计算机内存会很大，而且锥体数组中的锥体数量越大，运行时间越长，对于优化级别 2 尤其如此。事实上，并不需要把每一个锥体都保存在锥体数组中，只保存足够的平均品位最低的那些锥体就可以了。"足够"有两个方面的含义：一是足够组成矿石量不小于 ΔQ 的联合体，如果保存的锥体太少，它们全部的联合体的矿石量也可能小于 ΔQ；二是如果用的是优化级别 2，保存的锥体数量少于一定数值时会漏掉平均品位最低的锥体的组合。多次试运算表明，对于 500 万吨左右的 ΔQ，保存 3000 个平均品位最低的锥体就足够了，保存更多的锥体对运算结果没有影响。

6.4.3 境界序列评价算法

应用上述算法产生了地质最优境界序列后，依据相关技术经济参数计算出序列中每个境界的总利润，总利润最大者即为最佳境界，算法十分简单。

第1步：计算地质最优境界序列 $\{V^*\}_N$ 中每个境界 V_j^*（$j = 1, 2, \cdots, N$）的采出矿石量 Q_j^*、矿石里的金属量 M_j^*、废石量 W_j^*。Q_j^*、M_j^* 和 W_j^* 都是考虑了开采中的矿石损失和废石混入后的量。

第2步：计算每个境界 V_j^*（$j = 1, 2, \cdots, N$）的总利润 P_j。假矿山企业的最终产品为精矿，P_j 的计算式为：

$$P_j = \frac{M_j^* r_p}{g_p} p_p - Q_j^* (c_m + c_p) - W_j^* c_w \tag{6-22}$$

第3步：比较所有地质最优境界的总利润，总利润最大的那个境界即为最佳境界。输出优化结果，算法结束。可以把所有 N 个境界的评价结果都输出，这样可以看出利润随境界的变化情况。

地质最优境界系列评价法的一大优点是便于境界分析。对于一个给定矿床，最佳境界随相关技术经济参数的变化而变化。所以，为了尽可能降低投资风险，往往要针对不确定性较高的参数（如矿产品价格和成本等）进行境界分析，即对于某一（或某几个）参数可能的不同取值进行多次境界优化，对所有优化结果进行综合分析（如灵敏度分析、风险分析等）后确定最终方案。如果应用前述浮锥法或后面将介绍的 LG 图论法，每次参数变化后都需要重新优化，耗时费力。采用地质最优境界序列评价法，一旦产生了地质最优境界序列，这一境界序列不随经济参数的变化而变化，对于经济参数的不同取值，只需重新对序列中的境界进行经济评价，计算其总利润即可；一次经济评价在瞬间即可完成，而产生地质最优境界序列所需的时间与优化一次境界所需的时间相差不大。

该方法的另一个优点是，在境界的经济评价中（即在式（6-22）中）可以纳入基建投资。露天矿的基建投资是生产规模的函数（一般可视为线性函数），而合理生产规模是可采矿石储量（即境界中矿石量）的函数。地质最优境界系列中每个境界里的矿石量是已知的，所以就可以估算出每个境界的合理生产规模（例如，可用泰勒公式估算，泰勒公式见第8章），进而估算出每个境界的基建投资。纳入基建投资后的总利润更能反映境界的盈利能力。如果应用浮锥法或 LG 图论法，优化结束之前，境界的矿石量是未知的，所以无法考虑基建投资对境界的影响。

6.5 LG 图论法

优化最终境界的图论法由 Lerchs 和 Grossmann 于 1965 年提出，所以也称为 LG 图论法。它是具有严格数学逻辑的最终境界优化方法，只要给定价值模型，在任何情况下都可以求出总价值最大的最终境界。由于该方法对计算机内存的需求较高、计算量较大，直到20世纪80年代后期才逐步得到实际应用；同时，一些研究者对该方法进行了算法上的改进，以提高其运算速度。对于今天的计算机，该方法对内存和速度的要求已不再是问题，世界上几乎所有的商业化露天矿设计软件包都有该方法的模块。LG 图论法已经成为世界矿业界最广为人知、广为应用的经典境界优化方法。

6.5.1　基本概念

在图论法中，价值模型中的每一模块用一节点表示，露天开采的几何约束用一组弧表示。弧是从一个节点指向另一节点的有向线。例如，图 6-35 表明要想开采 i 水平上的那一节点所代表的模块，就必须先采出 $i+1$ 水平上那 5 个节点代表的 5 个模块。为便于理解，以下叙述在二维空间进行。

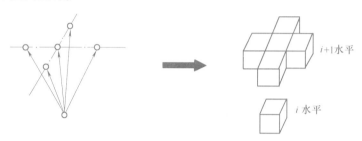

图 6-35　露天开采几何约束的图论表示

图论中的有向图是由一组弧连接起来的一组节点组成，图用 G 表示。图中节点 i 用 x_i 表示。所有节点组成的集合称为节点集，记为 X，即 $X = \{x_i\}$；图中从 x_k 指向 x_l 的弧用 a_{kl} 或 (x_k, x_l) 表示，所有弧的集合称为弧集，记为 A，即 $A = \{a_{kl}\}$；由节点集 X 和弧集 A 形成的图记为 $G(X, A)$。如果一个图 $G(Y, A_Y)$ 中的节点集 Y 和连接 Y 中节点的弧集 A_Y 分别是另一个图 $G(X, A)$ 中 X 和 A 的子集，那么，$G(Y, A_Y)$ 称为图 $G(X, A)$ 的一个子图。子图可能进一步分为更多的子图。

图 6-36（a）所示为由 6 个模块组成的价值模型，x_i（$i = 1, 2, \cdots, 6$）表示第 i 个模块，模块中的数字为模块的净价值。若模块为大小相等的正方体，最终帮坡角为 45°，那么该模型的图论表示如图 6-36（b）所示。图 6-36（c）和图 6-36（d）都是图 6-36（b）的子图。模型中模块的净价值在图中称为节点的权值。

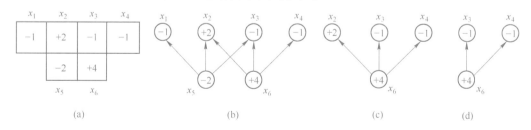

图 6-36　块状模型与图和子图

从露天开采的角度，图 6-36（c）构成一个可行的境界，因为它满足几何约束条件，即从被开采节点出发引出的所有弧的终点节点也属于被开采之列。子图 6-36（d）不能形成可行境界，因为它不满足几何约束条件（开采后会形成大于 45°的帮坡）。形成可行境界的子图称为可行子图，也称为闭包。在每图中，以闭包内的任一节点为始点的所有弧的终点节点也在闭包内。图 6-36（b）中，节点 x_1、x_2、x_3、x_5 与弧 (x_5, x_1)、(x_5, x_2)、

(x_5, x_3) 形成一个闭包，而节点 x_1、x_2、x_5 与弧 (x_5, x_1)、(x_5, x_2) 不能形成闭包，因为以 x_5 为始点的弧 (x_5, x_3) 的终点节点 x_3 不在闭包内。闭包内诸节点的权值之和称为闭包的权值。G 中权值最大的闭包称为 G 的最大闭包。

树是一个没有闭合圈的图。图中存在闭合圈是指图中存在至少一个这样的节点，从该节点出发经过一系列的弧（不计弧的方向）能够回到出发点。图 6-36（b）不是树，因为从 x_6 出发，经过弧 (x_6, x_2)、(x_5, x_2)、(x_5, x_3) 和 (x_6, x_3) 可回到 x_6，形成一个闭合圈。图 6-36（c）和图 6-36（d）都是树。根是树中的特殊节点，一棵树中只能有一个根，用 x_0 表示。

如图 6-37 所示，树中方向指向根的弧，即从弧的终端沿弧的指向可以经过其他弧（与其方向无关）追溯到树根的弧，称为 M 弧；树中方向背离根的弧，即从弧的终端沿弧的指向追溯不到根的弧，称为 P 弧。将树中的一条弧 (x_i, x_j) 删去，树变为两部分，不包含根的那部分称为树的一个分支。在原树中假想删去弧 (x_i, x_j) 得到的分支是由弧 (x_i, x_j) 支撑着，由弧 (x_i, x_j) 支撑的分支上诸节点的权值之和称为弧 (x_i, x_j) 的权值。在图 6-37 所示的树中，由弧 (x_3, x_1) 支撑的分支上的节点只有 x_1，所以该弧的权值为-1。由 (x_8, x_5) 支撑的分支上的节点有 x_2、x_5、x_6 和 x_9，该弧的权值为+5。权值大于 0 的 P 弧称为强 P 弧，记为 SP；权值小于或等于零的 P 弧称为弱 P 弧，记为 WP；权值小于或等于零的 M 弧称为强 M 弧，记为 SM；权值大于零的 M 弧称为弱 M 弧，记为 WM。图 6-37 所示为一个具有全部四种弧的树。

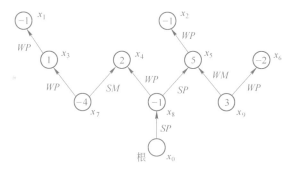

图 6-37　具有各种弧的树

强 P 弧和强 M 弧总称为强弧，弱 P 弧和弱 M 弧总称为弱弧。强弧支撑的分支称为强分支，强分支上的节点称为强节点。从采矿的角度来看，强 P 弧支撑的分支（简称强 P 分支）上的节点符合开采顺序关系，而且价值大于零，所以是开采的目标。虽然弱 M 分支的价值大于零，但由于 M 弧指向树根，不符合开采顺序关系，所以不能开采。由于弱 P 分支和强 M 分支的价值不为正，所以不是开采目标。

6.5.2 树的正则化

正则树是一个没有不与根直接相连的强弧的树。把一个树变为正则树称为树的正则化，其步骤如下：

第 1 步：在树中找到一条不与根直接相连的强弧 (x_i, x_j)，若 (x_i, x_j) 是强 P 弧，则将其删除，代之以 (x_0, x_j)；若 (x_i, x_j) 是强 M 弧，则将其删除，代之以 (x_0, x_i)。

x_0是树根。

第2步：重新计算第1步得到的新树中弧的权值，标注弧的种类。以新树为基础，重复第1步。这一过程一直进行下去，直到找不到不与根直接相连的强弧为止。

例6-2　将图6-37中的树正则化。

解：正则化过程如图6-38所示。图6-37中，弧（x_7，x_4）是一条不与根直接相连的强 M 弧，把它删除，代之以弧（x_0，x_7），树变为图6-38（a）所示的 T^1（其中各弧的种类已刷新）。T^1中的弧（x_8，x_4）是一条不与根直接相连的强 P 弧，把它删除，代之以弧（x_0，x_4），树变为图6-38（b）所示的 T^2。T^2中的弧（x_8，x_5）是一条不与根直接相连的强 P 弧，把它删除，代之以弧（x_0，x_5），树变为图6-38（c）所示的 T^3。T^3中的强弧均与根直接相连，所以是正则树。

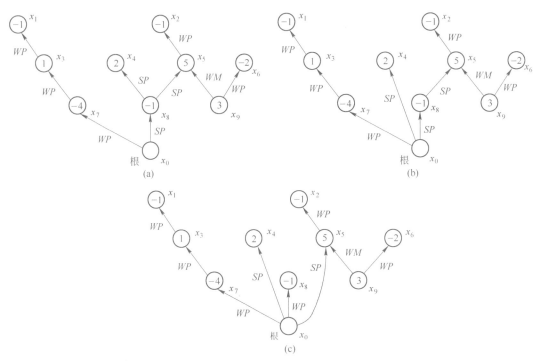

图6-38　树的正则化举例
（a）T^1；（b）T^2；（c）正则树 T^3

6.5.3　优化定理及算法

从前面的定义可知，最大闭包是权值最大的可行子图。从采矿角度来看，最大闭包是具有最大开采价值的可行境界。因此，求最佳境界实质上就是在价值模型所对应的图中求最大闭包。

定理6-2　令 G 为基于价值模型构建的符合帮坡角约束的有向图，若图 G 的正则树的强节点集合 Y 是 G 的闭包，则 Y 为最大闭包，Y 中的节点所对应的模块组成最优境界。

依据上述定理，求最终境界的图论算法如下：

第 1 步：依据最终帮坡角的几何约束，将价值模型转化为有向图 G，如图 6-39 所示。这就需要找出开采某一模块所必须同时采出的上一层的模块，可以用一个锥顶向下、锥壳倾角等于最终帮坡角的锥体来确定这些模块。必须注意：当开采一个模块 b 需要同时开采其上多于一层的模块时，在图 G 中只需用弧把对应于 b 的节点与比 b 高一层的那些必须同时开采的模块所对应的节点相连，不能把对应于 b 的节点与更高层的那些必须同时开采的模块所对应的顶点也用弧相连。

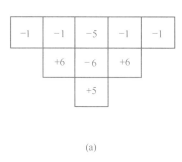 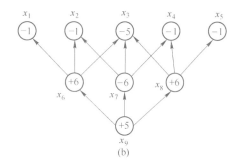

图 6-39　价值模型及其图 G

（a）价值模型；（b）图 G

第 2 步：构建图 G 的初始正则树 T^0。最简单的正则树是在图 G 下方加一虚根 x_0，并将 x_0 与 G 中的所有节点用 P 弧相连得到的树。根据弧的权值标明 T^0 中每一条弧的种类，如图 6-40 所示。

第 3 步：找出正则树的强节点集合 Y（例如，图 6-40 中 T^0 的强节点集合为 $Y=\{x_6, x_8, x_9\}$）。若 Y 是 G 的闭包，则 Y 为最大闭包，Y 中诸节点对应的模块的集合构成最佳境界，算法终止；否则，执行下一步。

第 4 步：在 G 中找出这样的一条弧 (x_i, x_j)，即 x_i 在 Y 内、x_j 在 Y 外的弧，并在树中找出包含 x_i 的强 P 分支的根点 x_r，x_r 是支撑强 P 分支的那条弧上属于分支的那个端点（由于是正则树，该弧的另一端为树根 x_0）。然后将弧 (x_0, x_r) 从树中删除，代之以弧 (x_i, x_j)，得一新树。重新标定新树中诸弧的种类。

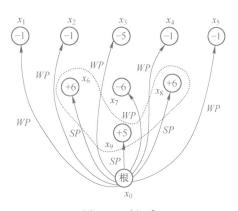

图 6-40　树 T^0

第 5 步：如果经过第 4 步得到的树不是正则树（即存在不直接与根相连的强弧），应用前面所述的正则化步骤，将树转变为正则树。返回到第 3 步。

例 6-3　二维价值模型如图 6-39（a）所示。设模块均为正方形，最终帮坡角在整个模型范围都是 45°。用 LG 图论法求最优最终境界。

解：对应于价值模型的图 G 如图 6-39（b）所示。在 G 的下方加一根节点 x_0，把图 G 中的每一节点用 P 弧与 x_0 相连，得初始正则树 T^0，如图 6-40 所示。

正则树 T^0 的强节点集 $Y=\{x_6, x_8, x_9\}$，如图 6-40 中的点线所圈。Y 显然不是 G 的闭

包。从原图 G（即图 6-39（b））中可以看出，Y 内的 x_6 与 Y 外的 x_1 相连，树中包含 x_6 的强 P 分支只有一个节点，即 x_6 本身，所以这一分支的根点也是 x_6。应用算法第 4 步的规则，将 (x_0, x_6) 删除，代之以 (x_6, x_1)，并重新计算各弧的权值、标定各弧的种类，初始树 T^0 变为 T^1，如图 6-41 所示。T^1 中的所有强弧都与根直接相连，是正则树。

正则树 T^1 的强节点集 $Y = \{ x_1, x_6, x_8, x_9 \}$，如图 6-41 中的点线所圈。$Y$ 不是 G 的闭包。从原图 G（即图 6-39（b））中可以看出，Y 内的 x_6 与 Y 外的 x_2 相连，树中包含 x_6 的强 P 分支是由弧 (x_0, x_1) 支撑的那个分支，该分支的根点是 x_1。应用算法第 4 步的规则，将 (x_0, x_1) 删除，代之以 (x_6, x_2)，并重新计算各弧的权值、标定各弧的种类，树 T^1 变为 T^2，如图 6-42 所示。T^2 中的所有强弧都与根直接相连，是正则树。

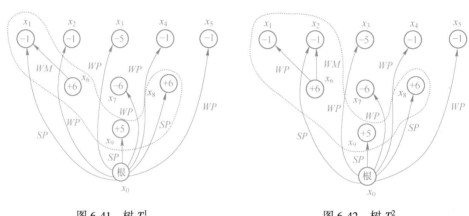

图 6-41　树 T^1　　　　　　　　　　　图 6-42　树 T^2

正则树 T^2 的强节点集 $Y = \{ x_1, x_2, x_6, x_8, x_9 \}$，如图 6-42 中的点线所圈。$Y$ 不是 G 的闭包。从原图 G（即图 6-39（b））中可以看出，Y 内的 x_6 与 Y 外的 x_3 相连，树中包含 x_6 的强 P 分支是由弧 (x_0, x_2) 支撑的那个分支，该分支的根点是 x_2。应用算法第 4 步的规则，将 (x_0, x_2) 删除，代之以 (x_6, x_3)，并重新计算各弧的权值、标定各弧的种类，树 T^2 变为 T^3，如图 6-43 所示。T^3 中的所有强弧都与根直接相连，是正则树。

正则树 T^3 的强节点集 $Y = \{ x_8, x_9 \}$，如图 6-43 中的点线所圈。Y 不是 G 的闭包。从原图 G（即图 6-39（b））中可以看出，Y 内的 x_8 与 Y 外的 x_3 相连，树中包含 x_8 的强 P 分支只有 x_8 一个节点，该分支的根点是 x_8。应用算法第 4 步的规则，将 (x_0, x_8) 删除，代之以 (x_8, x_3)，并重新计算各弧的权值、标定各弧的种类，树 T^3 变为 T^4，如图 6-44 所示。T^4 中的所有强弧都与根直接相连，是正则树。

正则树 T^4 的强节点集 $Y = \{ x_1, x_2, x_3, x_6, x_8, x_9 \}$，如图 6-44 中的点线所圈。$Y$ 不是 G 的闭包。从原图 G（即图 6-39（b））中可以看出，Y 内的 x_8 与 Y 外的 x_4 相连，树中包含 x_8 的强 P 分支是由弧 (x_0, x_3) 支撑的那个分支，该分支的根点是 x_3。应用算法第 4 步的规则，将 (x_0, x_3) 删除，代之以 (x_8, x_4)，并重新计算各弧的权值、标定各弧的种类，树 T^4 变为 T^5，如图 6-45 所示。T^5 中的所有强弧都与根直接相连，是正则树。

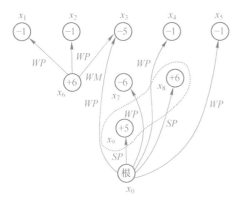

图 6-43　树 T^3

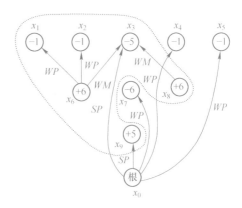

图 6-44　树 T^4

正则树 T^5 的强节点集 $Y = \{ x_1, x_2, x_3, x_4, x_6, x_8, x_9 \}$，如图 6-45 中的点线所圈。 Y 不是 G 的闭包。从原图 G（即图 6-39（b））中可以看出，Y 内的 x_8 与 Y 外的 x_5 相连，树中包含 x_8 的强 P 分支是由弧 (x_0, x_4) 支撑的那个分支，该分支的根点是 x_4。应用算法第 4 步的规则，将 (x_0, x_4) 删除，代之以 (x_8, x_5)，并重新计算各弧的权值、标定各弧的种类，树 T^5 变为 T^6，如图 6-46 所示。 T^6 中的所有强弧都与根直接相连，是正则树。

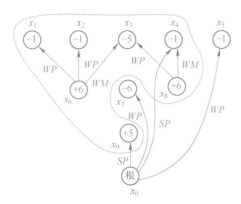

图 6-45　树 T^5

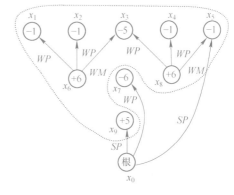

图 6-46　树 T^6

正则树 T^6 的强节点集 $Y = \{ x_1, x_2, x_3, x_4, x_5, x_6, x_8, x_9 \}$，如图 6-46 中的点线所圈。 Y 不是 G 的闭包。从原图 G（即图 6-39（b））中可以看出，Y 内的 x_9 与 Y 外的 x_7 相连，树中包含 x_9 的强 P 分支只有 x_9 一个节点，该分支的根点是 x_9。应用算法第 4 步的规则，将 (x_0, x_9) 删除，代之以 (x_9, x_7)，并重新计算各弧的权值、标定各弧的种类，树 T^6 变为 T^7，如图 6-47 所示。 T^7 中的所有强弧都与根直接相连，是正则树。

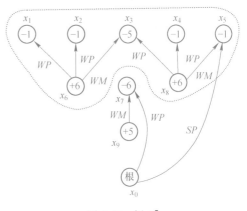

图 6-47　树 T^7

正则树 T^7 的强节点集 $Y = \{x_1, x_2, x_3, x_4, x_5, x_6, x_8\}$，如图 6-47 中的点线所圈。$Y$ 是 G 的闭包，因为在原图 G（即图 6-39（b））中再也找不到从 Y 内的节点出发指向 Y 外的节点的弧；或者说，在 G 中以 Y 内的节点为始点的所有弧的终点节点也在 Y 内。因此，根据优化定理，这时的 Y 即为最大闭包，算法结束。闭包内各节点所对应的那些模块组成最优境界。本例即为 6.3.1 节中正锥开采浮锥法的反例 2。可见，用浮锥法没能得到最优境界，而用 LG 图论法得到了。

在 LG 图论法中，图的每一节点对应一个模块，求得的最优境界是整模块的集合，所以，所得境界的帮坡角很难与设定的帮坡角相符。而在浮锥法和地质最优境界序列评价法中，这一问题通过在境界帮坡处采用非整模块得到了很好的解决。

6.6　案例应用与分析

本节基于一个大型铁矿床的实际地质数据，应用地质最优境界序列评价法进行境界优化，并就境界对于精矿价格的灵敏度进行分析。

6.6.1　矿床模型

案例矿床已经开采多年。本例基于该矿开采到 2008 年 8 月的采场现状，对矿床的剩余部分进行最终境界优化，采场现状平面图如图 6-48 所示，该图即为本次优化的地表地形图。图中描绘采场现状的所有折线都是三维矢量线，其上的每个顶点都有标高属性。基于这些采场现状线和采场外围尚未开采的原地表的地形等高线，应用第 2 章 2.5 节的标高模型建立算法，建立了矿区的地表标高模型，模块为边长等于 25m 的正方形。地表标高模型的三维显示如图 6-49 所示。

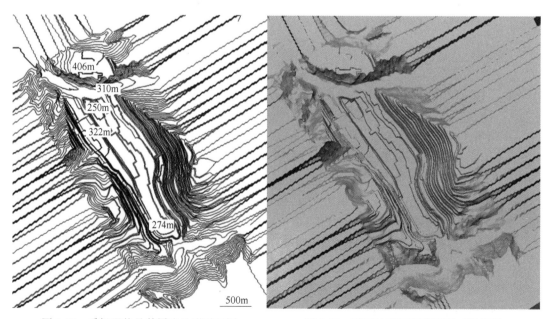

图 6-48　采场现状及其周边地形平面图　　图 6-49　矿区地表标高模型的三维显示

矿床有 3 条矿体，分别命名为 Fe1、Fe2 和 Fe3，Fe3 为主矿体，形态较规整，厚度为 50~120m，三条矿体总计平均厚度约为 120m。矿体呈单斜产出，走向北西，倾向南西，倾角为 40°~50°，平均约为 47°。矿体品位为 25%~40%，平均为 31%左右。工业矿体总长约 3300m。28m 水平上的矿岩界线如图 6-50 所示。

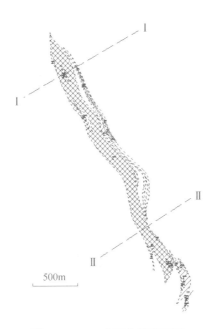

500m

图 6-50 28m 水平分层平面图

矿石和废石的实体容重如表 6-1 所示，该表中 Fe1、Fe2 和 Fe3 为矿石，其他为不同岩性的废石（ROCK 是未划分岩性的废石）。

表 6-1 矿石和废石的实体容重 （t/m³）

矿岩名	Fe1	Fe2	Fe3	PP	FeSiO₃
容重	3.39	3.43	3.33	3.33	3.33
矿岩名	AmL	Am	Am1	Am2	TmQ
容重	2.69	2.87	2.87	2.85	2.63
矿岩名	Qp	Zd	Q	ROCK	
容重	2.69	2.60	1.60	2.63	

基于钻孔取样和矿岩界线建立了品位块状模型，模型最低水平为−122m。模块在水平面上为边长等于 25m 的正方形，模块高度等于台阶高度；台阶高度在 238m 以下为 15m，以上为 12m。品位块状模型在图 6-50 所示的横剖面线 Ⅰ—Ⅰ 和 Ⅱ—Ⅱ 处的垂直剖面如图 6-51所示，深色充填的模块为矿石模块，其他为废石模块，区分矿岩的边界品位为 25%。

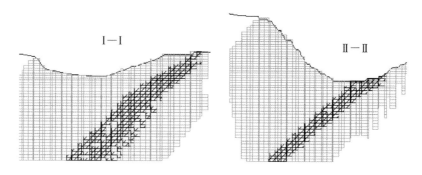

图 6-51 品位块状模型横剖面

6.6.2 技术经济参数

境界在不同方位的最大允许帮坡角如表 6-2 所示，方位 0° 为正东方向，逆时针旋转为正。经济评价中用到的相关技术经济参数的取值如表 6-3 所示，其中选矿成本是每吨入选矿石的选矿费用。

表 6-2 不同方位的最大允许帮坡角 (°)

方位	21.0	41.5	119.0	200.5	224.5	291.0	352.5
帮坡角	34.8	34.5	51.0	42.0	48.1	47.5	34.8

表 6-3 技术经济参数

参数	矿石开采成本 /元·t^{-1}	废石剥离成本 /元·t^{-1}	选矿成本 /元·t^{-1}	精矿售价 /元·t^{-1}	矿石回采率 /%
取值	24	18	140	750	95

参数	选矿金属回收率/%	精矿品位 /%	废石混入率/%	混入废石品位/%	边界品位 /%
取值	82	66	6	0	25

6.6.3 优化结果

以上述矿床模型和技术经济参数为输入数据，应用地质最优境界序列评价法进行境界优化。基于表 6-3 中的数据，用盈亏平衡法计算的经济合理剥采比为 6.048t/t，所以在地质最优境界序列的产生中，序列中最大境界的经济合理剥采比设置为 10t/t。该矿的设计年矿石生产能力为 1500 万吨，所以地质最优境界序列中相邻境界之间的矿石增量 ΔQ 设置为 1500 万吨。矿床在 -122m 水平以上的剩余储量约 7 亿吨，所以地质最优境界序列中最小境界的矿量设置为 2 亿吨。共产生了 32 个地质最优境界，各境界的主要参量以及经济评价得出的境界利润如表 6-4 所示。表中的增量剥采比是相邻两个境界之间的废石增量与矿石增量之比。为叙述方便，以下把"地质最优境界"简称为"境界"。

表 6-4　地质最优境界序列的矿岩量与利润

境界序号	矿石量/t	废石量/t	平均剥采比 /t·t⁻¹	矿石增量 /t	废石增量/t	增量剥采比 /t·t⁻¹	总利润/元
1	19269.7×10⁴	14530.1×10⁴	0.773				181.47×10⁸
2	20774.1×10⁴	17437.4×10⁴	0.859	1504.3×10⁴	2907.3×10⁴	1.964	192.28×10⁸
3	22282.7×10⁴	20910.2×10⁴	0.959	1508.6×10⁴	3472.8×10⁴	2.337	202.13×10⁸
4	23787.2×10⁴	24721.1×10⁴	1.061	1504.5×10⁴	3810.8×10⁴	2.571	211.45×10⁸
5	25295.4×10⁴	28777.5×10⁴	1.161	1508.2×10⁴	4056.5×10⁴	2.729	220.26×10⁸
6	26798.7×10⁴	33425.4×10⁴	1.271	1503.3×10⁴	4647.9×10⁴	3.136	227.94×10⁸
7	28301.5×10⁴	38250.4×10⁴	1.377	1502.8×10⁴	4825.0×10⁴	3.256	235.44×10⁸
8	29804.3×10⁴	44215.0×10⁴	1.510	1502.8×10⁴	5964.6×10⁴	4.022	240.75×10⁸
9	31304.9×10⁴	50605.0×10⁴	1.645	1500.6×10⁴	6390.0×10⁴	4.314	245.18×10⁸
10	32819.1×10⁴	57231.3×10⁴	1.773	1514.2×10⁴	6626.3×10⁴	4.433	249.37×10⁸
11	34324.3×10⁴	64959.6×10⁴	1.924	1505.1×10⁴	7728.2×10⁴	5.200	251.55×10⁸
12	35832.8×10⁴	72601.4×10⁴	2.058	1508.5×10⁴	7641.8×10⁴	5.131	253.76×10⁸
13	37346.7×10⁴	80192.4×10⁴	2.180	1513.9×10⁴	7591.1×10⁴	5.078	256.34×10⁸
14	38854.1×10⁴	87677.2×10⁴	2.292	1507.4×10⁴	7484.8×10⁴	5.028	258.98×10⁸
15	40356.8×10⁴	95481.7×10⁴	2.402	1502.7×10⁴	7804.5×10⁴	5.260	261.21×10⁸
16	41859.8×10⁴	102770.2×10⁴	2.492	1503.1×10⁴	7288.5×10⁴	4.911	264.32×10⁸
17	43365.0×10⁴	110699.5×10⁴	2.591	1505.2×10⁴	7929.3×10⁴	5.335	266.22×10⁸
18	44866.1×10⁴	118810.0×10⁴	2.687	1501.1×10⁴	8110.5×10⁴	5.471	267.53×10⁸
19	46368.4×10⁴	127317.5×10⁴	2.786	1502.3×10⁴	8507.6×10⁴	5.734	268.17×10⁸
20	47873.1×10⁴	135647.9×10⁴	2.874	1504.7×10⁴	8330.4×10⁴	5.606	269.16×10⁸
21	49374.1×10⁴	145322.8×10⁴	2.985	1501.1×10⁴	9674.9×10⁴	6.524	267.98×10⁸
22	50875.4×10⁴	156393.5×10⁴	3.117	1501.3×10⁴	11070.7×10⁴	7.463	264.03×10⁸
23	52382.3×10⁴	166733.7×10⁴	3.228	1506.9×10⁴	10340.2×10⁴	6.946	261.53×10⁸
24	53887.6×10⁴	178448.4×10⁴	3.357	1505.3×10⁴	11714.8×10⁴	7.876	256.32×10⁸
25	55387.6×10⁴	189191.8×10⁴	3.463	1500.0×10⁴	10743.3×10⁴	7.249	252.87×10⁸
26	56898.3×10⁴	200772.6×10⁴	3.577	1510.8×10⁴	11580.9×10⁴	7.758	248.04×10⁸
27	58399.0×10⁴	213100.3×10⁴	3.698	1500.6×10⁴	12327.6×10⁴	8.313	241.73×10⁸
28	59905.0×10⁴	225481.1×10⁴	3.815	1506.0×10⁴	12380.8×10⁴	8.319	235.32×10⁸
29	61408.3×10⁴	239089.1×10⁴	3.945	1503.3×10⁴	13608.0×10⁴	9.159	226.48×10⁸
30	62912.9×10⁴	252822.6×10⁴	4.072	1504.7×10⁴	13733.5×10⁴	9.235	217.49×10⁸
31	64414.1×10⁴	266938.4×10⁴	4.199	1501.2×10⁴	14115.8×10⁴	9.514	207.75×10⁸
32	65918.6×10⁴	280479.4×10⁴	4.311	1504.5×10⁴	13541.0×10⁴	9.106	199.16×10⁸

注：1. 表中矿石量、废石量及其增量是计入开采中矿石损失和废石混入后的数值。

　　2. 平均剥采比和增量剥采比是按地质（原地）矿岩量计算的数值。

　　3. 各境界总利润用式（6-22）计算，未考虑基建投资。

从表 6-4 最后一列可知，最优（总利润最大）的境界是序列中的境界 20。这一境界的采出矿石量和废石量分别为 47873 万吨和 135648 万吨，平均剥采比为 2.874，总利润为 269 亿元。

表 6-4 中的"增量剥采比"实际上就是从一个境界扩大到相邻的更大境界的境界剥采比。依据给定的技术经济参数计算的经济合理剥采比 $R_b = 6.048$。从表 6-4 可以看出，最优境界（境界 20）是境界剥采比不大于 R_b 且最接近 R_b 的境界。这表明，优化结果与"境界剥采比等于经济合理剥采比"准则是一致的，同时也验证了优化算法的正确性。

图 6-52 所示是最优境界的等高线图，图 6-53 所示是该境界在剖面线 I—I 和 II—II 处的两个垂直横剖面图。

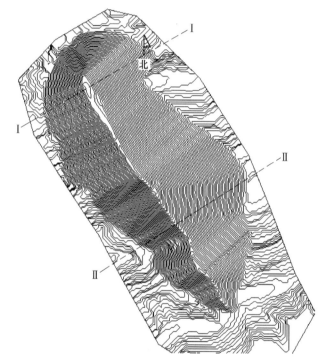

图 6-52　最优境界的等高线图

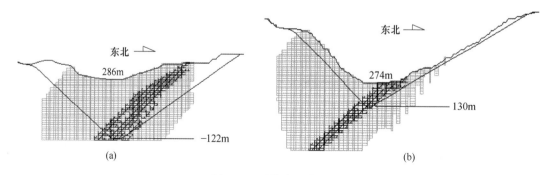

图 6-53　最优境界横剖面

（a）剖面 I—I；（b）剖面 II—II

从图 6-53 中境界与矿体的相对位置可以大致看出，所得境界是合理的。以图 6-52 所示的境界等高线为参照，就可设计出具有完整台阶要素和运输坑线的最终境界方案。

6.6.4 境界分析

表 6-3 中的技术经济参数对最优境界都有影响。因此，在确定境界的最后设计方案之前，往往要针对不确定性较高的参数的变化进行境界分析，即针对参数可能的不同取值对境界进行优化和分析，以便为最终方案的设计提供决策依据，最大限度地降低投资风险。露天矿设计中不确定性最高的因素之一是矿产品的价格。因此，下面就精矿价格对最佳境界的影响进行简要分析。

把表 6-3 中的精矿价格分别降低和升高 100 元/t（即分别取 650 元/t 和 850 元/t），其他参数的取值保持不变，重新对地质最优境界序列中的所有境界进行经济评价，得出价格变化后的最佳境界。图 6-54 所示是精矿价格取 650 元/t、750 元/t 和 850 元/t 时地质最优境界序列中各境界的总利润（不包括基建投资）。可见，境界总利润随着境界的增大先上升后下降，曲线最高点所对应的境界即为最佳境界。因此，精矿价格为 650 元/t、750 元/t 和 850 元/t 时的最佳境界分别是境界序列中的境界 7、境界 20 和境界 26。为表述方便，把这三个境界分别称之为 "P650 境界" "P750 境界" 和 "P850 境界"。表 6-5 给出了这三个境界的矿岩量及利润对比，表中括号里的数值是与 P750 境界相比的变化百分数。

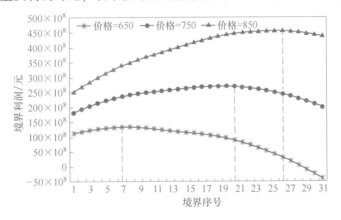

图 6-54 三个不同精矿价格下地质最优境界的利润

表 6-5 三个不同精矿价格下最佳境界的矿岩量及利润对比

指标	境界		
	P750 境界	P650 境界	P850 境界
矿石量/t	47873.1×10⁴	28301.5×10⁴ (-40.9%)	56898.3×10⁴ (18.9%)
废石量/t	135647.9×10⁴	38250.4×10⁴ (-71.8%)	200772.6×10⁴ (48.0%)
矿岩总量/t	183521.0×10⁴	66551.9×10⁴ (-63.7%)	257670.9×10⁴ (40.4%)

续表 6-5

指标	境　界		
	P750 境界	P650 境界	P850 境界
利润/元	269.16×10^8	132.98×10^8 (-50.6%)	453.72×10^8 (68.6%)

从表 6-5 可以看出，精矿价格从 750 元/t 降低到 650 元/t，最佳境界大大缩小，矿石量降低了近 2 亿吨，废石量降低了 9.7 亿多吨，矿岩总量降低了 11.7 亿吨；也就是说，13.3% 的价格下降，引起了 40.9% 的矿石量降低、71.8% 的废石量降低和 63.7% 的总量降低。境界利润大幅下降 50.6%。

精矿价格从 750 元/t 升高到 850 元/t，最佳境界显著扩大，矿石量增加了 0.9 亿吨，废石量增加了 6.5 亿多吨，矿岩总量增加了 7.4 亿吨；也就是说，13.3% 的价格上升，引起了 18.9% 的矿石量增加、48.0% 的废石量增加和 40.4% 的总量增加。境界利润大幅增加 68.6%。

可见，就案例矿床的地质条件和所给定的技术经济参数而言，最佳境界对精矿价格的敏感度较高。一般而言，对于矿体倾角在缓倾斜以上、矿体延深较深的金属矿床，其最佳境界对精矿价格的变化都较为敏感。

图 6-55 所示是三个不同精矿价格下最佳境界的三维图。图 6-56 是这三个境界在两个横剖面上的对比（剖面线位置见图 6-52）。从这些图中可以清晰地看出境界形态随精矿价格的变化。

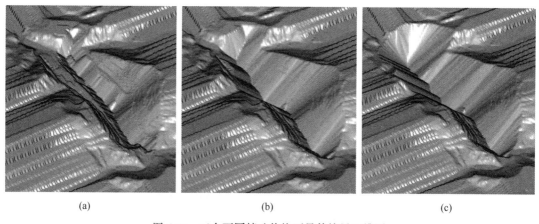

(a)　　　　　　　　　　(b)　　　　　　　　　　(c)

图 6-55　三个不同精矿价格下最佳境界三维图

(a) P650 境界；(b) P750 境界；(c) P850 境界

类似地，也可以分析境界对于生产成本以及其他相关参数的敏感度。生产成本的上升和下降对境界的影响分别与精矿价格的降低和升高类似，但不同的生产成本（矿石采选成本和剥岩成本）对境界的大小和形态的影响程度不同。

从上述案例分析可以看出，境界优化并不是运行一次优化软件那么简单。优化结果的后处理不说，优化结果本身随相关参数的变化而变化。因此，首先需要针对相关参数做细

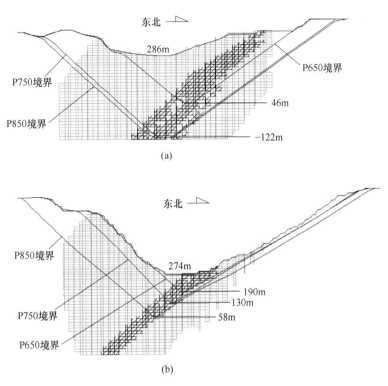

图 6-56 三个不同精矿价格下最佳境界横剖面图
（a）剖面 Ⅰ—Ⅰ；（b）剖面 Ⅱ—Ⅱ

致的数据挖掘、分析、整理甚至预测等工作，使它们的取值尽可能准确地反映所优化矿山及其技术经济条件的实际情况。其次，一些参数具有较高的不确定性，而且对境界的影响大；而境界设计又是一项关乎全局的重要工作，这就需要针对这些参数进行系统深入的境界分析，为最终方案的确定提供依据。在分析的参数数量和分析深度方面，本节的案例分析还远远不够。比较完整的分析应该向两个方面扩展：一是估计出不确定性参数的不同取值的发生概率，这样就可以在分析结果中体现利润能够达到某一水平的概率是多少，也就可以确定利润低于这一水平的概率（即风险）有多高，进而确定出可接受风险水平的境界方案。二是除了对技术经济参数作不确定性分析外，对矿床品位也应进行不确定性分析。矿床中除了钻孔取样的部位，品位都是未知的；应用第 2 章介绍的方法（或任何其他方法）对矿床模型中的模块品位进行估值的结果，只代表一种可能的结果（即一个可能的实现）；对于同一组钻孔取样，有许许多多（理论上无穷多）可能的实现。研究这种品位不确定性的有效方法是基于地质统计学的"条件模拟（conditional simulation）"，也称作"高斯模拟（Gaussian simulation）"。应用条件模拟可以产生品位的许多可能实现，基于这些实现进行境界优化，就能对境界相对于品位不确定性的风险做出评估。

7 露天开采程序

最终境界是在设定的技术经济条件下对可采储量的圈定，也是对开采终了时采场几何形态的预估。那么，如何从地表开始逐台阶扩展延深到最终境界，则是露天开采程序问题。本章系统介绍露天开采中的掘沟、台阶推进方式、布线方式等，以及相关的参数计算。

运输坑线的布线方式在以往的国内教材中划归露天矿开拓。然而，运输坑线不仅是到达矿体和运出矿岩的通道，其布置方式对开采的时空发展程序有直接影响，是确定开采顺序必须考虑的因素，故编者认为将其归入本章更为合适。

7.1 掘　沟

每一个台阶的开采从掘沟开始。掘沟就是在台阶顶面的某一位置掘一道斜沟到达坡底面水平，以使采运设备能够到达这一水平，以沟端为初始工作面向前、向外推进。

按运输方式的不同，掘沟方法可分为不同的类型，如汽车运输掘沟、铁路运输掘沟、无运输掘沟等。由于现代露天矿大都采用汽车运输，因此本节只介绍汽车运输掘沟，稍加扩展或变动即可处理铁路运输及其他方式的掘沟问题。有关各种掘沟方法的更全面的介绍可在其他参考书目和设计手册中查到。

深凹露天矿与山坡露天矿的掘沟方式有所不同，下面分别给予简要的介绍。

7.1.1 深凹露天矿掘沟

如图 7-1 所示，假设 152m 水平已被揭露出足够的面积，根据采掘计划，现需要在所揭露区域的一侧掘沟到 140m 水平，以便开采 140~152m 台阶。掘沟工作一般分为两个阶段进行：首先挖掘出入沟（即运输坡道），以建立起上、下两个台阶水平的运输联系；然后开掘段沟，为新台阶的开采推进提供初始作业空间。

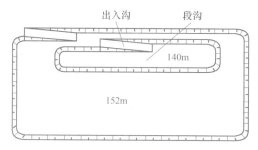

图 7-1　出入沟与段沟示意图

出入沟的坡度取决于汽车的爬坡能力和运输安全要求。现代露天矿的出入沟坡度一般约为8%~10%。出入沟的长度等于台阶高度除以出入沟的坡度。例如，当台阶高度为12m、出入沟的坡度为8%时，出入沟的长度为150m。

掘沟时的穿孔与爆破方式没有统一的模式，对于不同的矿山，由于岩性不同，掘沟时的爆破设计也不同。总的可分为两种：全沟等深孔爆破与沿坡面的不等深孔爆破。

当采用全沟等深孔爆破时，出入沟的斜坡路面修在爆破后的松散碎石上。这种掘沟方法的优点是穿孔、爆破作业简单，而且当出入沟位置需要移动时，可避免在斜坡上穿孔、装药；其缺点是路面质量差，影响汽车的运行效率，加重了汽车轮胎的磨损。

当采用沿坡面的不等深孔爆破时，需要沿出入沟的坡面从上至下穿凿不同深度的炮孔进行分段爆破。图7-2所示为这种掘沟方式的一个爆破设计的纵剖面示意图。台阶高度为12m，坡度为8%，穿孔设备选用250mm牙轮钻机。图中将出入沟沿纵向全长分为3个爆破区段，依次进行爆破和采运。从沟口起25m范围内的炮孔深度为4.5m，此后各区段的炮孔与拟形成的出入沟坡面保持2m的超深（如图中虚线所示）。炮孔在平面上采用间距等于行距的交错布置，各个区段上采用不同的间距（如图中括号内的数字所示）。

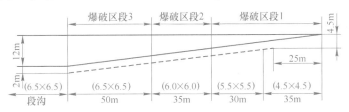

图7-2 出入沟爆破设计实例

出入沟掘完后继续掘段沟。掘段沟时是否需要分区段爆破，要根据段沟的长度而定。由于段沟为等深度，没有必要采用不同的爆破设计。在图7-2所示的情形中，段沟的爆破设计除采用等深孔外，与最后一段出入沟的爆破设计相同。

沟底宽度是掘沟的重要参数。一般来说，为了尽快到达新水平，在新的工作台阶形成生产能力，应尽量减少掘沟工作量。因此，沟底宽度应尽量小一些。最小沟底宽度是满足采运设备的作业空间所要求的宽度，其值取决于电铲的作业技术规格、采装方式与汽车的调车方式。

最节省空间的调车方式是汽车在沟外调头，而后倒退到沟内装车，如图7-3和图7-4所示。这种调车方式下的沟底宽度只取决于电铲的采装方式。最常用的采装方式是中线采装，即电铲沿沟的中线移动，向左、右、前三方挖掘，如图7-3所示。这种采装方式下的最小沟底宽度是电铲在左、右两侧采掘时清底所需要的空间，即：

$$W_{D_{\min}} = 2G \tag{7-1}$$

式中 $W_{D_{\min}}$——最小沟底宽度，m；

G——电铲站立水平挖掘半径，m。

若掘沟电铲为第5章表5-1中的WK-20，G为13.3m，则最小沟底宽度$W_{D_{\min}}$为26.6m。

另一种更节省空间的采装方式是双侧交替采装，如图7-4所示。电铲沿左、右两条线前进，当电铲位于左侧时，采掘右前方的岩石，装入停在右侧的汽车；而后电铲移到右侧，采装左前方的岩石，装入停在左侧的汽车。这种采装方式下的最小沟底宽度 $W_{D_{\min}}$ 为：

$$W_{D_{\min}} = G + K \qquad (7\text{-}2)$$

式中　K——电铲尾部回转半径，m。

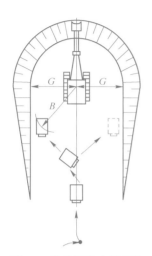

图 7-3　沟外调头中线采装

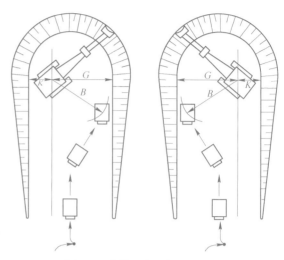

图 7-4　沟外调头双侧交替采装

若掘沟电铲为第 5 章表 5-1 中的 WK-20，$G = 13.3\text{m}$，$K = 7.95\text{m}$，最小沟底宽度 $W_{D_{\min}}$ 为 $21.25\text{m} \approx 22\text{m}$。双侧交替采装所需的作业空间虽然小，但电铲移动频繁，作业效率低，一般用于境界底部作业空间有限的几个台阶上的掘沟。

实际采用的沟底宽度应适当大于最小沟底宽度，以保证作业的安全和正常的作业效率。

采用沟外调头、倒车入沟的调车方式虽然节省空间，但影响行车的速度与安全。因此，有的矿山采用沟内调车的方式，包括沟内折返和环形调车，如图 7-5 和图 7-6 所示。

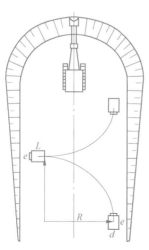

图 7-5　沟内折返调车

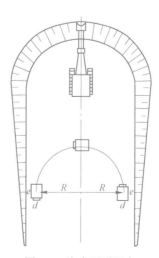

图 7-6　沟内环形调车

由于汽车在沟内调车所需的空间一般要比电铲作业所需的空间大，因此，沟内调车方式下的最小沟底宽度是由汽车的作业技术参数决定的，可用式（7-3）、式（7-4）计算。

折返调车：
$$W_{D_{\min}} = R + L + \frac{d}{2} + 2e \qquad (7\text{-}3)$$

环形调车：
$$W_{D_{\min}} = 2R + d + 2e \qquad (7\text{-}4)$$

式中　R——汽车最小转弯半径，m；

　　　L——汽车车身长度，m；

　　　d——汽车车身宽度，m；

　　　e——汽车距沟壁的安全距离，m。

若采用小松 830E-AC 矿用自卸车（220t），$R = 14.2$m，$L = 14.15$m，$d = 7.32$m，并设 $e = 1.5$m。则沟内折返和环形调车时的最小沟底宽度分别约为 35m 和 39m。

7.1.2　山坡露天矿掘沟

在许多金属矿山，最终境界范围内的地表是山坡或山包，如图 7-7 所示。随着开采的进行，矿山由上部的山坡露天矿逐步转为深凹露天矿。采场由山坡转为深凹的水平称为封闭水平，即在该水平上采场形成闭合圈。从图 7-7 所示的剖面上看，闭合圈位于箭头所指的水平。

山坡开采与深凹开采不同的是，不需要在平地向下掘沟以到达下一水平，只需要在山坡适当位置拉开初始工作面就可进行新台阶的推进。不过，在习惯上将"初始工作面的拉开"称为掘沟。山坡上掘出的"沟"是仅在指向山坡的一面有沟壁的单壁沟。

如果山坡为较松散的表土或风化的岩石覆盖层，可直接用推土机在选定的水平推出开采所需的工作平台，如图 7-8 所示；如果山坡为硬岩或坡度较陡，则需要先进行穿孔爆破，然后再进行推平。

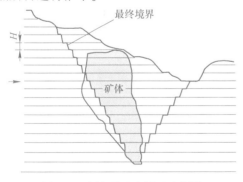

图 7-7　山坡露天矿剖面示意图

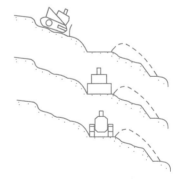

图 7-8　推土机开掘单壁沟示意图

山坡单壁沟也可用电铲掘出，如图 7-9 所示。电铲将沟内的岩石直接倒在沟外的山坡堆置，不再装车运走。最小沟底宽度应与电铲作业技术规格相适应。从图 7-9 可以看出：
$$W_{D_{\min}} = G + T + e \qquad (7\text{-}5)$$

式中　G——电铲站立水平挖掘半径；

　　　T——电铲回转中心到履带外缘距离；

　　　e——电铲履带外缘到单壁沟外缘的安全距离。

7.2 台阶的推进方式

掘沟为一个新台阶的开采提供了运输通道和初始作业空间，完成掘沟后即可开始台阶的侧向推进。由于汽车运输的灵活性，有时在掘完出入沟后不开段沟，立即以扇形工作面形式向外推进，如图 7-10 所示。刚完成掘沟时，沟内的作业空间非常有限，汽车需在沟口外进行调车，倒入沟内装车，如图 7-10（a）所示；当在沟底采出足够的空间时，汽车可直接开到工作面进行调车，如图 7-10（b）所示；随着工作面的不断推进，作业空间不断扩大，如果需要加大开采强度，可在一定时候布置两台采掘设备同时作业，如图 7-10（c）所示。划归一台采掘设备开采的工作线长度称为采区长度。采区长度影响一个台阶可布置的采掘设备台数，从而影响台阶的开采强度。采区长度随采运设备的作业技术规格而变。根据有关资料，美国矿山的采区长度一般为 60~150m，国内矿山一般大于 200m。从新水平掘沟开始到新工作台阶形成预定的生产能力的过程，称为新水平准备。

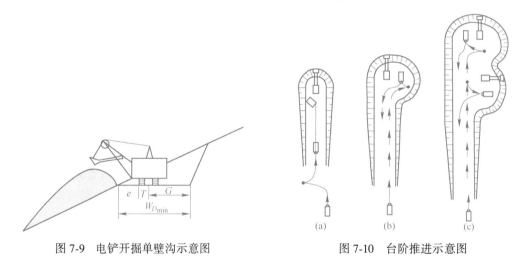

图 7-9　电铲开掘单壁沟示意图　　　　　图 7-10　台阶推进示意图

台阶推进方式主要包括采掘方式和工作线布置方式。

7.2.1　采掘方式及工作平盘参数

根据采掘方向与工作线方向之间的关系，有两种基本的采掘方式，即垂直采掘和平行采掘。

7.2.1.1　垂直采掘

垂直采掘时，电铲的采掘方向垂直于台阶工作线走向（即采区走向），与台阶的推进方向平行，如图 7-11 所示。开始时，在台阶坡面掘出一个小缺口，而后向前、左、右三个方向采掘。图 7-11 所示为双点装车的情形。电铲先采掘其左前侧的爆堆，装入位于其左后侧的汽车；装满后，电铲转向其右前侧采掘，装入位于其右后侧的汽车。这种采装方式的优点是电铲装载回转角度小（10°~110°，平均约为 60°），装载效率高；缺点是汽车在电铲周围调车对位需要较大的空间，要求较宽的工作平盘。当采掘到电铲的回转中心位于采掘前的台阶坡底线时，电铲沿工作线移动到下一个位置，开始下一轮采掘。

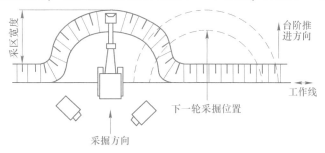

图 7-11 垂直采掘示意图

垂直采掘时，一次采掘深度（即采掘带宽度 A）为电铲站立水平挖掘半径 G，沿工作线一次采掘长度为 $2G$。当然，电铲在同一轮采掘中可以采掘更大的范围，但超过上述范围时，电铲需要做频繁的小距离的移动，影响采装效率。

7.2.1.2 平行采掘

平行采掘时，电铲的采掘方向与台阶工作线的方向平行，与台阶推进方向垂直。根据汽车的调头与行驶方式（统称为供车方式），平行采掘可进一步细分为许多不同的类型。单向行车不调头和双向行车折返调车是两种有代表性的供车方式。

A 单向行车不调头平行采掘

如图 7-12 所示，汽车沿工作面直接驶到装车位置，装满后沿同一方向驶离工作面。这种供车方式的优点是调车简单，工作平盘只需设单车道；缺点是电铲回转角度大，在工作平盘的两端都需设置出口（即双出入沟），因而增加了掘沟工作量。

B 双向行车折返调车平行采掘

如图 7-13 所示，空载汽车从电铲尾部接近电铲，在电铲附近停车、调头，倒退到装车位置，装载后重车沿原路驶离工作面。这种供车方式只需在工作平盘一端设有出入沟，但需要双车道。

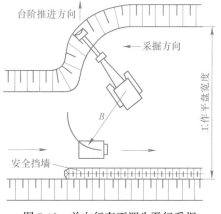

图 7-12 单向行车不调头平行采掘

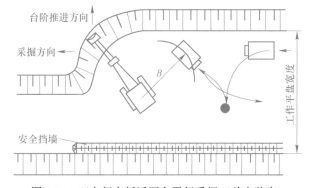

图 7-13 双向行车折返调车平行采掘（单点装车）

图 7-13 所示为单点装车的情形。空车到来时，有时需等待上一辆车装满驶离后才能开始调头对位；而在汽车调车时，电铲处于等待状态。为减少等待时间，可采用双点装车。如图 7-14 所示，汽车 1 正在电铲右侧装车。汽车 2 驶入工作面时，不需等待即可调头、对位，停在电铲左侧的装车位置。装满汽车 1 后，电铲可立即为汽车 2 装载。当下一辆汽车（汽车 3）驶入时，汽车 1 已驶离工作面，汽车 3 可立即调车到电铲右侧的装车位置。这样左右交替供车、装车，大大减少了车、铲的等待时间，提高了作业效率。在理想状态下，汽车 2 调车完毕，汽车 1 恰好装满；汽车 2 装载完毕，汽车 3 也刚好调车完毕，车和铲的等待时间均为零，作业效率达到最大值。但实际生产中，这种理想状态是几乎不存在的。可以看出，双点装车比单点装车需要更宽的工作平盘。

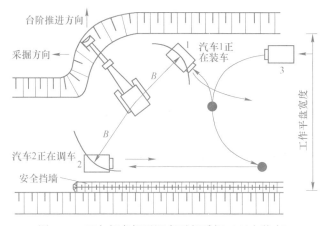

图 7-14　双向行车折返调车平行采掘（双点装车）

其他两种供车方式如图 7-15 所示。图 7-15（a）所示为单向行车—折返调车—双点装车，图 7-15（b）所示为双向行车—迂回调车—单点装车。由于汽车运输的灵活性，有许多可行的供车方式，这里不一一列举。

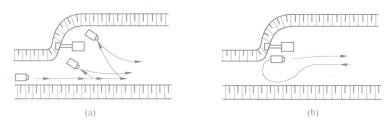

(a)　　　　　　　　　　　　　　　　(b)

图 7-15　两种不同供车方式示意图

7.2.1.3　采区宽度与采掘带宽度

采区宽度是爆破带的实体宽度，采掘带宽度是挖掘机一次采掘的宽度。当矿岩松软无需爆破时，采区宽度等于采掘带宽度。绝大多数金属矿山都需要爆破，所以采掘带宽度一般指一次采掘的爆堆宽度。两者关系如图 7-16 所示，图 7-16（a）所示为一次穿爆两次采掘，图 7-16（b）所示为一次穿爆一次采掘。

从图 7-16 中可以看出，采区宽度应与采掘带宽度相适应，即实体（采区）爆破后的爆堆宽度应与挖掘机的采掘带宽度和采掘次数相适应。采掘带宽度过宽或过窄都会影响挖

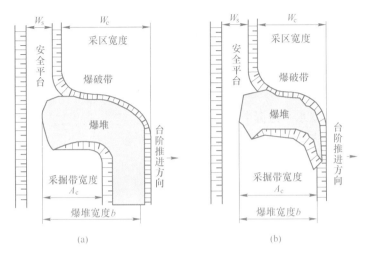

图 7-16 采区与采掘带示意图

掘机的生产效率：过宽时，挖掘机回转角度大，且爆堆外缘残留矿岩多，清理工作量大；过窄时，则挖掘机移动频繁，行走时间长。采掘带宽度一般应保持挖掘机向里侧回转角不大于 90°，向外侧不大于 30°。采掘带宽度 A_c 一般为：

$$A_c = (1 \sim 1.8)G \tag{7-6}$$

式中 G ——挖掘机站立水平挖掘半径。

国内矿山的采掘带宽度一般为 $(1 \sim 1.5)G$，国外矿山的采掘带宽度可达 $1.8G$。国内采用汽车运输和 $4 \sim 5m^3$ 挖掘机的矿山，其采掘带宽度一般为 $9 \sim 15m$。采用一次穿爆两次采掘时，第一采掘带（外采掘带）一般要比第二采掘带宽一些。

采区宽度与爆堆宽度的关系可根据矿山实际爆破的统计资料进行估计，也可用下式做粗略估算：

$$b = 2k_s W_c \frac{H}{H_b} - \varepsilon W_c \tag{7-7}$$

式中 b——爆堆宽度；

$\quad k_s$——矿岩爆破后的松散系数；

$\quad W_c$——采区宽度；

$\quad H$——台阶高度；

$\quad H_b$——爆堆高度；

$\quad \varepsilon$——爆堆形态系数。

坚硬岩石爆堆横断面近似三角形，$\varepsilon \approx 0$；不坚硬岩石爆堆横断面近似梯形，$\varepsilon \approx 1$；中等坚硬岩石，$0 < \varepsilon < 1$。采用一爆一采时，爆堆宽度即为采掘带宽度（即 $b = A_c$）。式（7-7）可用来根据采掘带宽度反算采区宽度。

有的矿山采用大区微差爆破，采区宽度很大。这时可将爆破方向转 90°，使之与工作线平行，并采用横向采掘，如图 7-17 所示。

7.2.1.4 最小工作平盘宽度

最小工作平盘宽度是刚好满足采运设备正常作业要求的工作平盘宽度，其取值需依据采运设备的作业技术规格、采掘方式和供车方式确定。采用单向行车、不调头供车的平行采掘方式时，最小工作平盘宽度可根据铲装条件计算，如图7-18所示，最小工作平盘宽度 $W_{\min}$ 为：

$$W_{\min} = G + B + \frac{d}{2} + e + s \tag{7-8}$$

式中　　G——挖掘机站立水平挖掘半径；

　　　　B——挖掘机最大卸载高度时的卸载半径；

　　　　d——汽车车体宽度；

　　　　e——汽车到安全挡墙的距离；

　　　　s——安全挡墙宽度。

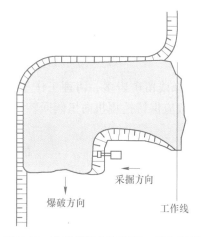

图 7-17　沿工作线方向爆破、横向采掘

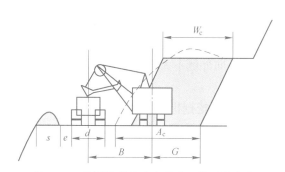

图 7-18　按铲装条件确定最小工作平盘宽度

例 7-1　已知台阶高度 $H = 12\text{m}$，台阶坡面角 $\alpha = 70°$；选用 WK-20 电铲，其站立水平挖掘半径 $G = 13.3\text{m}$，最大卸载高度时的卸载半径 $B = 18.4\text{m}$，最大挖掘高度 $D = 14.4\text{m}$，最大挖掘高度时的挖掘半径 $E_1 = 20.3\text{m}$，最大挖掘半径 $E = 21.2\text{m}$，最大挖掘半径时的挖掘高度 $D_1 = 8.84\text{m}$；汽车为小松 830E‐AC 矿用自卸车，其车体宽度 $d = 7.32\text{m}$。假设 $e = 1.5\text{m}$，$s = 3.5\text{m}$；采用单向行车、不调头供车的平行采掘，一爆一采。根据采装条件计算最小工作平盘宽度、采掘带宽度和采区宽度。

解：（1）最小工作平盘宽度直接应用式（7-8）计算，得 $W_{\min} = 40.36\text{m} \approx 41\text{m}$。

（2）采掘带宽度 $A_c = 1.5G = 19.95\text{m} \approx 20\text{m}$。

（3）采区宽度。设爆堆高度 $H_b = 1.2H$，松散系数 $K_s = 1.3$，岩石为中等硬度，取 $\varepsilon = 0.5$。一爆一采时，$b = A_c$。由式（7-7）解得：$W_c = 12\text{m}$。

（4）必要的检验：

1）汽车轮胎与爆破后实体坡底线之间的距离为：

$$B + G - \frac{d}{2} = 28.04\text{m} > A_c$$

这说明爆堆外缘与汽车轮胎间有一定的距离，检验通过。

2）挖掘高度与坡面角。电铲最大挖掘高度为 14.4m，大于台阶高度的 12m，所以电铲可以挖到坡顶。电铲在最大挖掘高度（14.4m）时的挖掘半径为20.3m，在最大挖掘半径（21.2m）时的挖掘高度为8.84m，所以挖掘高度为台阶高度12m时的挖掘半径 E_H 在 20.3~21.2m 之间，电铲可以铲成的最缓坡面角 $\alpha_{\min}$ 为：

$$\alpha_{\min} = \arctan\left(\frac{H}{E_H - G}\right) = 56.7° \sim 59.7°$$

$\alpha_{\min}$ 小于台阶坡面角。因此，铲斗可以铲到坡面上的任何地方。检验通过。

当采用双向行车-折返调车-平行采掘-单点装车时，装车位置一般在电铲的右后侧，远离工作平盘外缘，最小工作平盘宽度主要取决于调车所需空间的大小。参照图 7-19，有：

$$W_{\min} = R + \frac{d}{2} + L + 2e + s \tag{7-9}$$

式中　R——汽车最小转弯半径；

　　　L——汽车车体长度；

　　　d——车体宽度；

　　　e——汽车距挡墙和台阶坡底线的安全距离；

　　　s——安全挡墙宽度。

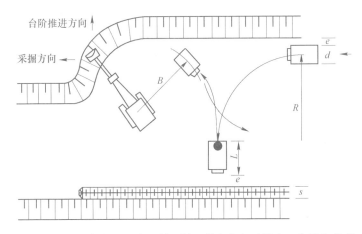

图 7-19　双向行车-折返调车-平行采掘-单点装车时最小工作平盘宽度

对于小松 830E-AC 矿用自卸车：$R = 14.2$m，$d = 7.32$m，$L = 14.15$m；设 $e = 1.5$m，$s = 3.5$m。最小工作平盘宽度 $W_{\min} = 38.51$m。

若采用双点装车，当汽车位于电铲右后侧时，所需的最小工作平盘宽度与上述单点装车相同。但当汽车向电铲左侧（靠近工作平盘外缘）的装车位置调车对位时，为节省调车时间，汽车一般回转近180°后退到装车位置，如图 7-20 所示。这时的最小工作平盘宽度为：

$$W_{\min} = 2R + d + 2e + s \tag{7-10}$$

应用小松 830E-AC 矿用自卸车的作业技术参数，$W_{\min} = 42.22$m。

实际上，由于汽车的灵活性，即使最小工作平盘宽度比式（7-9）和式（7-10）的计算结果小一些，也可实现调车，但调车的时间会增长，影响作业效率。

其他供车方式下的最小工作平盘宽度可以仿照上述做法，通过简单的几何分析计算。

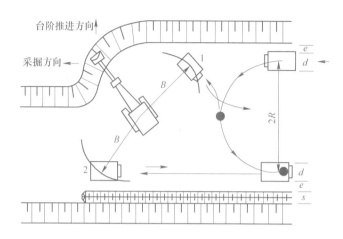

图 7-20　双向行车-折返调车-平行采掘-双点装车时最小工作平盘宽度

实际生产中的工作平盘宽度一般应大于理论计算值。当采用一次穿爆两次采掘（或如图 7-17 所示的横向采掘）时，由于采区宽度 W_c 大大增加，工作平盘宽度也将大大增加。

7.2.2　工作线布置方式

依据工作线的方向与矿体走向的关系，工作线的布置方式可分为纵向、横向和扇形三种。

工作线纵向布置时，其方向与矿体走向平行，如图 7-21 所示。这种方式一般是沿矿体走向掘沟，并按采场全长开段沟形成初始工作面，之后依据沟的位置（上盘最终边帮、下盘最终边帮或中间开沟），自上盘向下盘、自下盘向上盘或从中间向上、下盘推进。

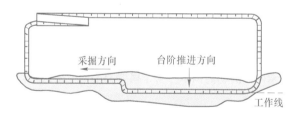

图 7-21　纵向工作面布置示意图

工作线横向布置时，其方向与矿体走向垂直，如图 7-22 所示。这种方式一般是沿矿体走向掘沟，垂直于矿体掘短段沟形成初始工作面，或不掘段沟直接在出入沟底端向四周扩展，逐步扩成垂直矿体的工作面，沿矿体走向向一端或两端推进。由于横向布置时爆破方向与矿体的走向平行，因此对于顺矿层节理和层理较发育的岩体，会显著降低大块与根底，提高爆破质量。由于汽车运输的灵活性，工作线也可视具体条件与矿体斜交布置。

工作线扇形布置时，其方向与矿体走向不存在固定的相交关系，而是呈扇形向四周推进，如图 7-23 所示。这种布置方式灵活机动，充分利用了汽车运输的灵活性，可使开采工作面尽快到达矿体。

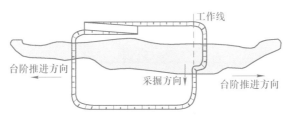

图 7-22 横向工作面布置示意图

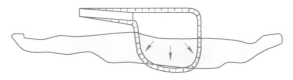

图 7-23 扇形工作面布置示意图

7.3 采场布线方式

一个台阶的水平推进使其所在水平的采场不断扩大，并为其下面台阶的开采创造条件；新台阶工作面的拉开使采场得以延深。台阶的水平推进和新水平的拉开，构成了露天采场的扩展与延深。在采场的扩展与延深过程中，运输坡道（也称为出入沟或坑线）的布置方式称为采场的布线方式。

7.3.1 螺旋与迂回式布线

图 7-24 所示的采场扩延过程的一个特点是，台阶的出入沟始终沿最终边帮呈螺旋状布置，所以称为螺旋式布线。这种布线方式的优缺点主要有：

（1）螺旋线弯道半径大，线路通视条件好，汽车直进行驶，不需经常改变运行速度，道路通过能力强。

（2）工作线的长度和推进方向会因采场条件的变化而发生变化，生产组织较为复杂。

（3）各开采水平之间有一定的影响，新水平准备和采剥作业程序较为复杂。

（4）要求采场四周边帮的岩体均较为稳固。

有的矿山将出入沟以迂回形式布置在采场一侧的非工作帮上，称为迂回式布线或折返式布线，如图 7-25 所示。迂回布线要求布线边帮的岩石较为稳固，地质条件允许时，一般将迂回线路布置在矿体下盘的非工作帮上，这样可以使工作线较快接近矿体，减少初期剥岩量。迂回线路布置在矿体上盘非工作帮时，虽然工作线到达矿体的时间长，但可减少矿石的损失和贫化。当然，视具体条件也可将迂回线路布置在采场的端帮。

线路迂回曲线的半径必须大于汽车运行的最小转弯半径，所以在迂回区段需留较大的台阶宽度。在生产规模大、服务年限长的矿山，其选厂和废石场不在采场的同一方向或分散设置废石场时，为了分散矿岩运量，缩短运输距离，减少运输干扰，可同时布置两套或

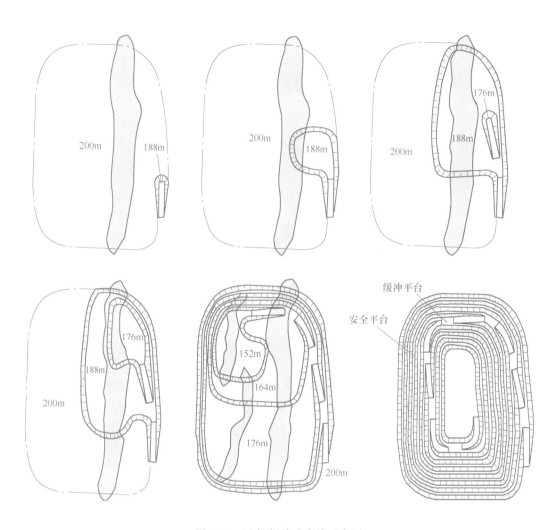

图 7-24　固定-螺旋式布线示意图

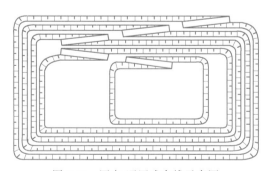

图 7-25　固定-迂回式布线示意图

更多迂回线路，增加出入沟数目。但线路增多会减缓最终帮坡角。与螺旋式布线相比，采用迂回式布线时，开采工作线长度和方向较为固定，各开采水平间相互影响小，因此生产组织管理简单，但行车条件不如螺旋式布线。

有些矿山采用上部迂回式布线、下部螺旋式布线的所谓"联合布线"形式。采用联合布线的矿山，往往是由于采场下部尺寸小，迂回布线困难。

7.3.2 固定与移动式布线

图 7-24 所示的采场扩延过程的另一个特点是，每一新水平的掘沟位置都选在最终边帮上，运输坡道固定在最终边帮上不再改变位置，这种布线方式称为固定式布线。由于矿体一般位于采场中部（缓倾斜矿体除外），固定布线时的掘沟位置离矿体远，开采工作线需较长时间才能到达矿体。

为尽快采出矿石，可将掘沟位置选在采场中间（一般为上盘或下盘矿岩接触带），在台阶推进过程中，出入沟始终保留在工作帮上，随工作帮的推进而移动，直至到达最终帮位置才固定下来。这种方式称为移动式布线。采用移动式布线时，台阶向两侧推进或呈扇形推进，向两侧推进的示意图如图 7-26 所示。

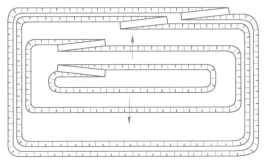

图 7-26　移动-迂回式布线示意图

更为灵活、能更快到达矿体的一种移动布线方式是掘进临时出入沟。临时出入沟一般布置在既有足够的空间又急需开采的区段，如图 7-27（a）所示。临时出入沟到达新水平标高后，以短段沟或无段沟扇形扩展，如图 7-27（b）所示。临时出入沟一般不随工作线的推进而移动。当固定出入沟掘进到新水平并与工作面贯通后，汽车改用固定出入沟，临时出入沟随工作线的推进而被采掉，如图 7-27（c）所示。

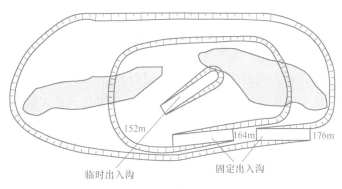

（a）

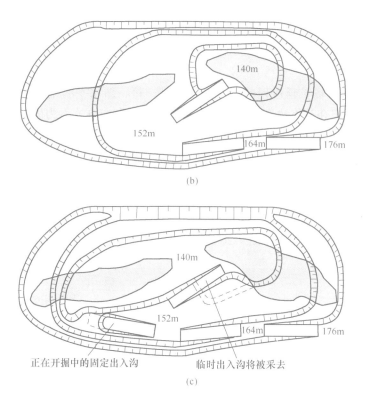

图 7-27 临时出入沟示意图

7.4 生产剥采比

7.4.1 生产剥采比概念

露天矿生产过程中某一时段（或某一开采区域）内的废石量与矿石量之比称为生产剥采比。生产剥采比的单位有 t/t（废石/矿石）、m^3/m^3（废石/矿石）、m^3/t（废石/矿石），金属露天矿常用的单位是 t/t。

如图 7-28 所示，生产剥采比一般是按工作帮坡计算的、采场下降一个台阶采出的废石量与矿石量之比，即 V_H/T_H。为了与下面将要提到的其他生产剥采比相区别，这里将图 7-28 所示的生产剥采比称为几何生产剥采比，记为 SR_H。从图 7-28 可以看出，一般情况下，几何生产剥采比先随采场的降深而增加，在某一深度达到最大值，然后随深度的增加而减小。在矿体形态较复杂的矿山，几何生产剥采比随采场深度变化的曲线可能出现几个峰值。

从开采开始到某一深度（或时间）累计采出的废石量与矿石量之比称为累计生产剥采比，记为 SR_c。如图 7-29 所示，采场下降到深度 D 时的累计生产剥采比为 $SR_c=V_D/T_D$。

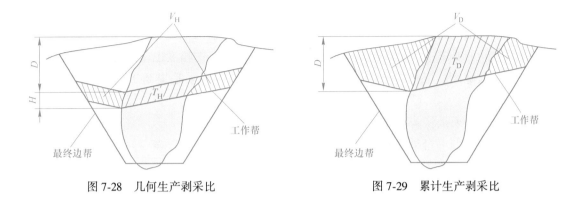

图 7-28 几何生产剥采比   图 7-29 累计生产剥采比

在编制采掘计划时，往往需考虑生产剥采比的逐年变化情况，并采取措施（如改变台阶的推进方向、调整工作线的布置方式、调整工作平盘宽度等），尽量避免生产剥采比的大幅度波动。因此，年生产剥采比是编制采掘进度计划时最常用的生产剥采比。顾名思义，年生产剥采比（记为 SR_y）是某一年内采出的废石量 V_y 与矿石量 T_y 之比，即：$SR_y = V_y/T_y$。

7.4.2 生产剥采比与工作帮坡角

工作帮坡角对生产剥采比有很大的影响。图 7-30 为矿体规整、在上盘矿岩接触带掘沟、向两侧推进时的采剥关系示意图。图中将台阶式的工作帮简化为一条直线。可以看出，当采到第三条带时，要想采出矿量 ΔT，必须剥离废石量 ΔV。在开采过程中，由于矿体规整，每一条带的矿量基本保持不变，而所需剥离的废石量先是随着采场的延深而增加，生产剥采比也随着采深增加；采到第五条带（深度 H_1）时，生产剥采比达到最大值，而后逐年下降。倾角较陡的矿体的生产剥采比随采深的变化一般都符合这一规律。

如果采用如图 7-30 中虚线所示的陡工作帮，则前期的生产剥采比大大降低，剥离峰值的到来将大大推迟（推迟到深度 H_2）。因此，工作帮坡角越小，剥离高峰来得越早，前期生产剥采比越大，基建投资越高，基建周期越长。由于资金的时间价值，前期生产剥采比的增加会降低整个矿山的经济效益。所以，从动态经济观点出发，工作帮坡角应尽量大一些。

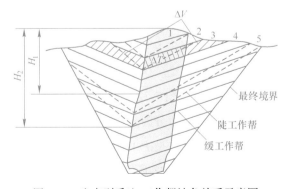

图 7-30 生产剥采比-工作帮坡角关系示意图

增加台阶高度或减小工作平盘宽度可以使工作帮坡角变大。然而，台阶高度受到设备规格和开采选别性的制约，没有多大的变化余地；工作平盘的宽度又必须满足采运设备所需的作业空间的要求，并保持较高的设备作业效率，可减小的幅度也非常有限（即使采用最小工作平盘宽度，工作帮坡角仍较小）。采用组合台阶开采是提高工作帮坡角的有效方法。

组合台阶开采是将若干个（一般 4 个左右）台阶组成一组，划归一台采掘设备开采，这组台阶称为一个组合单元。图 7-31 所示为 4 个台阶组成的一个单元。由于在一个组合单元中，任一时间只有一个台阶处于工作状态，保持正常的工作平盘宽度，其他台阶处于待采状态，只保持安全平台的宽度，因此可以大大提高工作帮坡角。

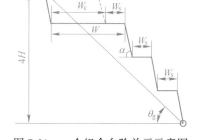

图 7-31　一个组合台阶单元示意图

假设 4 个台阶组成一个单元，台阶高度为 12m，安全平台宽度为 10m，工作平盘宽度为 40m，台阶坡面角为 70°。参照图 7-31，该单元的工作帮坡角 $\theta_g = 31.78°$。如果不采用组合台阶开采，这 4 个台阶的平盘宽度均为 40m，那么该段工作帮的帮坡角为 19.2°。

组合台阶开采只有当采场下降到一定的深度后才能实现。如果采场空间允许，可以在不同区段布置多台采掘设备，同时进行组合台阶开采；也可视工作帮的高度，在同一区段垂直方向上布置多个组合单元。组合台阶开采常用于分期开采的扩帮工作。

7.4.3　生产剥采比均衡

从设备（包括备品备件）管理和生产组织的角度，生产剥采比在生产过程中的波动越小越好。这样可以保持较稳定的设备数量、备品备件的库存量、机修设施的能力以及设备操作和维护人员队伍。因此，在生产计划中常进行所谓的剥采比均衡，以得到较稳定的生产剥采比。然而，生产剥采比均衡必然导致剥离高峰处废石的提前剥离。

图 7-32 中的曲线 A 是不进行剥采比均衡的生产剥采比随时间变化的曲线。在"极限均衡状态"下，即均衡后的生产剥采比是一常数时（图中的直线 B），需要将剥离高峰期的剥岩量 V_p 提前到 V_p' 剥离。由于资金的时间价值，大量提前剥离会降低总体经济效益。因此，在提前剥离所带来的经济效益损失与剥采比均衡所能带来的好处之间应进行成本-效益分析，以确定每年的最佳生产剥采比。这是一个生产剥采比的优化问题。优化后的生产剥采比曲线一般位于 A 与 B 之间，如图 7-32 中曲线 C 所示。

在生产实践中，常常将矿山生产寿命分为几个均衡期，在每个均衡期内将生产剥采比均衡为常数。均衡生产剥采比的传统方法是 P-V 曲线法。P-V 曲线是矿山开采过程中累计采矿量和累计剥离量的关系曲线，如图 7-33 所示。P-V 曲线上某点处的斜率即为开采至该点时的生产剥采比，P-V 曲线斜率的变化反映了生产剥采比的变化。P-V 曲线法均衡生产

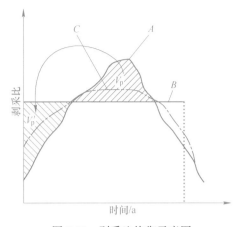

图 7-32 剥采比均衡示意图

A—未均衡剥采比曲线；B—极限均衡剥采比曲线；

C—优化剥采比曲线

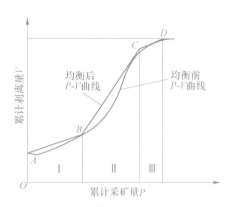

图 7-33 P-V 曲线均衡剥采比示意图

剥采比的一般步骤如下：

第 1 步：在矿山开采程序确定后，基于最大工作帮坡角（即工作平盘仅保持最小工作平盘宽度）计算出采场延深至各水平的采矿量与剥离量。

第 2 步：以累计采矿量为横坐标、累计剥离量为纵坐标，绘出 P-V 曲线。

第 3 步：依据 P-V 曲线变化趋势并综合考虑其他有关因素，或依据剥采比优化结果，确定均衡期。

第 4 步：在 P-V 图上进行生产剥采比均衡。由于在生产实践中工作平盘宽度不能小于最小工作平盘宽度，实际的累计剥离量在任何时候都不能小于 P-V 曲线上对应点的累计剥离量。所以，均衡后的 P-V 曲线必须位于原 P-V 曲线的上方。图 7-33 中折线 ABCD 是分三个均衡期的一个均衡方案，三个均衡期内的均衡生产剥采比分别为线段 AB、BC 和 CD 的斜率。往往需要比较若干个均衡方案才能得到满意的均衡结果。

利用 P-V 曲线法进行生产剥采比均衡，需要在各台阶分层平面图上画出采场按最大工作帮坡角发展的各台阶推进线，计算采矿量与剥离量。绘图和计算很繁琐，借助计算机辅助设计和采剥计划优化软件，可以大大提高剥采比均衡效率。

8 露天矿生产计划

露天矿生产计划就是确定何时采什么地方和开采多少，前者即采剥计划，后者即生产能力。本章介绍生产能力的确定、采剥计划编制的一般方法、生产计划优化方法，以及生产计划与最终境界整体优化方法。

8.1 露天矿生产能力

露天矿生产能力指每年采出的矿石量和剥离的废石量，生产能力的确定直接影响到矿山设备的选型、设备数量、劳动力及材料需求等。从经济角度讲，它直接影响到矿山的投资与生产经营成本。因此，生产能力是露天开采的一个重要参数。实践中，常以年矿石产量表征露天矿的生产能力。

影响露天矿生产能力的主要因素有：

（1）矿体自然条件，即矿体产状、品位和储量；

（2）开采技术条件，即开采程序、装备水平、生产组织与管理水平等；

（3）市场，即矿产品的市场需求及其价格；

（4）经济效益，即投资者期望的盈利能力或投资收益率。

8.1.1 根据储量估算生产能力

矿床自然条件是不可更改的，是确定生产能力（实际上也是确定所有其他开采参数）的基础。矿床中可采矿石储量及其品位是确定生产能力的主要影响因素。定性地讲，储量大的矿床为大规模开采提供了用武之地，因此生产能力也高；低品位矿床只有达到足够的规模才能实现可接受的投资收益率，即所谓的规模效益。在粗略估算露天矿生产能力时，常采用经验公式——泰勒公式计算：

$$t = 6.5\sqrt[4]{R} \tag{8-1}$$

$$P_a = \frac{R}{t} \tag{8-2}$$

式中　t——矿山服务年限，a；

　　　R——矿床可采矿石储量，Mt；

　　　P_a——矿石年产量，Mt/a。

国内外一些矿山的设计生产能力与泰勒公式计算结果的对比见表8-1，应用泰勒公式计算时，矿山服务年限取整数。

表 8-1　一些矿山当年的设计生产能力与泰勒公式计算值结果的对比

矿山名称	可采储量/Mt	设计能力/Mt·a⁻¹	泰勒公式计算值/Mt·a⁻¹
美国双峰铜矿	447	13.7	14.90
加拿大卡罗尔铁矿	2000	49.0	46.51
加拿大赖特山铁矿	1800	44.5	42.85
澳大利亚纽曼山铁矿	1400	40.0	35.00
苏联南部采选公司	1445	30.5	36.12
苏联朱哈依洛夫矿	233.7	10.0	9.35
中国南芬铁矿	340	10.0	12.14
中国大孤山铁矿	180	6.0	7.50
中国白云鄂博东矿	172.2	6.0	7.18

8.1.2　根据开采技术条件验证生产能力

开采技术条件是可变的，开采程序设计、设备选型以及组织与管理均是由人来完成的。由于人为因素的影响，在相同的自然条件下，矿山可能达到的生产能力会有较大的差别。一些矿山达不到设计生产能力，其主要原因是开采程序不合理或生产组织与管理不善，未能发挥出生产潜能。在给定的自然条件下，开采技术条件决定了露天矿可能达到的生产能力。

开采技术条件对生产能力的作用体现在矿山工程延深速度和台阶水平推进速度上。露天矿可能达到的生产能力与垂直延深速度的大体关系为：

$$P_a = \frac{v_h Q_b r_m}{H(1-y)} \tag{8-3}$$

式中　v_h——矿山延深速度，m/a；

　　　H——台阶高度，m；

　　　Q_b——有代表性的台阶矿量，Mt；

　　　r_m——矿石回采率；

　　　y——废石混入率。

由第 5 章和第 7 章讲述的露天开采程序可知，只有当一个台阶水平被揭露出足够的面积时，才能向下一个台阶水平掘沟，使采场得以延深。所以，采场的垂直延深速度需要相应的台阶水平推进速度来保证，当采用位于矿体下盘矿岩接触带的移动坑线布置时，如图 8-1 所示，延深速度与水平推进速度之间的关系为：

$$v_l = v_h(\cot\theta_u + \cot\theta_l) \tag{8-4}$$

式中　v_l——台阶水平推进速度，m/a；

　　　θ_u，θ_l——上、下盘工作帮坡角，(°)。

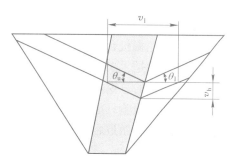

图 8-1　采场延深速度与台阶水平
推进速度关系

从第 7 章可知，采场延深速度还取决于掘沟速度。

露天矿可能达到的延深速度和水平推进速度最终取决于可能布置的挖掘机数量及挖掘机的台年生产能力。可能布置的挖掘机总数决定了矿岩总生产能力，其中，可能布置的采矿挖掘机数量决定了矿石生产能力。一个台阶可能布置的挖掘机数量 N_s 为：

$$N_s = \frac{L_b}{L_c} \tag{8-5}$$

式中　L_b——台阶的工作线长度；

　　　L_c——一台挖掘机正常作业所需的工作线长度（即采区长度）。

若 L_b 为一个台阶的采矿工作线长度，则 N_s 为一个台阶上可能布置的采矿挖掘机数量。

对于产状较为规整且较厚的倾斜矿体，可参照图 8-2 用下式估算可能同时采矿的台阶数 N_b：

$$N_b = \frac{B}{1 \pm \tan\theta\cot\gamma} \cdot \frac{1}{W + H\cot\alpha} \tag{8-6}$$

式中　B——矿体水平厚度；

　　　W——工作平盘宽度；

　　　H——台阶高度；

　　　θ——工作帮坡角；

　　　γ——矿体倾角；

　　　α——台阶坡面角。

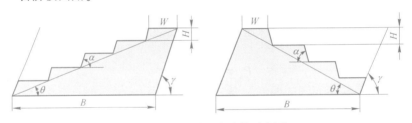

图 8-2　同时采矿台阶数示意图

由下盘向上盘推进时，式（8-6）第一项分母为"+"，由上盘向下盘推进时，第一项分母为"–"。露天矿可能达到的生产能力为：

$$P_a = N_s N_b q \tag{8-7}$$

式中　N_s——一个台阶可能布置的采矿挖掘机数；

　　　q——挖掘机台年生产能力。

值得指出的是，矿石生产能力必须由与之相适应的废石剥离能力来保证。因此，有必要依据可能布置的总挖掘机台数和生产剥采比验证矿岩总生产能力。依据上述开采技术条件对生产能力的检验只是初步验证，生产过程中是否能够达到所确定的生产能力，要靠详细的采掘计划编制做最后验证。

8.1.3　市场与经济效益对生产能力的影响

在较发育的市场经济环境中，矿山企业的产品（原矿、精矿或金属）也像其他工业产品一样，要在市场上出售。在确定一个矿山的生产能力时，必须考虑其产品的市场价格和市场对矿产品的需求。对于绝大多数矿产品来说，其产品是具有竞争性的，即市场对矿产品的总需求量远远高于任何一个矿山企业的产量，单个矿山产量的大小不会影响其产品的市场价格。因此，矿产品的市场价格通常被看作已知数，价格对矿山生产能力的影响是通过经济效益间接起作用的。

市场对一个给定矿山的生产能力的直接约束，体现在其对该矿山所生产产品的需求（即产品销路）上。大部分矿山企业有自己较为稳定的长期客户、短期客户和潜在客户。在确定生产能力时，应对矿产品的近、远期销路做深入的分析评价，以使矿山产品能以正常的市场价格全部出售。目前，我国不少金属矿山（尤其是大型矿山）还未以独立竞争者的身份进入市场，而是作为冶金公司的下属企业为本公司提供矿石，这些矿山的生产能力现时主要考虑上级公司对矿石的需求。

一个在市场上独立竞争的矿山企业，其生产经营的主要目标是获得最大经济效益。从动态经济角度评价矿山企业经济效益的常用指标，是矿山寿命期内能实现的总净现值 NPV。

$$\text{NPV} = - \text{PV}_{\text{out}} + \text{PV}_{\text{in}} \tag{8-8}$$

式中　PV_{out}——矿山投资的现值；
　　　PV_{in}——矿山经营现金流的现值。

$$\text{PV}_{\text{out}} = \sum_{i=0}^{n-1} \frac{C_i}{(1+d)^i} \tag{8-9}$$

$$\text{PV}_{\text{in}} = \sum_{j=m}^{N} \frac{F_j}{(1+d)^j} \tag{8-10}$$

式中　n——基建期，a；
　　　C_i——第 i 年的基建投资（一般按发生在年初计算）；
　　　d——折现率；
　　　N——包括基建期在内的矿山寿命，a；
　　　m——开始有销售收入的年份；
　　　F_j——第 j 年的净现金流量，即第 j 年的销售收入减去同年的生产经营成本和税收等费用的余额（净现金流量一般按发生在年末计算）。

随着生产能力的增加，基建投资增加，PV_{out} 随之增加；然而，生产能力的增加会提高年销售收入，并在一定的生产能力范围内使单位生产成本降低，所以各年的现金流量 F_j 一般也随生产能力增加而增加，导致 PV_{in} 的增加。PV_{out}、PV_{in} 和 NPV 与生产能力的关系如图 8-3 所示。

从图 8-3 可以看出，生产能力太低时，由于正现值 PV_{in} 太小，不足以抵消负现值 PV_{out}，NPV 为负。如果生产能力太高，由于

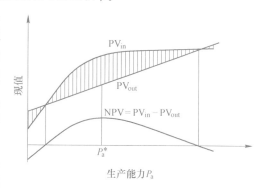

图 8-3　NPV 与生产能力关系示意图

投资太大而导致负现值 PV_{out} 大于正现值 PV_{in}，NPV 也为负。因此，对于给定的可采储量及其品位和技术经济环境，存在一个使矿山总经济效益 NPV 最大的矿山生产能力 P_a^*，即最优生产能力。

需要指出的是，采场的矿石生产能力一般被设计为不变的常数。由于受市场及矿物品位在矿床中的分布特点的影响，恒定不变的矿石生产能力不一定是使矿床总开采效益 NPV 最大的最佳选择。从纯经济角度来讲，生产能力的确定应是找出使总 NPV 最大的每一生产时期的生产能力。

8.2 采掘进度计划编制

采掘进度计划（也称采剥计划）是指导露天矿正常生产和获得尽可能高的经济效益的关键，所以采掘进度计划编制是露天矿设计中一项十分重要的工作。本节介绍采掘进度计划编制的一般方法与步骤。

8.2.1 编制目标与计划分类

编制采掘进度计划的总目标是确定一个技术上可行的、能够使矿床开采的总体经济效益达到最大的、贯穿于整个矿山开采寿命期的矿岩采剥量和采剥顺序。矿床开采的总体经济效益最大，从动态经济观点出发，即使矿床开采中实现的总净现值最大。技术上可行是指采掘进度计划必须满足一系列约束条件，主要包括：

（1）在每一个计划期内为选厂提供较为稳定的矿石量和入选品位。

（2）每一计划期的矿岩采剥量应与可利用的采剥设备的生产能力相适应。

（3）各台阶水平的推进必须满足正常生产要求的时空发展关系，包括：工作台阶的超前关系（即最小工作平盘宽度）、安全平台宽度、采场延深与台阶水平推进的速度关系等。

依据每一计划期的时间长度和计划总时间跨度，露天矿采掘计划可分为长远计划、短期计划和日常作业计划。

长远计划的每一计划期一般为 1 年，计划总时间跨度为矿山整个开采寿命。长远计划是确定矿山基建规模、不同时期的设备、人力及物资需求、财务收支、设备添置与更新等的基本依据，也是对矿山项目进行可行性评价的重要依据。长远计划基本上确定了矿山的整体生产目标与开采顺序，并且为制订短期计划提供指导。没有长远计划的指导，短期计划就会没有"远见"，出现所谓的"短期行为"，可能造成采剥失调，影响正常生产，损害矿山的总体经济效益。

短期计划的一个计划期一般为 1 个季度，其时间跨度一般为 1 年。短期计划除考虑前述约束条件外，还必须考虑诸如设备位置与移动、短期配矿、运输通道等更为具体的约束条件。短期计划既是长远计划的实现，又是对长远计划的可行性的检验。有时，短期计划会与长远计划有一定程度的出入。例如，在做某年的季度采掘计划时，为了满足每一季度选厂对矿石量与品位的要求，4 个季度的总采剥区域与长远计划中确定的同一年的采剥区域不能完全重合。为了保证矿山的长远生产目标的实现，短期计划与长远计划之间的偏差应尽可能小。若偏差较大，说明长远计划难以实现，应对之进行适当调整。

日常作业计划一般指月、周、日采掘计划，它是短期计划的具体实现，为矿山的日常生产提供具体作业指令。

我国矿山设计院为新（或扩建）矿山编制的采掘进度计划属于上述的长远计划。生产矿山编制的计划一般分为5年（或3年）规划、年计划、季计划和月计划。本节只介绍矿山设计中长远计划的编制。

8.2.2 编制长远采掘进度计划的一般方法

编制采掘进度计划的基础资料主要有：

（1）地表地形图。图上绘有矿区地形等高线和主要地貌特征。图纸比例一般为1：1000或1：2000。

（2）台阶分层平面图。每一台阶水平的分层平面图上绘有该水平的地质界线（主要是矿岩界线）和最终境界线。图纸比例一般为1：1000或1：2000。

（3）分层矿岩量表。表中列出每一台阶水平在最终境界线内的矿石量和废石量。表8-2是一矿岩量表的示例。

（4）开采要素。包括台阶高度、采掘带宽度、采区长度和最小工作平盘宽度、运输道路要素（宽度、坡度、转弯半径）等。

（5）台阶推进方式、采场延深方式、掘沟几何要素及新水平准备时间。

（6）挖掘机数量及其生产能力。

（7）选厂生产能力、入选品位要求及其他。

表 8-2　分层矿岩量表

台阶/m	矿石量/t			岩土量/t			矿岩量合计/t
	氧化矿	原生矿	合计	岩	表土	合计	
1300~1285				78.04×10⁴		78.04×10⁴	78.04×10⁴
1285~1270	7.96×10⁴		7.96×10⁴	222.58×10⁴		222.58×10⁴	230.54×10⁴
1270~1255	45.43×10⁴	14.45×10⁴	59.88×10⁴	469.45×10⁴		469.45×10⁴	529.33×10⁴
1255~1240	76.76×10⁴	54.63×10⁴	131.39×10⁴	871.32×10⁴		871.32×10⁴	1002.71×10⁴
1240~1225	162.75×10⁴	145.08×10⁴	307.83×10⁴	1226.97×10⁴	1.62×10⁴	1228.59×10⁴	1536.42×10⁴
1225~1210	243.37×10⁴	286.21×10⁴	529.58×10⁴	1596.46×10⁴	5.94×10⁴	1602.40×10⁴	2131.98×10⁴
1210~1195	305.59×10⁴	476.64×10⁴	782.23×10⁴	1993.94×10⁴	3.67×10⁴	1997.61×10⁴	2779.84×10⁴
1195~1180	383.27×10⁴	638.49×10⁴	1021.76×10⁴	2521.11×10⁴	4.05×10⁴	2525.16×10⁴	3546.92×10⁴
1180~1165	455.71×10⁴	816.19×10⁴	1271.9×10⁴	3086.05×10⁴	28.35×10⁴	3114.40×10⁴	4386.30×10⁴
1165~1150	535.14×10⁴	912.92×10⁴	1448.06×10⁴	3601.76×10⁴	35.69×10⁴	3637.45×10⁴	5085.51×10⁴
1150~1135	645.09×10⁴	963.31×10⁴	1608.40×10⁴	4220.68×10⁴	40.61×10⁴	4261.29×10⁴	5869.69×10⁴
1135~1120	793.93×10⁴	1048.02×10⁴	1841.95×10⁴	4540.61×10⁴	49.63×10⁴	4590.24×10⁴	6432.19×10⁴
1120~1105	933.89×10⁴	1102.12×10⁴	2036.01×10⁴	4993.27×10⁴	49.36×10⁴	5042.63×10⁴	7078.64×10⁴

编制采掘进度计划从第一年开始，逐年进行。主要工作是确定各台阶在各年末的工作线位置、各年的矿岩采剥量和相应的挖掘机配置，可归纳为以下几个步骤：

第1步：在分层平面图上逐水平确定年末工作线位置。根据挖掘机的年生产能力，从露天矿上部第一个台阶分层平面图开始，逐台阶在图纸上画出年末工作线的位置，求出挖掘机在所涉及的台阶上的采掘量，并计算本年度的矿岩采剥量及矿石平均品位。然后检验所涉及各台阶水平的推进线位置与矿岩产量及矿石品位是否满足前述的各种约束条件；若不满足，则需要对年末推进线的位置做相应调整，重新计算，直到找到一个满足所有约束条件的可行方案。可以看出，这是一个试错过程，某一年的年末工作线的最终位置往往需要多次调整才能得以确定。借助于计算机辅助设计软件可以加速这一过程。

第 2 步：确定新水平投入生产的时间。露天矿在开采过程中上下两个相邻台阶应保持足够的超前关系，只有当一个台阶推进到一定宽度，使其下部台阶水平暴露出足够的作业面积后，才能开始向下一个水平掘沟，采出这一面积所需的时间即为其下部台阶滞后开采的时间。多台阶同时开采时，应注意各工作台阶上推进速度的互相协调。在生产过程中，有时在上台阶水平的局部地段，因运输条件或其他因素的制约，会影响下台阶水平的工作线推进。一旦条件允许，应迅速将下台阶工作线推进到正常位置，以免影响整个矿山的发展程序。这一步与第 1 步在有些计划时段是同时进行的。

第 3 步：编制采掘进度计划表。从以上两步的结果可以得出各台阶水平的采剥量、挖掘机配置及挖掘机在各水平的起止作业时间，将这些数据绘制成采掘进度计划表。表 8-3 是某矿的采掘进度计划表的局部，表中四个数字相加代表：氧化矿+原生矿+岩石+表土，单位为万吨。

第 4 步：绘制年末采场综合平面图。年末采场综合平面图是以地表地形图和分层平面图为基础，将各水平年末推进线、运输线路等加入图中绘制而成的。图上有坐标网、勘探线、采场以外的地形和矿岩运输线路、已揭露的矿岩界线、年末各台阶的推进位置、采场内运输线路、各台挖掘机位置等。该图一般每年绘制一张。从某一年末的采场综合平面图上可以清楚地看到该年末的采场现状。对应于表 8-3 的年末采场综合平面图如图 8-4 所示。

采掘进度计划表和各年末采场综合平面图组成了露天矿采掘进度计划的编制成果，是露天矿生产的指导性文件。在实际生产中，由于品位储量估算和矿体圈定的误差、技术经济条件的变化以及不可预料情况的发生等，常常需要定期或不定期地对原采掘进度计划加以修改。

表 8-3   采掘进度计划表（局部）

台阶/m	第 1 年（基建）	第 2 年（投产）	第 3 年（达产）
1300-1285	0+0+78.04+0=78.04 N1		
1285-1270	7.96+0+222.58+0=230.54 N1		
1270-1255	34.66+2.86+246.5+0=284.02 N2	10.76+11.58+222.96+0=245.30 N1	
1255-1240	26.2+3.19+318.67+0=348.06 N1	43.59+51.44+452.89+0=547.92 N1	6.97+0+99.76+0=106.73
1240-1225	N2	120.79+124.93+650.43+1.62=897.77	41.96+20.16+576.54+0=638.66
1225-1210		129.56+177.25+397.28+0=704.09 N3	107.01+108.96+979.07+5.94=1200.98 N2
1210-1195		125.31+184.59+282.3+0=592.2 N4	114.7+237.73+1065.63+0=1418.06 N1
1195-1180		N5 N6	295.93+410.86+1175.19+0=1881.98 N1
1180-1165			196.06+427.46+535.39+0=1158.91 N7
1165-1150			136.93+94.53+269.02+0=500.48 N8

		第 1 年（基建）	第 2 年（投产）	第 3 年（达产）
矿量 /万吨	氧化矿	68.82	430.01	899.56
	原生矿	6.05	549.79	1299.7
	小计	74.87	979.8	2199.26
岩量 /万吨	表土	0	1.62	5.94
	岩石	865.79	2005.86	4700.6
	小计	865.79	2007.48	4706.54
矿岩合计/万吨		940.66	2987.28	6905.8
生产剥采比 /t·t^{-1}		11.56	2.05	2.14
电铲数量		2	4	8
品位/%	氧化矿	32.33	32.35	33.12
	原生矿	31.23	31.23	32.55

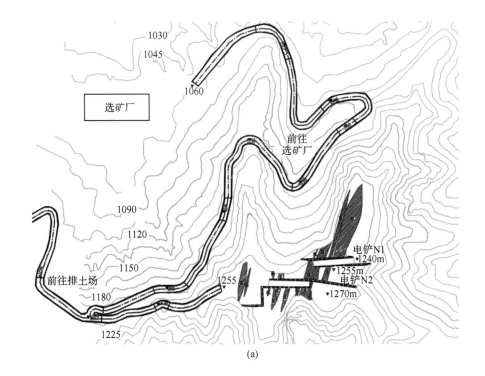

(a)

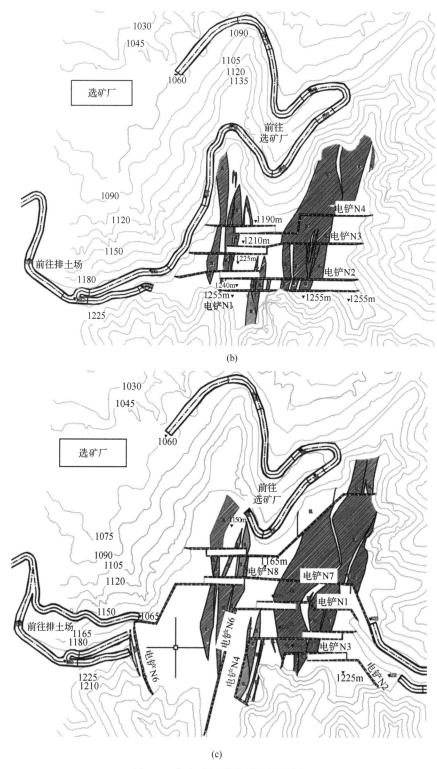

图 8-4　年末采场综合平面图示例

（a）第 1 年末；（b）第 2 年末；（c）第 3 年末

8.3　生产计划优化

采剥生产能力、开采顺序和开采寿命是构成生产计划的三个基本要素。在上述采剥进度计划的编制中，首先确定年矿石生产能力，进而通过生产剥采比均衡确定各均衡期的年剥岩量，然后基于既定的年采剥生产能力确定每年末各工作台阶（或工作帮）的推进位置（即开采顺序），开采寿命也随之而定。然而，生产计划三要素不是相互独立的，而是相互作用的，分步确定三个要素得不到整体最佳生产计划。所以，必须把三个要素同时作为决策变量进行整体优化。本节介绍一种生产计划三要素的整体优化方法，该方法无须预先确定任一要素，能够同时得出三要素的最优解，优化目标是总净现值最大。该方法的基础数据是品位块状模型、地表标高模型以及经济评价需要的相关技术经济参数。

8.3.1　优化定理

确定了最终境界后，露天开采就是从现状地表地形开始，按工作帮坡角逐台阶推进和延深，最后到达最终境界的过程。因此，生产计划优化可以归结为一个在最终境界内确定每年末工作帮应该推进到的最佳位置，以使总净现值最大的问题。一旦确定了每年末工作帮的最佳位置，每年剥离的废石量、开采的矿石量、所采剥的区段以及开采寿命也就随之而定。

对于给定的最终境界，其内每年都有多个位置、形状、大小不同的区段可供开采，使工作帮推进到不同的位置，形成不同的年末采场形态，问题是采哪个区段最好。以第一年为例，假如考虑的该年的采剥量选项之一为：采剥总量为 200 万吨、采矿量为 100 万吨。在境界内接近地表处一般有多个区段具有 200 万吨的矿岩量和 100 万吨的矿石量，那么，究竟开采哪个区段呢？既然考虑 200 万吨的采剥量和 100 万吨的采矿量，即使不进行经济核算，也自然会想到：最好是开采所有矿岩量为 200 万吨、矿石量为 100 万吨的区段中矿石里的金属量为最大的那个区段。对第一年其他采剥量选项（如 250 万吨采剥总量和 130 万吨采矿量）也是如此。以后各年也类似。因此，优化的基本思想是：首先对于一系列的采剥量和采矿量，找出具有相同采剥量和采矿量的所有区段中矿石里的金属量最大的区段，作为候选开采区段；然后对这些候选区段进行动态经济评价，确定每年开采的最佳区段。

定义　在最终境界内，如果在所有采剥量为 P、采矿量为 Q、帮坡角不大于最大工作帮坡角 β 的区段中，某一区段的矿石所含有的金属量最大，该区段称为对于 P 和 Q 的地质最优开采体，用 $P^*(P, Q)$ 表示，简记为 P^*。

如图 8-5 所示，假设在最终境界 V 内以一定的采矿量增量找出了 5 个地质最优开采体，记为 $P_1^* \sim P_5^*$，最后一个 P_5^* 就是最终境界 V。在最终境界内优化生产计划时，这些地质最优开采体就是每年工作帮可能推进到的候选位置。例如：第一年可能推进到 P_1^* 或 P_2^*；如果第一年选择了 P_1^*，第二年推进的位置可能是 P_2^* 或 P_3^*，如果第一年选择了 P_2^*，第二年推进的位置可能是 P_3^* 或 P_4^*；依次类推。当然，无论用几年采完，最后一年只能推进到最终境界 V。

这样，在一个最终境界内优化生产计划，就转换成为一个"确定每一年推进到哪个地质最优开采体"的问题了。由于开采过程是采场逐年扩大、延深的过程，所以，作为生产计划的候选采场推进位置的地质最优开采体必须是"嵌套"关系，即小的被嵌套在大的里面。

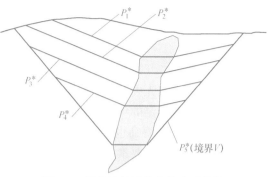

图 8-5   最终境界及其内的地质最优开采体序列示意图

那么，以境界中的地质最优开采体序列作为候选采场推进位置，是否就能保证不遗漏总净现值最大的计划方案呢？以下定理给出了肯定的答案。

定理   令 $\{P^*\}_N = \{P_1^*, P_2^*, \cdots, P_N^*\}$ 为最终境界 V 内按大小升序排列的地质最优开采体序列，序列中的开采体数为 N，P_1^* 为最小开采体，P_N^* 为最大开采体（即境界 V）。如果相邻开采体之间的增量足够小，且 $\{P^*\}_N$ 是完全嵌套序列，那么，在满足以下假设的条件下，在境界 V 内使总净现值最大的最优生产计划必然是 $\{P^*\}_N$ 的一个以境界 V 结尾的子序列。

假设 1   对于所开采的矿产品来说，市场具有完全竞争性，即一个矿山的产量不会影响该矿产品的市场价格。

假设 2   在境界范围内，采、剥的位置对现金流的影响相对于采、剥量对现金流的影响来说很微小，可以忽略不计。

假设 3   所开采的矿产品市场是相对稳定市场，价格上升率不高于可接受的最低投资收益率，后者是净现值计算中的折现率。

假设 4   矿石回采率和贫化率、选矿金属回收率及精矿品位是常数，在境界内不随位置变化。

定理中的"完全嵌套序列"是指序列中的每个开采体都被比它大的开采体完全包含。定理中 $\{P^*\}_N$ 的"子序列"是指这样一个序列 $\{P^*\}_M$，$\{P^*\}_M$ 中的每一个开采体 P_i^*（$i=1, 2, \cdots, M$）都存在于母序列 $\{P^*\}_N$ 中，显然 $M \leqslant N$。"以境界 V 结尾的子序列"是指子序列 $\{P^*\}_M$ 中最后（即最大的）一个开采体是境界 V，这是因为任何一个计划方案最终都必须把整个境界采完。该定理说明，境界内任意一年的最佳工作帮推进位置必然是该境界内的地质最优开采体序列中的某一个。

8.3.2   地质最优开采体序列的产生算法

依据以上优化思路和定理，优化生产计划首先需要在最终境界内产生一个完全嵌套的地质最优开采体序列 $\{P^*\}_N$。产生多少个、$\{P^*\}_N$ 中相邻开采体之间的增量多大，可以根据境界内的矿石储量和要求的分辨率预先确定。例如，对于某个矿山，所设计的境界内有 3000 万吨矿石。根据可采储量估算的合理年矿石生产能力约 200 万吨。那么，把拟产生的序列 $\{P^*\}_N$ 中相邻开采体之间的矿石量增量设定为合理年矿石生产能力的 1/10（20 万吨），就可满足生产能力的分辨率要求。这样，共需产生约 151 个开采体（包括最终境界本身）。

产生地质最优开采体序列的基本方法与第 6 章 6.4.2 节中产生地质最优境界序列类似。假设相邻开采体之间的矿石量增量设定为 ΔQ。从境界 V（即序列中的最大开采体 P_N^*）开始，采用增量排除法，按工作帮坡角 β 逐步排除矿石量等于 ΔQ 且平均品位最低的增量，每排除这样一个增量就得到一个矿石量比上一个开采体小 ΔQ 的地质最优开采体，直到剩余部分的矿石量等于或小于 ΔQ，这一剩余部分即为最小的那个地质最优开采体 P_1^*。这样，就得到一个由 N 个地质最优开采体组成的完全嵌套序列 $\{P^*\}_N = \{P_1^*,$ P_2^*，…，$P_N^*\}$。由于排除一个增量后，工作帮必须满足工作帮坡角的几何约束，所以，所排除的每个增量都由锥壳倾角等于工作帮坡角 β、锥顶朝上的若干个锥体组成。为叙述方便，定义以下变量：

J：矿床模型中的模块柱总数；

j：模块柱序号，$j = 1$，2，…，J；

$b_{\min,j}$：模块柱 j 的底部模块；

$z_{\min,j}$：模块柱 j 的底部标高；

$z_{\max,j}$：模块柱 j 中线处的地表标高；

$z_{\max}$：境界范围内的最高地表标高。

参照图 8-6，地质最优开采体序列的产生算法如下：

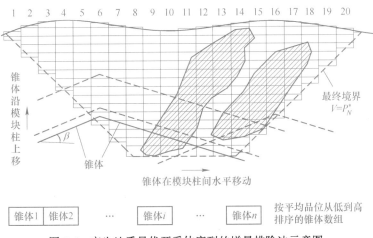

图 8-6　产生地质最优开采体序列的增量排除法示意图

第 1 步：构建一个足够大的锥顶朝上、锥壳与水平面之间的夹角等于工作帮坡角 β 的锥壳模板。依据境界 V 中的矿石量，设定相邻开采体之间的矿石增量 ΔQ。

第 2 步：置当前开采体为最终境界，即置每一模块柱的顶部标高为该模块柱中线处的地表标高 $z_{\max,j}$；置境界范围外的所有模块柱的底部标高 $z_{\min,j} = z_{\max,j}$，置境界范围内的所有模块柱的底部标高 $z_{\min,j}$ 为最终境界在相应模块柱中线处的境界边帮或坑底标高。

第 3 步：置模块柱序号 $j = 1$，即从矿床模型中第 1 个模块柱开始。

第 4 步：如果 $z_{\min,j} = z_{\max,j}$，说明整个模块柱 j 不在当前开采体范围之内，转到第 8 步；否则，继续下一步。

第 5 步：把锥体顶点置于模块柱 j 的底部模块 $b_{\min,j}$ 的中心，$b_{\min,j}$ 是从下数第一个中心

（若为非整模块，取其整模块的中心）标高大于 $z_{\min,j}$ 的模块。

第 6 步：计算锥体的矿石量、废石量和平均品位，锥体的平均品位等于锥体内矿石中所含金属量除以锥体的矿岩总量。如果锥体的矿石量小于等于 ΔQ，把该锥体按平均品位从低到高置于一个锥体数组中，继续下一步；如果锥体的矿石量大于 ΔQ，该锥体弃之不用，转到第 8 步。

第 7 步：把锥体沿模块柱 j 向上移动一个台阶（即一个模块）高度。如果这一标高已经高出 $z_{\max}$，继续下一步；否则，返回到第 6 步。

第 8 步：$j=j+1$，如果 $j \leqslant J$，返回到第 4 步；否则，执行下一步。

第 9 步：至此，所有模块柱被锥体"扫描"了一遍，得到了一组按平均品位从低到高排序的 n 个锥体组成的锥体数组。从数组中找出前 m 个锥体的"联合体"（联合体中锥体之间的重叠部分只计一次），联合体的矿石量不大于且最接近 ΔQ。

第 10 步：把上一步的锥体联合体中的所有锥体从当前开采体中排除，就得到了一个新的开采体，存储这一开采体。排除一个锥体就是把底面标高低于锥壳标高的每一模块柱的底面标高提升到该模块柱中线处的锥壳标高（若锥壳标高大于 $z_{\max,j}$，就提升到 $z_{\max,j}$）。

第 11 步：计算上一步得到的新开采体的矿石量。如果其矿石量大于 ΔQ，置当前开采体为这一新开采体，回到第 3 步，产生下一个更小的开采体；否则，所有开采体产生完毕，算法结束。

8.3.3　优化模型

得到了一个地质最优开采体序列 $\{P^*\}_N$ 后，依据上述优化定理，生产计划的优化问题就变成了一个在 $\{P^*\}_N$ 中寻求最优子序列 $\{P^*\}_M$（$M \leqslant N$）的问题。在 $\{P^*\}_N$ 中寻求最优子序列 $\{P^*\}_M$，就是为开采计划的每一年 i（$i=1, 2, \cdots, M$）找到一个最佳的地质最优开采体作为该年末形成的采场形态，以使总净现值最大。找到了这样一个最优子序列，子序列中的开采体个数 M 即为矿山的最佳开采寿命，子序列中的第 i 个开采体就是第 i 年末的最佳采场推进位置和形态，第 i 个和第 $i-1$ 个开采体之间的矿、岩量即为第 i 年的最佳采、剥生产能力。

为叙述方便，假设对一个二维小境界 V 求得一个地质最优开采体序列 $\{P^*\}_N$，如前面图 8-5 所示。$\{P^*\}_N$ 包含 5 个地质最优开采体（即 $N=5$）：$P_1^* \sim P_5^*$（$P_5^* = V$）。

为了在 $\{P^*\}_5$ 中寻求最优子序列 $\{P^*\}_M$（$M \leqslant 5$），把 5 个地质最优开采体置于图 8-7 所示的动态排序网络图中。图的横轴表示阶段（年），竖轴表示每个阶段的可能采场状态，即地质最优开采体；每个开采体为一个圆圈，圆圈的相对大小代表开采体的相对大小。第 1 年的两个开采体表示：第 1 年末可能开采到 P_1^*，也可能开采到 P_2^*。第 2 年的三个开采体表示：到第 2 年末可能开采到 P_2^*，也可能开采到 P_3^* 或 P_4^*。第 2 年末可能开采到哪几个开采体，取决于第 1 年末的开采体：如果第 1 年末开采到 P_1^*，第 2 年末可能开采到 P_2^*、P_3^* 或 P_4^*；如果第 1 年末开采到 P_2^*，第 2 年末可能开采到的开采体为 P_3^* 或 P_4^*，不可能开采到 P_2^*，因为这样意味着第 2 年什么也没采（停产一年）。其他各年也一样。

图 8-7 中每一条箭线表示相邻两年间一个可能的采场状态转移（即上面所说的"开采

到"）。由于采场是逐年扩大的，所以采场状态只能从某一年的一个开采体转移到下一年更大的开采体。这就是为什么每年的最小开采体（最下面的那个）随着时间的推移而增大，状态转移箭线都指向右上方。

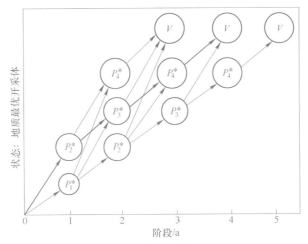

图 8-7　生产计划优化的动态排序网络图

图 8-7 中的每一条从 0 开始沿着一定的箭线到达最终境界 V 的路径，都是一个可能的生产计划方案，路径上的开采体组成 $\{P^*\}_5$ 的一个以 V 结尾的子序列。例如，图中粗黑箭线所示的路径 $0 \to P_2^* \to P_3^* \to P_4^* \to V$ 上的开采体组成的子序列为 $\{P^*\}_4 = \{P_2^*, P_3^*, P_4^*, V\}$。假设序列 $\{P^*\}_5$ 中每个开采体 P_i^* 含有的矿石量为 Q_i^*、废石量为 W_i^*（$i = 1, 2, \cdots, 5$），其中，Q_5^* 和 W_5^* 是最终境界 V 里的矿石量和废石量。那么，路径 $0 \to P_2^* \to P_3^* \to P_4^* \to V$ 或子序列 $\{P_2^*, P_3^*, P_4^*, V\}$ 所代表的生产计划方案是：

（1）开采寿命为 4 年，因为在第 4 年末开采到了最终境界 V；

（2）采场每年推进到的位置：第 1、第 2、第 3、第 4 年末采场依次推进到 P_2^*、P_3^*、P_4^*、V（如图 8-5 所示），第 4 年末的采场即为最终境界。

（3）各年采剥量：第 1 年的采矿量为 Q_2^*、剥岩量为 W_2^*，第 2 年的采矿量为 $Q_3^* - Q_2^*$、剥岩量为 $W_3^* - W_2^*$，第 3 年的采矿量为 $Q_4^* - Q_3^*$、剥岩量为 $W_4^* - W_3^*$，最后一年的采矿量为 $Q_5^* - Q_4^*$、剥岩量为 $W_5^* - W_4^*$。

可见，这样的一个计划方案同时给出了开采寿命、各年末采场的推进位置和每年的采剥量三大要素，并没有把某个要素作为优化其他要素的前提。总净现值最大的那条路径（即最优开采体子序列）就给出了最佳采剥计划方案。因此，这一动态排序优化法实现了生产计划的"整体优化"。下面是求最优子序列的一般动态排序模型。

令 $\{P^*\}_N$ 为境界 V 中的地质最优开采体序列，其中最大的开采体 $P_N^* = V$。依上所述，把 $\{P^*\}_N$ 置于如图 8-8 所示的一般动态排序网络之中。图中每一年的开采体都一直画到最大者（境界 V）。显然，头几年就采到最终境界是不合理的，这些不合理的方案在经济评价中会自动被排除。在图中包括不合理的方案是为了不失一般性。

图 8-8 中的任意一条计划路径记为 L，是从 0 点到某年 n 的最高位置开采体（即境界 V）的一条路径，路径上的那些开采体组成 $\{P^*\}_N$ 的一个以最终境界结尾的子序列。计

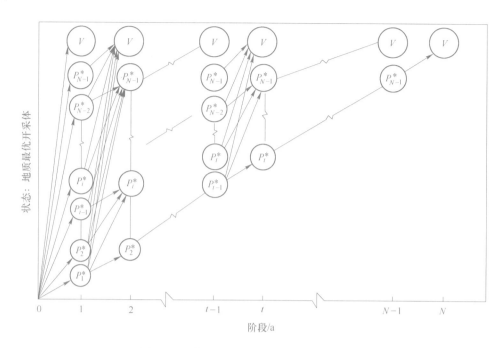

图 8-8 生产计划优化的一般动态排序网络图

划路径 L 的时间跨度（即开采寿命）为 n 年（$n \leq N$），令 i_t 表示该路径上第 t 年的开采体在序列 $\{P^*\}_N$ 中的序号（$t \leq i_t \leq N$；$t = 1, 2, \cdots, n$；$i_n = N$），也就是说，该计划路径上第 1 年的开采体为 $P_{i_1}^*$，第 2 年的开采体为 $P_{i_2}^*$，$\cdots$，最后一年 n 的开采体为 $P_{i_n}^*$（$P_{i_n}^* = P_N^* = $ 境界 V）。以下是对计划路径 L 进行经济评价的数学模型。为叙述方便，定义以下符号：

Q_i^*：$\{P^*\}_N$ 中第 i 个开采体 P_i^* 的矿石量，$i = 1, 2, \cdots, N$；

M_i^*：Q_i^* 里的金属量，$i = 1, 2, \cdots, N$；

W_i^*：$\{P^*\}_N$ 中第 i 个开采体 P_i^* 的废石量，$i = 1, 2, \cdots, N$；

q_t：路径 L 上第 t 年的采出矿石量（亦即选厂的入选矿量），$t = 1, 2, \cdots, n$；

m_t：q_t 的金属量，$t = 1, 2, \cdots, n$；

w_t：路径 L 上第 t 年的剥离废石量，$t = 1, 2, \cdots, n$；

c_m：现时（$t = 0$）单位采矿成本；

c_w：现时（$t = 0$）单位剥离成本（包括排土成本）；

c_p：现时（$t = 0$）单位选矿成本，为处理 1t 原矿的成本；

I：基建投资，可看作是计划路径 L 上最大年采矿量 q_m 的函数；

u_t：路径 L 上第 t 年的投资闲置成本，当某年 t 的采出矿石量 q_t 小于 q_m 一定比例（如 $q_t < 0.9 q_m$）时，该年的投资闲置成本为正值，否则为 0，$t = 1, 2, \cdots, n$；

P_t：路径 L 上第 t 年实现的利润，$t = 1, 2, \cdots, n$；

NPV_L：按路径 L 开采实现的总净现值；

r_p：选矿金属回收率；

g_p：精矿品位；

p_p：现时（$t=0$）精矿价格；

d：折现率；

ρ_c：生产成本年上升率；

ρ_p：精矿价格年上升率；

上述定义中，Q_i^*、M_i^* 和 W_i^* 均为考虑了矿石回采率和废石混入率后的数值。

在第 t 年，计划路径 L 上的开采体为 $P_{i_t}^*$，其矿石量为 $Q_{i_t}^*$、矿石里的金属量为 $M_{i_t}^*$、废石量为 $W_{i_t}^*$；在前一年（$t-1$），L 上的开采体为 $P_{i_{t-1}}^*$，其矿石量为 $Q_{i_{t-1}}^*$、矿石里的金属量为 $M_{i_{t-1}}^*$、废石量为 $W_{i_{t-1}}^*$。那么，计划路径 L 上第 t 年的采出矿石量、矿石里的金属量和废石剥离量为：

$$q_t = Q_{i_t}^* - Q_{i_{t-1}}^* \tag{8-11}$$

$$m_t = M_{i_t}^* - M_{i_{t-1}}^* \tag{8-12}$$

$$w_t = W_{i_t}^* - W_{i_{t-1}}^* \tag{8-13}$$

假设矿山的最终产品为精矿，路径 L 上第 t 年实现的生产利润为：

$$P_t = \frac{m_t r_p}{g_p} p_p (1 + \rho_p)^t - [q_t(c_m + c_p) + w_t c_w](1 + \rho_c)^t \tag{8-14}$$

路径 L 上的最大年采矿量为：

$$q_m = \max_{1 \leqslant t \leqslant n} \{q_t\} \tag{8-15}$$

基建投资 I 一般可视作 q_m 的线性函数：

$$I = a + bq_m \tag{8-16}$$

式中　a，b——常数。

计划路径 L 上第 t 年的投资闲置成本 u_t 可按下式计算：

$$u_t = \begin{cases} Ip_I \dfrac{q_m - q_t}{q_m} & \text{对于 } q_t/q_m < p_{qm} \text{ 且 } t < n \\ 0 & \text{对于 } q_t/q_m \geqslant p_{qm} \text{ 或 } t = n \end{cases} \tag{8-17}$$

式中　p_I——投资完全闲置 1 年（相当于停产 1 年）的闲置成本与投资额之比，$0 < p_I < 1$；

p_{qm}——产生闲置成本的实际年采矿量与最大年采矿量之比的临界值，$0 < p_{qm} < 1$。

$t = n$ 时为计划路径 L 的最后一年，该年的产量是最终境界里剩多少采多少，所以该年不产生投资闲置成本。

按路径 L 开采实现的总净现值为：

$$\mathrm{NPV}_L = \sum_{t=1}^{n} \left(\frac{P_t}{(1+d)^t} - u_t \right) - I \tag{8-18}$$

矿山的基建投资在投产时已经发生，其闲置成本在本质上是投资的"浪费"，不是在生产过程中实际支出的成本，所以该项成本在上述计算中不涨价也不折现。在优化中考虑该项成本，是为了使计划方案尽量避免投资的浪费。

时间 0 点（$t=0$）的初始条件为：$i_0 = 0$，$Q_0^* = 0$，$M_0^* = 0$，$W_0^* = 0$。

8.3.4 优化算法

应用上述数学模型，对图 8-8 中全部从 0 点到达最高位置开采体（即境界 V）的计划路径计算其总 NPV，总 NPV 最大的那条计划路径上的开采体组成了 $\{P^*\}_N$ 中的最优开采体子序列，即最优生产计划。该计划同时给出了计划三要素：每年最佳的采场推进位置、最佳的采矿量和剥岩量、最佳矿山开采寿命。这种评价所有计划路径的方法称为"穷尽搜索法"，也称为"枚举法"。

图 8-8 中，有许多计划路径是明显不合理甚至不可行的，如生产能力太高和太低的那些路径。所以，为了减少计算量，可在上述模型中加入生产能力约束条件，即设置一个年矿石生产能力区间 $[q_L, q_U]$。若某个计划路径上某一年的采出矿石量超出了这一预设区间，该计划路径被视为不可行，不予考虑。如果设置的生产能力区间不大，基建投资和单位采矿成本、剥岩成本、选矿成本在该区间内可以认为不随生产能力变化（即都为常数），而且不考虑投资的闲置成本，就满足了动态规划的"无后效应"条件，可以用动态规划法求解。动态规划模型及其算法在这里不作介绍，可参阅《运筹学》教材或参照下一章中优化分期方案的动态规划模型。动态规划法最大的优点是求解速度快；但由于其限制太严格，实用价值不大。

枚举法最大的优点是对经济评价中考虑哪些因素、每一参数的计算方式以及 NPV 的计算方式等都没有限制；缺点是求解速度慢。为减少计算量，就需把年矿石生产能力约束区间 $[q_L, q_U]$ 设置得窄一些，但这样有可能遗漏最佳计划方案，即最佳生产计划的年矿石生产能力不在 $[q_L, q_U]$ 内。为了不遗漏最佳计划方案，就需要把 $[q_L, q_U]$ 设置得比较宽，那么符合约束条件的计划路径数会非常大。比如，在 $[q_L, q_U]$ 内，如果每年有 4 个不同的开采体可以选择，而且即使每年都以约束区间上限 q_U 开采，其开采寿命为 20 年，那么，符合约束条件的计划路径数将大于 4^{20}。评价这么多计划路径所需的计算时间会长得不可接受。为解决这一问题，可以用"移动产能域算法"。

移动产能域算法的基本逻辑是，设定一个足够宽的年矿石生产能力范围 $[q_{min}, q_{max}]$，最佳计划方案的年矿石产量（除最后一年外）一定在这一范围内。这一范围由用户设定，是输入数据。从这一范围的低端开始，计算一个比 $[q_{min}, q_{max}]$ 窄许多的合适的产能约束区间 $[q_L, q_U]$，称之为"产能域"，应用上述数学模型对该产能域内的所有可行计划路径进行评价，得出最佳计划路径并保存；然后，以一定的步长上移产能域，每移动一次，都重新计算产能域的上、下限，并求得新的产能域内的最佳计划路径，直到 $q_U \geqslant q_{max}$；最后，比较所有产能域的最佳计划路径的总 NPV，得到全局最佳计划方案。

令 k 表示产能域的序数，用 $[q_L^k, q_U^k]$ 表示第 k 个产能域。移动产能域算法如下：

第 1 步：置 $k=1$、波尔变量 $B_p = false$。在地质最优开采体序列 $\{P^*\}_N$ 中，找出矿石量不小于且最接近于 q_{min} 的开采体，其在序列 $\{P^*\}_N$ 中的序号为 L，即开采体 P_L^*。

第 2 步：计算产能域 $[q_L^k, q_U^k]$ 的下界 q_L^k 和上界 q_U^k。下界 q_L^k 为：

$$q_L^k = Q_L^* - \Delta Q_{max}/2 \tag{8-19}$$

式中 Q_L^*——开采体 P_L^* 的矿石量；

ΔQ_{max}——序列 $\{P^*\}_N$ 中相邻开采体之间矿石增量的最大值。

最终境界内的矿石总量为 Q_N^*。按下面算式计算产能域 $[q_L^k, q_U^k]$ 的上界 q_U^k：

$$\left.\begin{array}{ll} Q_N^*/q_L^k > n_3 \text{ 时}, & \text{令 } U = L \\ n_2 < Q_N^*/q_L^k \leqslant n_3 \text{ 时}, & \text{令 } U = L + 1 \\ n_1 < Q_N^*/q_L^k \leqslant n_2 \text{ 时}, & \text{令 } U = L + 2 \\ Q_N^*/q_L^k \leqslant n_1 \text{ 时}, & \text{令 } U = L + 3 \end{array}\right\} \tag{8-20}$$

式中 n_1，n_2，n_3 ——常整数（由用户输入），且必须是 $n_1 < n_2 < n_3$。

如果按上式得到的 $U > N$，令 $U = N$。则：

$$q_U^k = Q_U^* + \Delta Q_{max}/2 \tag{8-21}$$

式中 Q_U^* ——序列 $\{P^*\}_N$ 中第 U 个开采体（即 P_U^*）的矿石量。

如果 $q_U^k > q_{max}$，置 $B_P = \text{true}$。

第 3 步：在产能域 $[q_L^k, q_U^k]$ 内，应用述枚法求满足这一产能约束的最佳计划方案并保存。

第 4 步：如果 $B_P = \text{false}$，执行下一步；否则（$B_P = \text{true}$），转到第 6 步。

第 5 步：置 $k = k+1$，$L = L+1$，返回到第 2 步。

第 6 步：产能域已经遍历设定的整个矿石年生产能力范围 $[q_{min}, q_{max}]$。在保存的所有产能域的最佳计划方案中找出 NPV 最大的方案，就得到了全局最佳计划方案。输出全局最佳计划方案（也可以输出所有产能域的局部最佳计划方案，这样可以看出 NPV 随生产能力的变化情况）。算法结束。

上述算法中，产能域的宽度随着产能域的上移（即产能的增加和开采寿命的缩短）呈阶梯式增加，也就是说，产能较低时开采寿命较长，产能域就较窄；反之，产能域就较宽。这样就保证了在每个产能域内，求最佳计划的时间较短，整个求解过程可以在较短时间内完成。式（8-20）中的 Q_N^*/q_L^k 是按产能域下限计算的开采寿命，式中的 n_1、n_2、n_3 是确定产能域宽度的开采寿命分界点。从不同矿山的算法应用试验中得出合适的 n_1、n_2、n_3 取值分别为 16、20、31。对于境界内矿石量为数亿吨、开采体数量有数百个的大型矿山，当 n_1、n_2、n_3 取上述数值时，应用这一算法一般可以在数分钟内完成整个优化过程。

8.3.5 案例应用

第 6 章 6.6.3 节对一个矿山的最终境界进行了优化，得出了最佳境界。本小节应用上述数学模型和移动产能域算法就该境界的生产计划进行优化。

8.3.5.1 参数设置

优化中用到的地表标高模型和品位块状模型同第 6 章 6.6 节。优化中用到的技术经济参数如表 8-4 所示，表中前 10 个参数的取值与境界优化中的取值相同；生产成本上升率同时作用于矿石开采成本、岩石剥离成本和选矿成本。

矿山的基建投资 I（万元）设定为计划方案中最大年矿石产量 q_m（万吨）的线性函数，具体表达式为：

$$I = 20000 + 400q_m \tag{8-22}$$

在开采计划优化的经济评价中，对于任一计划方案，若某年（最后一年除外）的矿石产量小于该计划 q_m 的90%时，就发生投资闲置成本。全部投资闲置一整年的闲置成本与投资额的比例等于按7%的利息和15年计算的年金系数，即0.1098。因此，当某一计划方案中某年 t（最后一年除外）的矿石产量 $q_t < 0.9q_m$ 时，该计划方案在第 t 年发生的投资闲置成本为 $0.1098I(1 - q_t/q_m)$。

表 8-4 技术经济参数

参数	现时矿石开采成本 /元·t^{-1}	现时岩石剥离成本 /元·t^{-1}	现时选矿成本 /元·t^{-1}	现时精矿售价 /元·t^{-1}	矿石回采率 /%
取值	24	18	140	750	95
参数	选矿金属回收率 /%	精矿品位 /%	废石混入率 /%	混入废石品位 /%	边界品位 /%
取值	82	66	6	0	25
参数	工作帮坡角 /(°)	生产成本年上升率 /%	精矿价格年上升率 /%	折现率 /%	
取值	17	2.0	2.5	7.0	

境界内的矿石量为4.79亿吨（见第6章表6-4），据此估计，矿山的合理年矿石生产能力为1500t左右。所以，地质最优开采体序列中相邻开采体之间的矿石增量 ΔQ 设定为150万吨。移动产能域算法中的年矿石生产能力范围 $[q_{min}, q_{max}]$ 设定为 [600万吨，2000万吨]。

8.3.5.2 优化结果

首先应用上述地质最优开采体序列产生算法，在境界内产生地质最优开采体序列，共产生了318个开采体（包括最终境界）。序列中相邻开采体之间的实际矿石增量为150万~151.5万吨，几乎与设定值相等。

基于上述相关参数和所产生的地质最优开采体序列，应用移动产能域算法对生产计划进行优化，整个优化过程共评价了175759363条计划路径，用时不到1min。从输出结果看，所有产能域的最佳计划方案的各年的矿石产量都很稳定，均未发生投资闲置成本，这是矿石年产量波动幅度较大的计划方案被高额基建投资（因为它是最高年矿石产量的线性函数）和投资闲置成本"惩罚"的结果。这也验证了虽然移动产能域算法中每个产能域的宽度较窄（即允许的产能波动幅度较小），但在绝大部分情况下不会遗漏全局最佳方案，因为产能波动幅度较大的计划方案被"惩罚出局"了；而稳定的年矿石产量也是实践中矿山设计所希望得到的结果。

优化所得最佳生产计划如表8-5所示，表中的生产成本包括矿石开采成本、废石剥离成本和选矿成本，销售额和生产成本是价格和成本上升与折现之前的数据，时间为0时的净现值是基建投资。

从表8-5可以看出，这一生产计划每年的矿石产量很稳定，除最后一年外都约为1800万吨，开采寿命近27年。在给定的技术经济条件下，总NPV约为90亿元。依据这一优化结果，该矿应该按照年产1800万吨矿石的规模设计。

表 8-5 中"开采体序号"一列给出了每年末采场状态所对应的开采体，它指明了采场从现状地表到最终境界的时空发展过程，即开采顺序。根据这一计划，采场在第 1 年末推进到开采体 12，第 2 年末推进到开采体 24，以此类推。第 5 年末和第 15 年末的采场形态（即开采体 60 和 180）等高线分别如图 8-9 和图 8-10 所示。参照优化结果给出的每年末的采场形态，就可基于台阶要素、运输坑线要素和采装设备的生产能力等，编制出采剥计划最终方案。

表 8-5 最佳生产计划

时间 /a	开采体 序号	矿石产量 /t	废石剥离量 /t	精矿产量 /t	精矿销售额 /元	生产成本 /元	净现值 /元
0							-744400.0×10^4
1	12	1778.9×10^4	12295.3×10^4	644.3×10^4	483259.3×10^4	513049.1×10^4	-26139.5×10^4
2	24	1808.2×10^4	4938.3×10^4	657.6×10^4	493195.6×10^4	385428.1×10^4	102335.8×10^4
3	36	1807.8×10^4	5059.7×10^4	662.3×10^4	496745.4×10^4	387544.3×10^4	100955.9×10^4
4	48	1810.2×10^4	6921.7×10^4	664.3×10^4	498203.9×10^4	421462.5×10^4	71498.0×10^4
5	60	1808.1×10^4	8487.3×10^4	661.5×10^4	496151.7×10^4	449296.1×10^4	46551.6×10^4
6	72	1808.9×10^4	10640.8×10^4	655.3×10^4	491438.5×10^4	488201.6×10^4	13409.2×10^4
7	84	1810.5×10^4	12388.1×10^4	651.4×10^4	488580.6×10^4	519915.9×10^4	-10244.9×10^4
8	96	1806.8×10^4	10791.2×10^4	648.6×10^4	486481.6×10^4	490559.9×10^4	10453.8×10^4
9	108	1806.6×10^4	8003.7×10^4	651.0×10^4	488258.9×10^4	440350.3×10^4	45423.4×10^4
10	120	1809.0×10^4	6495.6×10^4	651.9×10^4	488933.0×10^4	413601.0×10^4	61865.3×10^4
11	132	1804.1×10^4	5377.5×10^4	650.1×10^4	487541.3×10^4	392668.0×10^4	71959.0×10^4
12	144	1807.1×10^4	4865.3×10^4	650.7×10^4	488061.3×10^4	383932.6×10^4	75246.1×10^4
13	156	1808.0×10^4	4499.7×10^4	651.7×10^4	488756.5×10^4	377511.9×10^4	76936.2×10^4
14	168	1806.0×10^4	4234.6×10^4	652.0×10^4	489019.9×10^4	372405.1×10^4	77405.1×10^4
15	180	1805.4×10^4	4121.4×10^4	654.3×10^4	490700.6×10^4	370278.0×10^4	76960.1×10^4
16	192	1807.6×10^4	3914.5×10^4	652.2×10^4	489138.1×10^4	366912.9×10^4	75346.6×10^4
17	204	1806.6×10^4	3470.2×10^4	652.5×10^4	489345.2×10^4	358740.9×10^4	76697.3×10^4
18	216	1807.5×10^4	2870.9×10^4	652.7×10^4	489496.2×10^4	348102.4×10^4	78780.0×10^4
19	228	1806.6×10^4	2427.8×10^4	651.7×10^4	488815.2×10^4	339884.1×10^4	79163.6×10^4
20	240	1809.6×10^4	2231.3×10^4	653.4×10^4	490084.4×10^4	336943.1×10^4	78140.9×10^4
21	252	1806.1×10^4	1883.8×10^4	652.4×10^4	489286.2×10^4	330114.1×10^4	77635.1×10^4
22	264	1807.2×10^4	1616.0×10^4	652.0×10^4	488992.7×10^4	325467.0×10^4	76442.4×10^4
23	276	1808.0×10^4	1249.1×10^4	651.2×10^4	488429.0×10^4	319016.4×10^4	75694.1×10^4
24	288	1806.4×10^4	1642.1×10^4	649.7×10^4	487256.7×10^4	325810.7×10^4	70434.1×10^4
25	300	1807.8×10^4	3178.9×10^4	653.0×10^4	490401.6×10^4	353701.7×10^4	60598.1×10^4
26	312	1810.4×10^4	1553.7×10^4	655.0×10^4	491227.2×10^4	324868.6×10^4	67127.7×10^4
27	318	904.1×10^4	489.3×10^4	328.8×10^4	246599.6×10^4	157077.5×10^4	34151.6×10^4
合计		47873.1×10^4	135647.9×10^4	17312.5×10^4	12984400.2×10^4	10292844.0×10^4	900426.7×10^4

在优化模型和算法中很难考虑所有的实际约束条件，如最短工作线长度、最大下降速度、生产剥采比波动幅度等。所以优化结果一般都存在不合理甚至不可行之处，在参照优化结果编制采剥计划时需要对不合理之处进行调整。比如，从表 8-5 可以看出，优化结果在个别年份的生产剥采比较其他年份高出很多，在编制采剥计划中应进行适当的平衡。再如，从图 8-9 和图 8-10 可以看出，从第 5 年末到第 15 年末，采场北端下降太快，实际生产中可能实现不了，这期间的计划需要结合生产剥采比均衡进行调整。存在不合理甚至不可行之处，并不意味着优化结果没有意义；有了优化结果作为参照，计划编制就不再是设计出一个可行方案即可，而是能够使最终计划方案尽可能靠近优化方案，以获得尽可能高的经济效益。因此，优化结果对于实际计划编制工作具有重要指导意义。

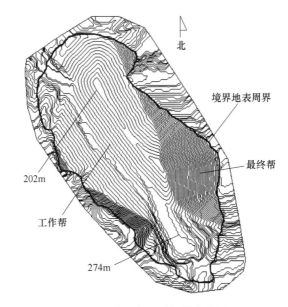

图 8-9 第 5 年末采场等高线图

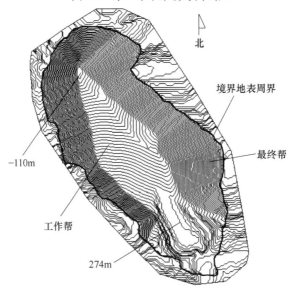

图 8-10 第 15 年末采场等高线图

8.4 生产计划与最终境界整体优化

应用第 6 章的方法优化最终境界，而后对于这一境界应用上一节中的方法对生产计划进行优化，属于分步优化。对于绝大多数矿床而言，分步优化得不到整体最佳开采方案。原因之一是境界优化与生产计划优化的目标不同：优化境界时，由于还没有开采计划，无法以净现值（NPV）最大为目标函数进行优化，只能以总利润最大作为优化目标；而在生产计划的优化中是以 NPV 最大为优化目标的，这样就存在一个问题，即总利润最大的境界不一定是（而且一般都不是）NPV 最大的境界。原因之二是，境界确定后，优化生产计划的"寻优域"被预先限定在了这一境界内，所得生产计划只是对于已确定的那个境界的最优计划。所以，很可能（而且一般情况下也确实）存在另外一个境界和生产计划的组合，其 NPV 高于分步优化结果。因此，需要对生产计划和最终境界进行整体（也称"同时"）优化，才能求得整体最佳开采方案。

8.4.1 优化方法

欲实现生产计划和最终境界的整体优化，就必须把最终境界也作为决策变量，与生产计划三要素一起进行优化。如果以矿床块状模型中的模块作为优化的决策单元，这一优化问题就是一个决定模型中每一模块是否开采（即是否属于境界内）和（如果开采的话）何时开采，以使总 NPV 最大的问题。由于开采寿命也是决策变量，这一问题的数学模型难以建立；即使建立了数学模型，由于模块数量大（大中型矿床的模块数一般有数十万乃至超百万），变量和约束条件数目巨大，也无法在可接受的时间内完成模型的求解。实现生产计划和最终境界整体优化的一个最直接而简单的方法是：先设计一系列候选境界，然后在每个候选境界中优化生产计划，得出其最佳计划和 NPV，NPV 最大的境界及其最佳生产计划就是整体最佳方案。

那么，什么样的境界可以作为候选境界呢？显然，无法考虑所有可能的境界，因为对于给定的矿床模型和最终帮坡角，存在无穷多个大小、形状、位置各异的境界。不过，也没有必要考虑所有可能的境界。假设考虑的候选境界之一，是一个采剥总量为 T、矿石量为 Q 的境界，不难想象，对于这一给定的量，也存在许多个位置、形状、大小不同的境界可供考虑；然而，即使不进行经济核算，也自然会想到：在所有采剥总量为 T、矿石量为 Q 的境界中，矿石里含金属量最大的那个境界是最好的，这一境界即为第 6 章 6.4.1 节中定义的对于 T 和 Q 的地质最优境界。

因此，可以把一系列地质最优境界作为候选境界，而不必考虑其他所有境界。从理论上讲，为了不遗漏最佳开采方案，这一境界系列中的最小境界必须足够小、最大境界足够大，且相邻境界之间的增量足够小，所以，地质最优境界在理论上也是无穷多个。但是，对于一个现实问题，只考虑有限数量的地质最优境界即可，如何设定地质最优境界中的最小、最大境界以及相邻境界之间的增量，参见第 6 章 6.4.2 节的论述。

综上所述，生产计划和最终境界的整体优化方法是：首先产生一个地质最优境界序列 $\{V^*\}_N = \{V_1^*, V_2^*, \cdots, V_N^*\}$，序列中的境界由小到大排序，$V_1^*$ 和 V_N^* 分别为最小和最大地质最优境界；而后对序列中的每一境界进行生产计划优化，得出其最佳计划和 NPV；最后选出 NPV 最大的那个境界及其最佳生产计划，就得到了最佳整体开采方案。

8.4.2 优化算法

基于上述优化方法，生产计划和最终境界的整体优化算法如下：

第 1 步：设置拟产生的地质最优境界序列中最小境界的矿量、相邻境界之间的矿量增量和最大境界的经济合理剥采比，以及最终帮坡角等相关参数；应用第 6 章 6.4.2 节中的地质最优境界序列产生算法，产生地质最优境界序列 $\{V^*\}_N$。

第 2 步：置境界序号 $j=1$，即从地质最优境界序列 $\{V^*\}_N$ 中的第 1 个境界 V_1^* 开始。

第 3 步：设置相邻开采体之间的矿量增量和工作帮坡角，应用本章 8.3.2 节中的地质最优开采体序列产生算法，在境界 V_j^* 内产生地质最优开采体序列。

第 4 步：依据境界 V_j^* 的可采储量，设定年矿石生产能力优化范围 $[q_{\min}, q_{\max}]$，设置生产计划优化中用到的相关技术经济参数，应用本章 8.3.4 节所述的移动产能域算法，优化境界 V_j^* 的生产计划，保存或输出境界 V_j^* 的最佳生产计划。

第 5 步：如果 $j<N$，置 $j=j+1$，即取序列 $\{V^*\}_N$ 中的下一个境界，返回到第 3 步；否则，执行下一步。

第 6 步：所有候选境界的生产计划优化完毕，从保存或输出的结果中确定整体最佳开采方案，算法结束。

如果发现结果中的最佳境界是序列 $\{V^*\}_N$ 中的最大境界 V_N^*，表明最优开采方案的境界可能是一个比 V_N^* 更大的境界。这种情况下，需要对比境界 V_N^* 和矿床块状模型，如果在境界 V_N^* 之外还有较大的储量，就应该提高最大境界的经济合理剥采比以扩大 V_N^*，重新产生地质最优境界序列，重新优化。如果在原最大境界 V_N^* 之外矿量很少，表明整体最佳方案就是把矿床模型的全部（或几乎全部）矿量采出，就没有必要考虑更大的境界了。

如果发现结果中的最佳境界是序列 $\{V^*\}_N$ 中的最小境界 V_1^*，表明最优开采方案的境界可能是一个比 V_1^* 更小的境界。这种情况下，就设定一个更小的最小境界矿石量，重新产生地质最优境界序列，重新优化。

不过，出现上述情形之一，也有可能是输入数据有误（比如误输入）所致，或是某个或某些参数的取值很不合理。所以，应该首先仔细检查输入数据，而后采取相应的措施。

8.4.3 案例应用与比较

本节对案例矿山的生产计划和最终境界（合称为开采方案）进行整体优化，并就分步优化和整体优化的结果作对比分析。

8.4.3.1 整体优化结果

案例矿山的地表标高模型和品位块状模型同第 6 章 6.6 节，地质最优境界序列已在第 6 章 6.6.3 节求得（见表 6-4），优化中用到的相关参数的设置同本章 8.3.5.1 节。应用上述生产计划和最终境界整体优化算法进行优化后，结果汇总于表 8-6。由于相邻开采体之间的实际矿量增量与设定值（150 万吨）有微小差别，年矿石生产能力不恰好是设定增量的整数倍，表中第四列的"最佳矿石生产能力"是取整到 50 万吨的数值。

表 8-6 优化结果主要指标汇总

境界序号	矿石量/t	废石量/t	最佳矿石生产能力/t·a⁻¹	净现值/元
1	19269.7×10⁴	14530.1×10⁴	1050×10⁴	87.6×10⁸
2	20774.1×10⁴	17437.4×10⁴	1050×10⁴	92.4×10⁸
3	22282.7×10⁴	20910.2×10⁴	1050×10⁴	95.9×10⁸
4	23787.2×10⁴	24721.1×10⁴	1200×10⁴	99.2×10⁸
5	25295.4×10⁴	28777.5×10⁴	1200×10⁴	102.2×10⁸
6	26798.7×10⁴	33425.4×10⁴	1350×10⁴	105.2×10⁸
7	28301.5×10⁴	38250.4×10⁴	1350×10⁴	107.5×10⁸
8	29804.3×10⁴	44215.0×10⁴	1350×10⁴	108.3×10⁸
9	31304.9×10⁴	50605.0×10⁴	1500×10⁴	108.3×10⁸
10	32819.1×10⁴	57231.3×10⁴	1500×10⁴	108.0×10⁸
11	34324.3×10⁴	64959.6×10⁴	1500×10⁴	105.9×10⁸
12	35832.8×10⁴	72601.4×10⁴	1650×10⁴	103.3×10⁸
13	37346.7×10⁴	80192.4×10⁴	1650×10⁴	101.6×10⁸
14	38854.1×10⁴	87677.2×10⁴	1650×10⁴	100.1×10⁸
15	40356.8×10⁴	95481.7×10⁴	1650×10⁴	107.6×10⁸
16	41859.8×10⁴	102770.2×10⁴	1650×10⁴	109.0×10⁸
17	43365.0×10⁴	110699.5×10⁴	1800×10⁴	95.7×10⁸
18	44866.1×10⁴	118810.0×10⁴	1800×10⁴	94.3×10⁸
19	46368.4×10⁴	127317.5×10⁴	1800×10⁴	92.0×10⁸
20	47873.1×10⁴	135647.9×10⁴	1800×10⁴	90.0×10⁸
21	49374.1×10⁴	145322.8×10⁴	1950×10⁴	85.7×10⁸
22	50875.4×10⁴	156393.5×10⁴	1950×10⁴	80.5×10⁸
23	52382.3×10⁴	166733.7×10⁴	1950×10⁴	76.5×10⁸
24	53887.6×10⁴	178448.4×10⁴	1950×10⁴	71.5×10⁸
25	55387.6×10⁴	189191.8×10⁴	1950×10⁴	67.4×10⁸
26	56898.3×10⁴	200772.6×10⁴	1950×10⁴	63.2×10⁸
27	58399.0×10⁴	213100.3×10⁴	1800×10⁴	58.8×10⁸
28	59905.0×10⁴	225481.1×10⁴	1950×10⁴	54.8×10⁸
29	61408.3×10⁴	239089.1×10⁴	1800×10⁴	49.3×10⁸
30	62912.9×10⁴	252822.6×10⁴	1800×10⁴	45.9×10⁸
31	64414.1×10⁴	266938.4×10⁴	1800×10⁴	41.3×10⁸
32	65918.6×10⁴	280479.4×10⁴	1650×10⁴	36.2×10⁸

从表 8-6 还可以看出，在境界 27 之前，最佳生产能力随着境界的增大呈阶梯式增加。

一般地，在给定的技术经济条件下，最佳生产能力随境界储量的增加而呈增加趋势，所以，最佳生产能力的这种变化是符合预期的。然而，在境界 27 之后，最佳生产能力却随着境界的增大基本上是下降的，这是因为境界扩大到如此大之后，前期生产剥采比增大到出现负现金流的程度，在这种情况下，降低生产能力既可以降低基建投资，又可以降低前期负现金流（使之分散到较晚的年份），有利于提高 NPV，所以是完全合理的。

NPV 随境界的增大出现两个峰值（见表 8-6 最后一行），第一个峰值出现在境界 8～境界 10，第二个出现在境界 16；前者的 NPV 比后者仅低不到 1%，可以认为二者在给定技术经济条件下具有相同的投资收益。从充分利用资源的角度，应取境界 16。但从尽量降低投资风险的角度，可以考虑先按境界 8～境界 10 中之一设计；若干年后，依据更准确的矿体揭露数据、当时的技术经济条件以及对一些技术经济参数的更好预测，对开采方案进行重新优化和设计，这样，既降低了投资风险，又不丢掉随技术经济环境变化的经济储量。

NPV 最高的境界是境界序列中的境界 16，该境界及其最佳生产计划构成了案例矿山在给定技术经济条件下的整体最佳开采方案，该方案的最佳年矿石生产能力为约 1650 万吨。该方案的最终境界等高线如图 8-11 所示，其生产计划如表 8-7 所示。按照这一整体优化结果，该矿的最终境界应参照境界序列中的境界 16 设计（如图 8-11 所示）；生产规模可确定为年产 1650 万吨矿石；采剥进度计划可以参照各年末开采体（表 8-7 中第二列）的形态编制。

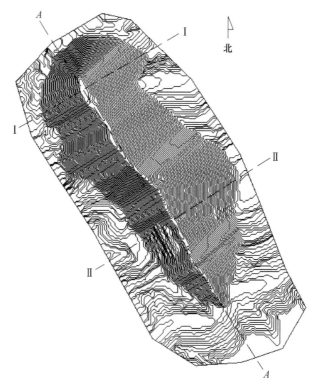

图 8-11　整体最佳开采方案的境界等高线图

表 8-7　整体最佳开采方案的生产计划

时间/a	开采体序号	矿石产量/t	废石剥离量/t	精矿产量/t	精矿销售额/元	生产成本/元	净现值/元
0							-684000.0×10^4
1	11	1640.0×10^4	7000.6×10^4	590.6×10^4	442925.2×10^4	394978.0×10^4	47776.4×10^4
2	22	1655.7×10^4	3441.4×10^4	603.7×10^4	452795.2×10^4	333476.0×10^4	112472.3×10^4
3	33	1657.8×10^4	3258.1×10^4	603.8×10^4	452856.4×10^4	330529.8×10^4	111764.2×10^4
4	44	1657.6×10^4	3857.8×10^4	605.7×10^4	454266.8×10^4	341284.1×10^4	100708.8×10^4
5	55	1657.7×10^4	4467.9×10^4	604.5×10^4	453401.2×10^4	352291.8×10^4	88426.9×10^4
6	66	1659.3×10^4	4752.8×10^4	601.9×10^4	451453.2×10^4	357673.4×10^4	80460.2×10^4
7	77	1656.8×10^4	5024.1×10^4	597.9×10^4	448451.1×10^4	362147.9×10^4	72907.3×10^4
8	88	1656.3×10^4	5012.1×10^4	597.7×10^4	448239.6×10^4	361843.6×10^4	71109.2×10^4
9	99	1660.0×10^4	5138.1×10^4	598.8×10^4	449091.8×10^4	364733.0×10^4	67972.4×10^4
10	110	1656.2×10^4	5120.7×10^4	597.6×10^4	448194.4×10^4	363792.6×10^4	66220.4×10^4
11	121	1658.5×10^4	5144.5×10^4	599.4×10^4	449517.0×10^4	364592.6×10^4	64840.8×10^4
12	132	1656.6×10^4	5151.4×10^4	598.6×10^4	448921.0×10^4	364414.5×10^4	62864.6×10^4
13	143	1657.8×10^4	5056.7×10^4	599.7×10^4	449763.2×10^4	362901.7×10^4	62473.5×10^4
14	154	1657.0×10^4	5069.0×10^4	599.5×10^4	449627.6×10^4	362984.2×10^4	60639.9×10^4
15	165	1655.8×10^4	5551.4×10^4	600.2×10^4	450159.7×10^4	371478.7×10^4	55093.3×10^4
16	176	1658.1×10^4	5442.5×10^4	599.5×10^4	449596.6×10^4	369899.1×10^4	54074.4×10^4
17	187	1658.9×10^4	4951.6×10^4	598.6×10^4	448984.0×10^4	361188.3×10^4	56170.2×10^4
18	198	1656.4×10^4	4886.2×10^4	595.5×10^4	446628.1×10^4	359601.6×10^4	54139.5×10^4
19	209	1653.4×10^4	3940.9×10^4	596.3×10^4	447216.4×10^4	342101.7×10^4	59882.0×10^4
20	220	1654.9×10^4	2632.7×10^4	596.8×10^4	447629.9×10^4	318789.3×10^4	67134.6×10^4
21	231	1657.9×10^4	1317.6×10^4	596.7×10^4	447516.0×10^4	295619.0×10^4	73318.5×10^4
22	242	1655.2×10^4	753.1×10^4	599.4×10^4	449565.0×10^4	285002.0×10^4	75241.7×10^4
23	253	1657.2×10^4	2230.7×10^4	597.0×10^4	447748.9×10^4	311935.1×10^4	62906.9×10^4
24	264	1656.5×10^4	2238.7×10^4	597.3×10^4	447954.0×10^4	311967.5×10^4	60809.1×10^4
25	275	1655.1×10^4	938.8×10^4	601.7×10^4	451298.9×10^4	288329.0×10^4	67002.0×10^4
26	278	453.0×10^4	390.8×10^4	165.7×10^4	124273.8×10^4	81318.6×10^4	17232.7×10^4
合计		41859.8×10^4	102770.2×10^4	15144.1×10^4	11358074.9×10^4	8714872.9×10^4	1089641.9×10^4

8.4.3.2　整体优化与分步优化结果比较

第 6 章 6.6.3 节和本章 8.3.5 节分别对案例矿山的最终境界和生产计划进行了分步优化，优化所得最终境界及其生产计划构成了该矿山的分步优化最佳方案。为比较方便，把分步优化最佳方案与上述整体优化最佳方案并列于表 8-8。可见，在完全相同的技术经济条件下，整体最佳方案的 NPV 比分步最佳方案提高了约 19 亿元，增幅为 21%。这一不小的效益增加说明，对于追求经济效益最大化的目标，整体优化比分步优化有明显的优势。

　　整体优化得到的最佳境界比分步优化缩小了，从地质最优境界序列中的境界 20 缩小到境界 16，境界矿石量减少约 6000 万吨，降幅约为 13%，剥岩量减少约 3.3 亿吨，降幅约为 24%。分步优化得出的最佳境界是总利润最大的境界，整体优化得出的最佳境界是总 NPV 最大的境界。结果表明，总 NPV 最大的境界小于总利润最大的境界。这一结论并不是只对本案例成立；相关理论和应用研究证明了一个一般规律：总利润最大的境界是总 NPV 最大的境界的上限，即后者不可能大于前者。本案例优化结果符合这一规律，从一个方面验证了优化方法及其模型和算法的正确性。

表 8-8　开采方案分步优化结果与整体优化结果对比

	分步优化最佳方案			整体优化最佳方案		
	境界＝境界 20			境界＝境界 16		
时间 /a	矿石产量 /t	废石剥离量 /t	净现值 /元	矿石产量 /t	废石剥离量 /t	净现值 /元
0			$-744400.0×10^4$			$-684000.0×10^4$
1	$1778.9×10^4$	$12295.3×10^4$	$-26139.5×10^4$	$1640.0×10^4$	$7000.6×10^4$	$47776.4×10^4$
2	$1808.2×10^4$	$4938.3×10^4$	$102335.8×10^4$	$1655.7×10^4$	$3441.4×10^4$	$112472.3×10^4$
3	$1807.8×10^4$	$5059.7×10^4$	$100955.9×10^4$	$1657.8×10^4$	$3258.1×10^4$	$111764.2×10^4$
4	$1810.2×10^4$	$6921.7×10^4$	$71498.0×10^4$	$1657.6×10^4$	$3857.8×10^4$	$100708.8×10^4$
5	$1808.1×10^4$	$8487.3×10^4$	$46551.6×10^4$	$1657.7×10^4$	$4467.9×10^4$	$88426.9×10^4$
6	$1808.9×10^4$	$10640.8×10^4$	$13409.2×10^4$	$1659.3×10^4$	$4752.8×10^4$	$80460.2×10^4$
7	$1810.5×10^4$	$12388.1×10^4$	$-10244.9×10^4$	$1656.8×10^4$	$5024.1×10^4$	$72907.3×10^4$
8	$1806.8×10^4$	$10791.2×10^4$	$10453.8×10^4$	$1656.3×10^4$	$5012.1×10^4$	$71109.2×10^4$
9	$1806.6×10^4$	$8003.7×10^4$	$45423.4×10^4$	$1660.0×10^4$	$5138.1×10^4$	$67972.4×10^4$
10	$1809.0×10^4$	$6495.6×10^4$	$61865.3×10^4$	$1656.2×10^4$	$5120.7×10^4$	$66220.4×10^4$
11	$1804.1×10^4$	$5377.5×10^4$	$71959.0×10^4$	$1658.5×10^4$	$5144.5×10^4$	$64840.8×10^4$
12	$1807.1×10^4$	$4865.3×10^4$	$75246.1×10^4$	$1656.6×10^4$	$5151.4×10^4$	$62864.6×10^4$
13	$1808.0×10^4$	$4499.7×10^4$	$76936.2×10^4$	$1657.8×10^4$	$5056.7×10^4$	$62473.5×10^4$
14	$1806.0×10^4$	$4234.6×10^4$	$77405.1×10^4$	$1657.0×10^4$	$5069.0×10^4$	$60639.9×10^4$
15	$1805.4×10^4$	$4121.4×10^4$	$76960.1×10^4$	$1655.8×10^4$	$5551.4×10^4$	$55093.3×10^4$
16	$1807.6×10^4$	$3914.5×10^4$	$75346.6×10^4$	$1658.1×10^4$	$5442.5×10^4$	$54074.4×10^4$
17	$1806.6×10^4$	$3470.2×10^4$	$76697.3×10^4$	$1658.9×10^4$	$4951.6×10^4$	$56170.2×10^4$
18	$1807.5×10^4$	$2870.9×10^4$	$78780.0×10^4$	$1656.4×10^4$	$4886.2×10^4$	$54139.5×10^4$
19	$1806.0×10^4$	$2427.8×10^4$	$79163.6×10^4$	$1653.4×10^4$	$3940.9×10^4$	$59882.0×10^4$
20	$1809.6×10^4$	$2231.3×10^4$	$78140.9×10^4$	$1654.9×10^4$	2632.7	$67134.6×10^4$
21	$1806.1×10^4$	$1883.8×10^4$	$77635.1×10^4$	$1657.9×10^4$	$1317.6×10^4$	$73318.5×10^4$
22	$1807.2×10^4$	$1616.0×10^4$	$76442.4×10^4$	$1655.2×10^4$	$753.1×10^4$	$75241.7×10^4$

	分步优化最佳方案			整体优化最佳方案		
	境界=境界20			境界=境界16		
时间/a	矿石产量/t	废石剥离量/t	净现值/元	矿石产量/t	废石剥离量/t	净现值/元
23	1808.1×10⁴	1249.1×10⁴	75694.1×10⁴	1657.2×10⁴	2230.7×10⁴	62906.9×10⁴
24	1806.4×10⁴	1642.1×10⁴	70434.1×10⁴	1656.5×10⁴	2238.7×10⁴	60809.1×10⁴
25	1807.8×10⁴	3178.9×10⁴	60598.1×10⁴	1655.1×10⁴	938.8×10⁴	67002.0×10⁴
26	1810.4×10⁴	1553.7×10⁴	67127.7×10⁴	453.0×10⁴	390.8×10⁴	17232.7×10⁴
27	904.1×10⁴	489.3×10⁴	34151.6×10⁴			
合计	47873.1×10⁴	135647.9×10⁴	900426.7×10⁴	41859.8×10⁴	102770.2×10⁴	1089641.9×10⁴

图 8-12 所示是整体优化与分步优化得出的最佳境界在两个横剖面上的对比（剖面线位置如图 8-11 中Ⅰ—Ⅰ和Ⅱ—Ⅱ所示）。两个境界在剖面Ⅰ—Ⅰ上（境界西北部）的区别不大；在剖面Ⅱ—Ⅱ上（境界东南部）的差异较明显，整体最佳境界的采深比分步最佳境界减小 60m，上盘剥离量大大降低。图 8-13 所示是这两个境界在一个纵剖面上的对比（剖面线位置如图 8-11 中 A—A 所示），二者的差异主要出现在境界中部偏东南的部位。

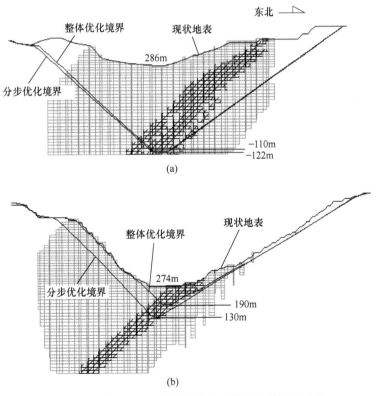

图 8-12 横剖面上整体优化与分步优化所得境界对比

（a）剖面Ⅰ—Ⅰ；（b）剖面Ⅱ—Ⅱ

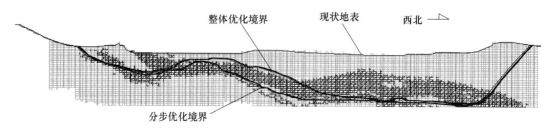

图 8-13 纵剖面（A—A）上整体优化与分步优化所得境界对比

从表 8-8 可以看出，整体优化与分步优化得出的开采方案在生产计划上也有明显差异，前者的矿石年生产能力比后者降低了 150 万吨，从 1800 万吨/a 降到了 1650 万吨/a；境界的缩小和生产能力的降低当然也会引起开采顺序的明显变化。

无论是整体优化还是分步优化，对于给定的矿床模型，其优化结果取决于相关技术经济参数。大中型露天矿的开采寿命一般都在 20 年以上，且投资巨大，技术经济环境在这么长的时间段内是注定会发生显著变化的。为了在最大程度地降低投资风险的同时提高投资收益，一方面需要对相关技术经济数据进行广泛调研和深入细致的分析和预测，使其取值尽可能符合矿山的实际情况；另一方面，需要针对不确定性较高的参数，进行系统的灵敏度分析和风险分析，在综合分析结果的基础上确定最终开采方案。本章提出的优化方法可以为露天矿开采方案的科学决策提供有力的技术支持。

9　分期开采

前两章的内容基本上都是针对全境界开采的。本章专门针对分期开采的特点，重点论述分期扩帮的工作面布置形式、采掘计划编制和分期方案优化方法等。

9.1　分期开采的优点

分期开采的主要特点，是在每一分期的开采中，工作台阶只推进到本分期的分期境界，而不是一直推进到最终境界。如图 9-1 所示，由于第一分期境界比最终境界小得多，所以在一期境界内的任何一个开采深度上，开采一个矿石增量需要剥离的废石量要比用全境界开采小得多。因此，分期开采的初期生产剥采比要比全境界开采低得多，从而降低了矿山前期的剥离成本和初始投资，提高了矿山的总净现值（NPV）。这是分期开采与

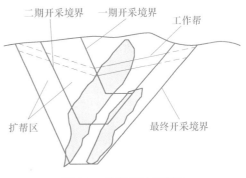

图 9-1　分期开采示意图

全境界开采相比的一大优点，这一优点对于矿体倾角较大、采深大的大型露天矿尤为突出。

分期开采的另一个重要优点，是可以降低由技术经济和地质条件的不确定性所带来的投资风险。一个大型露天矿一般具有几十年的开采寿命，在科学技术迅速发展、经济环境不断变化的情况下，几十年后的开采技术和经济环境与矿山设计时相比会有很大的差别。从第 6 章的内容可知，最佳最终境界随相关技术经济参数的变化可能发生显著变化，这意味着最初设计的最终境界在一段时间后不再是最佳境界，甚至是一个糟糕的境界。另外，在开采过程中有可能发现揭露的矿体的品位和形态与最初建立的矿床模型有较大的差异，这种差异也会使最初设计的最终境界不再是最佳境界。因此，最终境界的设计应当是一个动态的过程，而不应是一成不变的；一开始就将台阶推进到最终境界是高风险和不明智的。

若采用分期开采，在一个分期开采到一定时候将要向下一分期过渡时，可充分利用在开采过程中已获得的矿床地质资料和当时的技术经济参数，对矿床未开采部分建立新的矿床模型，对未来的分期境界（尤其是下一分期境界）做更适合现实地质条件和技术经济条件的优化设计；以此类推，直至开采结束。这样，可以大大降低技术经济和地质条件的不确定性可能带来的经济损失和投资风险。

鉴于上述优点，国外（尤其是西方国家）的金属露天矿大都采用分期开采。

9.2 分 期 扩 帮

采用分期开采方式，需要在分期境界之间进行扩帮过渡，即在一个分期境界内开采到一定时候时，通过开采本分期境界与下一分期境界之间的区域（称为扩帮区，见图9-1），逐步向下一分期境界过渡。由于相邻分期境界边帮之间的水平距离较小（即扩帮区较窄），所以通常采用组合台阶以陡工作帮形式进行扩帮开采。在一个组合单元内，任何时候都只有一个台阶处于开采状态，自上而下逐台阶推进，同一单元内的其他台阶处于待采状态。图9-2所示是把一个扩帮区段分为两个条带，以两个组合单元（每一条带一个）同时扩帮的示意图。

在某些扩帮区段，相邻两个分期境界边帮之间的水平距离小，不能像图9-2所示的那样划分为两个条带由两个组合单元同时开采，在一个扩帮区段只能安排一个工作面自上而下进行扩帮。如果扩帮强度不够，可以在一个扩帮区段采用"尾随式"布置两个甚至更多的工作面，如图9-3所示。

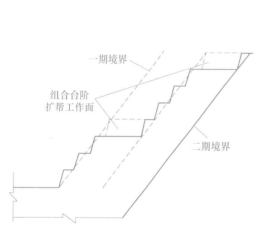

图9-2 组合台阶扩帮示意图

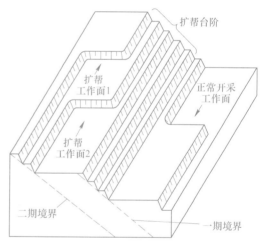

图9-3 尾随工作面至上而下扩帮示意图

当然，即使相邻两个分期境界边帮之间的水平距离较宽，可以像图9-2那样在扩帮区段布置一个以上的组合单元，若对扩帮强度要求低，也可以只用一台电铲在整个扩帮宽度上实施自上而下扩帮；也可视需要，把扩帮区段分为两个条带，自上而下地逐条带扩帮，即自上而下扩完一个条带后，再扩另一个条带。

如果扩帮区段的宽度足够宽，也可不采用组合台阶形式，像全境界开采那样以缓工作帮形式进行扩帮开采，如图9-4所示。总之，在不同的扩帮区段，可以根据扩帮区段的宽度、矿体分布情况、扩帮强度需求和矿石产量要求等，灵活安排扩帮工作面，达到分期间稳产扩帮过渡的目的。

一些矿山由于矿体赋存条件和地形等因素，设计的分期数目多，每一分期开采时间短，扩帮是连续进行的，即在当前分期正常开采的一开始，向后续分期的扩帮工作就已经开始。这样，一个分期境界内的正常开采与向后续分期境界的扩帮开采始终同时进行。如图9-5所示，在第1分期境界内正常开采Ⅰ的同时，在扩帮区1处向第2分期境界扩帮；

在第 2 分期境界内正常开采 II 的同时，在扩帮区 2 处向第 3 分期境界扩帮，甚至在扩帮区 3 的上部同时开始扩帮；以此类推。这种开采方式称为连续扩帮开采。

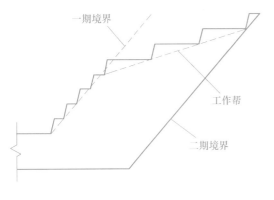

图 9-4 缓工作帮扩帮示意图

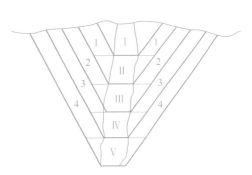

图 9-5 连续扩帮开采示意图

9.3 采掘进度计划编制

与全境界开采相比，分期开采的采掘进度计划编制更为复杂，对生产管理水平要求也更高，这主要体现在从一个分期境界向后续分期境界的扩帮过渡上，扩帮过渡的时间尤为重要。金属矿床的矿体一般倾角较大，大多数扩帮区上部的许多台阶上往往矿石量很少（甚至没有矿石）。因此，若扩帮过渡开始太早，则会过早剥离扩帮区域上部的废石，增加前期剥岩量，与分期开采的目的相悖；若扩帮过渡开始太晚，因向后续分期扩帮的区域的上部没有矿石或矿石量很少，下部的矿石还未被揭露，而当前分期的开采已近结束，从而造成一段时间内矿石减产甚至是停产剥离的被动局面。所以，在编制采掘计划时，必须依据各分期境界的大小及形态、矿石量及其品位在各个分期的分布情况、设备生产能力、开采强度等，对分期间的扩帮过渡时间以及扩帮开采的生产进行全面、周密的计划，并在实施中实行严格的组织管理，以达到稳产扩帮过渡的目的。本节结合一个假设例子对分期开采的采掘计划编制作简要介绍。

假设某矿分 6 个分期开采，各分期境界的一个剖面如图 9-6 所示。编制长远采掘进度计划的一般步骤如下：

第 1 步：计算每个分期在各台阶水平的矿石量和废石量。前三个分期的矿石量和废石量如表 9-1 所示。

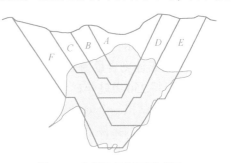

图 9-6 分期境界剖面示意图

表 9-1 分期矿岩量表示例 （Mt）

台阶/m	分期 A		分期 B		分期 C	
	废石量	矿石量	废石量	矿石量	废石量	矿石量
1165	1.5					

续表 9-1

台阶/m	分期 A		分期 B		分期 C	
	废石量	矿石量	废石量	矿石量	废石量	矿石量
1150	3.2					
1135	5.0		0.2		0.4	
1120	3.8		1.8		1.5	
1105	1.5		2.0		1.8	
1090	0.4	1.0	1.5		2.2	
1075	0.3	0.9	0.4	0.9	1.6	
1060	0.2	0.8	0.3	0.9	0.3	1.0
1045			0.2	0.7	0.5	2.0
1030			0.1	0.6	0.8	2.2
1015					0.3	1.7
1000					0.1	0.7
合计	15.9	2.7	6.5	3.1	9.5	7.6

第 2 步：绘制已开拓矿量与最小累计剥岩量曲线。为简单起见，假设对每一分期境界内的矿石进行依次开采，即一个分期的矿石全部采完后开始采下一个分期的矿石。从表 9-1 可以看出，当分期境界 A 上部五个台阶的覆岩（共 1500 万吨）被剥离后，即可开采下边三个台阶上的矿石（共 270 万吨），此时称这 270 万吨矿量为已开拓矿量。设开始采矿的时间为矿山项目的时间零点，矿石生产能力设计为 250 万吨/a，那么分期 A 境界内的矿石将在约 1.1 年后被采完，三个矿石台阶上的废石（共 90 万吨）同时被剥去。在这 1.1 年内，已开拓矿量由 270 万吨降至 0（见图 9-7（a）中第一个锯齿），时间为 1.1 年时的累计剥岩量为 1590 万吨（见图 9-7（b）中标有 A 的部分）。为了保持选厂生产的连续性，在分期 A 的矿石被采完时，必须将分期 B 的矿量开拓出来（即剥去其上部四个台阶上 550 万吨的废石）。因此，在分期 B 开始采矿时，已开拓矿量为 310 万吨，累计剥岩量为 2140 万吨（1590 万吨+550 万吨）。在分期 B 开采过程中，已开拓矿量以 250 万吨/a 的速率被采出，同时采出矿石台阶上的废石（100 万吨）。分期 B 的已开拓矿量变化如图 9-7（a）中第二个锯齿所示，分期 B 内的剥岩量如图 9-7（b）中标有 B 的部分所示。从时间 0 到分期 B 末的累计剥岩量为 2240 万吨。依次类推，可以得出全部 6 个分期的已开拓矿量变化曲线和保持 250 万吨年矿石产量所要求的最小累计剥岩量曲线。

第 3 步：试拟一个剥岩量计划。最简单的剥岩量计划是在满足图 9-7（b）所示的最小累计剥岩量要求的条件下，每年剥离相同的岩石量。这样一个计划可用位于最小累计剥岩量曲线上方的一条直线表示，如图 9-8 中的直线 ab 所示，直线 ab 代表的剥岩量计划包括 4 年（-4~0）基建剥岩（即开始采矿前的剥岩），-4~15 年间的年剥岩量为 500 万吨；第 15 年之后，只剩下最后一个分期境界内与矿石位于相同台阶上的岩石，这部分岩石将随矿石台阶的推进被剥离（bc 段）。根据这一剥岩量计划，第一分期的 1500 万吨覆岩在开始采矿一年前（-1 年初）被剥完，即第一分期的矿石被提前一年开拓出来。此后各分期的矿石均被提前一定时间开拓出来，提前的时间长度如图 9-8 中水平箭头所示。在实际生产中，有时会遇到矿量不足（即矿床模型或分层平面图圈定的矿量大于实际矿量）、意外事

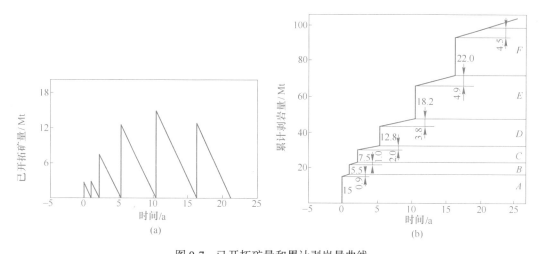

图 9-7 已开拓矿量和累计剥岩量曲线

（a）已开拓矿量随时间的变化曲线；（b）最小累计剥岩量随时间的变化曲线

故及生产组织欠佳等不可预见情况，可能出现矿石开采满足不了选厂要求，甚至选厂停产的情况。为了保证矿石供应，在计划时适当地提前剥离是必要的。但提前剥离意味着资金的提前投入，会降低矿山的总 NPV，因此提前剥离的时间不宜太长。

本步和前一步的工作实质上就是生产剥采比均衡。为表述和图示方便起见，举例中选择了一个每年剥岩量相等的"极限均衡"方案；这一均衡方案对于图 9-7（b）所示的情形基本上是合理的，因为图 9-7（b）中最小累计剥岩量曲线的外轮廓线（凸点连线）基本上是一条直线。如果最小累计剥岩量曲线的外轮廓线的倾角变化较大，就应进行分段剥采比均衡，即不同时段的生产剥采比不同，而在同一时间段内生产剥采比均衡为常数。

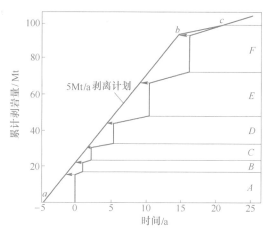

图 9-8 5Mt/a 剥离计划与最小累计剥岩量

第 4 步：绘制采剥计划年末推进线。依据试拟的剥岩量计划中各分期每年的剥岩量与既定的采矿量，在分层平面图上确定各分期内满足计划采剥量的可行开采区域，绘出年末台阶推进线。在这一过程中，需要考虑分期扩帮的开采形式（组合台阶条带式、条带追尾式、缓工作帮等）、台阶超前关系、运输道路布置等因素。有时由于某些条件的制约，某年（或某几年）的矿石产量难以实现，就需要对试拟的剥岩量计划进行适当调整。因此，年末推进线的绘制过程是对上一步试拟的剥岩量计划的检验与实现。

通过上述步骤得到的仅仅是一个可行的采掘进度计划。为了找到较好的计划，需要拟定多个计划方案（如在不同时期采用不同的剥岩速度、不同的矿量开拓超前时间、某些扩帮区采用不同的扩帮开采形式等），进行经济比较后从中选出最佳者。

9.4　分期方案整体优化

拟采用分期开采的矿山，需要在规划设计时就确定分期数和各分期境界，最后一个分期的分期境界当然就是最终境界。分期数、各分期境界和最终境界构成了分期开采的分期方案。传统的分期方案设计是分步进行的，即先设计最终境界，而后依据最终境界中的矿岩量及其空间分布，把最终境界进一步划分为若干个分期境界。这种分步设计方法，即使是在每一步都进行了优化，一般也得不到最佳分期方案。主要原因是一旦最终境界已经确定，各分期境界的寻优域就被限定，那么，很有可能存在另一个最终境界，在该境界中进行分期的结果比在既定的那个最终境界中的分期结果更好。因此，必须把分期数、各分期境界和最终境界这三个要素同时作为决策变量进行优化，才能得到最佳分期方案，这种优化称为分期方案整体优化。本节介绍一种以总净现值最大为目标的分期方案整体优化方法。

9.4.1　优化原理

对于任一分期，都有多个位置、形状、大小不同的分期境界可供考虑。以第 1 分期为例，假如考虑的选项之一是该分期的矿石量为 Q_1、矿岩总量为 T_1。不难想象，矿床中可能存在多个满足这一矿量和矿岩总量要求的境界，即使不进行经济核算，也自然会想到：最好是选择所有那些矿石量为 Q_1、矿岩总量为 T_1 的境界中，矿石里的金属量最大的那个境界，作为第 1 分期的分期境界；对于第 1 分期的其他矿、岩量选项也是如此。对于第 2 分期境界，假如考虑的选项之一是头两个分期的累计矿石量为 Q_2、累计矿岩总量为 T_2，那么，最好是选择所有那些矿石量为 Q_2、矿岩总量为 T_2 的境界中，矿石里的金属量最大的那个境界，作为第 2 分期的分期境界；对头两个分期的累计矿、岩量的其他选项也是如此。对于其他分期境界，依此类推。从第 6 章 6.4.1 节中的定义可知，在所有矿石量为 Q、矿岩总量为 T 的境界中，矿石里的金属量最大的那个境界就是对于 T 和 Q 的地质最优境界。

因此，可以把一系列地质最优境界作为各分期境界（包括最终境界）的最佳候选境界。这样，优化分期方案就是要找出每一分期境界（包括最后分期的分期境界，即最终境界）应该是地质最优境界序列中的那个境界，才能使总 NPV 最大。所以，分期方案的优化原理是：先产生一个地质最优境界序列，而后对序列中的境界进行动态排序和经济评价，同时得出最佳分期数和各个分期的最佳分期境界（最后一个分期的最佳分期境界即为最佳最终境界），从而实现分期方案的整体优化。

以一个假设例子进一步说明这一优化原理。如图 9-9 所示，假设对一个矿床产生了由 7 个境界组成的地质最优境界序列（序列中的境界总是从小到大排序，下同），记为

$\{V^*\}_7 = \{V_1^*, V_2^*, \cdots, V_7^*\}$。这些地质最优境界就是每个分期境界的最佳候选境界。例如，第1分期境界可能选用 V_1^* 或 V_2^*；如果第1分期境界选择了 V_1^*，第2分期境界可能是 V_2^*、V_3^* 或 V_4^*，如果第1分期境界选择了 V_2^*，第2分期境界可能是 V_3^*、V_4^* 或 V_5^*；以后分期依此类推。不难想象，这一地质最优境界序列的任何一个子序列都构成一个可能的分期方案。比如，子序列 $\{V_1^*, V_3^*, V_5^*\}$ 构成这样一个分期方案：分期数为3，第1、2、3分期的分期境界分别为 V_1^*、V_3^* 和 V_5^*，最终境界为 V_5^*；子序列 $\{V_1^*, V_3^*, V_4^*, V_6^*\}$ 构成另一个分期方案：分期数为4，第1、2、3、4分期的分期境界分别为 V_1^*、V_3^*、V_4^* 和 V_6^*，最终境界为 V_6^*。还有许多其他的分期方案可供考虑。对所有可能的分期方案进行经济评价，NPV 最大的那个就是最佳方案。

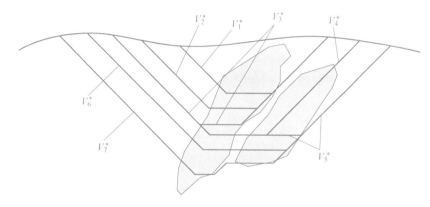

图9-9 地质最优境界序列示意图

一般地，令 $\{V^*\}_N = \{V_1^*, V_2^*, \cdots, V_N^*\}$ 表示由 N 个境界组成的地质最优境界序列。从以上论述不难看出，要想不遗漏最佳分期方案，地质最优境界序列需满足：

（1）序列中的最小境界 V_1^* 足够小、最大境界 V_N^* 足够大，相邻境界之间的增量足够小；

（2）序列 $\{V^*\}_N$ 是一个完全嵌套序列，即一个境界被比它大的所有境界完全包含。这是因为一个分期境界是在前一分期境界的基础上扩延形成的，所以后者必然被完全包含在前者之内。

在理论上，符合条件（1）的地质最优境界序列有无穷多个境界。但在现实应用中，产生有限数量的地质最优境界就可满足需要。以一个矿石储量为5亿吨、估算或既定的年矿石生产能力为1500万吨的矿山为例，说明这一点。首先，可以依据年矿石生产能力和最短分期开采时间设定序列中最小境界 V_1^* 的矿石量 Q_1^*。考虑到一个分期的开采时间不应太短（太短时分期过渡太频繁，易造成稳产过渡困难），可以设定最短分期开采时间为5年，从而可以把最小境界 V_1^* 的矿石量 Q_1^* 设定为7500万吨。其次，可以依据一个比现有技术经济条件下的经济合理剥采比大许多的经济合理剥采比，优化一个境界，作为序列中的最大境界 V_N^*。比如，现有技术经济条件下的经济合理剥采比为5，那么就以经济合理剥采比等于10优化一个境界作为序列中的最大境界，假如该境界的矿石量为4.5亿吨，最佳最终境界一般不会超越该境界。最后，确定相邻境界之间的增量。对于任何一个分期境界，考虑两个矿石量差异小于1年产量的境界进行评价和比较，现实意义不大，因为这么小的差异对总 NPV 的影响不足以影响最终分期方案的决策。所以，序列 $\{V^*\}_N$ 中相邻境界之间的矿石量增量设置为年矿石生产能力（本例为 1500 万吨），就可满足分期方案的分辨率要求。综上，本例需要产生约 26 个地质最优境界。

应用第 6 章 6.4.2 节所述的地质最优境界序列产生算法所产生的地质最优境界序列，一定是一个完全嵌套序列，自动满足上述条件（2）。

9.4.2 动态规划优化模型

应用第 6 章 6.4.2 节所述的地质最优境界序列产生算法，得到由 N 个境界组成的地质最优境界序列 $\{V^*\}_N$ 后，可以用动态规划模型对序列中的境界进行动态排序和经济评价，求解最佳分期方案。为叙述简便，以下把"地质最优境界"简称为"境界"。

把序列 $\{V^*\}_N$ 中的 N 个境界置于如图 9-10 所示的动态规划网络中，横轴代表阶段，阶段变量为分期，即每一阶段为一个分期，阶段总数等于 N；竖轴代表状态，状态变量为境界，即每一状态为序列 $\{V^*\}_N$ 中的一个境界，同一阶段上的境界由低到高从小到大排列。每一条箭线代表从一个阶段的一个状态向下一个阶段的一个状态的转移。

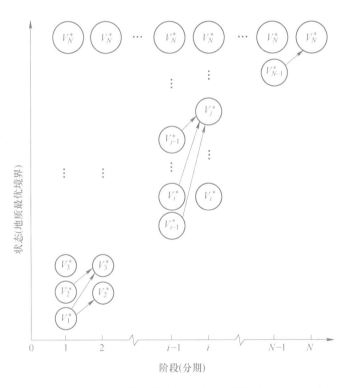

图 9-10　分期方案优化的动态规划网络图

为清晰起见，图 9-10 中没有画出全部状态转移。由于阶段 i 上的任一境界是由前一阶段 $i-1$ 上的境界（通过开采）扩展而来，所以状态转移只能向右上方发展，即当前阶段的任一境界只能从前一阶段上的那些比它小的境界转移而来。这就是为什么阶段 i 的起始状态（底部的那个状态）对应于境界 V_i^*（$i=1$, 2, …, N），网络图的右下半为空。

一般地，考虑阶段 i 上的状态 j，该状态对应的境界为 V_j^*，它可以从前一阶段 $i-1$ 上对应于比 V_j^* 小的境界的那些状态转移而来，如图 9-10 所示。当阶段 i 上的境界 V_j^* 是从阶段 $i-1$ 上的境界 V_k^*（$i-1 \leqslant k \leqslant j-1$）转移而来时，第 i 阶段（即第 i 分期）的矿石量 $q_{i,j}$ $(i-1, k)$、矿石里的金属量 $m_{i,j}$ $(i-1, k)$ 和废石量 $w_{i,j}$ $(i-1, k)$ 分别为：

$$q_{i,\,j}(i-1,\,k) = Q_j^* - Q_k^* \tag{9-1}$$

$$m_{i,\,j}(i-1,\,k) = M_j^* - M_k^* \tag{9-2}$$

$$w_{i,\,j}(i-1,\,k) = W_j^* - W_k^* \tag{9-3}$$

式中　Q_j^*，Q_k^*——考虑了开采中矿石回采率和废石混入率后，境界 V_j^* 和 V_k^* 的矿石量，即采出矿石量；

　　　M_j^*，M_k^*——Q_j^*，Q_k^* 中含有的金属量；

　　　W_j^*，W_k^*——考虑了开采中矿石回采率和废石混入率后，境界 V_j^* 和 V_k^* 的废石量，即采出废石量。

由于在分期方案确定之前不可能有采剥计划，所以不得不作两个假设：一是一个分期完全采剥完毕时，开始下一个分期的采剥；二是在一个分期内，把总销售收入与总生产成本平均分配到该分期的各年。

设矿山企业的最终产品为精矿。按这一状态转移开采，以现时（时间 0 点）精矿价格计算的第 i 分期获得的总销售收入 $B_{i,j}$ $(i-1, k)$ 为：

$$B_{i,\,j}(i-1,\,k) = \frac{m_{i,\,j}(i-1,\,k) \cdot r_p}{g_p} p_p \tag{9-4}$$

式中　r_p——选矿金属回收率；

　　　g_p——精矿品位；

　　　p_p——现时精矿价格。

以现时单位生产成本计算的第 i 分期的总生产成本 $C_{i,j}(i-1, k)$ 为：

$$C_{i,\,j}(i-1,\,k) = q_{i,\,j}(i-1,\,k) \cdot (c_m + c_p) + w_{i,\,j}(i-1,\,k) \cdot c_w \tag{9-5}$$

式中　c_m，c_p，c_w——采矿、选矿和剥岩的现时单位成本。

这一状态转移需要的时间长度（即第 i 分期的开采时间）$t_{i,j}(i-1, k)$ 为：

$$t_{i,\,j}(i-1,\,k) = \frac{q_{i,\,j}(i-1,\,k)}{A} \tag{9-6}$$

式中　A——矿石年生产能力。

$t_{i,j}(i-1, k)$ 可能不是整数年，用 $L_{i,j}(i-1, k)$ 表示 $t_{i,j}(i-1, k)$ 的整数部分，$\tau_{i,j}$ $(i-1, k)$ 表示其小数部分。以现时精矿价格和生产成本计，$L_{i,j}$ $(i-1, k)$ 中每年的平均销售收入和平均生产成本分别用 $b_{i,j}(i-1, k)$ 和 $c_{i,j}(i-1, k)$ 表示，则：

$$b_{i,\,j}(i-1,\,k) = \frac{B_{i,\,j}(i-1,\,k)}{t_{i,\,j}(i-1,\,k)} \tag{9-7}$$

$$c_{i,\,j}(i-1,\,k) = \frac{C_{i,\,j}(i-1,\,k)}{t_{i,\,j}(i-1,\,k)} \tag{9-8}$$

小数部分 $\tau_{i,j}(i-1, k)$ 的销售收入和生产成本分别用 $v_{i,j}(i-1, k)$ 和 $\delta_{i,j}(i-1, k)$ 表示，则：

$$v_{i,j}(i-1, k) = B_{i,j}(i-1, k) - b_{i,j}(i-1, k) \cdot L_{i,j}(i-1, k) \tag{9-9}$$

$$\delta_{i,j}(i-1, k) = C_{i,j}(i-1, k) - c_{i,j}(i-1, k) \cdot L_{i,j}(i-1, k) \tag{9-10}$$

按照这一状态转移，从时间 0 点到达阶段 i 上境界 V_j^* 的累计时间长度（即从矿山开始开采到第 i 分期开采结束的时间长度）$T_{i,j}(i-1, k)$ 为：

$$T_{i,j}(i-1, k) = T_{i-1,k} + t_{i,j}(i-1, k) \tag{9-11}$$

式中 $T_{i-1, k}$——沿着图 9-10 所示网络中最佳路径到达阶段 $i-1$ 上的境界 V_k^* 的累计时间长度，在评价前一阶段 $i-1$ 的各状态时已经计算过，是已知的。

这样，当从阶段 $i-1$ 上的境界 V_k^* 转移到阶段 i 上的境界 V_j^* 时（即按这一状态转移到达第 i 分期末时），实现的累计净现值 $\mathrm{NPV}_{i,j}(i-1, k)$ 为：

$$\mathrm{NPV}_{i,j}(i-1, k) = \mathrm{NPV}_{i-1, k} + \sum_{n=1}^{L_{i,j}(i-1, k)} \frac{b_{i,j}(i-1, k) \cdot (1+\rho_p)^{n+T_{i-1, k}} - c_{i,j}(i-1, k) \cdot (1+\rho_c)^{n+T_{i-1, k}}}{(1+d)^{n+T_{i-1, k}}} +$$

$$\frac{v_{i,j}(i-1, k) \cdot (1+\rho_p)^{T_{i,j}(i-1, k)} - \delta_{i,j}(i-1, k) \cdot (1+\rho_c)^{T_{i,j}(i-1, k)}}{(1+d)^{T_{i,j}(i-1, k)}} \tag{9-12}$$

式中 $\mathrm{NPV}_{i-1,k}$——沿最佳路径到达阶段 $i-1$ 上的境界 V_k^* 的累计净现值，在评价前一阶段的各状态时已经计算过，是已知的；

　　　d——折现率；

　　　ρ_p——精矿价格年上升率；

　　　ρ_c——生产成本年上升率。

从图 9-10 可知，可以从前一阶段 $i-1$ 上的多个境界转移到阶段 i 上的境界 V_j^*。显然，当从阶段 $i-1$ 上的不同境界转移到阶段 i 上的境界 V_j^* 时，第 i 分期所开采的矿石量、金属量和废石量不同，时间长度和利润也不同。因此，阶段 i 上境界 V_j^* 处的累计净现值 $\mathrm{NPV}_{i,j}(i-1, k)$ 随不同的状态转移而变化。具有最大累计净现值的那个转移是最佳转移（即最优决策），从而有如下递归目标函数：

$$\mathrm{NPV}_{i,j} = \max_{k \in [i-1, j-1]} \{\mathrm{NPV}_{i,j}(i-1, k)\} \tag{9-13}$$

若不考虑初始投资，时间 0（图 9-10 原点）处的初始条件为：

$$\left. \begin{array}{l} M_0^* = 0 \\ Q_0^* = 0 \\ W_0^* = 0 \\ T_{0, 0} = 0 \\ \mathrm{NPV}_{0, 0} = 0 \end{array} \right\} \tag{9-14}$$

求解这一动态规划数学模型的基本过程为：

（1）从第一阶段开始，按上述数学模型逐阶段评价各境界（状态），直到图 9-10 中所有阶段上的所有境界被评价完毕，就得到了所有阶段上的所有境界处的最佳转移和累计净现值。

（2）在所有阶段上的所有境界中找出累计净现值最大者，这一境界即为最佳最终境界，该境界所在的阶段序数即为最佳分期数。

（3）从最佳最终境界开始，逆向追踪最佳转移，直到第一阶段，就可找出最优路径，在动态规划中称为最优策略。各阶段在这一最优路径上的境界就是对应分期的最佳分期境界。

可见，求解这一动态规划模型同时给出了最佳分期数、各分期的最佳分期境界和最佳最终境界，实现了分期方案的整体优化。

9.4.3　优化案例

案例矿山的地表标高模型和品位块状模型同第 6 章 6.6 节。依据上述分期方案优化方法，首先产生地质最优境界序列。境界在不同方位的最大允许帮坡角见第 6 章表 6-2。该矿的设计年矿石生产能力为 1500 万吨，所以地质最优境界序列中最小境界的矿量 Q_1^* 设置为 5 年产量，即 7500 万吨；相邻境界间的矿量增量 ΔQ 设置为 1500 万吨（1 年产量）。基于现时技术经济参数（如表 9-2 所示）计算的经济合理剥采比为 6.048，所以地质最优境界序列中的最大境界的经济合理剥采比设置为 10。

基于上述参数设置，应用第 6 章 6.4.2 节所述的地质最优境界序列产生算法，共产生了 40 个境界。各境界的矿岩量如表 9-3 所示。

表 9-2　技术经济参数

参数	现时矿石开采成本/元·t⁻¹	现时岩石剥离成本/元·t⁻¹	现时选矿成本/元·t⁻¹	现时精矿售价/元·t⁻¹	矿石回采率/%
取值	24	18	140	750	95
参数	选矿金属回收率/%	精矿品位/%	废石混入率/%	混入废石品位/%	边界品位/%
取值	82	66	6	0	25
参数	生产成本年上升率/%	精矿价格年上升率/%	折现率/%	矿石生产能力/t·a⁻¹	
取值	2.0	2.5	7.0	1500×10⁴	

表 9-3　地质最优境界序列矿岩量表

境界序号	矿石量①/t	废石量①/t	平均剥采比②/t·t⁻¹	矿石增量①/t	废石增量①/t	增量剥采比②/t·t⁻¹
1	7231.1×10⁴	1171.6×10⁴	0.174			
2	8742.5×10⁴	1938.1×10⁴	0.235	1511.4×10⁴	766.4×10⁴	0.523
3	10244.5×10⁴	2927.2×10⁴	0.300	1502.1×10⁴	989.1×10⁴	0.676
4	**11746.5×10⁴**	**4155.0×10⁴**	**0.368**	**1502.0×10⁴**	**1227.9×10⁴**	**0.837**
5	13249.1×10⁴	5555.4×10⁴	0.434	1502.6×10⁴	1400.4×10⁴	0.953
6	14749.0×10⁴	7383.5×10⁴	0.517	1499.9×10⁴	1828.1×10⁴	1.243
7	16261.4×10⁴	9469.6×10⁴	0.599	1512.3×10⁴	2086.0×10⁴	1.404
8	17769.2×10⁴	11871.0×10⁴	0.686	1507.9×10⁴	2401.4×10⁴	1.621
9	19269.7×10⁴	14530.1×10⁴	0.773	1500.5×10⁴	2659.2×10⁴	1.801
10	20774.1×10⁴	17437.4×10⁴	0.859	1504.3×10⁴	2907.3×10⁴	1.964
11	**22282.7×10⁴**	**20910.2×10⁴**	**0.959**	**1508.6×10⁴**	**3472.8×10⁴**	**2.337**
12	23787.2×10⁴	24721.1×10⁴	1.061	1504.5×10⁴	3810.8×10⁴	2.571
13	25295.4×10⁴	28777.5×10⁴	1.161	1508.2×10⁴	4056.5×10⁴	2.729

境界序号	矿石量[①]/t	废石量[①]/t	平均剥采比[②]/t·t⁻¹	矿石增量[①]/t	废石增量[①]/t	增量剥采比[②]/t·t⁻¹
14	26798.7×10⁴	33425.4×10⁴	1.271	1503.3×10⁴	4647.9×10⁴	3.136
15	28301.5×10⁴	38250.4×10⁴	1.377	1502.8×10⁴	4825.0×10⁴	3.256
16	29804.3×10⁴	44215.0×10⁴	1.510	1502.8×10⁴	5964.6×10⁴	4.022
17	31304.9×10⁴	50605.0×10⁴	1.645	1500.6×10⁴	6390.0×10⁴	4.314
18	**32819.1×10⁴**	**57231.3×10⁴**	**1.773**	**1514.2×10⁴**	**6626.3×10⁴**	**4.433**
19	34324.3×10⁴	64959.6×10⁴	1.924	1505.1×10⁴	7728.2×10⁴	5.200
20	35832.8×10⁴	72601.4×10⁴	2.058	1508.5×10⁴	7641.8×10⁴	5.131
21	37346.7×10⁴	80192.4×10⁴	2.180	1513.9×10⁴	7591.1×10⁴	5.078
22	38854.1×10⁴	87677.2×10⁴	2.292	1507.4×10⁴	7484.8×10⁴	5.028
23	40356.8×10⁴	95481.7×10⁴	2.402	1502.7×10⁴	7804.5×10⁴	5.260
24	41859.8×10⁴	102770.2×10⁴	2.492	1503.1×10⁴	7288.5×10⁴	4.911
25	43365.0×10⁴	110699.5×10⁴	2.591	1505.2×10⁴	7929.3×10⁴	5.335
26	44866.1×10⁴	118810.0×10⁴	2.687	1501.1×10⁴	8110.5×10⁴	5.471
27	**46368.4×10⁴**	**127317.5×10⁴**	**2.786**	**1502.3×10⁴**	**8507.6×10⁴**	**5.734**
28	47873.1×10⁴	135647.9×10⁴	2.874	1504.7×10⁴	8330.4×10⁴	5.606
29	49374.1×10⁴	145322.8×10⁴	2.985	1501.1×10⁴	9674.9×10⁴	6.524
30	50875.4×10⁴	156393.5×10⁴	3.117	1501.3×10⁴	11070.7×10⁴	7.463
31	52382.3×10⁴	166733.7×10⁴	3.228	1506.9×10⁴	10340.2×10⁴	6.946
32	53887.6×10⁴	178448.4×10⁴	3.357	1505.3×10⁴	11714.8×10⁴	7.876
33	55387.6×10⁴	189191.8×10⁴	3.463	1500.0×10⁴	10743.3×10⁴	7.249
34	**56898.3×10⁴**	**200772.6×10⁴**	**3.577**	**1510.8×10⁴**	**11580.9×10⁴**	**7.758**
35	58399.0×10⁴	213100.3×10⁴	3.698	1500.6×10⁴	12327.6×10⁴	8.313
36	59905.0×10⁴	225481.1×10⁴	3.815	1506.0×10⁴	12380.8×10⁴	8.319
37	61408.3×10⁴	239089.1×10⁴	3.945	1503.3×10⁴	13608.0×10⁴	9.159
38	62912.9×10⁴	252822.6×10⁴	4.072	1504.7×10⁴	13733.5×10⁴	9.235
39	64414.1×10⁴	266938.4×10⁴	4.199	1501.2×10⁴	14115.8×10⁴	9.514
40	65918.6×10⁴	280479.4×10⁴	4.311	1504.5×10⁴	13541.0×10⁴	9.106

①均是计入开采中矿石损失和废石混入后的数值；

②均是按地质（原地）矿岩量计算的数值。

　　基于这一地质最优境界序列，应用上述动态规划模型求解最佳分期方案。模型中用到的技术经济参数的取值如表 9-2 所示。分期方案中，分期的开采时间长度应该适当，太短会导致分期过渡太频繁，容易造成稳产过渡困难；太长会导致前期剥岩量大，与分期开采的目的相悖。所以在求解中，对分期的开采时间长度设置了约束：最短为 7 年，最长为 12 年。

　　优化得出的最佳分期分案为分 5 期开采，各分期的主要指标如表 9-4 所示。表 9-4 中，"境界序号"是各分期的分期境界在地质最优境界序列（如表 9-3 所示）中的序号；第 1 分期的矿岩量即为境界序列中境界 4 的矿岩量，第 2 分期的矿岩量即为境界序列中境界 4 与境界 11 之间的矿岩量，以此类推。

表 9-4　最佳分期方案各分期主要指标

分期	境界序号	分期矿石量[①] /t	分期废石量[①] /t	分期平均剥采比[②] /t·t⁻¹	矿石平均品位[①] /%	分期开采时间/a
1	4	$11746.5×10^4$	$4155.0×10^4$	0.368	29.20	7.83
2	11	$10536.1×10^4$	$16755.2×10^4$	1.618	29.09	7.02
3	18	$10536.5×10^4$	$36321.1×10^4$	3.494	29.07	7.02
4	27	$13549.3×10^4$	$70086.2×10^4$	5.238	29.08	9.03
5	34	$10529.9×10^4$	$73455.1×10^4$	7.061	29.02	7.02
合计		$56898.3×10^4$	$200772.6×10^4$	3.577	29.09	37.93

①均是计入开采中矿石损失和废石混入后的数值;

②按地质（原地）矿岩量计算的数值。

可以看出,以 1500 万吨的年矿石生产能力,分期的开采时间长度为 7~9 年,总的开采寿命约 38 年。这一分期方案总体上是合理的。一方面,头两个分期(尤其是第一分期)的剥采比较后续分期大大降低,这有利于降低初期剥离量、提高总净现值,发挥出分期开采的优势;另一方面,各分期的时间跨度也比较适中,有利于分期过渡的规划和实施,且分期的时间跨度与露天矿使用数量最多的卡车的动态经济寿命基本吻合,有利于在规划分期过渡时一并考虑设备的配置(退役、更新和购置)问题。

图 9-11 所示为这一分期方案的各个分期境界的地表周界线平面投影图。由于地表标高模型是依据该矿开采多年后的现状地表建立的,地表形态复杂(有工作帮、非工作帮和原始地表),所以分期境界的地表周界线在一些部位很不规则。

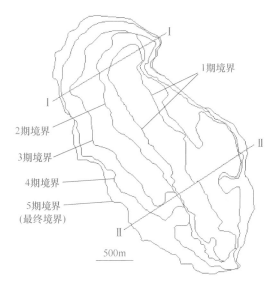

图 9-11　分期境界地表周界线平面投影图

图 9-12 所示为各分期境界的两个横剖面图,剖面线 Ⅰ—Ⅰ 和 Ⅱ—Ⅱ 的位置如图 9-11 所示。

由于在优化数学模型和算法中不可能加入所有实际约束条件,求解优化模型得出的最

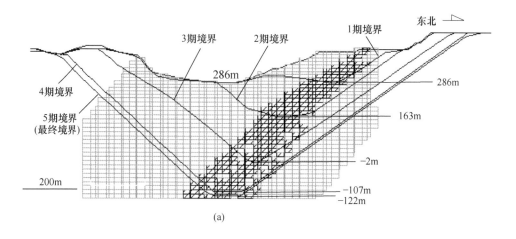

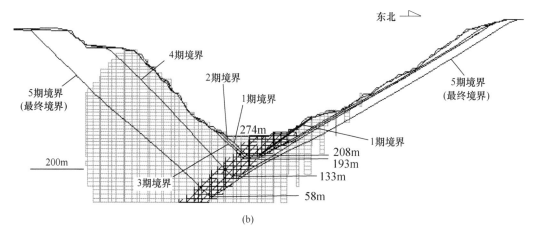

图 9-12 分期境界横剖面图
(a) 剖面Ⅰ—Ⅰ; (b) 剖面Ⅱ—Ⅱ

佳分期方案可能在一些地方从实践的角度是不合理的, 甚至是不可行的。例如: 在图 9-12 (b) 所示的剖面Ⅱ—Ⅱ上, 分期境界 1~3 在上盘边帮之间的水平距离太小, 难以布置扩帮工作面, 所以必须做出调整, 可考虑在这一剖面所在区段把这三个分期境界的边帮合并 (即把这一区段的三个分期境界合并为一个境界); 分期境界 2~4 在同一剖面的下盘也存在同样的问题。优化得出的方案有不合理 (甚至不可行) 之处, 并不意味着优化没有意义; 优化的作用在于为最终分期方案的设计提供决策支持和参考方案, 参照优化方案设计最终方案可以最大程度地提高矿山的整体经济收益。

一般而言, 对于同一个矿床和给定的技术经济条件, 存在多个分期方案, 它们的总净现值相差甚微, 可以认为都是经济上的最佳方案; 但这些方案在不同的方面 (如分期境界边帮间的水平距离、矿岩量在分期间的分配等) 具有各自的优点。所以, 可以输出多个总净现值最高的方案, 为设计者提供更多的选择和更充分的决策支持。

对于一个给定矿床, 最佳分期方案取决于相关技术经济参数。因此, 应针对这些参数中不确定性较高者的不同取值进行多次优化, 对优化结果做灵敏度分析, 这种分析对最终方案的决策有重要价值。例如，把生产成本年上升率和精矿价格年上升率均设置为0，即不考虑未来价格和成本的上涨，其他参数保持表9-2中的取值不变，重新优化得到的最佳分期方案如表9-5所示。与表9-4中的方案（其生产成本年上升率为2.0%、精矿价格年上升率为2.5%）相比，新方案的最终境界大大缩小，分期数由5期变为4期。

表9-5 精矿价格和生产成本上升率均为0时最佳分期方案各分期主要指标

分期	境界序号	分期矿石量[①]/t	分期废石量[①] /t	分期平均剥采比[②]/t·t^{-1}	矿石平均品位[①]/%	分期开采时间 /a
1	4	11746.5×10^4	4155.0×10^4	0.368	29.20	7.83
2	11	10536.2×10^4	16755.2×10^4	1.618	29.09	7.02
3	18	10536.5×10^4	36321.1×10^4	3.494	29.07	7.02
4	25	10545.9×10^4	53468.1×10^4	5.135	29.11	7.03
合计		43365.0×10^4	110699.5×10^4	2.591	29.12	28.91

①均是计入开采中矿石损失和废石混入后的数值；
②按地质（原地）矿岩量计算的数值。

上述分期方案优化方法的突出优点，是实现了分期方案三个要素（分期数、分期境界和最终境界）的整体优化。这一方法的明显不足是没有考虑现实中必须考虑的分期扩帮过渡问题，而是假设每一分期的矿岩均在本分期采剥，且分期内的利润被平均分配到各年，这就使经济评价过于"乐观"，即优化中计算的NPV偏高，导致所得分期方案的最终境界比实际NPV最大的境界大。要在分期方案的优化中考虑分期扩帮问题，就需要同时考虑分期开采的生产计划，实现分期方案与生产计划的整体优化。这一整体优化问题至今尚未得到较好的解决。

10 露天矿床开拓

10.1 概　述

　　露天矿床开拓是针对所选定的运输设备及运输形式，确定整个矿床开采过程中运输坑线的布置，建立起采掘工作面与受矿站、排土场和工业场地之间的运输联系。露天矿开拓系统是露天矿采场内外运送矿岩的干线和沟道系统的总称。矿床开拓设计是露天矿设计中带有全局性的重要工作，对矿山的基建工程量、基建投资和基建时间以及生产规模、生产可靠性、矿岩产量均衡性、工艺设备的效率等有重要影响；开拓系统一旦形成，就要在较长时期保持相对稳定，若再想改造，将给正常生产带来许多困难，并造成巨大损失。因此，最终开拓方案需要综合考虑各种因素，经过全面分析比较后慎重确定。

10.1.1　开拓方法分类

　　露天矿开拓系统的功能是矿岩运输，与运输设备及其运输形式密切相关，所以露天矿开拓方法（或开拓系统）一般依据运输设备分类。金属露天矿常用的开拓方法主要有以下几种：

　　（1）公路运输开拓；

　　（2）铁路运输开拓；

　　（3）联合运输开拓，包括：

　　1）公路-铁路联合开拓；

　　2）公路（铁路）-破碎站-胶带输送机联合开拓，简称胶带运输开拓；

　　3）公路（铁路）-箕斗联合开拓，简称箕斗运输开拓；

　　4）公路（铁路）-平硐溜井联合开拓，简称平硐溜井开拓。

10.1.2　开拓沟道及其布线方式

　　沟道是联通不同运输水平的通道，一组沟道连接成的运输线路称为坑线。根据矿体赋存条件、采场平面尺寸、开采深度、生产规模和运输方式等条件，开拓系统所采用的运输沟道形式及其坑线布置方式（简称布线方式）有多种类型：

　　（1）按沟道位于地表还是地下，分为露天沟道与地下坑道，露天沟道即露天斜坡道（出入沟），地下坑道有平硐、溜井、斜井、地下斜坡道等；

　　（2）按沟道与开采境界的相对位置，分为外部沟道（在境界外）与内部沟道（在境界内）；

　　（3）按沟道所服务的台阶数目，分为单台阶沟道（简称"单沟"，服务一个台阶）、多台阶沟道（简称"组沟"，服务多个台阶）和总沟道（简称"总沟"，服务全部台阶）；

（4）按坑线的平面形状、布线方式分为直进式、折返（迂回）式、螺旋式和组合式；

（5）按沟道的固定性，分为固定沟道、移动沟道和临时沟道，相应的布线方式分为固定式布线和移动式布线；

（6）按沟道的通行方向，分为单向沟道（只行驶空车或重车）和双向沟道（同时行驶空车与重车）；

（7）按同一台阶的沟道数目，分为单出入沟和双出入沟；

（8）按通达境界外的运输坑线的数目，分为单坑线、双坑线和多坑线。

不同类型的开拓系统有与之相适应的沟道形式，如平硐溜井开拓需要地下坑道（即平硐和溜井）；胶带运输开拓可采用地下坑道（斜井），也可采用露天沟道；单一公路或铁路运输开拓一般采用露天沟道，条件适宜时，公路运输开拓也可采用地下斜坡道。

同一类型的开拓系统视条件可采用不同的布线方式，如直进式、折返（迂回）式、螺旋式、组合式布线，这些布线方式的每一种都可以是固定式或移动式。对布线方式的论述见第 7 章 7.3 节。

开拓坑线的数目（即在采场布设几套通达境界外的坑线）取决于采场平面尺寸、生产规模以及受矿点与排土场的分布情况。生产规模大、采场平面尺寸大的矿山也许需要双坑线甚至多坑线运输，以满足生产对运输能力的需求。如果受矿点与排土场在不同的方向上，或有多个排土场且分布分散，采用双坑线甚至多坑线运输可以大大较低运输距离，节省运输成本；但前提是采场平面尺寸大，足以布置多于一套坑线。多坑线的缺点是：沟道工程量大，掘进费用高；采用露天沟道时，固定帮上布置坑线的区段的总体帮坡角会显著变小（见第 5 章 5.2.3 节），布置的坑线数目越多，附加的剥岩量和剥岩成本越大。总之，应综合考虑运输能力需求、采场条件和相关成本，确定开拓坑线的数目。

一个台阶采用单向沟道还是双向沟道，取决于工作台阶的供车方式（见第 7 章 7.2.1 节）和同一台阶的出入沟数。采用单向沟道需要同一台阶有两个出入沟，一个行空车，一个行重车。

10.1.3　影响开拓系统的因素

影响开拓系统的因素较多，归纳起来主要有：

（1）自然条件。包括地形、矿体埋藏条件、岩体性质、水文及工程地质条件，矿床勘探程度，气候及储量发展远景等。

（2）开采技术条件。包括最终境界尺寸及形状、生产规模、工艺设备类型、开采程序、总平面布置及建矿前开采情况（如是否有地下井巷可利用）等。

（3）经济及其他因素。包括设备供应条件、工程费用、对建设速度的要求及开采年限等。

10.1.4　开拓系统的设计原则与一般步骤

开拓系统设计的主要依据是矿床赋存条件、地表地形、采场条件、生产规模和运输设备类型，总的原则是适应矿山地形地质条件，在一定的开采工艺系统和矿山工程发展程序条件下，满足不同时期矿岩运输的需要，并达到生产技术可靠和综合经济效果良好的目标。

在一定的矿床赋存条件以及开采工艺和开采程序条件下，露天矿可能同时存在几种可行的开拓系统方案，设计时通常采用技术经济比较选取最佳方案。开拓系统设计的一般步骤如下：

（1）按地质地形、开采工艺、开采程序、总平面布置等矿山具体条件，初步拟定技术上可行的若干开拓系统方案；

（2）按照选择开拓运输系统的主要原则，对各方案进行初步分析，结合国内外露天矿的生产、设计实践经验，淘汰明显不合理的方案；

（3）对保留的少数方案进行开拓坑道定线设计，计算有关的技术经济指标，包括运距、运费、开拓坑道工程量和费用、由设置开拓坑道引起的扩帮工程量和费用等；

（4）对各方案的各项技术经济指标进行综合分析评价，选取最佳方案。

10.2 公路运输开拓

公路运输开拓中运输设备是自卸汽车，所以也称为汽车运输开拓。与铁路运输开拓相比，汽车运输的开拓坑线形式简单、展线较短，对地形的适应能力强，灵活性大；基建时间短，基建投资少；需要时，便于设多个出入口，实现分散运矿和分散排土，缩短运距；其灵活性便于采用移动布线和临时出入沟，使开采工作线快速到达矿体，缩短新水平准备时间，实现强化开采。公路运输开拓的诸多优点，加上矿用卡车相关技术的快速发展，使之成为国内外露天矿山应用最广泛的一种开拓方式，也广泛用作联合运输开拓的一个环节。

公路运输开拓一般都采用露天沟道，其布线方式要依据露天矿的地形条件、采场平面尺寸和开采深度等，适宜地选择迂回式、螺旋式、迂回与螺旋式联合布线等。

根据具体条件，公路运输开拓还可以采用地下斜坡道形式。地下斜坡道开拓是在露天采场境界外设置地下斜坡道，并在相应的标高处设置出入口通往各开采水平，汽车经出入口和斜坡道在采场与地面之间运行。出入口处底板应朝向采矿场倾斜 1°~3°，以防止雨水进入运输通道。地下斜坡道运输坑线可采用螺旋式或折返式。螺旋式斜坡道就是在露天采场境界外围绕四周边帮呈螺旋式向下延深，折返式斜坡道设在露天采场边帮的一侧外迂回延深。

由于地下斜坡道不设在露天采场的边帮上，避免了因设置运输坡道引起最终帮坡角变缓而增加剥岩量，以及由于边坡稳定性差给运输工作造成不良影响。同时，由于斜坡道隐匿于地下，避免了气候给运输工作带来的影响。但地下斜坡道单位体积掘进与支护费用高，掘进速度慢；斜坡道断面尺寸受限制，生产能力有限。

露天开采中，运输费用一般占可变成本的最大份额（比例可高达 40%~60%）。随着矿床开采深度的增加，矿岩的运距增大，汽车的台班运输能力逐渐降低，单位矿岩运输成本随着采深的增加而上升。因此，虽然公路运输开拓具有上述诸多优点，但其运距存在一个适合范围，即合理运距。

合理运距是一个经济概念，随技术经济条件的变化而变化。一般情况下公路运输的合理运距为 3~5km，汽车载重量越大，其合理运距一般来说也越长。考虑到凹陷露天矿重载汽车上坡运行和至卸载点的地面距离，在合理运距范围内可折算出汽车运输开拓的合理开采深度。当采用载重量为 100t 以上的汽车时，就运输而言，合理开采深度一般为 500m 以内。

开拓坑线的总出入沟口位置是采场与外部联系的重要咽喉要道，要根据地表地形、工程地质条件、公路工程量大小、受矿点和排土场的位置等因素进行选择：

（1）出入沟口应尽量设置在工程地质条件较好、地形标高较低、距工业场地及矿、岩接受点较近的地方；

（2）应避免和减少重载汽车在采场内作反向运行及无谓增加上坡距离，尽可能使矿石及岩石的综合运输功最小，所需运输设备数量最少。

当废石场的位置分散和为了保证露天矿的生产能力，以及为使空、重车顺向运输时，在服务年限较长、采场平面尺寸允许的露天矿可采用多个总出入沟口（多坑线）。多坑线的优缺点如前所述（见 10.1.2 节），一般数目不宜过多。

10.3　铁路运输开拓

铁路的运输能力大，运输设备坚固耐用，吨公里运输费用比汽车运输低，约为汽车运输的 1/4~1/3。但铁路运输开拓线路较为复杂，开拓展线比汽车运输长，转弯半径大（准轨铁路转弯半径不小于 100~200m），灵活性低；由于受到牵引机车的爬坡能力限制，从一个水平至另一个水平的坡道较长，所以掘沟工程量大，境界边帮的附加剥岩量大；再加上需要开掘较长的段沟，所以新水平准备时间较长，采场下降速度较慢。

铁路运输开拓在采场内多采用固定式坑线。若采用移动坑线，则存在线路移设工作量大、线路质量差、开采三角台阶时的设备作业效率低等缺点。

采用折返式布线时，需要设立折返站供列车换向和会让之用，因而增大了铁路线路的长度。同时，列车在折返站一般需要停车、换向、会让等操作，降低了运输效率，增长了运行周期。所以应尽量减少坑线的折返次数。折返站的形式主要取决于矿山的开采规模及线路的设计通过能力。折返站的平面尺寸和线路数目又直接与机车车辆的类型、有效牵引系数及工作平盘配线数有关。生产中常采用的折返站形式有单干线和双干线两种，分别如图 10-1 和图 10-2 所示。

图 10-1　单干线折返站

（a）尽头式运输；（b）环形式运输

图 10-1（a）所示为单干线尽头式运输折返站，站中仅设一条线路通往采掘工作面，线路的通过能力较低。图 10-1（b）所示为单干线环形运输折返站，这种布置形式相对增加了边帮的附加剥岩量，但线路的通过能力较强。图 10-2（a）所示为双干线燕尾式运输折返站，当空重车同时进入折返站时，需要会让，对线路的通过能力有一定的影响，但站

场的长度和宽度较小。图 10-2（b）所示为双干线套袖式运输折返站，空重车在站场不需会让，因而可提高线路的通过能力，但站场的长度和宽度均比燕尾式大，适用于平面尺寸较大的露天矿。

随着矿床开采深度的增加，列车运行的空间越来越小，铁路运输效率越来越低。在矿床埋藏较浅、平面尺寸较大的凹陷露天矿，或者在深度较大的凹陷露天矿的上部，以及矿床走向长、高差相差较小的山坡露天矿，采用铁路运输开拓可取得良好的技术经济效果。对于凹陷露天矿，单一铁路运输开拓的经济合理开采深度一般在 200m 以内。当采用牵引机组牵引列车时，运输线路的坡度可提高到 6‰，使开采深度增加（可达 300m 以上）。对于山坡露天矿，在运输高差不超过 150~200m 的条件下，可取得理想的经济效果。因此，单一铁路运输开拓的合理使用范围在地表上下的合计深度一般为 300~400m。在采场外，铁路运输的合理运距比公路运输长得多。

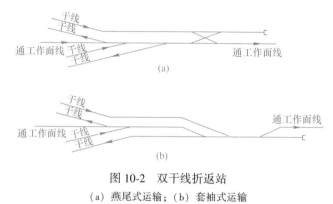

图 10-2　双干线折返站
（a）燕尾式运输；（b）套袖式运输

如今，国外金属露天矿一般不采用铁路运输，我国新设计的金属露天矿也很少采用单一铁路运输。

10.4　铁路-公路联合开拓

在规模大、生产能力高、运距长、采深大的露天矿，可采用铁路-公路联合开拓，采场外和采场上部用铁路运输，采场下部用公路运输。这样既利用了铁路运输能力高、单位运费低、合理运距长的优点，也利用了公路运输灵活机动的优点。采用铁路-公路联合开拓的经济效益一般比单一铁路运输开拓提高 10%以上，挖掘机效率可提高 20%以上。

采用铁路-公路联合开拓需设置矿岩转载站。转载站一般有转载平台、矿仓和中间堆场 3 种方式。

转载平台分为单侧转载平台和双侧转载平台。这种转载方式具有无须转载机械设备、施工简单、转载可靠的优点。其缺点是汽车与铁路矿车相互影响大，降低运输设备效率；转载过程中容易损坏铁路矿车，出现偏载和跑矿。转载平台适用于载重量较小（<20t）的汽车。图 10-3 所示为单侧转载平台示意图。

矿仓转载方式中，汽车将物料卸入矿仓，矿仓具有一定的贮存量，矿仓再向铁道矿车

装车。矿仓形式分为斜坡式、高架式、半地
下式三种方式，如图 10-4 所示。其中斜坡
式矿仓一般应结合地形，设在山坡脚下，斜坡
坡度一般为 50°~55°；高架式矿仓一般设在紧
靠山坡角或平地；半地下式通常选择山嘴或
山脊开凿隧道。

　　矿仓转载方式的优点是汽车与铁道运输
互不影响，不存在相互等待问题；装卸迅速，
可按要求设计一定的贮存量，提高设备利用
率。缺点是建筑费用较高。

　　中间堆场转载分为平台卸载与卸载沟卸
载两种方式，汽车将矿岩卸在卸载平台或卸
载沟内，再由电铲或前装机装入铁路矿车中，
如图 10-5 所示。平台卸载时，卸载平台通常

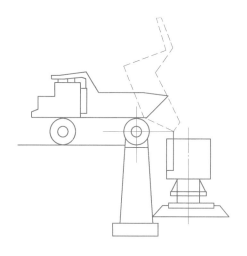

图 10-3　单侧转载平台示意图

设在某一台阶上，汽车站在台阶的上部平盘上将矿岩向下卸在台阶坡面上，挖掘机或前装
机站在下部平盘上向铁道矿车平装车。卸载沟卸载时，通常需要在台阶上挖一个卸载沟
（受料坑），汽车将矿岩卸到卸载沟里，挖掘机站在沟底向铁道矿车上装车。

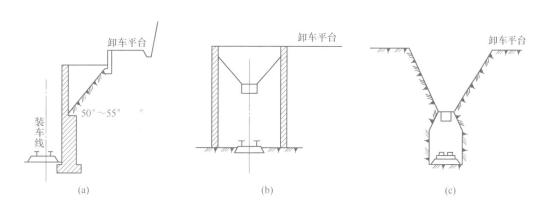

图 10-4　矿仓转载示意图
(a) 斜坡式；(b) 高架式；(c) 半地下式

　　中间堆场转载方式的优点是：汽车与铁道运输互不影响，不存在相互等待问题；中间
堆场起缓冲作用，可调节和平衡汽车与铁道之间的运输能力的波动；转载作业可靠。其缺
点是：需增加转载挖掘机或前装机，加大了设备投资和生产费用；中间堆场通常在非工作
帮某一台阶上，需要平盘宽度较大，因此，有可能引起剥离工程量加大或影响正常延深
工程。

　　选取转载方式应遵循的主要原则是：工艺简单、生产可靠，能充分发挥运输设备的效
率，且符合安全环保要求。对于设在露天矿深部的转载站，布局形式要求：装载工作平台
宽度尽量小、布局紧凑，同时尽量缩短受矿、装载和转载车辆的入换时间。

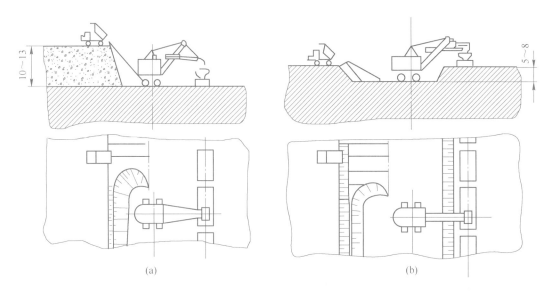

图 10-5　中间堆场转载示意图
（a）平台卸载；（b）卸载沟卸载

10.5　胶带运输开拓

胶带运输开拓是一种高效率的半连续运输开拓方式。该开拓方式是借助设在露天采场内或者露天开采境界外的带式运输机，把矿岩从露天采场运出，一般为公路-破碎站-胶带运输机组合方式。工作面的矿岩由汽车运送到破碎站，破碎至适合胶带运输的块度后，由胶带运输机运出采场或运往卸载地点。对于原为铁路运输开拓的露天矿，也可以用铁路运输矿岩到破碎站，并逐步向公路—破碎站—胶带运输机过渡。

10.5.1　胶带运输机

胶带运输机主要由胶带、托辊、驱动装置、拉紧装置以及移设钢轨等部分组成，如图 10-6 所示。

胶带既是承载部件，又是牵引机构。胶带由带芯和覆盖胶组成。覆盖胶一般为天然橡胶；带芯有两种，一种是帆布或尼龙芯层，另一种是钢丝绳芯层。钢丝绳芯胶带是露天矿常用胶带，其优点是寿命较长、拉力大、伸长率小，纵向和横向柔软性较好，胶带层间黏结性好，可用 X 射线探伤；缺点是当发生纵向撕裂时，钢丝绳易局部断裂。

托辊分上部托辊和下部托辊，分别支托承载段胶带和回转段胶带。上部承载段多采用槽型三辊式，下部回转段多采用平行单辊式。

驱动装置主要包括电动机和传动滚筒。胶带两端各有一个滚筒。胶带的运动牵引力是胶带与驱动滚筒之间的摩擦力，有双筒驱动和单筒驱动两种。

拉紧装置的功能是使胶带有一定的张力，保证胶带与滚筒间产生足够的摩擦牵引力。拉紧装置有机械式和重锤式两种常用类型。

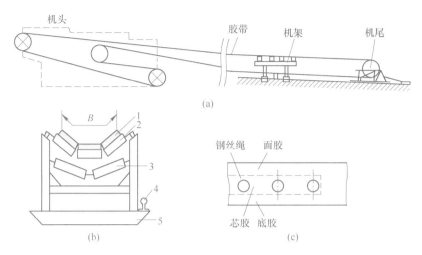

图 10-6 胶带运输机示意图

（a）胶带运输机；（b）机架；（c）胶带横截面
1—胶带；2—承载托辊；3—回转托辊；4—钢轨；5—枕木

胶带运输机的技术参数主要有带宽 B 与带速 v。带宽通常为 $0.6 \sim 3.2m$，带宽越大，其运送物料的能力越大，对块度的限制越小。我国采用的标准带速为 $1.25m/s$、$1.6m/s$、$2.0m/s$、$2.5m/s$、$3.15m/s$、$4.0m/s$、$5.0m/s$。可以用不同的带宽和带速组合来满足给定的运输能力需求，大带宽-低带速组合的建设投资较高，但运营费用（主要是能耗费用）较低；小带宽-高带速组合则相反。

10.5.2 破碎站

露天矿破碎站结构一般如图 10-7 所示。破碎机的选型应根据露天矿的生产能力、矿岩破碎的难易程度以及破碎成本等确定。国内露天矿常用的破碎设备有旋回式破碎机和颚式破碎机。

旋回式破碎机破碎系统如图 10-8 所示，它具有生产能力大、耗电量和运营成本低、使用周期长等优点；但设备初期投资大、机体高大、移设和安装工作较为复杂。相对而言，颚式破碎机机体较小、移设和安装工作较为简单，但运营成本较高。当要求的破碎能力较强（超过 1000t/h 左右）时，宜采用回旋式破碎机；否则，宜采用颚式破碎机。

破碎站可根据需要设置为固定式、半固定式或移动式。固定式破碎站一般建在最终境界下部的地下；半固定式破碎站一般建在固定帮上，开采水平每延深一定距离移设一次，两次移设之间的位置与时间间隔，应综合考虑汽车从采掘工作面到破碎站的运输成本和破碎站的移设成本而定；移动式破碎站是将移动式破碎机安置在工作台阶上。

移动式破碎机-胶带运输开拓方式如图 10-9 所示，移动式破碎机在工作台阶上随着采掘工作面的推进而移动；挖掘机将矿石或废石直接卸入破碎机内，也可用前装机或汽车在搭设的卸载平台上向破碎机卸载；破碎后的矿岩再转载到胶带输送机上，从工作面直接运出采场。随着破碎机的不断移设，工作面上的胶带运输机也需要不断加长和移设。当台阶采掘工作线较长时，胶带运输机可平行于台阶布置，如图 10-10（a）所示，在破碎机和胶带运输机之间敷设一条桥式胶带运输机；当台阶采掘工作线较短时，可采用回旋胶带运输机，如图 10-10（b）所示。

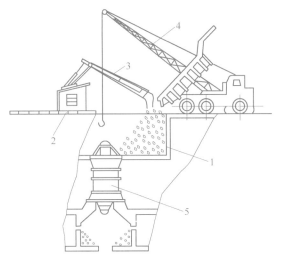

图 10-7 露天矿破碎站结构示意图

1—矿（岩）缓冲垫层；2—操纵台；3—液压操纵台；

4—吊车；5—旋回破碎机

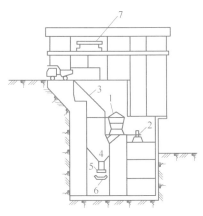

图 10-8 旋回式破碎机破碎系统示意图

1—旋回破碎机；2—电动机；3—格筛；4—漏斗；

5—板式给矿机；6—胶带运输机；7—吊车

移动式破碎站的建设费用约为半固定式破碎站的 70%~75%，运营成本约为后者的 80%~85%，挖掘机效率与劳动生产率均比后者高。

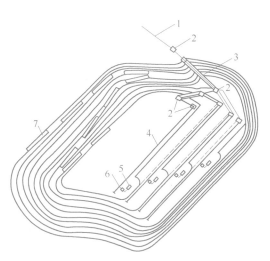

图 10-9 移动式破碎机-胶带运输开拓方式

1—地面胶带运输机；2—转载点；3—边帮胶带运输机；

4—工作面胶带运输机；5—移动式破碎机；

6—桥式胶带运输机；7—出入沟

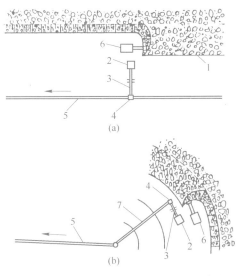

图 10-10 胶带运输机在工作面的布置方式

（a）工作线较长时；（b）工作线较短时

1—爆堆；2—移动式破碎机；3—桥式胶带运输机；

4—转载点；5—工作面胶带运输机；

6—挖掘机；7—可回转胶带运输机

10.5.3 胶带运输机通道

胶带运输机通道可采用堑沟式或斜井（溜井）式。

图 10-11 所示为胶带运输机堑沟开拓系统示意图。根据露天矿采场的平面尺寸和边坡角的大小，以直交或斜交的方式将胶带运输机的堑沟坑线布置在边帮上。如果帮坡角小于或等于胶带运输机的允许坡度，则堑沟坑线可以以直交方式布置在最终边帮上，这种布置的堑沟基建工程量最小。当帮坡角超过胶带运输机的允许坡度时，需采用斜交方式布置。

胶带运输机堑沟的坑线布置位置应使汽车到破碎站的运距最短、开拓线路基建工程量最小；破碎站一般多以半固定形式布置在采场端帮上，为尽量缩短汽车运输距离，也可用如上所述的移动破碎站。半

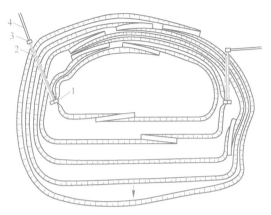

图 10-11 胶带运输机堑沟开拓系统示意图
1—破碎站；2—边帮胶带运输机；
3—胶带运输机转载点；4—地面胶带运输机

固定式破碎站-胶带运输开拓方式下矿岩的运输流程是：矿岩由汽车运至破碎站，破碎后经板式给矿机转载到胶带运输机后运至地面，再由地面胶带运输机或其他运输设备转运至卸载地点。

当露天矿最终边帮岩石不够稳固，而采场境界外岩石稳固时，胶带运输机通道可采用斜井方式。斜井布置在最终开采境界的外部，胶带运输机安装在斜井内，破碎站设置在斜井的底部。这种开拓方式的基建工程量不受矿山工程发展的影响，避免了胶带运输机的沟道与采场内运输道路的交叉。确定斜井位置时，要同时考虑破碎站的设置位置，应距离卸载点近，斜井穿过的岩层稳定。

图 10-12 所示为胶带运输机斜井开拓系统示意图。此开拓系统中，废石与矿石胶带运输斜井分别布置在两端帮的境界外，破碎站布置在两端帮上。在采场内，用汽车将矿石和废石运至各自的破碎站，破碎后经由斜井胶带运输机运至地面。此外，也可以在破碎站下部设置一溜井作为储矿仓，以在间断汽车运输与连续胶带运输之间提供缓冲，这种情况下，矿石首先经破碎机破碎后进入储矿溜井，再通过溜井板式给矿机转载到斜井胶带上。

胶带运输机斜井开拓中，破碎站一般为半固定形式，也可以固定形式在最终境界底部建地下破碎站。采用固定式地下破碎站时，采场内的矿岩经各自的溜矿井下放到地下破碎站破碎，然后经由板式给矿机转载到斜井胶带运输机运往地面。固定式破碎站不需移设，生产环节简单，减少了因在边帮上移设破碎站而引起的附加扩量量；但初期基建工程量较大，基建投资较高，基建时间较长，溜井容易发生堵塞和跑矿事故，井下粉尘大。

10.5.4 优缺点和适用条件

胶带运输开拓的主要优点有：运输能力大，升坡能力大（坡度可达 16°~18°）；采场内运输距离短（约为汽车运距的 1/5~1/4，铁路运距的 1/10~1/5）。因此，其开拓坑线基

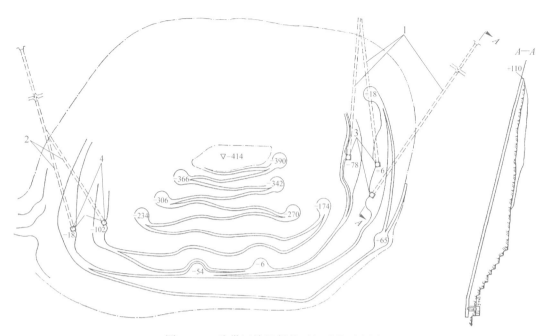

图 10-12　胶带运输机斜井开拓系统示意图

1—废石胶带运输斜井；2—矿石胶带运输斜井；3—废石破碎站；4—矿石破碎站

建工程量小，运输成本低，运输的自动化程度高，劳动生产率高。

胶带运输开拓的主要缺点有：破碎站的建设费用较高；采用移动式破碎站时，破碎站的移设工作复杂；当运送硬度大的矿岩时，胶带的磨损大；敞露式的胶带运输机易受到恶劣气候条件的影响。

胶带运输开拓特别适用于物料松软的露天矿，对于矿岩坚硬的露天矿，要求爆破效果与破碎效果好，破碎后矿岩块度适当、大小均匀。

10.6　箕斗运输开拓

箕斗运输开拓以箕斗为主要运输工具，整个开拓系统包括矿岩转载站、箕斗斜坡道、地面卸载站和提升机装置等。采场内部需用汽车或铁路与斜坡箕斗建立起运输联系。矿岩用汽车或其他运输设备运至转载站装入箕斗，提升（对于凹陷露天矿）或下放（对于山坡露天矿）至地面卸载点卸载，再装入地面运输设备运至选厂或排土场。图 10-13 所示为凹陷露天矿的斜坡箕斗开拓系统示意图。

箕斗斜坡道开拓时，斜坡沟道的倾角与其所处的位置有关。对于凹陷露天矿，箕斗斜坡道设置在最终边帮上，斜坡道的倾角为最终帮坡角；而山坡露天矿的箕斗设在最终境界外的端部，斜坡道的倾角与山坡自然地形有关，多为 20°~40°。影响斜坡沟道倾角的另一因素是箕斗的结构参数。若箕斗在坡度较大的轨道上运行，为保证箕斗提升和下放时不脱轨，要求敷设在斜坡沟道中的轨道稳定、不下滑，斜坡道坡度一致、不起伏。

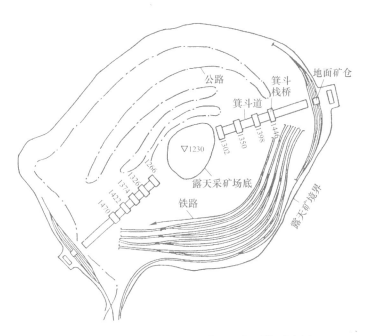

图 10-13　凹陷露天矿的斜坡箕斗开拓系统示意图

　　箕斗斜坡沟道位置的选择直接关系到开拓系统的合理性，设计时应遵循以下原则：

　　(1) 必须保证斜坡沟道所在位置的岩石稳定，凹陷露天矿一般设在非工作帮或境界的端帮上，山坡露天矿宜设在境界之外。

　　(2) 应尽量减少斜坡沟道与采场内其他运输线路的交叉。凹陷露天矿中，箕斗沟道穿过非工作帮上的所有台阶，切断了各台阶水平的联系，为建立运输联系和向箕斗装载，需设转载栈桥。

　　(3) 选择地面卸载点时，应尽量缩短地面卸载站与选矿厂或排土场之间的距离。

　　斜坡箕斗开拓方式的主要优点有：能以最短的距离克服较大的高差，使运输周期大大缩短；投资少，建设快，运营成本低；箕斗系统设备简单，便于制造和维修。其主要缺点有：转载站的结构庞大，移设复杂；矿岩需经几次装载，管理工作也比较复杂；大型矿山的矿岩块度往往较大，使箕斗受到的冲击严重，常因维修频繁而影响生产，这是斜坡箕斗开拓在大型露天矿山中应用不多的根本原因。

10.7　平硐溜井开拓

　　平硐溜井开拓是通过溜井与平硐来建立露天采场与地面之间的运输联系，适用于地形复杂、地面高差大的山坡露天矿。图 10-14 所示为山坡露天矿平硐溜井开拓系统示意图。

　　这种开拓方式以溜井与平硐为矿石主要运输通道。如图 10-15 所示，矿石由汽车或其他运输设备运至采场内的卸矿平台向溜井中翻卸，在溜井的下部通过漏斗装车，经平硐运至卸载地点。在平硐内的运输方式一般为准轨或窄轨铁路。

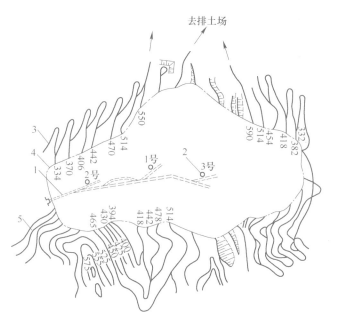

图 10-14 平硐溜井开拓系统示意图
1—平硐；2—溜井；3—公路；4—露天开采境界；5—地形等高线

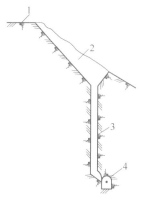

图 10-15 平硐溜井示意图
1—卸矿平台；2—溜槽；
3—溜井；4—平硐

对于废石，通常是在采场附近的山坡选择排土场，开拓通达排土场的公路（或铁路）运输线，利用汽车（或机车）运至排土场排弃。

平硐溜井开拓系统中，溜井承担着受矿和放矿的任务，它是系统的关键组成部分。合理地确定溜井位置和结构要素，对于防止溜井堵塞和跑矿、保证矿山正常生产，具有重要意义。溜井位置的选择应根据矿床的赋存特点，以采场和平硐的运输功最小、平硐长度小以及平硐口至选矿厂的距离最短为原则。溜井应布置在稳定性好的岩层中，避开断层和破碎带。平硐的顶板至采场开采标高应保持最小安全距离，一般不小于 20m。需开拓的溜井数目应根据矿山的生产能力和溜井的生产能力来确定。

平硐溜井开拓方式的优点是：利用地形高差自重放矿，运营成本低；缩短了运输距离，减少了运输设备的数量，提高了运输设备的周转率；溜井还具有一定的储矿能力，发挥生产调节的作用。其缺点是：放矿管理工作要求严格，否则易发生溜井堵塞或跑矿事故；溜井放矿过程中，空气中的粉尘影响作业人员的健康。

10.8 开拓坑线定线

开拓坑线定线就是确定开拓坑线在露天矿境界的空间位置，对境界的形态和剥岩量有重要影响。在初步设计阶段坑线定线是开采方案比较的基础，最终定线方案是基建投资及生产成本计算的基础，在施工图阶段又是室外定线（即将施工图上的定线用测量方法标定到施工位置上）的依据。

不同开拓方式的定线方法也不尽相同，本节以较复杂的倾斜矿体露天矿公路开拓坑线的定线为例，说明定线原则、所需基础资料及一般方法步骤。

10.8.1　定线原则

开拓坑线定线应遵循的一般原则如下：

（1）满足开采工艺及开采程序要求，与总平面布置协调一致。

（2）依据已定相关技术参数（如沟道参数、限制坡度等）进行设计，线路的平面和纵断面设计符合相关规范。

（3）尽量缩短矿岩运距，避免反向运输。

（4）道路通过能力满足矿山生产能力需要。

（5）满足安全帮坡角要求的同时，尽量减少填挖土石方工程量。

（6）保证运输安全。

（7）综合经济效益好。

10.8.2　定线所需基础资料

开拓坑线定线需要矿区地质地形图、矿山总平面图、开采境界、相关开采技术参数（如台阶高度、台阶坡面角、运输设备类型和规格、稳定帮坡角、矿山工程发展程序、坑线的基本特征参数等）等资料，并需确定以下基本要素：

（1）坡道限制坡度，通常为 8% ~ 10%，最大不超过 12%。

（2）坡道宽度，与运输设备规格和车道数目相适应，车道数目根据道路的通过能力计算。

（3）缓冲平台长度及其间隔。为保证汽车行驶安全，不能多个相邻台阶的出入沟首尾相接，要每隔一定距离设一段水平（或坡度很缓的）缓冲平台（参见第 5 章图 5-2）。缓冲平台的坡度一般不大于 3%，长度在 80m 左右。当坡道坡度为 8% 左右时，连续陡坡的坡长应限制在约 350m 以内。

（4）境界坑底宽度，境界底宽应不小于所用掘沟方式决定的沟底宽度。

（5）台阶坡底线之间的水平投影距离。有两种情况，即矿体倾角 γ 小于或大于稳定帮坡角 β，如图 10-16 所示。图右侧为矿体倾角 $\gamma_1 < \beta$ 的情形，这时的帮坡角即为矿体倾角，所以相邻两台阶的坡底线水平间距 c_1 实际上是与台阶顶底面水平相应的矿体底板等高线的水平间距：

$$c_1 = h \cdot \cot\gamma_1 \qquad (10\text{-}1)$$

式中　h——台阶高度。

图 10-16 左侧为矿体倾角 $\gamma_2 > \beta$ 的情形，相邻两台阶的坡底线水平间距 c_2 为：

$$c_2 = h\cot\beta = h \cdot \cot\alpha + b \qquad (10\text{-}2)$$

式中　α——台阶坡面角；

　　　b——边帮上的平台宽度。

边帮上的平台宽度 b 视平台的作用而定：

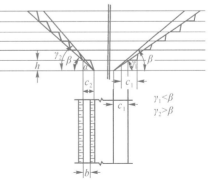

图 10-16　台阶坡底线水平投影距离

1）作为安全平台，即为使帮坡角不大于稳定角度以及拦阻因台阶坡面风化崩落的石块滚落而设的平台。仅是为了使帮坡角不大于稳定角度时，其宽度依据稳定帮坡角和台阶要素计算；为拦阻石块滚落时，其宽度一般为 1/3~2/3 台阶高度。

2）作为清扫平台，即为清扫边坡风化石块而设的平台。若用人工清理则所需宽度较小；若用机械清理，则宽度要满足装载及运输设备的作业要求。一般间隔 2~3 个台阶设置一个清扫平台。为使帮坡角符合稳定要求又不引起额外扩帮，有时采取并段方式将安全平台宽度集中设置，同时作为清扫平台。

3）作为到界平台。其宽度为到界台阶最小宽度，通常按照帮坡角进行平均设置。

以上各种平台宽度在保证安全及作业量最小的前提下可以适当调整，必要时可通过并段使任何剖面上的帮坡角既不过缓、不增加额外剥离量，又不超过稳定帮坡角 β，即满足下式：

$$\arctan \frac{\sum h}{\sum b + \sum h \cot\alpha} \leqslant \beta \qquad (10\text{-}3)$$

式中 $\sum$——对剖面上最终帮坡段的所有台阶求和。

必须注意：当剖面所切的最终帮坡上有运输沟道时，应以运输沟道为界，分段应用上式验算，即上式左侧计算的应是路间帮坡角。

10.8.3 定线的一般方法步骤

基于上述资料和相关参数值，就可对开拓坑线进行定线。定线的一般方法步骤如下：

(1) 按照圈定的开采境界，画出境界底部周界平面图，如图 10-17 的阴影部分所示。

(2) 从境界底部周界线开始，按照确定的相邻台阶坡底线之间的水平投影距离，自下而上逐台阶画出各台阶的坡底线，形成如图 10-17 所示的初步境界线。应注意以下几点：

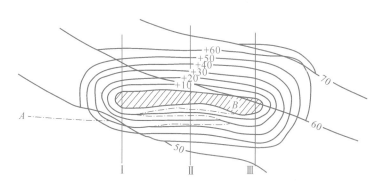

图 10-17　初步定线示意图

1）合理确定构成帮坡角的相关参数，达到既满足边坡稳定性要求又尽量减少额外扩帮的目的。

2）境界的上下盘帮坡角不同时（矿体倾角较小、稳定帮坡角较大时，两者相差较大），端帮帮坡角应通过调整有关平台宽度值逐渐过渡。

3）曲线部分应满足开采过程中平面线路最小曲线半径的要求。

4）封闭圈以上山坡部分的台阶坡底线并不闭合，需要确定坡底线与相应水平地形等高线的交点位置（即尖灭点），使坡底线与地形等高线正确衔接。

（3）初步定线——确定沟道中心线。凹陷露天矿一般按照排卸方向初步确定坑线的境界出口位置，自上而下（图 10-17 中自 A 到 B）确定坑线大致位置；若 B 点不符合运输要求，则适当改变 B 点位置，再自下而上确定坑线位置；若出口位置限制不大，则可自下而上定出。山坡露天矿的初步定线一般是自下而上确定坑线大致位置。对于排土场较多的露天矿，可以依据排土场位置设置多个坑线出口；在复杂情况下，需经数次修改才能定出合适的坑线位置。

初步定线过程中应注意：

1）缓冲平台长度要适当，缓冲平台与坑线之间正确衔接。

2）坑线的平面形状应尽可能简单，弯曲坑线长度应考虑曲线部分的坡度折减。

3）坑线宽度要适当，山坡部分坑线要与深凹部分统一考虑，坑线出口位置还要考虑地面线路的填挖方量。

4）当露天矿台阶较多以及地形比较复杂时，其开拓定线的具体方案可能较多，应通过初步定线进行方案比较和筛选。

（4）在平面图上画出沟道的准确位置。按照已确定的台阶高度的坡面平面投影以及帮坡上各种平盘的宽度，自下而上画出各台阶的开拓沟道以及台阶坡顶线和坡底线。绘制过程中，初步定线确定的沟道中心线位置会发生变化，需随时调整修正。至此，详细定线工作即告完成，所得结果即为带有开拓坑线的最终境界平面图。

在可行性研究阶段进行多方案比选时，为了简化定线工作，对参与比较的方案往往只进行初步定线，不必完成最终平面图。最后对剩下的极少数方案作详细对比时再画出最终平面图。

上述公路开拓定线和绘制最终境界平面图的基本原则也适用于其他开拓运输方式。

铁路运输开拓与公路运输开拓同属缓沟开拓，除多用直进式坑线和弯道半径较大外，开拓定线的方法和步骤与公路运输相同。

胶带运输一般由分流站分别向采场及排卸侧定线。分流站及运输机通道的位置应方便地面及坑内运输联系，运距短，对矿山工程发展有利。胶带运输机通道有堑沟式或斜井式。干线胶带通道的方位要考虑允许的最大胶带倾角，通道本身工程量小，基础岩体稳定。堑沟式通道应绘出堑沟在边帮上的位置，以平面图和纵剖面图表示堑沟与边帮平台之间的空间关系；地下斜井用虚线表示，在平面及纵剖面图上应绘出斜井在地面和边帮上的出口。

对于箕斗斜坡道开拓和平硐溜井开拓，相关工程的位置选择原则已在上述相应部分阐述，所涉及的露天沟道的绘图要求与胶带运输堑沟类似，地下坑道的绘图要求与胶带运输斜井类似。

联合运输开拓系统的定线按运输方式各自独立进行，但对两种开拓系统的结合点要进行方案对比与优化。

11　穿孔与爆破作业

穿孔作业是露天开采的第一道生产工序，其作业内容是采用某种穿孔设备在计划开采的台阶区域穿凿炮孔，为其后的爆破工作提供装药空间。穿孔工作质量的好坏直接影响到爆破工序的生产效率与爆破质量。在整个露天开采过程中，穿孔作业的成本约占总开采成本的10%~15%。

爆破工作是露天开采中的第二道工序，通过爆破作业将整体矿岩进行破碎及松动，形成一定形状的爆堆，为后续的采装作业提供工作条件。爆破效果的好坏直接影响着后续采装作业的生产效率与成本。爆破作业的成本约占总开采成本的15%~20%。

11.1　穿孔方法与穿孔设备概述

露天矿生产中曾广泛使用过的穿孔方法有两大类：热力破碎法与机械破碎法。穿孔设备有火钻、钢绳式冲击钻、潜孔钻、牙轮钻与凿岩台车等，其中，牙轮钻在现代露天矿山的使用最为广泛，潜孔钻次之，凿岩台车仅在某些特定条件下使用，火钻与钢绳式冲击钻已被淘汰。一些新的凿岩方法也一直在探索之中，如频爆凿岩、激光凿岩、超声波凿岩、化学凿岩及高压水射流凿岩等，但尚未在矿山得到生产应用。露天矿生产中曾广泛使用过的各种类型钻机的穿孔方法、可穿孔直径及适用条件如表11-1所示。

表 11-1　各类钻机及其应用特征

钻机种类	钻孔直径/mm			用　　途	钻孔方法
	一般	最大	最小		
火钻	200~250	380~580	100~150	含石英高的极硬岩石	热力破碎
手持式凿岩机	38~42		23~25	浅孔凿岩和二次破碎等辅助作业	冲击式机械破碎
凿岩台车	56~76	100~140	38~42	小型矿山的主要穿孔作业或大型矿山辅助作业	冲击式机械破碎
钢绳冲击钻	200~250	300	150	大中型露天矿山各种硬度的岩石	冲击式机械破碎
潜孔钻	150~250	508~762	65~80	主要用于中小型矿山中硬以上的岩石	冲击式机械破碎
旋转式钻机	45~160			软至中硬矿岩	切削式机械破碎
牙轮钻机	250~310	380~445	90~100	大中型矿山中硬至坚硬的岩石	滚压式机械破碎

11.2　牙轮钻机

牙轮钻机是目前各国大中型金属露天矿山的主导穿孔设备。牙轮钻机具有穿孔效率高、机械化程度高、适用于在较宽范围坚固性的矿岩中穿孔等优点，与钢丝绳冲击钻机相比，穿孔效率高 3~5 倍，穿孔成本低 10%~30%；在坚硬以下岩石中钻凿直径大于 150mm 的炮孔，牙轮钻机优于潜孔钻机，穿孔效率高 2~3 倍，每米炮孔的穿孔成本低约 15%。牙轮钻机的缺点主要有：钻压高、钻机重、设备购置费用高，在极坚硬岩石中或炮孔直径小于 150mm 时，成本比潜孔钻机高。

11.2.1 结构与分类

牙轮钻机的主要结构如图 11-1 所示。

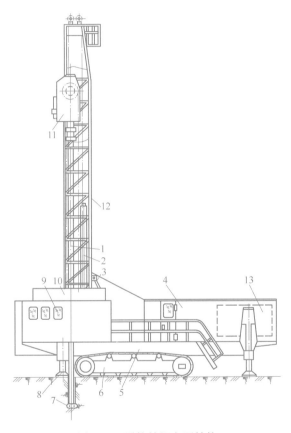

图 11-1　牙轮钻机主要结构

1—钻杆；2—钻杆架；3—起落立架油缸；4—机棚；5—平台；6—行走机构；7—钻头；8—千斤顶；
9—司机室；10—净化除尘装置；11—回转加压装置；12—钻架；13—动力装置

按回转和推压方式的不同，牙轮钻机可归纳为三种类型：底部回转连续加压式、底部回转间断加压式、顶部回转连续加压式。大多数牙轮钻机采用顶部回转连续加压方式。

按传动方式的不同，牙轮钻机可分为两种基本类型：一种是滑架式封闭链-链条式牙轮钻机，如国产的 HZY-250 型、KY-250c 型、KY-310 型钻机；另一种是液压马达-封闭链-齿条式牙轮钻机，如美国 BE 公司生产的 45-R 型、60-R 型和 61-R 型钻机，美国加登纳-丹佛公司生产的 GD-120 型、GD-130 型钻机。

11.2.2　工作原理

牙轮钻机钻孔时，通过回转和推压机构使钻杆带动钻头连续转动，向钻头提供足够大的回转扭矩和轴压力。牙轮钻头在岩石上同时钻进和回转，对岩石产生静压力和冲击动压力作用。牙轮在孔底滚动中连续地挤压、切削、冲击破碎岩石，在钻进的同时，通过钻杆与钻头中的风孔向孔底吹入压缩空气，将孔底的粉碎岩渣吹出孔外，从而形成炮孔。牙轮钻机钻孔工作原理如图 11-2 所示。

11.2.3　钻具构成

牙轮钻机的钻具包括钻杆、稳杆器、减震器和牙轮钻头四部分，如图 11-3 所示。钻杆的作用是把钻压和扭矩传递给钻头。钻杆的长度有不同的规格，采用普通钻架时，每根钻杆的长度一般为 9.2m、9.9m；采用高顶钻架时，考虑到底部磨损较快，仍用短钻杆，钻孔过程中上下两钻杆交替与钻头连接，以达到两根钻杆均匀磨损的目的。

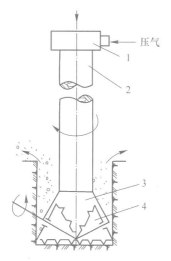

图 11-2　牙轮钻机钻孔工作原理
1—加压、回转机构；2—钻杆；
3—钻头；4—牙轮

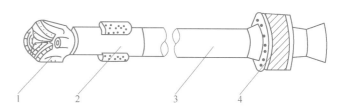

图 11-3　牙轮钻机钻具示意图
1—牙轮钻头；2—稳杆器；3—钻杆；4—减震器

稳杆器的作用是减轻钻杆和钻头在钻进时的摆动，防止炮孔偏斜，延长钻头的使用寿命。

钻头是破碎岩石的主要工作部件，在推进和回转机构的作用下，以压碎及部分削剪方式破碎岩石。牙轮钻头由牙爪、牙轮、轴承等部件组成。典型的三牙轮钻头的外形及结构分别如图 11-4 和图 11-5 所示。

根据不同的岩石性质，牙轮上装有不同形状、齿高、齿距以及布齿方式的钢齿或硬质合金齿。牙轮可绕牙爪轴颈自转并同时随着钻杆的回转而绕钻杆轴线公转。牙轮在旋转过程中依靠钻压压入和冲击破碎岩石，同时又由于牙轮体的复锥形状、超顶和移轴等因素的作用，牙轮在孔底工作时会产生一定量的滑动，牙轮齿的滑动对岩石产生剪切破坏。因此，牙轮钻头破碎岩石的机理实际上是冲击、压入和剪切的复合作用。在牙轮钻进的同时，压风将破碎的岩渣由钻孔壁与钻杆间的环形空间排至地表；部分风流通过挡渣管和牙爪风道进入轴承的各部分，用以驱散轴承内的热量，清洗和防止污物进入轴承内腔。

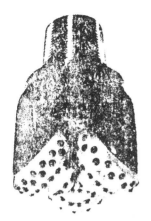

图 11-4　典型的三牙轮钻头外形

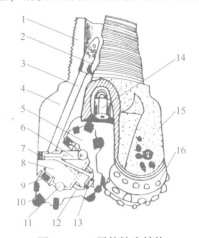

图 11-5　三牙轮钻头结构

1—钻头丝扣；2—挡渣管；3—风道；4—牙爪；5—牙轮；6—塞销；
7—填焊；8—爪轴颈；9—滚柱；10—牙齿；11—滚珠；12—衬套；
13—止推块；14—喷嘴；15—爪背合金；16—轮背合金

11.2.4　主要工作参数

牙轮钻机的工作参数主要有钻压、钻具转速、排渣风速与风量。对不同性质的矿岩，通过参数的合理配合可提高穿孔效率和延长钻头寿命。

11.2.4.1　钻压

钻压是通过钻杆施加的垂直压力，其大小应根据穿凿矿岩的物理机械性质、钻头的承载能力和钻机的技术性能来确定。钻压不足时，岩石由于牙轮齿摩擦、刮削作用而发生疲劳破碎，导致钻孔速度较低，钻头寿命也较短；钻压达到或超过岩石的破碎强度时，岩石被压碎或剪碎，可提高钻孔速度，延长钻头寿命。根据国内外的实践经验，不同岩石坚固性和不同直径钻头的合理钻压值如表 11-2 所示。

表 11-2　不同岩石坚固性系数与不同直径钻头的合理钻压

岩石坚固性系数 f	不同直径钻头的合理钻压/kN				
	$\phi190mm$	$\phi214mm$	$\phi243mm$	$\phi269mm$	$\phi310mm$
8	98	110	123	138	159
10	122	137	155	172	199
12	146	165	190	207	238
14	176	192	216	241	278
16	195	220	249	276	318
18	220	247	280	310	357
20	243	274	312	345	397

11.2.4.2　钻速与转速

钻速是单位时间钻进的钻孔长度，转速是钻具的旋转速度。图 11-6 所示为钻速 v 与转速 n 之间的关系示意图。当轴压较小时，孔底岩石以"表面磨蚀"的方式破坏，随转速 n 的增加，钻速 v 也相应加大，两者近似于线性关系，如图中直线 1 所示；轴压较大时，岩石呈体积破碎，开始时钻速 v 随转速 n 的增大而提高，但当转速超过极限转速 m 后，钻速却随转速 n 的增加而降低，如图中曲线 2 和 3 所示，这是由于转速 n 太大时，钻头齿轮与孔底岩石之间的作用时间太短（小于 $0.02 \sim 0.03\mathrm{s}$），未能充分发挥轮齿对岩石的破碎作用，并且，由于钻速过高，也加速了钻杆的震动和钻头的磨损，从而影响了钻进的速度。

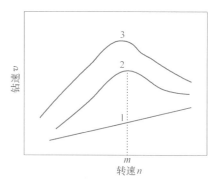

图 11-6　转速 n 对钻速 v 的影响

此外，岩石的坚固性系数对合理转速也有一定的影响。一般地，在软岩中可以采用较高的转速，而在硬岩中应采用较低的转速。

根据钻机类型和岩石坚固性系数，钻头转速的合理范围如表 11-3 所示。

表 11-3　牙轮钻头合理转速范围

钻机类型	轻型钻机	中型钻机	重型钻机
岩石坚固性系数 f	<8	10~14	15~20
转速/$r \cdot min^{-1}$	80~120	60~100	50~80

11.2.4.3　排渣风速和风量

牙轮钻机使用压缩空气将孔底的岩渣经炮孔壁与钻杆间的空隙排出孔外，并冷却钻头的轴承。排渣风量不足时，岩渣在孔底被反复破碎，会显著降低钻速和钻头的寿命；但排渣风速过大时，从孔底吹起的岩碴对钻头的磨损作用会显著增大。当已知钻杆和炮孔的直径及要求的排渣风速时，可按图 11-7 查取所需的风量。例如，当炮孔直径为 $12\frac{1}{2}$in（图 11-7 中 a）、钻杆直径为 $10\frac{5}{8}$in（图 11-7 中 b）时，要求的排渣风速为 $4000\mathrm{ft/min}$（图 11-7 中 c）所需的风量为 $810\mathrm{ft^3/min}$（图 11-7 中 d）。目前，国内外都趋于加大排渣风量，借以提高钻头的寿命和钻孔速度。

11.2.5　生产能力与需求数量

为了满足矿山生产要求，不仅需要依据矿岩特性和生产规模选择合适的钻机型号及其工作参数，还需依据选定钻机的生产能力和矿岩爆破量，确定钻机需求数量。

11.2.5.1　生产能力指标

衡量牙轮钻机生产能力的主要指标是牙轮钻机的台班生产能力与台年综合生产效率。

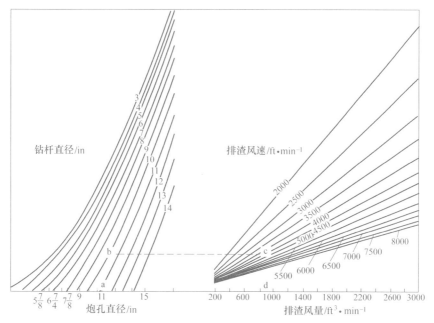

图 11-7　牙轮钻机排渣风量诺模图

（1in＝25.4mm；1ft＝0.3048m）

牙轮钻机的台班生产能力是一台牙轮钻机每一班工时内钻进的米数，可按下式计算：

$$V_b = 0.6vT_b\eta \tag{11-1}$$

式中　V_b——台班生产能力，m/（台·班）；

　　　　v——机械钻进速度，cm/min；

　　　　T_b——班工作时间，h；

　　　　η——班工作时间利用系数，一般为 0.4～0.5。

机械钻进速度是牙轮钻机的重要技术性能指标，它与钻机的性能、钻头的形式、钻孔的直径、穿凿矿岩的坚固性等因素有关，可按下面的经验公式估算：

$$v = 3.75 \times \frac{pn}{9.8 \times 10^3 Df} \tag{11-2}$$

式中　p——轴压，N；

　　　　n——钻具的转速，r/min；

　　　　D——钻头的直径，cm；

　　　　f——岩石的坚固性系数。

牙轮钻机的台年综合效率是其台班生产能力与年工作时间利用率的函数。影响钻机工作时间利用率的主要因素有两个方面：一方面是因组织管理不科学造成的外因停钻时间；另一方面是钻机本身故障所引起的内因停钻时间。国内部分露天矿山 2018～2020 年牙轮钻机的平均台年综合效率如表 11-4 所示。

表 11-4　部分露天矿 2018～2020 年牙轮钻机平均台年综合效率

矿山名称	钻机型号	孔径 /mm	平均台年综合效率/m·（台·年）⁻¹		
			2018 年	2019 年	2020 年
鞍千铁矿	YZ-35	250	39262	48236	53364

矿山名称	钻机型号	孔径/mm	平均台年综合效率/m·（台·年）⁻¹		
			2018 年	2019 年	2020 年
齐大山铁矿	YZ-35	250	42683	53338	54928
大孤山铁矿	YZ-35	250	39262	49567	—
	YZ-55	310	—	43211	63786
南芬铁矿	YZ-35	250	56432	54747	63517
	YZ-55	310	50162	41846	46596
白云鄂博铁矿	KY-310	310	40264	39075	35859
德兴铜矿	YZ-35	250	76274	74784	63367
	KM250	250	115862	61611	85893

11.2.5.2　需求数量

露天矿所需牙轮钻机的数量取决于矿山的设计年采剥总量、所选定钻机的年穿孔效率与每米炮孔的爆破量，可按下式计算：

$$N = \frac{Q}{L_D q_1 (1 - e)} \tag{11-3}$$

式中　N——所需钻机数量，台；

　　　Q——矿山设计年采剥总量，t/a；

　　　L_D——钻机台年综合效率，m/（台·年）；

　　　q_1——每米炮孔的爆破量（也称延米爆破量），t/m；

　　　e——废孔率，250mm 孔径时 e 约为 5%~7%，310mm 孔径时 e 约为 4%~6%。

每米炮孔的爆破量一般应按设计的爆破孔网参数计算，也可参照类似矿山的经验数据选取。国内部分矿山每米牙轮钻炮孔爆破量的实际指标如表 11-5 所示。

表 11-5　国内部分矿山每米牙轮钻炮孔爆破量实际指标

矿山名称	台阶高度/m	孔径/mm	年份	每米孔爆破矿（岩）量/t·m⁻¹	
				矿石	岩石
鞍千铁矿	12	250	2018~2020	95~107	98~110
齐大山铁矿	12	250	2018~2020	95~105	100~110
大孤山铁矿	12	250	2018~2020	95~105	95~110
南芬铁矿	12	250	2018~2020	94~100	94~103
		310		117~129	124~126
白云鄂博铁矿	14	310	2018~2020	133~138	123~133
德兴铜矿	15	250	2018~2020	109~112	117~120

11.2.6　提高牙轮钻机穿孔效率的途径

牙轮钻机目前仍是一种发展中的设备，为了提高牙轮钻机的穿孔效率，一方面应继续改进牙轮钻机本身的技术性能，提高钻头的工作强度与使用寿命；另一方面，在牙轮钻机穿孔作业时应合理配置好各种工作参数，协调好生产中的组织管理，提高钻机的工作时间利用率。

在国内外的牙轮钻机钻孔作业中，存在两种工作制度：一种是强制钻进，即采用高轴压（30~60t）、低转速（150r/min 以内）；另一种是高速钻进，即采用低轴压（10~20t）、高转速（300r/min）。无论从合理利用能量还是从提高钻头与钻机的使用寿命来衡量，高速钻进有许多缺点，特别是在中硬岩中穿孔时更是如此。我国的牙轮钻机正沿着强制钻进的途径发展，如 HY-250c 型及 KY-310 型钻机，其轴压分别为 32t 和 45t，而转速控制在 100r/min 以内。

11.3　潜孔钻机

潜孔钻机的主机置于孔外，只担负钻具的进退和回转，而产生冲击动作的冲击器紧随钻头潜入孔底，因此得名潜孔钻机。潜孔钻机的主要机构有冲击机构、回转机构、供风机构、推进机构、排粉机构、行走机构等。20 世纪 70 年代，我国冶金露天矿使用潜孔钻机数量占全部钻孔设备的 60% 左右，目前只在一些中小露天矿山使用。

11.3.1　分类与优缺点及适用范围

11.3.1.1　分类

潜孔钻机有多种类型和分类方法：

（1）按使用地点不同，潜孔钻机可分为露天潜孔钻机和地下潜孔钻机。

（2）按有无行走机构，潜孔钻机可分为自行式和非自行式。自行式又分为轮胎式和履带式；非自行式又分为支柱（架）式和简易式。

（3）按使用气压不同，潜孔钻机可分为普通气压潜孔钻机（0.5~0.7MPa）、中气压潜孔钻机（1.0~1.4MPa）和高气压潜孔钻机（1.7~2.5MPa）。有时也将中、高气压潜孔钻机统称为高气压潜孔钻机。

（4）按钻孔直径及钻机质量不同，潜孔钻机可分为：轻型潜孔钻机，其孔径为 80~100mm，整机质量为 3~5t；中型潜孔钻机，其孔径为 130~180mm，整机质量为 10~15t；重型潜孔钻机，其孔径为 180~250mm，整机质量为 28~30t；特重型潜孔钻机，其孔径大于 250mm，整机质量为 40t 及以上。

（5）按驱动动力不同，潜孔钻机可分为电动式潜孔钻机和柴油机式潜孔钻机。电动式潜孔钻机维修简单，运行成本低，适用于有电网的矿山；柴油机式潜孔钻机移动方便，机动灵活，适用于没有电源的作业点。

（6）按结构形式不同，潜孔钻机可分为分体式潜孔钻机和一体式潜孔钻机。分体式潜孔钻机结构简单、轻便，但需要另配置空压机；一体式潜孔钻机移动方便，压力损失小，钻孔效率高。

11.3.1.2　优缺点及适用范围

潜孔钻机的主要优点有：

（1）冲击力直接作用于钎头，能量损失少，故凿岩速度受孔深影响小，能穿凿直径较大和较深的炮孔。

（2）冲击器潜入孔内工作，噪声小。

（3）冲击器排出的废气可用来排渣，节省动力。

（4）冲击力的传递不需经过钻杆和连接套，钻杆使用寿命长。

（5）与牙轮钻机相比，潜孔钻机穿孔轴压小，钻孔不易偏斜；钻机轻，设备购置费用较低。

潜孔钻机的主要缺点有：

（1）冲击器的汽缸直径受到钻孔直径限制，孔径越小，穿孔速度越低。所以，采用潜孔冲击器的钻孔直径在 80mm 以上。

（2）当孔径在 200mm 以上时，穿孔速度低于牙轮钻机，而动力消耗比后者高出约 30%~40%，作业成本较高。

提高潜孔钻机气压，可大幅提高钻孔速度。如工作气压分别提高到原来的 2、3 倍和 4 倍时，冲击功可分别提高约 2.8、5.2 和 8 倍，而钻孔速度一般同冲击功成正比。而且，在高气压下作业，每米钻孔的钎具消耗减小，并适宜采用结构简单、效率高的无阀冲击器，节省压气，降低能耗。虽然牙轮钻机在露天矿穿孔中已占主导地位，在大型露天矿，潜孔钻机已被牙轮钻取代，但在中等坚固矿岩的中、小型露天矿山，潜孔钻机仍广为使用。

潜孔钻机在露天矿除钻凿主爆破孔外，还用于钻凿预裂孔、锚索孔、边坡处理孔及地下水疏干孔等。

11.3.2 主要工作参数

潜孔钻机的主要工作参数有钻具转速、扭矩和轴推力，这些参数的大小及其相互匹配直接影响钻孔速度和成本。

11.3.2.1 转速

合理的钻具转速对于减少机器振动、提高钻头寿命和加快钻进速度都有很大作用。转速的大小应能保证钻头在两次相邻冲击之间的转角最优，此时钻头单次冲击破碎的岩石量最大，钻速最高。最优转角的大小主要取决于钻孔直径、钻头结构以及岩石性质。根据国内外的生产经验，钻具转速推荐值如表 11-6 所示。

表 11-6　转速与钻头直径的关系

钻头直径 D/mm	100	150	200	250
转速 n/r·min^{-1}	30~40	15~25	10~20	8~15

由表 11-6 可见，钻孔直径越大，转速越低。同时，确定转速还必须考虑岩石性质和冲击器的频率，硬岩、低频时取较低的数值；软岩、高频时取较高的数值。

在钻进操作中，必须正确选择钻具的转速。转速过高，单次冲击岩石的破碎量会减小，不仅导致钻进速度降低，还会加速钻头的磨损；转速过低，则浪费冲击功，加大破碎功消耗，同样会降低钻进速度。

11.3.2.2 扭矩

在正常钻进过程中，钻具的回转扭矩主要用来克服钻头与孔底的摩擦阻力和剪切力以及钻具与孔壁的摩擦阻力。钻具阻力矩与钻孔直径、孔深均成正比。在整体性比较好的岩石中，钻进阻力矩并不大，孔径在 150mm 以下的钻进阻力矩为 1000N·m 左右。钻机的扭矩比钻进阻力矩大许多，主要是为了卸杆和防止卡钻，扭矩越大，卸钻杆越容易，防止卡钻的能力就越强，钻孔的深度也越深。

在节理比较发育的破碎带中钻进，要选择扭矩比较大的钻机；大孔径深孔凿岩作业时也要选择高一些的扭矩。

11.3.2.3 轴推力

轴推力是潜孔凿岩的一个非常重要的参数，直接影响钻孔速度和钻头寿命。轴推力过大，不仅会导致回转不连续而产生回转冲击，还会导致孔底钻屑过度破碎，造成能量浪费，影响钻孔速度，并加速钻头的磨损；轴推力过小，钻具反跳加剧，钻头不能紧贴孔底，使冲击能量不能有效作用于孔底岩石，影响凿岩效率，也会加速钻机及钻具的损坏。

轴推力不等同钻机的推进力，它是推进力与钻具质量的矢量和。最优的轴推力不仅与钻孔直径有关，还与岩石性质有关。表 11-7 为不同钻头直径下的轴推力推荐值。钻头直径越大，最优轴推力也越大；岩石坚硬时取较高的数值，反之取较低的数值。

表 11-7 轴推力与钻头直径的关系

钻头直径 D/mm	100	150	200	250
轴推力 F/N	4000~6000	6000~10000	10000~14000	14000~18000

11.3.3 生产能力与需求数量

潜孔钻机的台班生产能力可用下式计算（或参考类似生产矿山的指标选取）：

$$V_b = 0.6vT_b\eta \qquad (11\text{-}4)$$

式中　V_b——台班生产能力，m/（台·班）；

　　　v——机械钻进速度，cm/min；

　　　T_b——班工作时间，h；

　　　η——班工作时间利用系数，一般为 0.4~0.6。

机械钻进速度可用下式计算：

$$v = \frac{4En_z K}{\pi D^2 a} \qquad (11\text{-}5)$$

式中　E——冲击功，J；

　　　n_z——冲击频率，min^{-1}；

　　　K——冲击能利用系数，一般为 0.6~0.8；

　　　D——钻孔直径，cm；

　　　a——矿岩的凿碎比功，J/cm^3。

E、n_z 可以从钻机性能表查得，凿碎比功 a 可参照表 11-8 选取。

表 11-8 不同硬度岩石的凿碎比功

矿岩坚固性系数 f	硬度级别	软硬程度	凿碎比功 $a/\mathrm{J} \cdot \mathrm{cm}^{-3}$
<3	I	极软	<196
3~6	II	软	196~294
6~8	III	中等	294~392
8~10	IV	中硬	392~490
10~15	V	硬	490~608
15~20	VI	很硬	608~686
>20	VII	极硬	>686

　　潜孔钻机的台年综合效率可依据其台班生产能力与钻机年工作时间利用率计算。部分潜孔钻机的钻孔效率如表 11-9 所示。

表 11-9 部分潜孔钻机的钻孔效率

钻机型号	孔径/mm	台阶高度/m	工作风压/MPa	岩石种类	综合钻孔效率/m·h^{-1}
GIA B7	115	10~15	1.8	石灰岩	36
ROC L6	152	10~15	2.5	石灰岩	38
ROC D55	152	10~15	2.0	钼矿	29
金科 358H	120	10~15	2.1	石灰岩	13

　　钻机需求数量计算公式与式（11-3）相同，取潜孔钻机的相关参数即可。部分潜孔钻机的爆破参数与每米炮孔爆破量如表 11-10 所示。

表 11-10 部分潜孔钻机的每米炮孔爆破量

钻机型号	爆破参数	台阶高度 10m				台阶高度 12m				台阶高度 15m			
		岩石坚固性系数 f											
		4~6	8~10	12~14	15~20	4~6	8~10	12~14	15~20	4~6	8~10	12~14	15~20
KQ-150	底盘抵抗线/m	5.5	5.0	4.5		5.5	5.0	4.5					
	孔距/m	5.5	5.0	4.5		5.5	5.0	4.5					
	排距/m	4.8	4.4	4.0		4.8	4.4	4.0					
	孔深/m	12.64	12.64	12.64		14.77	14.77	14.77					
	爆破量/m^3·m^{-1}	20.86	17.33	14.13		21.42	17.80	14.51					
KQ-200	底盘抵抗线/m	6.5	6.0	5.5	5.0	7.0	6.5	6.0	5.5	7.0	6.5	6.0	5.5
	孔距/m	6.5	6.0	5.5	5.0	7.0	6.5	6.0	5.5	7.0	6.5	6.0	5.5
	排距/m	5.5	5.0	4.5	4.0	6.0	5.5	5.0	4.5	6.0	5.5	5.0	4.5
	孔深/m	12.64	12.64	12.64	12.64	14.77	14.77	14.77	14.77	17.96	17.96	17.96	17.96
	爆破量/m^3·m^{-1}	28.56	24.14	20.03	16.33	34.30	29.32	24.76	20.57	35.26	30.16	25.45	21.14

续表 11-10

钻机型号	爆破参数	台阶高度 10m				台阶高度 12m				台阶高度 15m			
		岩石坚固性系数 f											
		4~6	8~10	12~14	15~20	4~6	8~10	12~14	15~20	4~6	8~10	12~14	15~20
KQ-250	底盘抵抗线/m		8.5	8.0	7.5		9.0	8.5	8.0		9.5	9.0	8.5
	孔距/m		6.5	6.0	5.5		7.0	6.5	6.0		7.5	7.0	6.5
	排距/m		5.5	5.0	4.5		6.0	5.5	5.0		6.5	6.0	5.5
	孔深/m		11.3	11.6	12.0		13.56	13.92	14.40		16.95	17.40	18.0
	爆破量/$m^3 \cdot m^{-1}$		35.61	29.56	24.01		41.30	34.69	28.57		47.41	40.23	33.55

11.4　智能穿孔

目前及今后一个时期穿孔技术的主要发展方向是穿孔作业智能化。近年来，随着信息网络技术、数据采集技术和智能控制技术的迅速发展，智能穿孔技术取得了长足进展，出现了由智能化钻机及其控制软硬件模块组成的智能穿孔系统，使穿孔作业的自动化和智能化程度不断提高。就目前的技术水平而言，穿孔智能化主要体现在以下三个方面：

（1）钻孔位置精准定位与孔深精确控制。钻孔位置和深度相对于设计值的精度是影响爆破能否达到预期效果的重要因素。应用卫星定位和激光测距的数字化精确导航与定位技术，可以实现钻孔位置的高精度定位；通过安装在位于钻头处的光电传感器实时显示钻进深度，可以实现钻孔深度的精确控制。这样，就可消除传统钻孔作业中人工标记孔位、手动操控钻机进行钻孔对位和人工确定钻进深度的不准确性对爆破质量的影响。

（2）钻进过程智能控制。通过各种传感器采集相关参数并传输到数据处理微机系统，对凿岩数据进行实时分析，指导操纵执行控制器完成各种动作调节，实现精细化凿岩钻进作业。钻机是通过液压系统利用各种液压回路调节液压，改变执行元件的运动特性和状态，控制整个穿孔过程的。所以，智能化钻进的核心是液压系统的自主调节和控制。钻进控制系统应用智能 PLC（可编程逻辑控制）控制电路，结合指尖式操作手柄，以手柄操作的角度大小来完成液压缸速度的精确调节。就目前已进入应用阶段的技术而言，钻机远程遥控是最为先进的智能控制模式，是通过将钻进控制系统与远程操作台和无线通信系统集成实现的。

钻进控制的更高水平是具有自优化能力的凿岩流程。在穿孔过程中，通过传感器检测钻机穿孔过程的相关参数（如钻进速度、轴压等），并上传至计算机形成数据库。将这些数据与采集的矿岩的力学性质参数相结合，可建立钻进参数优化模型。计算机在凿岩流程的各阶段应用模型对主要参数进行定量分析，实时优化钻进参数并反馈到设备智能控制系统，从而实现自优化穿孔作业，达到大幅度提高钻孔效率和钻头寿命的目的。

钻机的智能化控制还包括机体自主/遥控移动，自动调平、调压、注水、接卸钻杆等辅助作业，以及基于多传感器融合的钻机提升/行走、回转、加压、调速等运行状况的实时监控。

（3）自适应故障诊断和远程通信。钻机在钻进中可能出现卡钻、钻孔跑偏、过电流、过电压、发动机失励磁（发动机定子电源失电）、回转超速、轴压过大等异常情况。通过智能检测设备对钻机主要工作过程和设备运行状态进行监控，应用故障诊断模型软件基于传感器监控信息自动提供故障诊断，为维修计划的编制提供参考。无线通信模块实现整个控制系统各模块间信息的交换与反馈。远程通信模块将机载传感器不断采集的压力、电流、电压、温度等信号传送到远程计算中心进行处理，然后按照设定的程序将结果分传到相应的执行模块和结构去执行，并与矿山监控调度中心进行无线数据传输，将钻进过程的各种参数、设备状态及检测诊断信息等提供给远程操作者/监视者，同时传输操作者的各种指令。

11.5 炸药及其起爆方法与装药技术简介

金属矿开采离不开爆破，而爆破离不开炸药。本节简要介绍金属露天矿爆破中常用炸药的主要性能、起爆方法和装药技术。

11.5.1 常用炸药类型及其主要性能

金属露天矿爆破中涉及的炸药类型主要有起爆药和猛炸药。

起爆药的特点是敏感度高，在比较小的外能作用下就会发生爆炸，但爆炸威力不大。起爆药主要有雷汞、氮化铅和二硝基重氮酚等，都是单质炸药。起爆药主要用于制作各类起爆器材（如雷管等），用来引发其他炸药爆炸。

猛炸药的敏感度比起爆药低，但爆炸威力大。单质猛炸药，如黑索金、太安、硝化甘油、奥克托金和苦味酸等，一般不单独使用，用作雷管的加强药、导爆索的药芯、起爆具等。混合猛炸药的敏感度低，爆炸威力大，使用较为安全，是金属露天矿爆破的主导炸药。下面对目前金属露天矿常用的几种混合炸药的性能和适用条件作简要介绍。

11.5.1.1 铵油炸药

铵油炸药（ANFO）以硝酸铵和轻柴油为主要成分。其中，硝酸铵占 94%~95%，是主要爆炸成分，也是氧化剂；柴油占 5%~6%，是热值很高的燃料，可以提高铵油炸药的爆热。铵油炸药的主要性能为：易溶于水，不具有抗水性；感度较低，一般不具有雷管感度（用 8 号工业雷管起爆不了），需要用起爆具（或起爆药包）起爆；装药密度为 0.8~0.95g/cm³，爆速不低于 2800m/s，猛度小，爆容大，做功能力大。铵油炸药适用于无水条件下中硬岩或节理裂隙发育的硬岩爆破。

铵油炸药分为粉状铵油炸药、多孔粒状铵油炸药、改性铵油炸药等。目前，多孔粒状铵油炸药用量最多。改性铵油炸药具有雷管感度。

铵油炸药是所有工业炸药中原料来源最广、生产工艺最简单、生产成本最低、安全性最好的工业炸药。铵油炸药易燃，且燃烧时不易被扑灭。

11.5.1.2 水胶炸药

水胶炸药是以硝酸甲胺为主要敏化剂的含水炸药，是由硝酸甲胺、氧化剂、辅助敏化剂、辅助可燃剂、密度调节剂等材料溶解、悬浮于有凝胶剂的水溶液中，再经化学交联剂胶黏而制成的凝胶状含水炸药，属于水包油型抗水炸药。水胶炸药的密度为 $1.05 \sim 1.3 \mathrm{g}/\mathrm{cm}^3$、爆速达 $3500 \sim 4600 \mathrm{m/s}$、做功能力为 $180 \sim 350 \mathrm{mL}$，具有雷管感度。

水胶炸药的主要优点有：爆炸反应较完全，能量释放系数高，威力大；抗水性好；爆炸后有毒气体生成量少；机械感度和火焰感度低；储存稳定性好；成分间相容性好。

水胶炸药的主要缺点有：不耐压，不耐冻；易受外界条件影响而失水解体，影响炸药的性能；原材料成本较高，价格较高。

11.5.1.3 乳化炸药

乳化炸药是以氧化剂水溶液为分散相，以不溶于水、可液化的碳质燃料作连续相，借助乳化剂的乳化作用及敏化剂的敏化作用而形成的一种油包水型特殊结构的含水混合炸药。

乳化炸药由氧化剂水溶液、燃料油、乳化剂和敏化剂四种基本成分组成。氧化剂通常是硝酸铵和硝酸钠的过饱和水溶液，重量约占 $80\% \sim 95\%$，同时也是主要的爆炸成分；还原剂采用柴油与石蜡或凡士林的混合物，与氧化剂配成零氧平衡，也是乳化炸药的油相成分；油相和水相成分是不相容的，但在乳化剂的作用下，它们可以互相紧密吸附，形成油包水型防水结构；敏化剂的作用是提高乳化炸药的起爆敏感度，常用梯恩梯或黑索金、镁铝金属粉、发泡剂或空心微珠作敏化剂。为了改善乳化炸药的性能，还加入密度调整剂等成分。乳化炸药的密度为 $0.8 \sim 1.45 \mathrm{g/cm}^3$，爆速达 $4000 \sim 5500 \mathrm{m/s}$，做功能力为 $240 \sim 330 \mathrm{mL}$，具有雷管感度。

乳化炸药的密度可调范围较宽，可以在水孔中使用；爆速和猛度较高；起爆感度比水胶炸药高；爆炸威力比铵油炸药低；成本比水胶炸药低。乳化炸药是目前我国用量最大的工业炸药。乳化炸药有胶质状（膏状）和粉状，可以是包装型（药卷）或散装型（袋装）。

11.5.1.4 重铵油炸药

重铵油炸药又称乳化铵油炸药，是乳胶基质与多孔粒状铵油炸药的物理掺和产品。乳胶基质就是没有加入敏化剂的乳化炸药。在掺和过程中，高密度的乳胶基质填充多孔粒状硝酸铵颗粒间的空隙并涂覆于硝酸铵颗粒的表面。这样，既提高了粒状铵油炸药的相对体积威力，又改善了铵油炸药的抗水性能，同时也降低了炸药的成本。乳胶基质在重铵油炸药中的比例可在 $0 \sim 100\%$ 之间变化，炸药的体积威力及抗水能力等性能也随之变化。当乳胶基质的占比达到 70% 及以上时，抗水能力就足够用于水孔中爆破。当乳胶基质和多孔粒状铵油炸药各占 50% 时，炸药的密度最大，体积威力也最大。

重铵油炸药的密度为 $0.85 \sim 1.30 \mathrm{g/cm}^3$、爆速达 $3800 \sim 5500 \mathrm{m/s}$，可用于水孔或需要体积威力大（如抵抗线较大时）的爆破作业。

11.5.2 起爆方法

工业炸药的起爆技术包括确定起爆方法、选用起爆器材、敷设起爆网路等。按所用起爆器材的不同，目前常用的起爆方法有：导爆管起爆法、电起爆法、导爆索起爆法和电子雷管起爆法。各种起爆方法可以独立使用，也可以根据爆破工程的需要，将两种或两种以上的起爆方法混合使用。如今，金属矿山常用导爆管起爆法和数码电子雷管起爆法。导爆索需用雷管引爆，所以导爆索起爆法属于混合起爆法，常用于光面爆破和预裂爆破。电子雷管起爆法是发展方向，我国正在大力推广使用。

11.5.2.1 导爆管起爆法

导爆管起爆法是 20 世纪 70 年代出现的一种非电起爆法，发展很快，在各类爆破中得到广泛应用。导爆管起爆法具有操作简单、不受杂散静电影响、爆区规模不受限制、价格便宜等优点；但也有延时精度较低、无法用仪表检查网路连接质量的缺点。

导爆管是一根内径为 1.5mm、外径为 3mm 的空心塑料圆管，其内壁涂有一层很薄的以单质猛炸药（如黑索金）为主要成分的粉状混合炸药，药量约为 16mg/m。在外能的作用下，导爆管中激发的冲击波使薄层炸药发生爆炸反应，释放出的能量补充冲击波传播中的能量损失，使冲击波以 1800~2000m/s 的速度传播。导爆管在传播爆轰过程中，声、光、震动和破坏作用都极弱，用过的白色导爆管完好无损，只是颜色变为灰黑色，所以导爆管不具备起爆炸药的能力。导爆管中的冲击波传到与其相连的导爆管雷管会引爆雷管，雷管再将炸药引爆。

导爆管雷管分为瞬发雷管和延期雷管两种，延期雷管又分为毫秒延期、半秒延期和秒延期雷管。在爆破工程中应用较多的是瞬发和毫秒延期雷管。

导爆管起爆网路由激发元件、传爆元件、起爆元件和连接元件组成。激发元件的作用是起爆导爆管，可以用雷管、激发笔、炸药、导爆索等作为激发元件。传爆元件的作用是将冲击波信号传给起爆元件，由导爆管或导爆管与雷管组成。起爆元件的作用是起爆炸药（药包），用导爆管雷管。连接元件用于连结激发元件、传爆元件和起爆元件，常用四通，也可以用导爆管雷管，一发 8 号雷管可以可靠地引爆 20 根导爆管。

导爆管雷管起爆网路形式较多，如串联、并联（也称大把抓、簇联）、分枝和混合连接等。掘进爆破常用大把抓网路形式，露天爆破常用混合起爆网路。控制爆破时，为了保证重点部位起爆的可靠性，也可以采用复式起爆网路。理论上，导爆管雷管可以实现无限大爆区的爆破，用较少段别的雷管就可以实现大爆区的微差起爆，甚至实现单孔起爆。

11.5.2.2 电雷管起爆法

电雷管起爆法是利用电能引爆电雷管进而引爆药包的起爆方法。

按照是否有延期功能，电雷管分为瞬发电雷管和延期电雷管两种，延期电雷管又分为毫秒延期、半秒延期和秒延期电雷管。按照使用环境又可分为普通电雷管和专用电雷管，专用电雷管有：煤矿许用电雷管、抗静电电雷管、抗杂电电雷管、勘探电雷管、油井电雷管、磁电雷管、抗射频电雷管和电影电雷管等。目前普通电雷管已很少使用。

电雷管起爆网路是由电雷管和导电线按一定的形式构成的网路。电雷管基本的联接方法有并联和串联，在大爆区中还会出现混合联接，如并串联、串并联、并串并联等多种形式。

11.5.2.3 电子雷管起爆法

电子雷管起爆法采用电子雷管并通过与之相配套的起爆器起爆药包。电子雷管具有延时精度高、延期时间可通过编程调节、几乎不受外界电能影响等优点；但目前电子雷管的价格较高。

电子雷管起爆系统由控制器、起爆器、数字密钥和电子雷管组成。控制器是用于实现电子雷管联网注册、在线编程、网路测试和网络通信的专用设备。起爆器用于电子雷管起爆系统的全流程控制，是系统中唯一可以起爆雷管网路的设备。数字密钥可对起爆系统进行授权，防止对起爆系统的非法操作。电子雷管采用电子芯片代替了延期药，延期时间可调可控。

在电子雷管起爆系统中，所有的电子雷管都并联在母线上。不同厂家的产品对电子雷管起爆系统中电子雷管脚线的总长度和母线的总电阻都有相应的限制，一旦超过限定值，就可能出现拒爆现象。因此，采用电子雷管起爆系统时，要注意不同厂家的起爆器能起爆雷管的上限值。

11.5.3　炸药现场混装技术

爆破时需要把炸药按设计要求装填到炮孔中。传统的装药方法是把炸药制成品运到爆破现场后进行人工装填，存在作业效率低、装药质量不高、劳动强度大、有安全隐患等问题。炸药现场混装技术很好地解决了这些问题，实现这一技术的设备是炸药混装车（简称装药车）。

装药车既是运输设备，也是工业炸药现场混制设备，又是装填设备。装药车在固定式或移动式地面站装载炸药半成品或原材料后驶入爆破作业现场，车载系统根据设计的计量要求将药料充分混合后装填到炮孔内，在孔内变为炸药。如今在露天矿爆破中使用的炸药主要是铵油炸药、乳化炸药和重铵油炸药。所以现在生产的露天矿装药车也主要是针对这三种炸药设计，有单品种炸药装药车和多品种炸药装药车。由于岩性、节理发育程度和炮孔含水情况等爆破条件的变化，有时需要在同一爆破现场的不同炮孔装填不同品种的炸药，甚至需要在同一炮孔的孔底装填高威力抗水炸药、炮孔中部装填低成本的铵油炸药，多品种炸药装药车就是为满足此类爆破需要而设计。装药车现场混装炸药的突出优点包括：装药车装载的是炸药半成品或原料，其生产、运输和装药过程的本质安全性高；装药量控制精确、装药密度可调，可实现耦合装药，爆破效果有保障；无炸药包装物，爆炸后更趋于零氧平衡，爆生有毒气体少。

在20世纪70年代中期，发达国家就研发出现场混装铵油炸药的装药车和现场混装浆状炸药的装药车，并在露天矿山得到了工业化应用。20世纪80年代中期又研发成功现场混装乳化炸药技术，并于90年代改进发展为第二代技术。炸药现场混装技术的发展改变了传统工业炸药的生产和使用概念。在美国、澳大利亚等国家，形成了大规模集中制备乳化基质与硝酸铵原料，在集中制备站与分散爆破现场装药点之间通过发达的运输网路实现乳化基质、多孔粒状硝酸铵、柴油等半成品和原料的远程配送，在爆破现场由装药车进行混装作业的新模式，构建了以现场混装为核心的工业炸药产、运、装体系，大大提高了爆破作业的整体效率和安全性。

我国从20世纪80年代中期开始，通过技术引进、合作和自主创新，在炸药现场混装技术方面取得了不小的进展。单一品种的铵油炸药、重铵油炸药和乳化炸药装药车技术现已成熟，在国内多家矿山和爆破公司得到应用。近年来又成功研发了在同一台车上实现乳化炸药、铵油炸药和重铵油炸药三个品种炸药的现场混装技术。

随着相关技术的发展，装药车的自动化和智能化水平不断提高，露天矿智能装药车应运而生，其智能化功能主要有自主行驶与寻孔定位、自动配药与装填、远程管理与监控等。

（1）自主行驶与寻孔定位。装药车应用卫星导航、激光雷达、毫米波雷达、超声感知等技术，实现自主行驶。装药车可自主对道路障碍物进行识别、避让，及时进行决策控制和路径规划，保证了自主行驶的可靠性和安全性。使用传感器融合技术融合卫星定位与惯性传感器数据，达到较高的定位精度。通过无线传输模块自动读取爆破设计的炮孔坐标，并使用卫星定位与图像识别技术，实现精确的寻孔定位。

（2）精细化配药与装药。装药车通过智能装药系统根据孔网参数和钻孔过程中采集的岩性参数，匹配不同能量密度的炸药配方、装药品种和单孔装药量，实现装药精细化。在装药过程中，自动送管、退管，自动计量，并根据孔径自动匹配和控制药流速度与退管速度；装药操作由 PLC 自动控制完成，达到设计装药量后自动停止。单孔装药量和累计装药量均可准确记录并上传。

（3）远程管理与监控。装药爆破一体化远程智能管控软件平台可实现装药车智能化调度、精确爆破等功能。平台数据库通过信息网络系统实现露天矿作业点装药车的生产数据、卫星定位信息、装药量、炸药性能参数、设备运行状态等数据的采集，通过网页浏览器实现生产查询、数据统计、装药车生产参数设定、历史记录查询、车辆卫星定位历史轨迹回放等功能，并对装药车的关键参数进行实时监测。通过人机交互可对装药车实行远程故障诊断和远程管理。自动控制系统设置了物料超温、超压、断流联锁停车等安全保护功能，对关键参数（如温度、压力等）实现在线监控，一旦出现超压或超温现象，发出声光报警，并延时连锁停车，确保装药作业的安全。

11.6　爆破作业基本要求

露天开采对爆破工作的基本要求或爆破需要达到的目的主要有：

（1）合理的爆破储备量（称为贮爆量）。一次爆破的矿岩量至少是挖掘机 5~10 昼夜的采装量，以满足挖掘机连续作业的要求。

（2）合理的矿岩块度。爆破后的矿岩块度应小于挖掘设备铲斗所允许的最大块度和粗碎机入口所允许的最大块度，以提高后续铲装、粗碎工序的作业效率。

（3）较好的爆堆堆积形态。前冲量小、无上翻和根底，爆堆集中且有一定的松散度，以利于提高铲装设备的效率。

（4）爆破危害最小化。爆破所产生的地震、飞石、噪声等均应控制在允许的范围内；尽量控制爆破带来的后冲、后裂和侧裂现象，尽量减低对最终边坡的损伤。

（5）经济效益最大化。使整个开采过程中的穿孔、爆破、铲装、粗碎等工序的综合成本最低。

在矿床的整个开采过程中，需要根据各生产时期不同的生产要求和爆破规模采用最合适的爆破方式。露天开采过程中的爆破作业可分为三种：基建期的剥离大爆破、生产期台阶正常采掘爆破以及各台阶推进到最终境界时的靠帮（或并段）控制爆破。在我国，矿山基建期已不再采用剥离大爆破，故不作介绍。下面分别介绍生产台阶爆破和靠帮控制爆破。

11.7 生产台阶爆破

露天矿台阶爆破是在每一生产台阶分区依次进行的，爆破区域的大小即为一个爆破带。任何爆区的爆破必须先依据拟达到的爆破目的和具体爆破条件进行爆破设计。爆破的基本目的如上一节所述。具体爆破条件需要进行详细的现场调查，调查内容包括：岩石类型（矿、岩、混合体）、岩体强度、岩体结构、含水性、爆区在采场内的位置、爆区附近结构面位置、自由面条件等。完成现场调查并确定了具体爆破目的后，进行爆破设计，然后按设计进行爆破作业。爆破作业的整个施工过程包括：台阶准备、炮孔布置、穿凿炮孔、验孔、炸药质量控制、延期时间配置、装药和填塞、起爆网路连接、爆破警戒、起爆并记录爆破视频、爆后检查与处理、爆破效果评价。依据爆破效果评价结果，对爆破设计进行修改完善；如此循环往复，不断改进爆破效果。

本节重点介绍生产台阶爆破设计。设计的内容主要包括：选取炸药种类及单耗（或装药密度），设计炮孔装药结构，计算装药量，设计起爆网路及起爆方式等。金属露天矿如今最常用的炸药是铵油炸药、乳化炸药和重铵油炸药，其性能及其适用条件参见11.5.1节。

11.7.1 爆破方法

露天矿台阶爆破中常用的爆破方法有两种：浅孔爆破和深孔爆破。

浅孔通常指炮孔直径小于 50mm、孔深小于 5m 的炮孔。浅孔爆破通常用于小型矿山的台阶生产爆破，在大中型矿山常用于辅助性爆破，如开掘出入沟、修路、处理根底及大块等。

深孔爆破是露天矿台阶爆破最常用的方法。依据起爆顺序的不同分为齐发爆破和毫秒微差爆破，后者的使用最为广泛。依据爆区前是否留有渣堆，台阶爆破分为清渣爆破与压渣爆破。炮孔通常为垂直孔或倾斜孔。垂直孔的钻孔效率高、钻孔长度小、钻孔精度有保证，但头排孔抵抗线不均匀；倾斜孔的抵抗线均匀，但钻孔效率低、方位角不易控制。垂直孔最为常用。

11.7.2 爆破参数设计

露天矿台阶爆破常采用多排孔微差起爆方式，图 11-8 所示为台阶爆破的炮孔布置示意图。确定合理的爆破参数和微差时间是取得良好爆破效果的关键。爆破参数包括：布孔方式、炮孔直径、炮孔填塞长度、底盘抵抗线、炮孔邻近系数、孔间距、排间距、炮孔超深、炮孔长度、装药长度、装药结构、延米装药量、单孔装药量、炸药单耗等。

11.7.2.1 布孔方式

露天矿台阶爆破广泛采用的布孔方式有两种，即方形布孔（也称排间直列布孔，如图 11-8 所示）和三角形布孔（也称排间错列布孔或梅花形布孔，如图 11-9 所示）。等边三角形布孔时，炸药能量在水平方向上分布最为均匀。对于特定的岩性，初始设计时可选用三角形布孔，根据爆破效果再做调整。

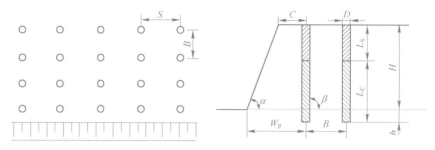

图 11-8　台阶爆破炮孔布置示意图

S—孔距；B—排距；α—台阶坡面角；β—炮孔倾角；h—炮孔超深；C—沿边距；
D—孔径；H—台阶高度；W_p—底盘抵抗线；L_S—填塞长度；L_C—装药长度

11.7.2.2　炮孔直径

炮孔直径是决定垂直方向上炸药能量分布的主要因素，也是其他一些爆破参数（如填塞长度、抵抗线、超深等）的选取依据。炮孔直径 D 与台阶高度 H 之间应保持一定的比例：

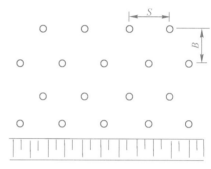

图 11-9　三角形布孔示意图

$$D = \left(\frac{1}{180} \sim \frac{1}{50} \right) H \qquad (11\text{-}6)$$

炮孔直径的大小与岩体中节理裂隙的发育程度和对爆破后岩块粒度的要求有关。岩体中节理裂隙发育时取大孔径，反之取小孔径。允许岩块较大时取大孔径，反之取小孔径。

大直径孔的单位爆破量的穿孔成本通常比小直径孔低。但是，随着钻孔直径的增加，在炸药单耗不变的情况下，孔网参数变大，爆破后的岩块粒度也会变大。如要保持岩块粒度不变，就必须增加炸药单耗，减小孔网参数。所以，在能够达到岩块粒度要求的条件下，钻孔直径越大越好。

由于岩体中存在发育程度不同的节理、层理和断层等，为了爆破后获得可接受的块度，最大炮孔直径往往受到限制。露天矿台阶爆破常用的孔径有 80mm、90mm、100mm、120mm、140mm、150mm、170mm、200mm、250mm、310mm 等。大型矿山一般采用大孔径爆破，以提高矿山的开采强度与生产效率，降低生产成本。

11.7.2.3　填塞长度

填塞长度 L_S 是炮孔内药柱顶面至孔口的距离。实际爆破中，为了防止"冲炮"发生，需要在药柱与孔口之间利用炮泥或其他介质进行填塞。填塞的长度对爆破效果有很大的影响。填塞过短，孔口容易冲孔，产生飞石、冲击波和根底，并且浪费炸药能量；填塞过长，则易在孔口位置产生大块甚至"伞岩"，爆破效果差。当采用连续装药时，填塞长度可根据下面的经验公式依据炮孔直径 D 选取：

$$L_S = (17 \sim 30) D \qquad (11\text{-}7)$$

填塞长度的选取应综合考虑对爆破块度的要求、炸药种类、岩体强度和填塞物的性质。比如，对于密度大的硬岩（如铁矿石）取小值；需要控制飞石时取大值。最好的填塞物是粒径为炮孔直径十分之一左右的砾石，在爆生气体的作用下，砾石之间形成"互锁"状态，增大阻力，使爆生气体作用岩体的时间变长，从而改善爆破效果。

11.7.2.4 抵抗线

除头排炮孔外，每排炮孔需要克服的抵抗线就是炮孔排距 B。由于台阶坡面不是垂直的，头排炮孔的抵抗线从上到下不一样，所以其抵抗线用炮孔中心至台阶坡底线的水平距离表示，称为底盘抵抗线，记为 W_p。抵抗线是影响台阶爆破质量的一个重要参数，取值过小会造成被爆破的岩体过于粉碎，产生的爆堆前冲也大，还容易产生过远的飞石；取值过大，爆破后容易形成根底与大块。在爆破设计中，抵抗线通常是根据经验选取。

为了同时克服向前和向上两个方向上的约束，抵抗线和填塞长度应保持一种平衡关系，即：

$$B = (1.0 \sim 1.5)L_S \tag{11-8}$$

清渣爆破时，底盘抵抗线的经验计算公式为：

$$W_p = (25 \sim 45)D \tag{11-9}$$

为了保证钻机穿孔作业的安全，头排炮孔的孔位距台阶边沿应留有一定的距离 C，称为沿边距，一般为 2~3m。因此，头排孔的底盘抵抗线取值应满足以下约束条件：

$$W_p \geqslant H(\cot\alpha - \cot\beta) + C \tag{11-10}$$

当实施压渣爆破时，为了克服渣堆所增加的爆破压力，需根据渣体厚度及对爆破后爆堆松散度的要求，适当减小底盘抵抗线，减小值的经验计算公式为：

$$W_n = 0.4\frac{\delta}{K} \tag{11-11}$$

式中　W_n——以渣体厚度折算的抵抗线值，m；

δ——压渣体的平均厚度，m；

K——爆破后的渣体松散系数，一般为 1.3~1.5。

在实施排间微差爆破时，后排孔是处于其前排孔爆破后所形成的渣堆的挤压状态下起爆的，为了保证后排孔的爆破质量，后排孔的抵抗线（即排间距）B 应小于头排孔的底盘抵抗线 W_p，B 一般为 W_p 的 0.8~0.9 倍。

在台阶爆破中，存在一个最佳抵抗线，即对于具体的爆破条件，在达到爆破效果要求的前提下取得最大单孔爆破量的抵抗线。岩体的力学性质、岩体中节理与裂隙的发育程度以及爆破目的对最佳抵抗线都有影响。岩体节理裂隙发育时取大值，反之取小值；要求爆堆位移较大时取小值，反之取大值。

11.7.2.5 炮孔邻近系数与孔间距

炮孔邻近系数 m 又称为炮孔密集系数，是孔间距与排间距的比值：

$$\left.\begin{array}{ll} \text{头排孔} & m = \dfrac{S}{W_p} \\[3mm] \text{后排孔} & m = \dfrac{S}{B} \end{array}\right\} \tag{11-12}$$

炮孔邻近系数的大小在一定程度上表征了炸药包在岩体中爆炸时的相互作用程度。若 m 值过小，即孔间距过小而排间距过大，爆破后经常会出现"留墙"现象。在布孔设计时，要求 m 值不小于 1，一般为 1.15~1.5。

250

孔间距可以依据排间距和炮孔邻近系数计算：

$$S = mB = (1.15 \sim 1.5)B \tag{11-13}$$

孔间距 S 的大小取决于岩性和爆破目的。岩体节理裂隙发育时取大值，反之取小值；要求爆堆位移较大时，取小值，反之取大值。

11.7.2.6 炮孔超深

炮孔超深 h 是指炮孔超过台阶坡底面（底盘）的垂直深度。其作用是降低装药中心以克服台阶底盘的阻力。若超深设置过小或不设超深，爆破后容易产生根底和大块；若超深过大，则不仅降低了延米爆破量指标，还增加了爆破振动强度，破坏爆破后台阶底盘的平整度。超深的大小应与炮孔直径或底盘抵抗线成一定比例关系，即：

$$\left. \begin{array}{l} h = (0 \sim 12)D \\ h = (0 \sim 0.35)W_p \end{array} \right\} \tag{11-14}$$

只有需要时才设置超深。当岩体内有大量近水平层理、节理、裂隙时，不设置超深也不会留下根底。对于坚固性高、完整性好的岩体，超深至少取 $7D$。

11.7.2.7 炮孔长度

炮孔长度与钻孔方式有关。垂直钻孔时，炮孔长度 L 等于台阶高度 H 与超深 h 之和：

$$L = H + h \tag{11-15}$$

倾斜钻孔时（炮孔与水平面的夹角为 β），炮孔长度 L 为：

$$L = (H + h)/\sin\beta \tag{11-16}$$

11.7.2.8 装药长度

一个炮孔的总长度 L 除了填塞以外，其余长度全部可用于装药。所以炮孔的可装药长度 L_C 为：

$$L_C = L - L_S \tag{11-17}$$

11.7.2.9 装药结构

露天矿台阶爆破典型的装药结构有四种，即连续耦合装药、连续不耦合装药、间隔耦合装药和间隔不耦合装药，如图 11-10 所示。

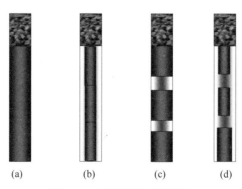

图 11-10 装药结构示意图

（a）连续耦合装药；（b）连续不耦合装药；（c）间隔耦合装药；（d）间隔不耦合装药

从充分利用炮孔空间和提高装药效率的角度考虑，采用连续耦合装药结构最好，此时可采用现场混装车装药或装入袋装的散炸药。使用药卷装药时，常采用连续不耦合装药结构。

间隔装药就是把孔内的炸药以间隔介质（如炮泥、水、岩屑或空气等）分隔成两段或更多段药柱。间隔装药一般用于下列情况：

（1）设计的单孔装药量较小，远小于炮孔最大可装药量，而通过增加填塞长度减小装药长度又导致填塞长度太长（超过台阶高度的约一半），这时可采用间隔装药结构，把单孔装药量降低至设计值。大孔径爆破时，常出现这种情况。

（2）当生产台阶推进到最终境界，进行靠帮并段的预裂爆破时，为了减少线装药密度和单孔装药量且使能量分布均匀，以减小对边帮的破坏，多采用间隔不耦合装药结构。

（3）当被爆岩体中存在水平方向的弱层，弱层部位必须用实物填塞时，常采用间隔耦合装药结构。

11.7.2.10 延米装药量

延米装药量是每米炮孔长度能够装填的炸药量，即：

$$K_m = \frac{1}{4000}\pi D^2 \rho \tag{11-18}$$

式中　K_m——延米装药量，kg/m；

D——炮孔直径，mm；

ρ——装药密度，g/cm^3。

11.7.2.11 单孔装药量与总装药量

单孔装药量即单个炮孔的装药重量。单个炮孔能够装入的最大药量 Q_{max} 为：

$$Q_{max} = K_m L_C \tag{11-19}$$

单个炮孔应该装入的药量（即理论装药量）Q_t 为：

$$Q_t = qV \tag{11-20}$$

式中　q——单位炸药消耗量（简称炸药单耗），kg/m^3；

V——单个炮孔承担的爆破岩体体积，m^3。

Q_t 不能大于 Q_{max}，否则就得缩小孔网参数，减少单孔装药量 Q_t。

单个炮孔承担的爆破岩体体积为：

头排孔：

$$V = W_P SH \tag{11-21}$$

后排孔：

$$V = BSH \tag{11-22}$$

当采用多排孔微差爆破时，为了改善爆破质量，后排炮孔的装药量应适当加大，即：

$$Q_{t后排} = qBSHk \tag{11-23}$$

式中　k——后排炮孔的装药量增加系数。

总装药量是一个爆区所有炮孔装药量之和，在给定单孔装药量 Q_t 的条件下取决于爆区规模（即一次爆破的矿岩实方量）。爆区规模应依据现场爆区条件、矿山生产能力、挖掘设备能力、周边环境等因素确定。

11.7.2.12 炸药单耗

炸药单耗指爆破 1m^3 或 1t 矿（岩）平均所用的炸药量。炸药单耗的大小取决于岩体的可爆性、炸药的性能、自由面条件以及对爆破效果的要求等。岩体的可爆性指数越大，可爆性越差，炸药单耗越高，反之炸药单耗就越低。不同种类炸药的性能（如爆速、装药密度等）存在差异，对于同样的爆破条件，采用不同种类的炸药时，炸药单耗也不同。自由面条件（个数、大小、形状、方向、空间关系等）影响岩体的可爆性，进而影响炸药单耗。自由面越多、越大，炸药单耗越低，反之炸药单耗就越高。对爆破效果的要求主要指爆堆块度、位移和松散性等，要求块度小、位移大、松散性系数大时，炸药单耗高，反之炸药单耗就低。露天矿台阶爆破的炸药单耗一般在 $0.2 \sim 1.0 kg/m^3$ 之间。

露天矿台阶爆破的炸药单耗 q 与岩石坚固性系数之间的关系可参考表 11-11。

表 11-11　炸药单耗参考值

岩石坚固性系数 f	<8	8~10	10~14	14~20
炸药单耗/kg·m^{-3}	0.45	0.45~0.5	0.5~0.65	0.65~1.0

炸药单耗是露天矿爆破作业的一项重要技术经济指标。炸药单耗小会减少炮孔的装药量，降低爆破作业的成本；但可能使爆破质量降低，导致后续采装、运输、粗碎等成本的增加。

11.7.3　起爆方案与起爆网路

露天矿台阶爆破中，多采用一次多排孔爆破。根据孔、排间引爆时间上的异同，起爆方案可分为齐发爆破和微差爆破。国内外的露天矿山多采用微差爆破。在微差爆破中，由于炮孔间的起爆时间与起爆顺序的不同，可形成各种各样的起爆网路，不同起爆网路的爆破效果不同。几种最常用的起爆网路形式如图 11-11 所示。

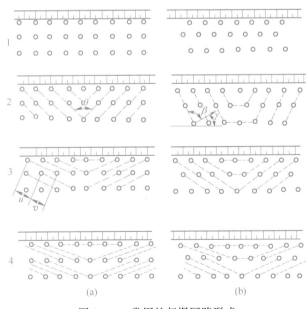

图 11-11　常用的起爆网路形式
（a）方形布孔；（b）三角形布孔

常见的起爆方案有：排间微差起爆、斜线起爆、直线掏槽起爆、间隔孔起爆、逐孔起爆等。实践表明，逐孔起爆可以取得良好的爆破效果，而且爆破有害效应最小。

11.7.3.1　排间微差起爆

排间微差起爆方案是将平行于台阶坡顶线布置的炮孔逐排顺序起爆。该方案的优点是：爆破时前推力大，能克服较大的底盘抵抗线，爆破崩落线明显。缺点是：后冲及爆破地震效应较大，爆破过程中岩块碰撞挤压较少，爆堆平坦。

为了减轻振动效应，可将同排起爆炮孔分成数段起爆。为了减小后冲，可将前一排的两侧边孔与后一排的炮孔同段起爆。

11.7.3.2　斜线起爆

每一分段起爆炮孔中心的连线与台阶坡顶线斜交的爆破统称为斜线起爆。斜线起爆有下列优点：

（1）采用方形布孔，便于钻孔、装药与填塞机械的作业，同时可提高炮孔的邻近系数，有利于改善爆破质量。

（2）由于起爆的分段多，每分段的装药量小而分散，可大大降低爆破的地震效应。

（3）降低了爆破的后冲与侧冲，且爆堆集中，提高了铲装作业的效率。

斜线起爆的缺点是：

（1）后排孔爆破的夹制性较大，崩落线不明显。

（2）分段施工操作与检查较为繁杂，且由于爆破段数多，爆破材料消耗量较大。

11.7.3.3　直线掏槽起爆

直线掏槽起爆方案是利用沿一直线布置的密集炮孔首先起爆，为后续孔爆破开创新的自由面，其炮孔的基本布置与网路形式如图 11-12 所示。

直线掏槽爆破一般在掘沟中使用。该方案具有如下优点：破碎块度适当、均匀，爆堆沿堑沟的轴线集中，无碎石后翻现象。其缺点是：穿孔工作量大，延米爆破量低，爆破后沟两边的侧冲大，地震效应较强。

11.7.3.4　间隔孔起爆

间隔孔起爆方案中，同排炮孔按奇偶数分组顺序起爆，其基本形式如图 11-13 所示。

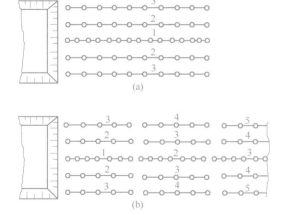

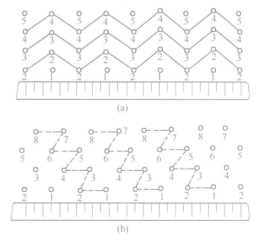

图 11-12　直线掏槽起爆基本
布置形式（1~5 为起爆顺序）
（a）一般起爆形式；（b）分区多段起爆形式

图 11-13　间隔孔起爆基本
形式（1~8 为起爆顺序）
（a）波浪式；（b）阶梯式

波浪式起爆与排间顺序起爆相比，因前段爆破为后排炮孔创造了较大的自由面，因而改善了爆破质量，同时塌落宽度与后冲都较小。

阶梯式起爆由于来自多方面的爆破作用，可改善爆破质量，且爆堆集中，后冲、侧冲较小，但该方案不适用于掘沟爆破。

11.7.3.5　逐孔起爆

逐孔起爆就是爆区中的炮孔都是按照一定的起爆顺序单独起爆。逐孔起爆的核心是单孔延时起爆，利用高精度导爆管雷管或电子雷管控制延时，使前一个炮孔的起爆为与其相邻的后一个炮孔创造新的自由面。如果一个爆区内有两个或多个炮孔在互不影响且爆破炮孔得到充足自由面的情况下同时起爆，也为逐孔起爆。逐孔起爆与单孔起爆不同，单孔起爆网路中同段孔只有一个，而逐孔起爆网路中同段孔可能有两个甚至多个。同段孔是指在8ms之内起爆的炮孔。

为了达到先起爆的炮孔为后起爆的炮孔创造新的动态自由面的目的，需要设置合理的孔间和排间延期时间，其计算式为：

$$\Delta t_1 = k_1 S \tag{11-24}$$

$$\Delta t_2 = k_2 B \tag{11-25}$$

式中　Δt_1，Δt_2——孔间和排间延期时间，ms；

　　　k_1，k_2——孔间和排间延时系数，ms/m；

　　　S，B——孔间距和排间距，m。

k_1和k_2与岩石性质、结构构造和爆破条件有关。露天矿台阶爆破中，k_1的取值范围为1~10ms/m，常用3~8ms/m；k_2的取值范围为3~36ms/m，常用10~16ms/m。硬岩时取小值，软岩或节理裂隙发育时取大值。

图 11-14 和图 11-15 所示分别为采用高精度导爆管雷管和电子雷管连接而成的逐孔起爆网路示意图，图中的孔距为5m，排距为4.5m。

图 11-14 中，每个炮孔内使用长延时（如500ms）的高精度导爆管雷管，以免先起爆的炮孔将未传爆的地表网路损坏。在地表，主控排（第一排）孔间采用延时25ms高精度导爆管雷管连接，排间采用延时65ms高精度导爆管雷管连接，孔口边上的数字表示起爆后地表导爆管雷管传爆到该孔口所用的累计时间，单位为ms。孔口标有"0"的炮孔是第一个起爆孔。等时线上的时间是地表延时。

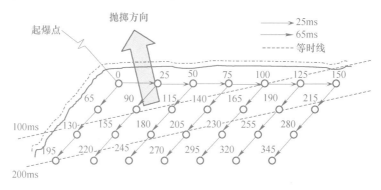

图 11-14　逐孔起爆网路示意图（高精度导爆管雷管）

图 11-15 中，地表没有传爆雷管，所有孔内的电子雷管都并联在主导线上，通过每个炮孔内的电子雷管设置的延期时间不同来实现逐孔起爆。孔间采用 25ms 等间隔，排间采用 65ms 等间隔，孔口边上的数字表示起爆后每个炮孔的起爆时间，单位为 ms。孔口标有"0"的炮孔是第一个起爆孔。

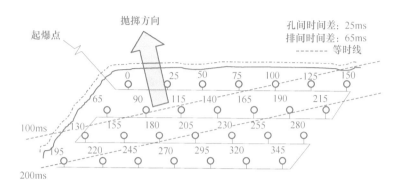

图 11-15　逐孔起爆网路示意图（电子雷管）

由于逐孔起爆时，每个炮孔都严格地按照设计好的时间次序起爆，先起爆的炮孔为相邻炮孔的起爆创造了新的动态自由面，后续炮孔的起爆条件得到改善，炸药单耗降低，爆破质量提高。同时，由于同段孔之间距离较大，爆破地震效应大大降低。

11.7.4　爆破安全验算

爆破振动和飞石可能对需要保护的对象造成破坏，所以有必要进行安全验算，并依据验算结果采取必要的措施。

11.7.4.1　振动安全验算

爆破振动可以依据受保护对象的允许质点振动速度标准，采用萨多夫斯基公式计算爆破振动安全允许距离，然后与爆区与受保护对象之间的实际距离对比，进行检验。爆破振动安全允许距离按下式计算：

$$R = (K/V)^{1/\alpha} \cdot Q^{1/3} \tag{11-26}$$

式中　R——爆破振动安全允许距离，m；

K，α——与爆破点至保护对象间的地形、地质条件有关的系数和衰减系数，参照表 11-12 选取；

V——受保护对象所在地允许的质点振动速度，cm/s，参照表 11-13 选取；

Q——最大同段药量，kg。

表 11-12　不同岩性的 K、α 值

岩性	K	α
坚硬岩石	50~150	1.3~1.5
中硬岩石	150~250	1.5~1.8
软岩石	250~350	1.8~2.0

表 11-13 爆破振动安全允许标准

序号	保护对象类别	安全允许质点振动速度 $V/\text{cm} \cdot \text{s}^{-1}$		
		$f \leqslant 10\text{Hz}$	$10\text{Hz} < f \leqslant 50\text{Hz}$	$f > 50\text{Hz}$
1	土窑洞、土坯房、毛石房屋	0.15~0.45	0.45~0.9	0.9~1.5
2	一般民用建筑物	1.5~2.0	2.0~2.5	2.5~3.0
3	工业和商业建筑物	2.5~3.5	3.5~4.5	4.2~5.0
4	一般古建筑与古迹	0.1~0.2	0.2~0.3	0.3~0.5
5	运行中的水电站及发电厂中心控制室设备	0.5~0.6	0.6~0.7	0.7~0.9
6	水工隧洞	7~8	8~10	10~15
7	交通隧道	10~12	12~15	15~20
8	矿山巷道	15~18	18~25	20~30
9	永久性岩石高边坡	5~9	8~12	10~15
10	新浇大体积混凝土（C20）： 龄期：初凝~3d 龄期：3~7d 龄期：7~28d	1.5~2.0 3.0~4.0 7.0~8.0	2.0~2.5 4.0~5.0 8.0~10.0	2.5~3.0 5.0~7.0 10.0~12.0

如果计算得出的 R 值大于爆区与受保护对象之间的实际距离，就需采取必要措施，降低爆破振动。

11.7.4.2 飞石安全验算

到目前为止，尚没有有效的预测爆破飞石距离的方法和公式，深孔爆破时一般借鉴集中药包爆破的飞石距离预测公式：

$$R_F = 20Kn^2B \tag{11-27}$$

式中 R_F——飞石安全距离，m；

$\quad\quad K$——与地形、风向、岩石特性及地质条件有关的系数，一般取 1~1.5，沿抵抗线方向、顺风、下坡方向，且硬岩石脆时取较大值；反之取较小值；

$\quad\quad n$——药包的爆破作用指数，露天深孔松动爆破可取 0.75；

$\quad\quad B$——药包的最小抵抗线，m。

如果计算得出的 R_F 值大于爆区与受保护对象之间的实际距离，就需采取必要措施，减小飞石距离。

11.7.5 生产台阶爆破设计示例

例 11-1 某露天铁矿的台阶高度 $H = 12\text{m}$；矿体节理裂隙极为发育，无水，坚固性系数 $f = 10 \sim 15$，矿石实体容重 $\gamma = 3.3\text{t/m}^3$；爆破后用电铲铲装，一次挖掘高度 12m，要求爆堆达到中等前抛。试为该矿的矿石爆破设计爆破参数和起爆网路。

解：（1）爆破参数设计。

1）孔径 D。矿石节理裂隙极为发育，且要求爆堆达到中等前抛，可以采用大孔径，取 $1/50H = 240\text{mm}$，251mm 为与之接近的标准钻头直径，所以 $D = 251\text{mm}$。

2）填塞长度 L_S，通常取（17~30）D。由于矿石坚硬（坚固性系数 f 较高）、密度大，所以 L_S 应取较小的数值：$L_S = 20D = 20 \times 251mm = 5.0m$。

3）抵抗线（排距）B。$B = (1.0~1.5)L_S$，为了达到中等程度的前抛，可取 $B = 1.2L_S = 1.2 \times 5.0m = 6.0m$。

4）孔距 S。为了使炸药在水平方向上分布更均匀，采用等边三角形布孔，炮孔密集系数取 $m = 1.15$，$S = mB = 1.15B = 1.15 \times 6.0m = 6.9m$。

5）超深 h。对于硬岩，h 至少取 7 倍孔径，所以 $h = 7D = 7 \times 251mm \approx 1.8m$。

6）炮孔长度 L。采用垂直孔，$L = H + h = 12m + 1.8m = 13.8m$。

7）装药长度 L_C。为了充分利用炮孔长度，在保证填塞长度的条件下，其余长度全部用于装药，所以 $L_C = L - L_S = 13.8 - 5.0 = 8.8m$。

8）炸药类型及单孔装药量。干孔且节理裂隙极为发育的矿体采用 ANFO 较合适，假设 ANFO 的装药密度为 $0.82g/cm^3$，钻头直径为 251mm 的炮孔，钻成炮孔的直径会稍大一些，假设为 260mm，每米炮孔可装入 ANFO 炸药量 $K_m = 43.51kg/m$，单孔最大装药量 $Q_{max} = K_m L_C = 43.51 \times 8.8 = 383kg$。

9）炸药单耗 q。按单孔最大装药量计算，$q = Q_{max}/(SBH) = 383/(6.9 \times 6.0 \times 12) = 0.77kg/m^3$。对于所爆矿石条件和爆破要求，这样的单耗比较合适，所以单孔实际装药量 $Q_t = Q_{max}$。

10）延米爆破量 q_1。$q_1 = SBH\gamma/L = 6.9 \times 6.0 \times 12 \times 3.3/13.8 = 118.8t/m$。

（2）起爆网路设计。采用数码电子雷管的逐孔起爆网路。首先确定延期时间，其后绘制起爆网路图。

1）孔间延期时间 Δt_1。$\Delta t_1 = k_1 S = (3~8) \times 6.9 = 20.7~55.2ms$，取 42ms。

2）排间延期时间 Δt_2。$\Delta t_2 = k_2 B = (10~16) \times 6.0 = 60~96ms$，取 65ms。

3）起爆网路图。采用电子雷管起爆网路，其示意图如图 11-16 所示，每个炮孔孔口的数值表示孔内电子雷管设置的延期时间，单位为 ms。为了保证起爆的可靠性，每个孔内装两发电子雷管，每发电子雷管分别插入一个 500g 的起爆具内。

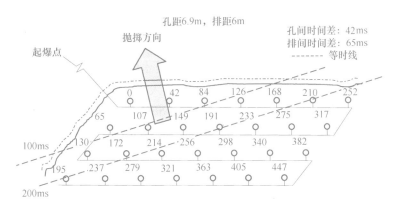

图 11-16 电子雷管逐孔起爆网路示意图（例 11-1，局部）

例 11-2 某露天铜矿的矿石产量为 800 万吨/a，生产剥采比为 8t/t；地表标高 1220m，矿体倾角为 60°，设计台阶高度 $H = 10m$，生产台阶坡面角为 75°；矿、岩实体容重分别为

$\gamma_o = 2.95t/m^3$、$\gamma_w = 2.62t/m^3$；矿和岩都是硬岩（$f = 8 \sim 15$），节理裂隙较为发育，局部矿体爆区有少量水，岩体爆区无水。要求达到松动爆破，矿石块度控制在 700mm 以下，岩石块度控制在 1000mm 以下。矿山工作制度为 330 天/年，3 班/天。试完成以下工作：

（1）设计矿石和岩石台阶的爆破参数（含爆区规模）。

（2）确定钻机型号与数量。

（3）爆破安全验算。若在最终境界边帮外 30m 处有一座钢筋混凝土结构的矿石倒装站，爆破能否保证其安全？如不能，应采取哪些技术措施？

解： 矿岩绝大多数爆区无水，可以采用 ANFO 炸药；对于局部矿体爆区有少量水的情况，可以先在炮孔底部装入膏状乳化药卷（药卷直径比孔径小 20mm 左右），当装药高出水面 1m 左右时，再装入 ANFO 炸药。由于要求矿石的块度较小，所以矿体爆破的炸药单耗比岩体爆破的炸药单耗要高一些。为了控制矿石的损失与贫化，矿岩采用分爆分采的方式。

（1）爆破参数设计。

1）矿石台阶爆破参数。

①孔径 D。矿体节理裂隙较为发育，且要求松动爆破，可以采用中等孔径，所以取 $D = (1/70)H = 10000/70 = 143mm$，140mm 为与之接近的标准孔径，所以 $D = 140mm$。

②填塞长度 L_S。通常取（$17 \sim 30$）D，对于密度大的硬岩且要求块度较小的台阶爆破可取 $18D$，$L_S = 18D = 18 \times 140 = 2.5m$。

③抵抗线（排距）B。$B = (1.0 \sim 1.5)L_S$，为了控制前抛，达到松动爆破的目的，可取 $B = 1.4L_S = 1.4 \times 2.5 = 3.5m$。

④孔距 S，为了使炸药在水平方向上分布均匀，采用等边三角形布孔，炮孔密集系数 $m = 1.15$，$S = mB = 1.15 \times 3.5 = 4.0m$。

⑤超深 h。$h = (0 \sim 12)D$，对于硬岩，至少取 7 倍孔径，$h = 7 \times 140 = 1.0m$。

⑥炮孔长度 L。采用垂直孔，$L = H + h = 10 + 1.0 = 11.0m$。

⑦装药长度 L_C。为了充分利用炮孔长度，在保证填塞长度的条件下，其余长度全部用于装药，$L_C = L - L_S = 11.0 - 2.5 = 8.5m$。

⑧炸药类型及单孔装药量。干孔且节理裂隙较为发育的矿体采用 ANFO 炸药较合适。假设 ANFO 炸药的装药密度为 $0.82g/cm^3$，直径为 140mm 的钻头钻成的炮孔直径为 145mm。采用连续耦合装药结构，每米炮孔可装入 ANFO 炸药量 $K_m = 13.53kg/m$，单孔可装药量 $Q_{max} = K_m L_C = 13.53 \times 8.5 = 115kg$。对于有少量水的炮孔，底部装入直径 120mm、密度 $1.2g/cm^3$ 的乳化药卷，药卷超出水面 1m 后，装入 ANFO。

⑨单位炸药消耗量 q。以 Q_{max} 计算，$q = Q_{max}/(SBH) = 115/(4.0 \times 3.5 \times 10) = 0.82kg/m^3$。对于所爆矿石条件和爆破要求，这样的单耗比较合适，所以单孔实际装药量 $Q_t = Q_{max}$。

⑩延米爆破量 $q_{1矿}$。$q_{1矿} = SBH\gamma_o/L = 4.0 \times 3.5 \times 10 \times 2.95/11.0 = 37.5t/m$。

⑪爆区规模。每天需要爆破矿石实方体积为 $800 \times 10^4/330/2.95 = 8218m^3$，需要爆破孔数为 $8218/(SBH) = 8218/(4.0 \times 3.5 \times 10) = 58.7$ 个，取 59 个。视采场矿体赋存条件确定矿体放炮制度，既可以一天放一个爆区，炮孔数目不少于 59 个；也可以两天放一个爆区，炮孔数目不少于 118 个。

2）岩石台阶爆破参数。

①孔径 D。与矿体爆破采用相同的钻孔直径，即 $D = 140mm$。

②填塞长度 L_S，通常取 （17~30）D，对于硬岩且允许块度较大的台阶爆破可取 $23D$，$L_S = 23D = 23 \times 140 = 3.2$m。

③抵抗线（排距）B，$B = (1.0~1.5)L_S$，为了控制前抛，达到松动爆破的目的，可取 $B = 1.35L_S = 1.35 \times 3.2 = 4.3$m。

④孔距 S。为了使炸药在水平方向上分布均匀，采用等边三角形布孔，炮孔密集系数 $m = 1.15$，$S = mB = 1.15 \times 4.3 = 4.9$m。

⑤超深 h。取 （0~12）D，对于硬岩，至少取 7 倍孔径，$h = 7 \times 140 = 1.0$m。

⑥炮孔长度 L。采用垂直孔，$L = H + h = 10 + 1.0 = 11.0$m。

⑦装药长度 L_C。为了充分利用炮孔长度，在保证填塞长度的条件下，其余长度全部用于装药，$L_C = L - L_S = 11.0 - 3.2 = 7.8$m。

⑧炸药类型及单孔装药量。干孔且节理裂隙较为发育的岩体采用 ANFO 炸药较合适。假设 ANFO 炸药的装药密度为 0.82g/cm^3，直径为 140mm 的钻头钻成的炮孔直径为 145mm，采用连续耦合装药结构，每米炮孔可装入 ANFO 炸药量 $K_m = 13.53$kg/m，单孔可装药量 $Q_{max} = K_m L_C = 13.53 \times 7.8 = 106$kg。

⑨单位炸药消耗量 q。以 Q_{max} 计算，$q = Q_{max}/(SBH) = 106/(4.9 \times 4.3 \times 10) = 0.50$kg/m^3。对于所爆岩石条件和爆破要求，这样的单耗比较合适，所以单孔实际装药量 $Q_t = Q_{max}$。

⑩延米爆破量 $q_{1岩}$。$q_{1岩} = SBH\gamma_w/L = 4.9 \times 4.3 \times 10 \times 2.62/11.0 = 50.2$t/m。

⑪爆区规模。每天需要爆破岩石实方体积为 $800 \times 10^4 \times 8/330/2.62 = 74023$m^3，需要爆破孔数为 $74023/(SBH) = 74023/(4.9 \times 4.3 \times 10) = 351.3$ 个，取 352 个。根据采场剥离岩体分布情况确定岩体放炮制度，既可以一天放一个爆区，炮孔数目不少于 352 个；也可以一天放两个爆区或三个爆区，炮孔总数不少于 352 个。

（2）钻机型号与数量。钻孔直径为 140mm，所以可以选用型号为 JK730 的金科潜孔钻机，台班效率一般为 100~150m。

在矿体中钻孔时，台班效率取 120m，台年综合效率为 $120 \times 3 \times 330 = 118800$m。延米爆破量为 37.5t/m，废孔率取 3%，矿石年产量 800 万吨，将数据代入式 （11-3），计算得 $N_矿 = 1.85$ 台。

在岩体中钻孔时，台班效率取 130m，台年综合效率为 $130 \times 3 \times 330 = 128700$m。延米爆破量为 50.2t/m，废孔率取 4%，岩石年剥离量 800 万吨 $\times 8$t/t $= 6400$ 万吨，将数据代入式 （11-3），计算得 $N_岩 = 10.3$ 台。

该矿山所需钻机总数为 $N = N_矿 + N_岩 = 1.85 + 10.3 = 12.15$ 台，取 13 台。

（3）爆破安全验算。本设计采用电子雷管实现逐孔起爆，极限时可以实现单孔起爆，同段药量就是单孔装药量。如果单孔起爆都不能保证矿石倒装站的安全，则必须采取必要的减振措施。

1）振动安全验算。应用式 （11-26）计算爆破振动安全允许距离。本例中，矿岩均为硬岩，式 （11-26）中的 K、α 参照表 11-12 分别取 100、1.4；矿石倒装站为钢筋混凝土结构，视为工业建筑物，允许的质点振动速度参照表 11-13 取 4cm/s；最大同段药量为 115kg。将数据代入式 （11-26），得爆破振动安全允许距离 $R = 48.5$m>30m，无法保证矿石倒装站的安全。可考虑采取以下措施，降低爆破振动：

①靠帮时采用预裂爆破，可降低爆破振动50%左右；

②缩小孔网参数，采用间隔不耦合装药结构，减少单孔装药量，降低孔壁初始压力及振动幅值；

③采用斜线单孔起爆，改变爆破抛掷方向，尽量使矿石倒装站处于抛掷方向的侧方；

④减小爆区规模，降低爆破振动叠加效应，缩短振动持续时间；

⑤采用清碴爆破方式，可降低爆破振动40%~50%；

⑥适当增加微差间隔时间，降低约束，减小后坐力；

⑦做好前期爆破振动监测工作，研究爆破地震波传播规律，回归出当地的 K、α 值，指导爆破设计。

2）飞石安全验算。应用式（11-27）计算爆破飞石安全距离。本例为露天深孔松动爆破，式中的 n 取0.75；靠帮爆破一般在岩体里，所以最小抵抗线 B 取4.3m；系数 K 取1.0。将数据代入式（11-27）求得飞石安全距离 $R_F = 48.4m > 30m$，无法保证矿石倒装站的安全。为此可考虑采取以下措施：

①选择合理的孔网参数，按设计要求保证穿孔质量，避免药包位于岩石软弱夹层或基础的接触面；

②控制爆破抛掷方向，避免抛掷方向朝向矿石倒装站；

③对于抵抗线不均的情况，要选择合适的装药量及装药结构；

④按设计精心施工，避免过量装药，保证填塞长度和填塞质量；

⑤必要时对保护对象采取覆盖或防护措施；

⑥合理选择微差时间，避免约束过度或约束过小。

11.7.6 爆破效果评价

露天矿台阶爆破效果的好与坏对后续铲装、运输、破碎等工序的工作效率与成本影响很大。因此，在生产中应注重对爆破效果的评价工作，并依据评价结果不断改进爆破设计和作业，达到安全生产和降低整个生产过程的成本的目的。

11.7.6.1 评价指标

爆破效果的评价主要考虑以下三方面的指标：

（1）安全指标。一是爆破作业本身的安全；二是周边环境的安全，如邻近爆区的侧裂、后裂情况，爆破振动、飞石和炮烟的影响范围及程度等。

（2）质量指标。主要包括块度分布、爆堆形态、矿岩松散性、是否有根底等。

（3）经济指标。一要考虑爆破自身的成本，即钻孔、爆破的施工成本和爆破器材成本；二要考虑后续工序的成本，包括二次破碎成本、铲装成本、运输成本、选矿破碎成本等。实际上，经济指标隐含了质量指标，前者是后者的结果，后者是前者的致因。使经济指标达到最好（上述各项成本之和最低）的爆破质量就是最佳爆破质量。

在满足安全要求的前提下达到最好经济指标时，爆破就达到了最佳效果。

11.7.6.2 大块与根底

大块率和根底率是露天矿台阶爆破的最重要质量指标，爆破质量不佳也主要表现为大块率和根底率高。从爆破后续工序（主要是二次破碎和铲装）的效率和成本的角度看，大块率和根底率越低越好，二者均为 0 时最好。但要达到很低的大块率和根底率，不免会增加钻孔和爆破成本。

大块的界定标准主要取决于铲装设备和初始破碎设备的型号和尺寸，所以应因地制宜确定大块的界定标准。大块产生的部位通常在：台阶的上部和台阶坡面，同一次爆破软、硬岩的分界处，以及爆区的后部边界。产生大块的原因主要有：

（1）炸药主要分布在炮孔的中、下部，炮孔孔口炸药能量不足，岩石破碎不均匀；

（2）台阶坡面受前次爆破的破坏，原生弱面张裂，甚至被切割成"块体"，容易被整体振落，形成大块；

（3）同一爆区的硬岩和软岩分界部位易于振落，形成大块；

（4）爆区后部与未爆岩石相交处（即沿爆破塌落线），也会产生一些因爆破而振落的大块。

所谓根底是指爆破后电铲难以挖掘的凸出采掘水平面一定高度的未破碎硬坎或岩埂。对于台阶高度 12m 的矿山，有凸出采掘水平面 1.5m 以上的硬坎或岩埂，就认为形成了根底。有根底出现时往往有大块存在，但是有大块时不一定有根底。产生根底的主要原因有：超深不够、孔网参数选择不当、起爆顺序和毫秒间隔时间不合理、底部装药不足等。

降低大块率、根底率的措施主要包括：

（1）合理的爆破设计。选取合理的前排孔抵抗线；控制最后排孔的装药高度；合理控制超深和余高；选取与岩石特性相匹配的炸药，增强底部炸药威力；选取合理的毫秒延期时间，准确延时；爆区有明显的结构面时，要根据岩体结构面特征，确定起爆顺序；在适宜地点采用大孔距、小抵抗线爆破和压碴爆破。

（2）严格施工。严格布孔、钻孔、验孔、装药、填塞、连线等作业的施工。

（3）科学管理。实行分层管理，逐层考核，责任到人，增强作业人员的责任感；建立质量管理体系和质量监控网络，并在生产中严格执行。

11.8　靠帮并段台阶的控制爆破

随着采场水平方向的不断推进与垂直方向上的不断延伸，每一台阶最后都要推进到设计的最终境界的边帮位置，通过靠帮过渡成为采场的固定帮。台阶靠帮时常常采用并段以提高露天采场的最终边帮角，使之达到稳定边坡所允许的最大值。靠帮时，由于爆破地点与最终边帮相邻，若采用正常生产爆破的组织与设计，其爆破的地震效应将严重影响最终边帮的稳定性。因此，在生产中，通常采用预裂爆破、缓冲爆破与光面爆破等控制爆破手段来避免或减轻台阶靠帮或并段爆破对最终边帮稳定性的危害。

预裂爆破和光面爆破的相同点是"多打孔，少装药"。不同点是预裂爆破先于主爆孔起爆，即"先齐爆"；而光面爆破是在主爆孔起爆之后再起爆，即"后齐爆"。在露天矿山靠帮爆破中，预裂爆破比光面爆破应用更为广泛。

11.8.1 预裂爆破

图 11-17 所示为一个台阶靠帮时采用的预裂控制爆破典型方案示意图。图中紧邻最终边帮的最后一排孔为预裂孔，它们是在靠帮或并段台阶欲形成固定边帮台阶坡顶线的位置钻凿的倾斜炮孔，其倾角即为最终边帮处台阶的坡面角。为了保证边帮平台的平整，预裂孔不设置超深，其炮孔直径也比正常生产爆破的炮孔小，以减少单孔装药量。国内露天矿多采用 $\phi 100 \sim 200mm$ 的潜孔钻机或 $\phi 60 \sim 80mm$ 的凿岩台车穿凿预裂炮孔。

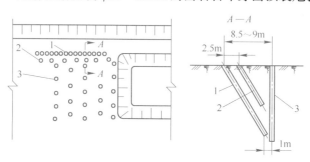

图 11-17   预裂爆破的钻孔布置
1—预裂孔；2—缓冲孔；3—主爆孔

预裂孔通常采用间隔不耦合装药结构，以便在炮孔壁与药柱之间形成一环形孔隙，降低作用于孔壁的初始压力，防止其周围的岩石过度粉碎。

预裂爆破时，同一爆区的主爆区炮孔（即主爆孔）以 3 排为宜。主爆孔排数过多，预裂缝难以形成；主爆孔排数过少，容易因前一个爆区距离边坡太近而损伤边坡岩体。

预裂炮孔在主爆孔起爆之前先行一次性起爆，爆破后在最终边帮与靠帮或并段台阶的正常生产主爆区之间，沿预裂孔中心连线形成一条较平整的预裂缝，以减弱其后主爆区爆破对最终边帮的损害：一是防止主爆区的破裂缝伸向最终边帮；二是减小主爆区爆破对保留岩体的振动影响。

预裂爆破的实质，是通过形成预裂缝使炸药的爆炸气体产物作用在孔壁上的压力不超过孔壁岩石的动载抗压强度，使孔壁附近的岩石不被压碎。预裂缝的形成是应力波和爆生气体共同作用的结果。依靠相邻预裂炮孔内的压力的同时作用，在预裂炮孔沿线上的岩体内产生应力叠加和集中，致使孔壁附近的环向拉应力大于岩石的动态抗拉强度，导致岩石在该方向上断裂而形成初始裂隙。爆炸高压气体紧接着应力波作用到孔壁上，其作用时间比应力波要长得多，在孔周围便形成准静态的应力场，在孔的连线方向产生很大的拉应力，孔壁两侧产生拉应力集中。如果孔的间距足够近，则炮孔之间连线两侧全部是拉应力区，拉应力可达到岩石抗拉强度的数倍。因此，即使应力波没有造成裂缝，单靠高压气体的作用也能使岩石断裂。如果应力波产生了初始裂缝，高压气体渗入使裂缝尖端产生气楔效应。所以，气体的作用不仅能形成贯通裂缝，还可以使裂缝扩展到一定的宽度。因此，爆炸气体的拉作用和气楔效应是预裂缝形成的基本条件，起着主导作用。

影响预裂爆破效果的主要参数如下：

（1）预裂孔的孔间距。设计时，孔间距的取值应考虑预裂孔径、边帮岩石的特征阻抗和岩石的抗压强度。预裂孔的孔间距一般比正常生产爆破的孔间距小，其经验取值为预裂孔孔径的 8~12 倍。当边帮岩体的特征阻抗和岩石强度较大、岩体的完整性较好时，应选取较小值；反之，取较大值。

（2）装药结构与不耦合系数。预裂爆破通常采用连续不耦合或间隔不耦合装药结构。不耦合系数是钻孔直径与药包直径之比，一般在 2~5 之间。影响不耦合系数取值的主要因素是岩体的抗压强度、预裂孔径和炸药品种。若岩石的抗压强度低，不耦合系数要取大些；反之，应取小些。

（3）线炸药密度。即每米炮孔的装药量，也称为每米药量或炸药集中度，等于炮孔装药量除以装药长度。岩石的抗压强度与孔径是影响线装药密度取值的重要因素。当岩石的抗压强度较大或预裂孔孔径较大时，线装药密度应大些。

（4）填塞长度。填塞长度一般取炮孔直径的 10~20 倍左右，填塞长度太长，孔口不易形成预裂缝；填塞太短，爆生气体作用时间缩短，浪费能量，而且冲孔现象严重。

预裂爆破的质量要求如下：

（1）预裂缝必须贯通，裂缝宽度达到 5~20mm，壁面上不应残留未爆落岩体。

（2）预裂面比较平整，其不平整度一般应小于±15cm。

（3）为使壁面达到平整，钻孔角度偏差应小于 1°。

（4）壁面应残留有炮孔孔壁痕迹，且其宽度不小于原炮孔壁宽度的 1/3~1/2。

（5）残留的半孔率。对于节理裂隙不发育的岩体应达到 85% 以上；对于节理裂隙较发育和发育的岩体应达到 50%~85%；对于节理裂隙极发育的岩体应达到 10%~50%。

11.8.2　缓冲爆破

图 11-17 中位于预裂孔和主爆区生产炮孔之间的炮孔称为缓冲孔。缓冲孔的特点是孔网参数（即孔间距与排间距）略小于主爆区生产炮孔，且孔底不设置超深或减少超深量，缓冲炮孔中的装药量也低于主爆区生产炮孔。为了不使孔内装药过分集中，孔中应采用填塞物介质或空气间隔的间隔装药结构。台阶靠帮或并段时，缓冲孔与预裂孔同时起爆，或略迟于预裂孔起爆，以降低爆破振动强度。

11.8.3　光面爆破

光面控制爆破是在欲爆破区域的边缘线或边界线上（如靠帮或并段台阶的靠帮或并段位置线）或出入沟的两侧边界线上，穿凿一排较密集的炮孔（光面孔），通过控制该排炮孔的抵抗线与单孔装药量，达到爆破后沿炮孔中心连线形成较平整的破裂面的目的。

为了达到光面爆破的效果，光面孔的孔间距应小于其抵抗线，孔间距通常取抵抗线的 0.8 倍左右；装药不耦合系数应与预裂爆破相同或略小些；线装药密度应与预裂爆破相同或略大些。选择适宜的装药量以控制炸药爆轰对孔壁的压力，达到不破坏炮孔周围岩石的目的。一般光面炮孔是在主爆孔爆破后或清渣后一次起爆。

12 采装与运输作业

采装与运输作业是露天开采最重要的生产工序,其作业成本占矿山总直接成本的比例最高,一般都在 50% 以上。采装与运输作业密不可分,两者相互影响、相互制约。如何选择采运设备,采运设备的规格与数量匹配是否合理,采装与运输的衔接是否流畅,都对矿山的生产效率与生产成本有很大影响。

12.1 采装作业与设备

采装作业就是利用装载机械将矿岩从较软弱的矿岩实体或经爆破破碎后的爆堆中挖取,装入运输工具或直接卸至某一卸载点。采装是露天矿整个生产过程的中心环节,其工艺过程和生产能力在很大程度上决定着露天矿的开采方式、技术面貌、开采强度与总体经济效益。

采装作业所使用的机械设备有单斗挖掘机、索斗铲、前装机、轮斗挖掘机、链斗挖掘机等。由于金属矿山的矿岩一般都比较坚硬,世界上金属露天矿的采装作业以单斗挖掘机为主。随着爆破技术和挖掘机制造技术的进步,大型液压挖掘机在金属矿山开采中有很好的应用前景。

12.1.1 机械式单斗挖掘机

机械式单斗挖掘机用于露天矿山开采作业已有近百年的历史,其基本工作原理并无重大改变。挖掘机不同发展阶段的重要标志是工作机构和动力装置的不断变革以及自动化、智能化程度的不断提高。由于机械式单斗挖掘机具有挖掘能力大、适应性较强、作业稳定可靠、操作和维护比较方便、运营费用较低等优点,所以在国内外露天矿的采装作业中,至今仍占主要地位。常见机械式单斗挖掘机的主要型号与技术参数如表 12-1 和表 12-2 所示。

表 12-1 常见进口机械式单斗挖掘机主要型号与技术参数

生产厂家	型号	斗容 /m³	最大挖掘 高度/m	最大挖掘 半径/m	最大卸载 高度/m	最大卸载 半径/m	爬坡能力 /(°)	整机重量 /t
美国比赛 路斯-伊 利公司	195B	6~12.9	12.7	17	8	14.8	16	334
	280B	6.1~16.8	13.34	19	8.3	16.5	14	440
	295B	10~19.1	15.1	19.4	9.6	16.8	19	545
	395B	26	17.7	23.3	11.6	19.9	19	839

续表 12-1

生产厂家	型号	斗容/m³	最大挖掘高度/m	最大挖掘半径/m	最大卸载高度/m	最大卸载半径/m	爬坡能力/(°)	整机重量/t
美国马里昂铲机公司	191M	9.2~15.3	16.7	21.6	10.8	18.4	16	438
	192M	11.5~19.4	16	21.5	10	18.7	19	526
	201M	13.8	8.7	20.6	10.2	17.5	19	578
	251M	15.3~26.8	21	24.3	11	21.7	17	670
	291M	19.0	21.03	23.98	14.78	23.2	17	947
美国哈尼斯弗格公司	P&H1900	7.7	13.3	17.6	8.5	15.4	16.7	270
	P&H2100	11.5	13.3	18.3	8.5	16.0	16.7	476
	P&H2300	12.2~15.2	15.5	20.7	10.3	18.0	16.7	621
	P&H2800	19	16	23.6	10.2	21.0	16.7	851
俄罗斯乌拉尔重型机械厂	ЭКГ-6.3	6.3	17.8	19.8	11.4	17.9	12	357
	ЭКГ-8	6~8	9.5	17.4	8.4	15.5	12	370
	ЭКГ-12.5	12~16	16.9	22.5	11.7	19.9	12	660
	ЭКГ-20	20~25	18.0	24.0	12.0	21.0	12	1059

表 12-2 常见国产机械式单斗挖掘机主要型号与技术参数

生产厂家	型号	斗容/m³	最大挖掘高度/m	最大挖掘半径/m	最大卸载高度/m	最大卸载半径/m	爬坡能力/(°)	整机重量/t
太重	WK-10	10	13.6	18.9	8.6	16.4	13	440
	WK-12	12	13.5	19.1	8.3	17.0	13	485
	WK-20	20	14.4	21.2	9.1	18.7	13	731
	WK-27	27	16.3	23.4	9.9	21.0	12	915
	WK-35	35	16.2	24.0	9.4	20.9	12	1035
太重、抚挖	WP-3（长）	3	15.1	17.9	11.4	16.42	10	250
	WP-4（长）	4	22.1	24.9	18.3	23.35	10	560
	WP-6（长）	6	23.1	24.3	17.7	21.2	12	750
太重、抚挖	WK-4	4	10.1	14.4	6.3	12.7	12	190
抚挖	WD1200	12	13.5	19.1	8.3	17.0	20	465
太重、一重	P&H2300XP	16	15.5	20.7	10.3	18.0	16	621
	P&H2800XP	23	18.2	23.7	11.3	20.6	16	851
杭重、抚挖	WK-2	2	9.5	11.6	6.0	10.1	15	84
杭重、江矿	WD200A	2	9.0	11.5	6.0	10.0	17	79
衡冶、江矿	195B	12.9	12.7	16.9	8.0	14.8	16	334

注：太重：太原重工股份有限公司；抚挖：抚顺挖掘机制造有限公司；一重：第一重型机械厂；杭重：杭州重型机械有限公司；江矿：江西采矿机械厂；衡冶：衡阳冶金机械厂。

机械式单斗挖掘机一般由工作部分、回转盘部分、行走部分和电气部分组成，其基本结构如图 12-1 所示。

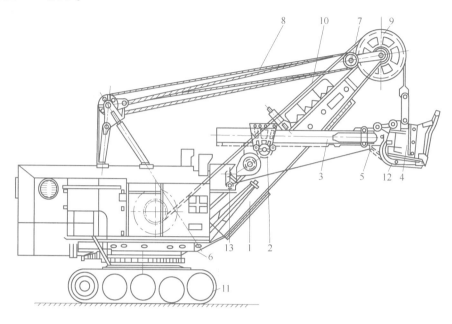

图 12-1　机械单斗挖掘机基本结构

1—动臂；2—推压机构；3—斗柄；4—铲斗；5—开斗机构；6—回转平台；7—绷绳滑轮；
8—绷绳；9—天轮；10—提升钢绳；11—履带行走装置；12—斗底门；13—开斗电机

挖掘机的工作部件包括铲斗、开斗机构、斗柄、推压机构、起重臂等。铲斗的提升是利用车体内的提升卷筒和提升钢绳实现的。

推压机构是挖掘机最重要的工作部件。目前，国内外机械挖掘机的推压方式有两种：齿条推压和钢绳推压。这两种推压方式各有优缺点：齿条推压机构具有使用寿命长、铲斗下铲准确、动作灵敏、能可靠地铲取矿岩等优点，但其工作时的噪声大；钢绳推压机构具有电机负载平稳、推压时冲击振动小、维护检修方便等优点，但其钢绳的使用寿命较短。

挖掘机的回转盘部分是挖掘机上部设备和工作装置的机座。回转盘上装有提升绞车、回转机构、中心轴、双足支架、电气部分及压气设备等，前部为司机室和操纵机构，后部为平衡配重箱。

挖掘机的行走部分是整个设备的支撑基座，用以承受回转盘上面所有机构的重量，并装有行走机构，可以前后行走和左右转弯。

挖掘机的电气部分包括高压配电设备、变压器、低压配电设备、整流设备、电动机、照明及辅助电气设备等。

为改善劳动条件和保护设备安全运转，现代大中型挖掘机都装有一系列辅助设备，如司机室内的空调装置用于调节室内气温，鼓风机用于鼓入过滤后的清洁空气，挖掘机各部件的集中润滑系统等。

单斗挖掘机按其驱动动力不同可分为电力挖掘机和柴油挖掘机；按其传动方式不同可分为液压传动挖掘机和机械传动挖掘机；按挖掘机的行走方式不同可分为履带式挖掘机与

轮胎式挖掘机。我国大多数金属露天矿采用电力驱动-机械传动-履带式挖掘机。

依据铲斗形式不同，单斗挖掘机有正铲和反铲两种。我国金属露天矿山正常生产采装都使用正铲。反铲仅在一些特殊情况下使用或作为辅助设备使用，如台阶表面不规整时，用反铲铲刮削和清理表面岩土；矿体底板不平整、不适于车辆行走时，用反铲进行下挖平装采掘。

12.1.2　液压单斗挖掘机

近年来，液压挖掘机技术发展很快，在露天矿的应用日趋广泛。液压挖掘机的大体结构及其作业方式如图 12-2 所示。液压挖掘机有诸多优点：轻便灵活、工作平稳、自动化程度高；工作机构为多绞点结构，能形成完善的挖掘和卸载轨迹，且铲斗可作垂直面转动，能使切削角处于最佳状态，为工作面选别性开采提供了方便；站立水平的挖掘半径伸缩量大，可以进行水平挖掘，且能获得较大的下挖深度。其缺点是液压部件精度要求高、易损坏，在严寒地区作业需特备低温油等。

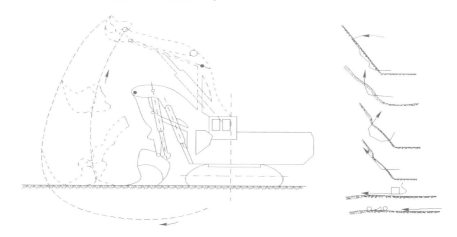

图 12-2　液压挖掘机结构及其作业方式示意图

液压挖掘机一般可分为全液压和半液压两种。全液压挖掘机的所有机构都是液压传动，如图 12-3 所示。所谓半液压挖掘机，一般是指其工作装置为液压传动，而走行、回转等机构为机械传动。有的挖掘机仅个别机构为液压传动，主要用于控制铲斗的转动，以改善其挖掘动作。

还有一种所谓"超级"机械铲，是一种半液压挖掘机，如美国马利昂公司制造的194M 型（斗容 16m³）、240M 型（斗容 19.8m³）。这种机械铲的"超级"传动系统，可使推压力和提升力协调一致，在挖掘过程中能使铲斗相对于斗柄转动。当挖掘下部工作面时，能保证最大的挖掘力，可达到电铲重量的 40%。靠其特有的两组连杆机构配合动作，可有效地进行选别性开采。240M 型正铲如图 12-4 所示。

液压挖掘机的基本参数包括：整机质量、斗容、发动机功率、液压系统形式、液压系统的工作压力、行走机构的行走速度和爬坡能力、作业循环时间、最大挖掘力、最大挖掘半径、最大卸载高度及最大挖掘深度等，其中整机质量、斗容和发动机功率是液压挖掘机的主要参数。虽然已经有斗容超 30m³ 的单斗液压挖掘机，但目前使用最多的为 2~8m³。

(a)   (b)

图 12-3　全液压挖掘机

（a）液压正铲；（b）液压反铲

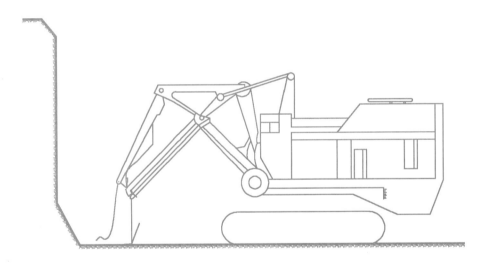

图 12-4　240M 型"超级"机械正铲外形图

液压挖掘机主要型号与技术参数如表 12-3 所示。

12. 1. 3　智能挖掘机

智能化是挖掘机和挖掘作业在目前和今后一个时期的一个重要发展方向。国际上多家研究机构和挖掘机制造商对挖掘机智能控制做了大量研发工作。澳大利亚机器人技术中心的自主挖掘项目，对日本 Komatsu 生产的微型挖掘机进行改造，使其具备了作业任务分解、状态监控及路径规划等功能，自主挖掘作业的轨迹精度可以控制在 20cm 以内。英国兰卡斯特大学研发的智能挖掘机系统 LUCIE（Lancaster University computerized intelligent excavator），可以在不同土壤和障碍环境中高效完成直沟渠的自主挖掘作业。美国威斯康星大学研制的智能挖掘控制系统 IES（intelligent excavation system）具有环境感知、自主避障、自主作业等功能。Komatsu 公司将智能化挖掘机与智能施工（smart construction）技术结合，实时采集工况信息并制定施工方案，部分实现了面向工况的挖掘机自主作业。韩国斗山公司 2018 年展示了利用 5G 对工程机械进行远程控制的技术，可以远程操控 880km 之外的挖掘机。

表 12-3 液压挖掘机主要型号与技术参数

生产厂家	型号	斗容 /m³	最大挖掘[1] 或切削[2] 高度/m	最大挖掘半径/m	最大卸载高度/m	最大挖掘深度/m	爬坡能力/(°)	整机重量/t
沃尔沃	EC380DL[1]	1.35~3	10.17	10.55	7.09	6.85	35	38
沃尔沃	EC480D[1]	1.7~3.8	11.02	12.04	7.64	7.72	35	48
沃尔沃	EC480DL[1]	1.77~3.8	10.60	10.93	6.97	6.58	35	48
小松	PC460LC-8[1]	2.1~2.5	10.92	12.00	7.62	7.79	35	46
三一	SY550HD[1]	3.1~3.6	10.93	11.49	7.25	7.10	35	52
三一	SY700H-8[1]	3.5~4.5	11.35	11.60	7.33	7.10	35	70
邦立重机	CED1000-7[1]	4.0	13.57	14.07	8.71	7.53	35	100
邦立重机	CE1250-7[1]	5.5	14.09	16.59	10.64	10.88	35	116
卡特彼勒	6015B[1]	8.1	13.20	13.90	8.70	7.90	23	140
卡特彼勒	6020B[1]	10.5	13.90	15.90	—	8.10	28	220
小松	PC2000-8[1]	12~13.7	13.41	15.78	8.65	9.23	41	200
邦立重机	CED1000-7[2]	5.0	12.95	10.88	9.24	2.71	35	102
邦立重机	CE1250-7[2]	6.5	13.16	11.29	9.53	3.10	35	121
卡特彼勒	6015 FS[2]	7	11.00	10.50	8.80	2.20	—	105
卡特彼勒	6018 FS[2]	10	—	12.90	10.10	2.30	22	183
卡特彼勒	6030 FS[2]	16.5	13.90	13.70	10.7	2.50	33	294
卡特彼勒	6040 FS[2]	22	14.40	15.40	10.90	2.60	30	405
卡特彼勒	6050 FS[2]	26	15.30	16.20	11.80	2.40	27	528
卡特彼勒	6060 FS[2]	34	15.50	14.60	11.60	2.70	26	542
徐工	XE7000[2]	34	18.70	16.70	12.90	3.80	11	672
卡特彼勒	6090 FS[2]	52	20.20	19.00	14.50	2.30	24	980

注：上角标 1 表示挖掘机最大挖掘高度；上角标 2 表示挖掘机最大切削高度。

国内在智能挖掘机的研发上也取得了长足进展。遥控挖掘机的遥控半径不断增加，控制精度不断提高。在 2019 年上海举办的世界移动通信大会上，三一重工展示了与华为、中国移动等联合研制的 5G 遥控挖掘机，在上海的会场可远程控制河南洛阳栾川钼矿的挖掘机作业，操作误差可控制在 10cm 之内。目前，三一重工在洛阳栾川钼矿改造了一台挖掘机，尚未大规模推广应用。

智能挖掘机是传统挖掘机与智能化系统的有机集成。智能化系统主要包括感知系统、网络通信系统、智能控制系统、运行状态监测与故障诊断系统等。通过这些系统实现挖掘机的遥控/自主作业、在线监控和故障诊断等功能。

（1）智能感知。智能感知包括挖掘机的姿态测量和环境感知。姿态测量有接触式和非接触式。接触式测量是指在工作装置上安装传感器来测量其姿态，如在液压缸上安装位移传感器来测量其伸缩量，进而通过运动学模型求解工作装置的姿态信息。由于传感器安装在工作装置上，作业中的碰撞会造成传感器的损坏，剧烈震动也会对接触式测量的数据采集精度产生影响。非接触式测量是在不接触被测物体的情况下获取其位姿信息，主要有惯性测量、卫星定位测量、无线局域网测量、视觉测量等方法。视觉测量是一种源于计算机视觉的新型非接触式测量技术，需要对图像特征进行准确提取。

智能挖掘作业需要感知作业环境，建立作业现场全局模型，实时更新局部地形。环境感知常用的传感器主要有视觉传感器、激光传感器等。每种传感器各有特点和局限性，有效组合各类传感器，采用多源信息融合技术对不同传感器信息进行融合，互相验证、补充，可以有效增强感知系统的灵活性和鲁棒性，取得更加可靠、准确的结果。

（2）铲斗轨迹智能控制。铲斗轨迹是指挖掘机在铲装作业中铲斗齿尖的运动轨迹。最优轨迹是一条能够使某一或多个性能指标达到最优，而且满足相关约束条件（如机械臂的速度、加速度等）的轨迹。运动时间和能量消耗是轨迹优化中主要考虑的两个指标。应用人工智能技术的强化学习算法，在挖掘机与环境的相互作用中不断试错、学习，可以较好地完成铲斗轨迹规划。

智能控制系统会根据轨迹规划结果来控制工作装置的运动，同时判断实际轨迹与期望轨迹的吻合度。轨迹控制可分为两类：以精度为目标的位置伺服控制和以力适应为目标的柔顺控制。挖掘环境存在较大的不确定性，可能存在连续多障碍物的情况，且具有不可观测性，能够在此类环境中避开多个障碍物，同时满足满斗率要求，是挖掘机智能控制的一个重要目标。

（3）无人驾驶作业。无人驾驶作业指遥控作业或自主作业。通过遥控操作台、无线通信系统和机载控制系统，可以实现挖掘机视距遥控、超视距视频遥控或远程遥控。近年来，有研究机构研发力觉感知遥控挖掘机，力觉感知遥控能够使远程操作员真实感知挖掘机与环境之间的相互作用力，有如亲临现场般的操作感，从而更加准确地完成复杂的挖掘动作。力觉感知主要通过力反馈式操作手柄来实现，目前该技术还处于试验阶段，尚未成功应用。现阶段，国内外远程遥控挖掘机还主要集中在中小型挖掘机，应用于大吨位挖掘机的案例较少。

挖掘机自主作业的发展主要分为两个阶段：基于铲斗轨迹规划的自动挖掘与面向现场工况的自主作业。基于轨迹规划的自动挖掘主要是面向确定性工况，采用离线的轨迹规划方式，结合挖掘机感知、控制系统和控制算法，来完成工况较为单一的自主挖掘作业。这是一种较低水平的自主作业，如果环境改变，轨迹就无法实时更新，也不能与其他机械配合完成复杂的作业任务。面向现场工况的自主作业可以根据作业现场情况，通过实时工况建模、任务分解和轨迹调整，实现在非确定性环境下的自主作业。

（4）在线监测与故障诊断。挖掘机监控系统可以实时监测作业过程中的各节点关键信息，显示挖掘机的"健康"状况和故障类型，在重大故障发生前发出警告，避免损失。监测数据可上传到服务器，提供挖掘机状态参数（如油耗、作业情况、故障等）的查询、统计服务，同时为基于状态的维护策略（condition based maintenance，CBM）提供数据支持。

应用人工智能方法分析挖掘机的关键性能指标和运行数据，可以对挖掘机的状况进行诊断，预测设备的潜在故障。国外的一些大型挖掘机生产厂商（如美国的 Caterpillar 公司）通过无线通信系统直接收集现场设备监测信息，并开发有故障诊断、CBM 优化等软件系统，远程为客户提供故障诊断、维护建议及设备管理等服务。目前，大部分故障诊断方法只针对单一故障的发生，对多故障联合发生的诊断研究较少；故障诊断系统也主要是针对挖掘机液压系统。国内远程故障诊断智能化程度较低，虽然有的挖掘机生产企业与客户实现了远距离故障诊断对接，但仍需人工诊断故障。

12.2 挖掘机生产能力

露天开采中，挖掘机的生产能力指标有技术生产能力和实际生产能力。

12.2.1 技术生产能力

挖掘机的技术生产能力是假设其在某一具体工作环境下（某一工作面尺寸、某种矿岩性质、某种装载条件等），进行 1h 不间断作业所能达到的生产能力，即挖掘机从工作面挖掘并装入运输容器中的矿岩实方体积或重量。它是考虑了采装作业中的铲斗满斗系数、矿岩松散系数和工作循环时间后，挖掘机连续工作的生产能力，也是经过采取一定措施后，挖掘机在给定条件下可能达到的最大生产能力。这一指标可由下式计算：

$$V_j = \frac{3600}{t} E K_W \tag{12-1}$$

式中　　V_j——挖掘机技术生产能力，m^3/h；

　　　　t——铲装一斗的工作循环时间，s，其值一般经实地测试确定；

　　　　E——铲斗容积，m^3；

　　　　K_W——挖掘系数，又称为实方满斗系数。

挖掘系数与虚方满斗系数之间的关系为：

$$K_W = \frac{k_m}{K_s} \tag{12-2}$$

式中　　k_m——虚方满斗系数（通常称为满斗系数）；

　　　　K_s——矿岩在铲斗内的松散系数。

由于 k_m 和 K_s 值不易准确测定，所以实际设计中通常用下式计算挖掘系数 K_W：

$$K_W = \frac{V}{NE} \tag{12-3}$$

式中　　V——单位时间（1h）内挖掘机所采出的实方矿（岩）体积；

　　　　N——挖掘体积为 V 的矿（岩）的总斗数。

12.2.2 实际生产能力

挖掘机的实际生产能力是考虑了挖掘机工作时间利用率后的生产能力。在实际采装作业中，挖掘机因进行辅助作业（如剔除爆堆中的不合格大块、整理爆堆）和等车、设备故障、铁路运输时的移道工作以及司机交接班等原因，不可能在工作时间内连续进行采装作业。因此，挖掘机的实际生产能力才是选型和编制采掘进度计划的依据。

挖掘机的台班实际生产能力通常用下式计算：

$$V_B = V_j T\eta \tag{12-4}$$

式中 V_B——挖掘机台班实际生产能力，$m^3/($台·班$)$；

      V_j——挖掘机技术生产能力，m^3/h；

      T——班工作时间，h；

      η——班工作时间利用系数，即铲装时间占班工作时间的比例。

近几年国内部分矿山挖掘机的实际生产能力如表 12-4 所示。国外部分挖掘机的实际生产能力如表 12-5 所示。表中数据为台年实际生产能力，理论上等于台班实际生产能力、年工作总班数和出勤率的乘积。

在设计新建矿山时，挖掘机实际生产能力通常是对比其他类似条件的矿山指标来确定，并据此计算挖掘机需求数量，编制矿山的采掘计划。

表 12-4   国内部分矿山挖掘机的实际生产能力

矿山名称	挖掘机型号	斗容/m³	平均生产能力/Mt·(台·a)⁻¹		
			2018 年	2019 年	2020 年
齐大山铁矿	WK-10	10	2.25	2.35	3.79
	295B	16.8	5.86	4.19	4.30
	PH2300	20	—	3.77	4.27
大孤山铁矿	WK-4	4	1.76	2.42	2.11
	WK-10B	10	4.22	4.69	3.28
鞍千矿业公司	WD400B	4	1.32	1.12	1.34
	WK-4				
	2KJ-4				
	WK-4				
	4M3				
	WK10B	10	2.34	1.78	2.42
	WK-12C				
南芬铁矿	WK-10	10	2.73	2.78	2.80
	WK-20	20	5.08	5.10	—
	295B	16.8	6.07	5.12	7.33
	R9350E	16.8	5.25	4.64	—
德兴铜矿	2300XP	16.8	7.85	7.50	6.97
	2300XPC	19.9	8.98	8.85	8.93
	WK-35	35	14.47	12.88	13.70
白云鄂博铁矿	WK-10	10	2.15	2.23	2.37

表 12-5　国外部分挖掘机的实际生产能力

挖掘机型号	斗容/m³	汽车载重量/t	最高生产能力/Mt·(台·a)⁻¹
120B	3.4	85	2
150B	4.6	85	3
190B	6.1	100	4.7
ЭКГ-4	4.6	75	4
ЭКГ-8	8.0	75	10
280B	9.2	160	10.32
P&H2100BL	11.5	116	16.79
P&H2100BL	11.5	162	16.79
P&H2300	16.8	120	20.11
P&H2300	16.8	150	20.11

注：矿岩坚固性系数 f 为 8~14；运距为 0.5~1.0km。

12.2.3　提高挖掘机生产能力的途径

一个矿山所有挖掘机全年实际生产能力的总和即为该矿的年采剥总量。因此，最大限度地提高挖掘机的生产效率对确保矿山采剥计划的完成具有重要意义。

挖掘机生产能力的高低一方面取决于挖掘机自身的规格与技术性能；另一方面也受到挖掘机作业条件的制约。所以在实际生产中，应从以下几方面入手提高挖掘机的生产能力：

（1）结合矿山的设计生产能力，合理地选择挖掘机的类型与技术规格。显然，采用大型的挖掘机可以提高采装工作的生产能力，但大型采装设备需与大型运输设备配套使用才能充分发挥其生产潜能；由于大型采运设备的购置费用高，所以不可避免地增加了矿山的设备投资。

（2）优化爆破设计，改善爆破质量，以提高挖掘机采装效率与满斗系数。爆破质量对采装作业有很大的影响。从采装作业角度出发，它要求爆破作业的质量是：矿岩爆破后的块度均匀适中、不合格大块少，爆堆不过高或过散，没有根底和伞岩。若爆破后的矿岩块度大、根底多，将增加挖掘机的铲取难度与铲取时间，要把一个不合格大块从爆堆中挑出来送到挖掘机后侧，几乎需花费 2 倍的采装循环时间。同时，爆破后的块度过大、根底多时，会影响挖掘机的满斗系数，并增加设备零件的磨损和设备的故障率。另外，应保证爆堆有足够的矿岩储量，以减少挖掘机的频繁移动，进而增加挖掘机的有效铲装时间。

（3）加强技术培训，提高挖掘机操纵人员的操作熟练程度，提高挖掘机的工作效率。

（4）合理选择挖掘机的采装方式与运输设备的供车方式，以缩短挖掘机工作循环时间。挖掘机的一个工作循环时间是由从挖掘点开始挖掘、重斗转向卸载点、铲斗对位卸载、空斗转回至工作面下一挖掘点这四个连续的操作环节构成。挖掘机工作循环时间的长短一方面受到司机的操作熟练程度与爆破质量的影响，另一方面也受到供车方式的影响。采用汽车运输时，应注意供车方式中汽车的停靠位置，尽量减少挖掘机装车时的回转角，并缩短汽车在工作面的入换时间，有条件时可施行双点装车，提高挖掘机作业的连续性。

配备足够数量的汽车，尽量降低挖掘机等车时间。采用铁路运输时，为了及时向工作面供应空车，提高挖掘机的工作时间利用系数，除保证足够数量的运输设备外，在工作平盘上还应合理地配设线路，提高线路质量和列车运行速度，以缩短列车入换时间。

12.3 运 输 方 式

露天矿运输作业是采装作业的后续工序，其基本任务是将已装载到运输设备中的矿石运送到储矿场、破碎站或选矿厂，将废石运往排土场。

在露天开采过程中，运输作业占有重要地位。据统计，矿山运输系统的基建投资占总基建投资的60%左右，运输成本约占直接开采成本的40%~50%（国外一些矿山达到60%），运输作业的劳动量约占采场各项作业的总劳动量的一半以上。因此，运输作业的方式与运输系统的合理性对露天矿生产的总体经济效益有重大影响。

露天矿可采用的运输方式有汽车运输、铁路运输、胶带运输机运输、斜坡箕斗提升运输，以及由各种方式组合成的联合运输，如汽车-铁路联合运输、汽车-胶带运输机联合运输、汽车（或铁路）-斜坡箕斗联合运输等。

铁路运输虽然合理运距长、吨公里运费低，但爬坡能力低、运输线路的工程量大、线路通过的平面尺寸大，比较适用于深度较小且平面尺寸大的露天矿山。随着开采深度的增加和采场平面尺寸的缩小，不仅铁路运输的效率明显降低，而且可能出现采场内铁路开拓坑线布线困难的局面。所以，如今新设计的金属露天矿一般不采用铁路运输；有些原先采用单一铁路运输的矿山，下部也改为汽车运输，形成汽车-铁路联合运输系统。

汽车运输具有爬坡能力大、运输线路通过的平面尺寸小、机动灵活、线路的修筑与养护简单、适用于强化开采等优点，在露天矿山得到广泛应用；如今新设计的金属露天矿绝大多数采用汽车运输。但与铁路运输相比，汽车运输的吨公里运费高，设备维修较为复杂，需要的操作人员数量多，能耗高，运行中产生废气和扬尘。

汽车运输的相关技术发展迅速，主要体现在两个方面。一是大型化，如今大中型露天矿选用的汽车载重量一般都在100t以上，300t级的汽车在大型矿山也广泛使用。大型矿用汽车的制造在我国也已实现国产化。二是以无线网络通信、卫星定位导航、环境感知和自动控制技术为核心的露天矿汽车运输的无人化和智能化。无人驾驶汽车运输在国外不少露天矿已得到成功应用，在我国也正在多个矿山进行工业试验。无人驾驶汽车不仅避免了司机驾驶的人工失误，提高了运输效率，而且大幅降低了劳动力成本，驾驶人员的安全问题也不复存在。汽车的智能调度可缩减车铲的相互等待时间，降低行车里程，提高采装和运输效率，降低整个采装-运输系统的生产成本。

胶带运输在露天矿的应用方兴未艾。由于胶带运输机的爬坡能力大，能够实现连续或半连续作业，自动化程度高，运输能力大，运输费用较低，所以在国内外深凹露天矿中的应用有增加趋势。

由于汽车运输是如今金属露天矿的主导运输方式，所以本章以下内容均针对汽车运输。

12.4　矿用汽车性能指标

用以评价矿用汽车性能的指标主要有：

（1）重量利用系数。重量利用系数是汽车的载重与自重的比值。矿用汽车的重量利用系数一般为 1.00~1.73。该值越大，表明汽车设计得越成功，运行的经济性越好。

（2）比功率和比扭矩。比功率是汽车发动机所能发出的最大功率与汽车的总重之比。矿用汽车的比功率大约为 4.63~6.03kW/t。该值越大，车辆的动力性能越好，但燃油的经济性越低。比扭矩是发动机（一般是柴油机）的最大扭矩与汽车自重之比。该值的大小对车辆的技术性能的影响与比功率类似。

（3）最大动力因数。最大动力因数是当不计空气阻力时，汽车的主动轮轮缘所产生的牵引力与汽车重量之比。该值是以发动机在最低挡、以最大扭矩工作的状态下计算的，因此称其为最大动力因数。矿用汽车的最大动力因数约为 0.30~0.46。发动机确定之后，该值取决于传动系统的设计和车轮参数。该值越大，车辆爬坡能力越强，加速性能越好。

（4）动力特性曲线。汽车的动力特性曲线也称为牵引特性曲线，即汽车的牵引力随速度的变化曲线，如图 12-5 所示。该指标反映了汽车的整车运动及制动和道路之间相互作用的技术特性。利用牵引特性曲线可以确定车辆的极限性能参数，如最大牵引力、不同道路条件下的最大车速等。将车辆不同载重时的爬坡阻力与特性曲线对照，可求得爬某一坡度时应选取的挡位与车速。

（5）性能限制因数。性能限制因数是道路纵断面、路面条件和车辆重量对汽车性能的影响。汽车在不同路面条件下运行时，所受到的滚动阻力不同；坡道阻力是汽车在斜坡上运行时必须克服的由重力所产生的阻力。在计算克服滚动阻力和坡道阻力所需的力中，汽车的重量是决定因素。汽车的牵引力在扣除了

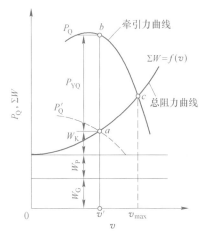

图 12-5　汽车牵引平衡示意图

总阻力后即为用于汽车加速的剩余牵引力。汽车轮缘牵引力等于黏着系数乘以驱动轮轴的承重。汽车的制动性能体现了其下坡运行时的性能，在长坡道重车下坡运行时，特别要求要有良好的制动性能。

12.5　汽车运输能力与需求量

12.5.1　运输能力

一般以台班运输能力作为汽车的运输能力指标。影响汽车台班运输能力的主要因素是汽车的载重量、运输周期、班工作时间及其利用系数等。汽车的台班生产能力为：

$$Q_B = \frac{60T\eta}{t}qk_1 \qquad (12-5)$$

式中 Q_B——汽车的台班运输能力，$t/($台·班$)$；

T——班工作时间，h；

η——班工作时间利用系数；

t——运输周期，min；

q——汽车的载重量，t；

k_1——载重系数。

国内部分矿山的汽车台年平均运输效率如表 12-6 所示。表中的台年运输效率以每台汽车每年完成的运输功（t·km）为单位，理论上等于台班运输能力、年工作总班数、出勤率和平均运距（装载点到卸载点的距离）的乘积。

表 12-6 国内部分矿山的汽车台年平均运输效率

矿山名称	汽车型号	载重量/t	平均运输效率/Mt·km·(台·a)$^{-1}$		
			2018 年	2019 年	2020 年
齐大山铁矿	MT3600	154	3.82	3.46	3.77
	R170	154	3.30	—	—
	H190	190	4.26	3.71	3.89
大孤山铁矿	MT777	90	—	2.52	3.50
	3311E	90	2.67	2.70	2.06
	TR100	90	2.67	2.70	2.06
鞍千矿业公司	沃尔沃 A40E	39	1.17	0.99	1.29
	沃尔沃 A40F				
	CAT777C	77	1.64	1.32	1.86
	HD785-7	91	2.23	2.08	2.55
南芬铁矿	MT3600B	172	4.19	5.06	5.30
	MT3700B	186	5.08	5.54	5.15
	CAT789C	177	5.36	4.34	5.27
	MT4400AC	236	7.71	6.71	5.52
德兴铜矿	730E/ENT200	185	5.83	5.87	5.81
	830E	220	9.58	8.61	8.92
	MCC 400A	220	9.58	8.61	8.92
白云鄂博铁矿	172	172	4.93	4.87	5.32

12.5.2 需求量

一个矿山的汽车需求量主要取决于矿山的设计生产能力和汽车运输能力，并考虑汽车的利用率以及汽车运输的不均衡系数，可依据下式计算：

$$N = \frac{k_2 Q}{Q_B k_3} \qquad (12\text{-}6)$$

式中　N——全矿汽车的在册数量，台；

　　　k_2——汽车运输不均衡系数，一般为 1.1~1.15；

　　　Q——全矿的设计班产量，t/班；

　　　Q_B——汽车的台班运输能力，t/(台·班)；

　　　k_3——汽车的出勤率（也称为出车率）。

汽车的出车率是矿山出车台班数与总在册台班数之比，该指标反映了矿山在册车辆的利用程度。

汽车的需求量也可基于露天矿设计的年运输量来计算，即：

$$N = \frac{Q_y k_2}{m N_b Q_B k_3} \qquad (12\text{-}7)$$

式中　N——汽车需求台数，台；

　　　Q_y——露天矿年运输量，t/a；

　　　m——矿山年工作日总数，d；

　　　N_b——每日工作班数。

12.5.3　道路通过能力

道路通过能力是指在单位时间内通过某一路段的车辆数，主要取决于行车道的数目、路面状态、平均行车速度和安全行车间距（又称为安全行车视距）。一般应选择车流最集中的路段进行计算，如总出入沟口、车流密度大的道路交叉点等。计算公式为：

$$N_d = \frac{1000 v n}{s} k \qquad (12\text{-}8)$$

式中　N_d——道路通过能力，辆/h；

　　　v——汽车在计算路段的平均行车速度，km/h；

　　　n——线路数目系数，单车道时 $n = 0.5$，双车道时 $n = 1$；

　　　k——车辆行驶的不均衡系数，一般为 0.5~0.7；

　　　s——安全行车间距，即两辆车追踪行驶时的最小安全距离，m。

道路的通过能力还可用关键行车路段每班所能通过的最大运输量来表示：

$$M_D = N_d T q \eta \qquad (12\text{-}9)$$

式中　M_D——以班运输量表示的道路通过能力，t/班；

　　　T——班工作时间，h；

　　　q——汽车的载重量，t；

　　　η——班工作时间利用系数。

12.6　采运设备选型与配比

采装与运输设备的选型与数量配比是露天矿的一个重要决策问题，直接关系到矿山所能实现的生产规模、生产效率、开采强度以及生产成本。

12.6.1 挖掘机选型

单斗挖掘机的选型要根据矿岩采剥量、开采工艺、矿岩的物理力学性质、设备的供应情况等因素来决定。采剥量是选择挖掘机规格的主要依据,采剥量高的矿山选斗容大的挖掘机,采剥量低的矿山选斗容小的挖掘机。

挖掘机的选型还应考虑采场能布置的采区数与挖掘机数量之间的协调。前者即为可以同时作业的采掘工作面数,亦即可以同时作业的挖掘机数。对于设计确定的采剥量,挖掘机的规格决定了其需求数量。一方面,按所选挖掘机型号计算的挖掘机需求数量不应大于采场能布置的采区数;另一方面,挖掘机需求数量不应小于采场正常时空发展程序所需的最小同时作业的采掘工作面数,并要有足够的调配灵活性。举一个极端的例子。假如一个矿山的年矿石生产能力设计为 100 万吨,生产剥采比为 2~3.5。如果选择 10m³ 的电铲,其年实际生产能力为 250 万~350 万吨,2 台电铲就足以满足产量需求。但这一选型不仅明显不合理,甚至是不可行的,其原因作为思考题留给读者。

最简单的挖掘机选型方法是类比法,即参照类似矿山选用的挖掘机选取。更为科学也更复杂的方法,是针对不同型号的挖掘机,对采装运输系统的运行进行计算机模拟,依据评价指标的模拟结果,并综合考虑其他相关因素,选择最佳型号。

12.6.2 汽车选型

汽车的选型与年矿岩运输量、采装设备的作业规格、矿岩运距及道路的技术条件等因素有关。在矿山设计时,一般是从车厢容积、汽车的比功率及车厢强度三方面来考虑。车厢容积应与挖掘机的铲斗容积、矿岩密度及矿岩块度相适应,以尽可能提高采运作业的综合生产效率;比功率过小的车型,在深凹露天矿重车上坡时车速低,达不到额定载荷,因此,大型车的比功率宜在 4.5kW/t 以上;车厢的强度应能承受装载大块矿岩时所产生的冲砸。

车厢容积有以下两种计算方法:

(1)根据汽车运距及运输作业各环节(主要为装车与行车)所需的时间,以电铲与汽车利用率最高时的车铲容积比计算车厢容积。理论车铲容积比为:

$$R = \sqrt{\frac{t - t_r}{t_s}} \tag{12-10}$$

式中　　R——理论车铲容积比;

　　　　t——汽车运行周转时间,min;

　　　　t_r——汽车入换时间,min;

　　　　t_s——铲斗作业一次的循环时间,min。

汽车运行周转时间 t 为:

$$t = \frac{2L}{v}60 + t_x + t_d \tag{12-11}$$

式中　　L——运距,km;

　　　　v——汽车(重载和空载)的平均运行速度,km/h;

　　　　t_x——卸车时间,min;

t_d——平均等待（包括入换）与装车时间，min。

从式（12-10）和式（12-11）可以看出，理论车铲容积比随运距的增加而增加，随汽车行驶速度的加大而降低。当运距为 1~2km 时，车铲的容积比约为 3~6；当运距为 3~5km 时，车铲的容积比约为 6~8。结合我国矿山情况和生产实践经验，对于中小型矿山，当矿岩运距较短时，可依据车铲容积比 3~5 来选择车厢容积；对于大型露天矿山，当运距较长时，可根据车铲容积比 4~6 来选择车厢容积。汽车载重等级与挖掘机斗容配比参考值如表 12-7 所示。

表 12-7　汽车载重等级与挖掘机斗容配比

汽车载重等级/t		15	20	32	45	60	100	150
挖掘机斗容/m³		2.5	2.5	4	6	6	10	16
装车斗数/斗	矿岩松散密度为 2.2t/m³	3	4	4	4	5	5	5
	矿岩松散密度为 1.8t/m³	4	5	5	5	6	6	6

（2）依据矿岩容重和汽车的有效载重计算车厢容积：

$$V = \frac{qk}{\gamma} \tag{12-12}$$

式中　V——车厢容积，m³；

q——汽车额定载重，t；

γ——矿岩实体容重，t/m³；

k——矿岩松散系数，一般为 1.3~1.5。

当矿、岩的密度相差较大时，计算出的运矿与运岩的车厢容积就会相差较大。为了便于生产调度和运输设备的维修，在同一矿山应当尽可能选用同一型号的汽车，但对于大型露天矿，也可以考虑分别选用不同型号的汽车运输矿和岩。

国内金属露天矿的矿石实体容重大都在 2.9~3.3t/m³，而废石的实体容重一般在 2.6~2.8t/m³，实际生产剥采比大多在 2~6。因此，以体积计算，开采过程中所发生的废石运量远远大于矿石运量。所以，一般应依据废石的容重确定车厢容积。

12.6.3　采运设备的合理数量配比

采装与运输作业相互配合，互相制约，为了充分发挥采运系统的综合生产潜能，必须做到采运设备的合理匹配。一方面，采运设备的规格要适应露天矿的生产能力要求；另一方面，采装与运输作业之间要相互协调，采运设备的数量配比要合理。采运设备合理匹配的经济准则是矿山开采中折算到每吨矿岩中的采装与运输成本最低。

车铲比是平均配备给每台挖掘机的汽车数量。为了使采装与运输设备的生产能力相平衡，以最大限度地发挥车、铲双方的生产潜力，在理论上，车铲比应等于运输设备的平均运输周期与采装设备的平均装车间隔时间之比，称为理论车铲比：

$$n_o = \frac{t_r + t_z + t_y + t_x}{t_r + t_z} \tag{12-13}$$

式中　n_o——理论车铲比；

t_r——汽车的平均入换时间，min；

t_z——挖掘机装载一车的平均装载时间，min；

t_y——一个运输周期内的汽车往返行驶时间，min；

t_x——汽车平均卸载时间，min。

在实际生产中，由于各种随机因素的影响，采运设备常常不能连续作业，如汽车因在挖掘机工作面或卸载点排队等待装卸，使运输周期延长；挖掘机则会因等待空车的到来出现空闲，使装车间隔时间延长。所以，实际的车铲比应按实际发生的作业循环时间来确定，即：

$$n = \frac{t_r + t_z + t_y + t_x + t_p}{t_z + t_d} \qquad (12\text{-}14)$$

式中　n——实际车铲比；

t_p——一个运输周期内汽车平均排队等待时间，min；

t_d——挖掘机平均待车时间（包括汽车的平均入换时间），min。

在实际采装运输作业中，上述各时间都具有一定的随机性，可看做随机数。实际测量和统计分析表明，装车时间 t_z 一般服从正态分布，行驶时间 t_y 和卸载时间 t_x 一般服从正态分布或负指数分布。

我国许多矿山采用固定配车方法，即把指定数量的汽车固定地配给某台挖掘机。此种配车方法对于配给某台挖掘机的汽车来说，由于装卸地点是固定的，运输周期中的 t_z、t_y、t_x 三个时间参数波动不大，而汽车排队等待时间 t_p 和挖掘机待车时间 t_d 则随固定配车数的不同而变化。一台铲配的汽车越多，汽车等待装车的平均排队等待时间越长，挖掘机平均待车时间越短；反之亦反。

图 12-6 所示为固定配车采运系统车铲比对系统的生产效率、采运成本以及等车和待铲时间的影响程度。可见，存在一个使采运成本最低的车铲比，也存在一个使采装系统生产能力最大的车铲比。固定配车的采运系统是一个典型的单服务台-有限客源的循环排队系统，在一定条件下，可以用《运筹学》中排队论的 M/M/1 排队模型计算车铲比。

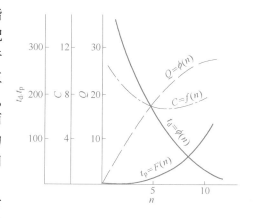

图 12-6　11.5m³ 挖掘机和 108t 汽车
配套时车铲比对设备效率的影响

t_p—班内汽车排队待装的总时间，min；

t_d—班内挖掘机等汽车的总时间，min；

Q—班产量，kt；C—采运成本，¢/t；n—汽车数

固定配车的主要优点是铲装运输系统的工作组织简单易行。主要缺点有：

（1）时间参数 t_r、t_z、t_y、t_x、t_p、t_d 随多种因素变化，固定的车铲比不能充分发挥铲装和运输设备的潜能。

（2）汽车载重量不一时，更难以确定最合理的车铲比。

（3）采装与运输设备间相互制约性大，不能调节电铲配车的短时不均衡性，特别是当采装或运输设备任一方出现故障时，另一方的效率明显降低。

为了克服固定配车的缺点，最好的方法是实现全矿范围内生产汽车的实时优化调度。

12.7　实时优化调度方法

实时调度（也称实时配车）就是实时地决定应将某辆汽车派往哪台电铲去装载，而不是把每辆车固定指配到同一台电铲。针对露天矿采运系统的实时优化调度问题，学术界和矿业界在过去半个世纪中进行了大量研究与应用实践，提出了多种方法。本节主要介绍启发式调度法。所谓启发式调度，就是根据采运系统的实时状态，依据某一调度准则把等待调度指令的卡车调往最合适的那台电铲去装载。不同的调度准则所追求的目标（即"最合适"的标准）不同。常用的调度准则有：最早装车准则、最早装完车准则、最小卡车等待准则、最小电铲等待准则等。

为表述方便，后文中把正在等待调度指令的卡车称为待调卡车。

12.7.1　最早装车准则

最早装车准则就是将待调卡车调往预计能得以最早装车的那台电铲，即：

$$i^* = i \mid \min_{i=1}^{N_s}\{\max(T_{ti},\ T_{si})\} \tag{12-15}$$

式中　i^*——待调卡车被调往的电铲序号；

　　　N_s——待调卡车可以被调往的电铲总数；

　　　T_{ti}——预计待调卡车到达第 i 号电铲的时刻；

　　　T_{si}——预计第 i 号电铲装完所有已配给它的卡车后的时刻。

12.7.2　最早装完车准则

最早装完车准则就是将待调卡车调往预计能得以最早装完车的那台电铲，即：

$$i^* = i \mid \min_{i=1}^{N_s}\{\max(T_{ti},\ T_{si}) + t_{zi}\} \tag{12-16}$$

式中　t_{zi}——预计待调卡车在第 i 号电铲的装载时间。

12.7.3　最小卡车等待准则

最小卡车等待准则就是将待调卡车调往预计其待装时间最小的那台电铲，即：

$$i^* = i \mid \min_{i=1}^{N_s}\{\max(T_{si} - T_{ti},\ 0)\} \tag{12-17}$$

这一准则的目标是尽可能提高卡车的有效作业时间，所以也称为最大卡车准则。

12.7.4　最小电铲等待准则

最小电铲等待准则就是将待调卡车调往预计待车时间最长的那台电铲，即：

$$i^* = i \mid \max_{i=1}^{N_s}\{\max(T_{ti} - T_{si},\ 0)\} \tag{12-18}$$

这一准则的目标是尽可能提高电铲的有效作业时间，所以也称为最大电铲准则。

12.7.5 算例与评价

例 12-1 设某辆待调卡车可以被调往 3 台电铲，这 3 台电铲按其距待调卡车的行车距离从近到远编为 1、2、3 号。假设该辆卡车处于待调状态时，依据铲、车作业统计数据和相关参数实时估算的 T_{ti}、t_{zi}、T_{si}（$i=1$，2，3）值分别如表 12-8 中第 2、3、4 列所示。试依据上述启发式调度准则确定该辆卡车被调往的电铲。

解： 首先依据已知时间参数 T_{ti}、t_{zi}、T_{si}，计算出把卡车调往 3 台不同电铲的最早装车时刻、最早装完车时刻、卡车待装时间和电铲待车时间，列于表 12-8 最后 4 列。然后依据上述调度准则选择卡车应被调往的电铲：

（1）依据最早装车准则，选择最早装车时刻（表 12-8 中第 5 列）最小的电铲（数值相同时选最近者），所以卡车应被调往 2 号电铲。

（2）依据最早装完车准则，选择最早装完车时刻（表 12-8 中第 6 列）最小的电铲（数值相同时选最近者），所以卡车应被调往 1 号电铲。

（3）依据最小卡车等待准则，选择卡车待装时间（表 12-8 中第 7 列）最短的电铲，所以卡车应被调往 3 号电铲。

（4）依据最小电铲等待准则，选择电铲待车时间（表 12-8 中第 8 列）最长的电铲，所以卡车应被调往 3 号电铲。

表 12-8 的最后一行依次列出了分别依据最早装车准则、最早装完车准则、最小卡车等待准则、最小电铲等待准则所选择的电铲编号。从这一简单算例可知，应用不同的调车准则可能把同一台待调卡车调往不同的电铲。

表 12-8 启发式调车示例

电铲号 i	卡车到达时刻 T_{ti}/min	电铲装车时间 t_{zi}/min	电铲装完以前车时刻 T_{si}/min	最早装车时刻 $\text{Max}(T_{ti}, T_{si})$	最早装完车时刻 $\text{Max}(T_{ti}, T_{si})+t_{zi}$	卡车待装时间 $\text{Max}(T_{si}-T_{ti}, 0)$	电铲待车时间 $\text{Max}(T_{ti}-T_{si}, 0)$
1	4	1	8	8	9	4	−4 →0
2	5	3	6	6	9	1	−1 0
3	6	4	4	6	10	−2 0	2
选择电铲（相同时选最近）				2、3 2	1、2 1	3	3

上述调车准则容易实现，操作简单，但在不同的条件下应用效果可能差异较大。不同准则间的定性比较和适用条件如下：

（1）从式（12-15）和式（12-16）可知，当所有电铲装满待调卡车的装车时间相等时，最早装车准则与最早装完车准则所选择的电铲相同。因此，当电铲和卡车分别只有一个规格时，这两个准则的调车结果趋于相同；否则，最早装完车准则的通用性和适用性更强些。

（2）最小卡车等待准则和最早装完车准则有相似之处，其目标都是尽可能提高卡车的效率。因此，在卡车数量相对不足时二者都能提高整个采运系统的生产效率。最早装完车准则更多地考虑了运距的影响，趋于就近派车，在卡车数量相对少时更有利于卡车效率的发挥；但在卡车数量相对多时，可能导致距离待调卡车较近的电铲前卡车排队严重的情况。最小卡车等待准则则可以最大限度地避免在个别电铲前发生卡车"赶堆"现象。

（3）最小卡车等待准则与最小电铲等待准则分别强调卡车和电铲效率的发挥。当卡车数量相对不足（亦即电铲数量相对充足）时，整个采运系统的生产效率受卡车的制约更大，尽量发挥卡车的效率更为重要，所以此种情况下最小卡车等待准则的调车效果一般好于最小电铲等待准则；反之亦反。不过，二者的优越性对比并非如此简单。因为当卡车数量相对不足时，电铲待车的时间趋于增加，用最小电铲等待准则尽量缩短电铲待车时间也可能对提高整个采运系统的生产效率发挥作用。总之，这两种准则的优劣主要取决于卡车数量与电铲数量的对比。另外，最小电铲等待准则突出电铲的重要性，使得各电铲的有效作业时间较为均衡。虽然最小卡车等待准则也能使各卡车的有效作业时间较为均衡，但由于卡车数量是电铲数量的数倍，其均衡作业的重要性不如电铲。

启发式调度法虽简单易行，但存在两大弱点：第一，启发式调度的各种准则都是建立在一次一车"独立"调度的基础上，即当前待调卡车的分配决策与将要分配的其他卡车无关。所以调度结果的短时效率较高，却不能顾及整个系统的长期生产效率。因此这种方法具有明显的短视性。第二，该方法以提高铲、车效率为主要目标来考虑当前待调卡车派往哪台电铲的问题，不能顾及派往某台电铲的卡车总数，其结果难免与生产计划、矿石质量（即配矿）要求相脱节。为解决这些问题，国内外研究者在优化调度理论和方法上做了大量工作，提出了不同的调度优化方法，感兴趣的读者可进一步查阅相关文献。

12.8　自动化调度系统简介

如上所述，露天矿采运系统的设备配置和运行调度对整个矿山的生产效率和成本有重大影响。研究结果表明，采运设备的班有效作业时间只占班工作时间的70%左右。因此，对露天矿运输系统实施实时优化调度，是提高生产效率、降低采矿成本的有效途径。自动化调度系统应运而生。

世界上首套露天矿卡车调度系统于1973年在南非的柏拉博拉铜矿投入运行。随着相关技术的发展，调度系统的自动化程度和优化功能不断提升，应用也越来越广泛。我国首套国产调度系统由煤炭科学研究总院抚顺分院与运载火箭研究院联合研发，于1997年在伊敏露天矿投入运行；首套从国外引进的调度系统于1999年在德兴铜矿投入运行。如今，自动化调度系统已经在我国的多座大型露天矿山得到应用。国内外的应用实践表明，自动优化调度可使露天矿采运系统的生产效率提高6%~32%。

12.8.1　系统组成

露天矿卡车自动化调度系统一般由移动车载终端、通信差分系统、调度中心系统三大部分组成。

12.8.1.1　移动车载终端

移动车载终端由主机、显控终端、卫星定位天线、通信天线、传感器等几部分组成，如图12-7所示。

移动车载终端的主要功能有两个：一是采集设备的位置、状态等信息并发送给调度中心；二是接收调度中心发送的指令信息并提示给司机。

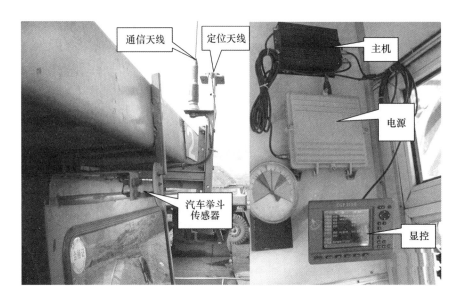

图 12-7　露天矿卡车调度系统移动车载终端组成图示

12.8.1.2　通信差分系统

通信差分系统的主要功能有两个：一是实现调度中心与移动车载终端之间的通信联系；二是通过卫星定位差分数据解算以提高定位精度。普通定位（精度为米级）不需要差分，通过差分可将定位精度提高到厘米级，主要用于定位精度要求高的设备（如电铲）。

通信方式可以有多种方案：利用无线通信公司的公网，采用自建的无线高速数传网，采用无线宽带网等。

如今，5G 技术已经成熟，为智能矿山（包括调度系统）建设提供了强大的无线通信手段。为确保信号的无死角覆盖，可以在露天矿生产区域的合适位置建 5G 基站，在露天矿建设"5G+北斗"连续运行参考站（continuous operational reference station，CORS）系统，不仅可用于卡车调度系统的通信、定位与导航，而且可用于矿山测量和边坡监测等。

12.8.1.3　调度中心系统

调度中心系统的功能包括：实现设备运行的实时动态跟踪显示，产生与发送优化调度指令，制作与调整生产计划，查询、统计与报表制作，设备运行回放等。其特点是信息量大、处理复杂；既有实时优化运算，又有大量的后台数据处理；还有图形显示界面及人机交互界面等。

调度中心系统一般由网络服务器、实时运行终端、后台服务终端、显示终端、打印机、不间断电源等组成，如图12-8 所示。

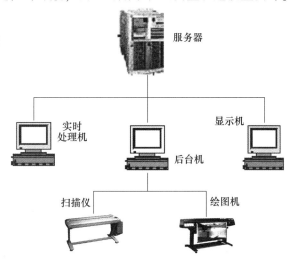

图 12-8　调度中心系统组成示意图

　　网络服务器是调度中心与外围系统的连接中枢，调度中心和外围系统主要经过该服务器进行数据交换。

　　实时处理机用于信息采集、状态分析、调度处理和指令发送等。

　　后台机用于档案管理、道路网管理、班计划制作、采运产量和车流规划、数据查询和统计等。

　　显示终端用于系统中的设备运行状态监视。由于露天矿范围大、设备数量较多，在调度室可以多设几个显示终端，既可分台阶、分岩种、分设备类型进行显示，也可根据需要（如观察车流）进行集中显示，还可设置专门的维修处理终端，用于对故障检修设备的监视和维修管理。

12.8.2　系统工作方式

　　调度中心根据需要以轮询或竞争方式采集每台车载终端的信息。

　　移动车载终端接收卫星定位信息并实时解算自己的坐标位置。当车载终端收到轮询指令后将自己的车号、位置、作业状态等信息发向调度中心；当设备需要向调度中心报告情况时（如设备故障等），终端以竞争方式向调度中心发送这些信息，并同时报告自己的位置和状态等。

　　调度中心实时处理接收到的每台设备的位置、状态信息，并将结果以图形方式显示。同时，根据需要自动产生调度指令，并发送给车载终端；车载终端收到指令后在显示屏上显示并进行相应的语音提示，指导司机按指令运行。

　　通过调度系统与管理信息系统（或网络办公系统）连接，可以将显示和查询统计的应用范围扩展到露天矿决策者以及相关管理部门，决策和管理人员在自己的办公室即可随时了解露天矿的生产动态，并将相应决策信息实时传递给调度系统，提高矿山决策质量。

　　露天矿卡车调度系统的信息流程如图 12-9 所示。

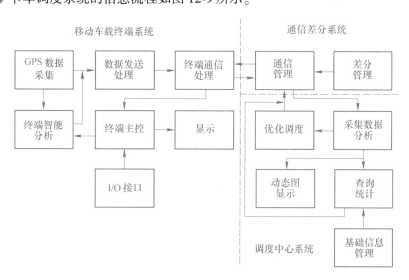

图 12-9　露天矿卡车调度系统信息流程

　　卡车自动调度系统与挖掘机远程遥控系统和卡车无人驾驶系统融合，就可实现露天矿采运工序的现场无人化作业。在这种作业模式下，挖掘机操作员在远离作业现场的控制室内，通过遥控操作台操纵挖掘机进行铲装作业；卡车的车载终端扩展为无人驾驶系统，完全替代了司机，按照调度系统的指令自主完成运输作业。这种采运作业模式在国外已经实现生产应用，如今仅 Caterpillar 和 Komatsu 两家公司生产的无人驾驶矿用卡车就有约 500 台投入了生产运营。我国在这一领域的技术研发也已取得长足进展，于 2017 年开始无人驾驶卡车的现场测试运行，正在改进完善中逐步投入生产运营。

12.8.3 系统主要功能

露天矿卡车调度系统的主要功能就是通过采集采运设备信息，实现对设备位置及工作状态的实时跟踪、显示和优化调度，及时准确地查询统计生产情况，起到优化车队运行、准确执行生产计划等作用，以此达到提高采运系统生产效率、降低成本的目的。具体功能归纳如下：

（1）优化调度。优化调度是系统的核心功能，主要包括：

1）优化行车路径。根据道路网数据自动生成最佳行车路径。

2）车流规划。根据班计划及生产进行情况规划装载点与卸载点之间的最佳车流，对车铲设备进行合理配置；在设备比例失衡时，为调度员调整、关停部分设备提出建议，或自动做出必要的调整。

3）自动调度。正常情况下，系统根据设备配置结果自动合理地处理全部卡车的调度，不需人工干预。

4）人工干预。如果需要，调度员利用系统可随时将指定汽车调往任何位置及用途，或随时改为固定配车调度。

5）卡车重新调配。在电铲、破碎站、排卸点等发生故障或关闭时，系统自动将调往这些地点的途中卡车全部调走；在这些点的故障解除或恢复使用后自动向这些地点派车。

（2）设备跟踪与实时显示。系统自动采集设备的位置、状态等信息并以二维图或三维图方式显示，使调度员/监视员实时掌握现场设备运行情况。

（3）班作业计划制作与动态调整。根据产量指标、矿石质量指标、设备出动情况等，辅助计划人员合理制定当班作业计划，提供合理的货流分配方案、卡车调配方案、路径选择方案等，并可根据情况的变化（如电铲、破碎站、卡车等发生故障）实现计划的动态调整。

（4）交接班及班中餐处理。根据作业时间要求，自动安排设备上下班、班中餐及其他规定的司机休息等。

（5）自动计量。自动记录每台车的装车地点、卸车地点及运行路线，从而可自动计算出各装载点产量、排卸点产量、各车产量及运行公里数等，避免人工计量产生的误差。

（6）业绩评价。通过对设备跟踪和计量数据的统计分析，对司机的工作业绩及整个采运系统的"表现"作出评价。根据司机业绩和计酬方案可实现自动计酬，提高管理效率和水平。对采运系统的评价和分析可以揭示相关优化模型、算法以及调度准则的不足，为其改进或调整提供依据。比如，从统计数据中发现，卡车在某台电铲前的班均排队待装时间明显高于其他电铲，就可能是调度准则不合理，应作相应调整。

（7）故障报告。在设备出现事故或故障时，可按事故或故障分类向调度中心报告、示警。调度中心和维修部门能够及时得知哪台设备在何时何地发生了何种事故或故障，及时组织处理。

（8）设备维检建议。依据对设备运行时间、里程的统计，结合检修保养规程，对设备检修保养提出建议；依据设备的运行数据和"健康"状态指标监测数据，对设备维修和保养计划进行优化。

（9）设备成本核算。通过对配件的投入、油耗、故障、维修、保养等历史数据的详细记录，结合设备运行时间、运行里程、产量等的统计，实现单台采运设备的成本核算，为优化采运设备的更新策略提供基础数据，同时为选择最佳设备与备件厂家提供依据。

（10）运行预警。车载终端通过卫星定位系统自动采集设备运行位置、速度等信息，对超速行驶、越界行驶、超时停车、到达错误装卸地点等进行报警，促进安全、高效运行。

（11）自动导航。以语音、文字、图形等多种方式把车辆位置、运行路线、速度等提示给司机，指导司机安全行驶、准确作业。无人驾驶卡车具有自主定位、导航与避障等功能，按系统指定路线自主行驶。

（12）加油管理。根据矿山生产管理要求，结合汽车运行吨公里数统计及加油站卡车排队情况，辅助调度员安排汽车加油，或向申请加油的卡车提示加油站情况信息，或自主安排汽车加油。通过加油输入功能或自动加油量信息采集接口，形成加油数据库，实现单车油耗采集与吨公里油耗分析。

（13）班中查询。可随时对当班的设备、装卸点等的运行状态、时间、产量等进行组合式查询。

（14）信息管理与服务。可根据需求，建立详细的系统信息数据库（通常包括基础数据库、实时运行数据库、汇总数据库、专用数据库等），对各种信息数据进行分类、集中管理，在此基础上进行相关统计图表的制作及统计分析处理，通过网络为矿山各部门及上级公司提供信息服务，为作业效率评价、系统弱点诊断和相关决策等提供依据。

（15）运行回放。可对任意时间段内采运系统的全部设备或部分设备进行生产过程运行回放显示，并可人为控制回放速度。对追查事故原因、改进操作人员培训、分析矿山生产过程、优化生产组织、挖掘生产潜力等能起到重要作用。

（16）矿石质量管理。根据矿石质量要求，辅助调度人员制作矿石质量管理方案及配车方案，或应用优化软件依据矿石质量要求优化车流，实现矿石质量的实时精确控制和批量控制。

（17）基础档案管理。包括设备档案、司机档案、调度人员档案、值班人员档案等。

（18）信息共享。调度系统可与矿山其他系统相连接，如地质测量、采矿设计与计划、选矿管理、维修管理、备件与材料管理、油料管理、成本核算系统等，实现信息交换和共享。

13 排 土 作 业

露天矿在生产过程中采出大量废石（包括松散的第四纪层）。将废石运输到选定的场地进行排弃称为排土作业，堆放废石的场地称为排土场。排土作业是露天开采的最后一道工序，与废石运输紧密相连。金属露天矿的剥采比一般都大于1，所以采出的废石量通常是矿石量的数倍，废石的排弃工作量与排土场的占地面积都相当大。因此，废石排弃是露天开采中的一个重要生产环节，排土作业的效率影响到整个矿山的经济效益。

排土工作按一定的作业参数和时空顺序逐渐推进，排土工作及相关参数有以下特点：

（1）排土与开采有相似之处，其工作线及工作面都随着时间不断推进，具有移动性；但在垂直方向上的发展顺序与开采相反，开采是自上而下逐个形成工作台阶，从而形成采场工作帮，而排土是自下而上逐个形成排土台阶，从而形成排土工作帮。

（2）排土工作面像采掘工作面一样具有一定的作业参数，如排土台阶（通常称为阶段）高度、平盘宽度、排土带宽度、台阶坡面角、帮坡角等。但排土工作面可采用较大的作业参数，如较高的排土台阶（排土场的阶段高度一般为采场台阶高度的 2 倍左右，甚至更大）。

（3）排弃物料为松散体，相同设备的排土作业效率比在采场的采掘效率高。因此，排土设备数量一般比剥离采掘的设备数量少许多，往往一套排土设备可完成数台采掘设备所剥离的废石量的排土工作。

（4）排土场物料松散，排土台阶的稳定性差。因此，排土台阶的坡面角、排土工作帮帮坡角、排土场最终边坡角等都比采场的相应坡角要小。

排土设计包括排土场选址、排土工艺的确定、与工艺相适应的设备选型、排土场要素设计等。在生产过程中，排土工作包括排土计划编制、排土场稳固性监测与维护、排土场污染防治等。本章讲述排土场选址、排土场要素设计和常用的排土工艺。

13.1 排 土 场 选 址

合理的排土场地选择必须综合考虑地形、环境、容量需求、土地类型、矿床的远景储量分布、废石排弃运距、排土场对环境的影响、废石回收利用的可能性及排土场复垦等因素。

按与采场的相对位置，排土场可分为内部排土场与外部排土场。内部排土场是把剥离的废石直接排弃到露天采场内的采空区，这显然是一种最经济、最节省占地的废石排弃方案。但内部排土场的应用受到条件的限制，只有开采水平或缓倾斜的矿体且采场面积大，或在一个矿床实行分区开采时，才有可能实现。绝大多数金属露天矿山都不具备设置内部排土场的条件，而需在采场外设置一个或多个外部排土场，实行集中或分散排土。

排土场的选址应遵循下列原则：

（1）不占基本农田，少占耕地，尽量利用山坡、山谷的荒地，避免村庄的搬迁。

（2）尽可能靠近采场，以缩短运距。

（3）应设置在居民区或工业场地的下风侧或最小风侧以及生活水源的下游，以免对居民、工厂或水源造成危害。

（4）不应截断泄洪道和河流，避免设置在水文地质条件复杂的地段，以保证排土场的稳定，避免排土场发生滑坡和泥石流事故。

（5）废石中可利用的部分要单独堆置，以便二次回收利用。

（6）废石中有害成分（如重金属、硫等）含量高的部分要单独堆置，并采取相应的隔离防护措施，以免造成环境污染。

（7）有条件时，靠近采场的排土场宜分散布置，与多出口开拓运输系统配合，缩短运距并减轻排土线和道路的压力，提高排土效率。

（8）有利于土地复垦。

排土场选址和规划的一般准则是：排弃、治理与复垦成本最低，占地面积最小，占用土地价值最低。

13.2　排土场要素

排土场的要素包括：阶段高度、堆置高度、平盘宽度和容积，前三者统称为堆置要素。

13.2.1　堆置要素

大中型露天矿的排土场一般都分阶段堆置。排土场的阶段高度是指同一排土台阶的坡顶面至坡底面间的垂直距离。所有阶段的高度总和称为排土场的堆置高度。排土场的阶段高度与堆置高度主要取决于排土场的地形与水文地质条件、气候条件、废石的物理力学性质（成分、粒度等）以及排土工艺、设备和废石运输方式等因素，大型排土场的阶段高度一般为 20~40m，堆置高度最高可达 300m 左右。

在确定靠近地面第一层的阶段高度时，应避免在地质条件差时堆置过高，以免造成严重的基础凸起，使局部排土场下沉，造成台阶边坡滑落而引起上层阶段的不稳定现象。多阶段同时堆置时，上下阶段之间要留有一定的超前距离，既保证下面阶段的安全生产，也为上面阶段的稳定创造条件。

排土场的平盘宽度是水平面上本阶段坡顶面外缘到上阶段坡底线之间的距离。工作平盘宽度主要取决于上一阶段的高度、大块废石的滚动距离、采用的排弃设备、运输方式、运输线路的条数及移道步距等因素，其取值应满足运输和排土设备对作业空间的需要，并使上、下相邻阶段同时作业时互不影响。

13.2.2　排土场容积

排土场的设计容积可用下式计算：

$$V = \frac{V_s K_s}{1 + K_c} K_1 \tag{13-1}$$

式中 V——排土场的设计容积，m^3；

  V_s——剥离岩土的实方体积，m^3；

  K_s——岩土的松散系数，其取值可参考表 13-1；

  K_c——岩土的下沉率，其取值可参考表 13-2；

  K_1——容积富余系数，一般取 1.02~1.05。

表 13-1 岩土松散系数参考值

岩土种类	砂	砂质黏土	黏 土	带夹石的黏土岩	块度不大的岩石	大块岩石
初始松散系数	1.1~1.2	1.2~1.3	1.24~1.3	1.35~1.45	1.4~1.6	1.45~1.8
终止松散系数	1.01~1.03	1.03~1.04	1.04~1.07	1.1~1.2	1.2~1.3	1.25~1.35

表 13-2 岩土下沉率参考值

岩 土 种 类	下沉率/%	岩 土 种 类	下沉率/%
砂质岩土	7~9	硬黏土	24~28
砂质黏土	11~15	泥夹石	21~25
黏土质	13~15	亚黏土	18~21
黏土夹石	16~19	砂和砾石	9~13
小块度岩石	17~18	软岩	10~12
大块度岩石	10~20	硬岩	5~7

13.3 排土工艺类型

  露天矿排土工艺因废石采运工艺、排土场地形、水文地质特征及所排弃废石的物理力学特征而异。对于内部排土场，当所开采的矿体厚度与所剥离的岩层厚度不大、排移距离小时，无须运输，可使用机械铲或索斗铲直接将废石倒入采空区内；当矿体较厚、剥离量大且排移距离较大时，必须通过某种运输方式把废石运到采空区，进行内部排弃。对于外部排土场，根据废石的运输与排弃方式及所使用的设备不同，排土工艺可分为如下几种：

  (1) 公路运输排土。利用汽车将废石直接运到排土场排卸，然后由推土机推排残留的废石及整理排卸平台。

  (2) 铁路运输排土。利用铁路机车将废石运到排土场，再用其他排土设备转排。根据排土设备的不同，又分为挖掘机排土、排土犁排土、铲运机排土等。

  (3) 胶带运输排土。利用胶带机将废石直接从采场运到排土场排卸。

13.4 公路运输排土

  采用汽车运输的露天矿大多采用汽车-推土机排土工艺。其排土作业的程序是：汽车运输废石到排土场后进行排卸；推土机推排残留废石，平整排土工作平台，修筑防止汽车翻卸时滚崖的安全车挡，整修排土场路面。

  汽车-推土机排土工艺的优点有：汽车运输机动灵活，爬坡能力大，可在复杂的排土场地作业；排土高度比铁路运输大；排土场内运输距离较短，排土运输线路建设快、费用低、易于维护。由于国内外露天矿广泛采用汽车运输，所以汽车-推土机排土工艺的应用也最为广泛。

13.5 铁路运输排土

铁路运输排土是由铁路机车将废石运至排土场，翻卸到指定地点，再用其他设备进行转排。可选用的转排设备有挖掘机、排土犁、推土机、前装机、索斗铲等。国内采用铁路运输排土的金属露天矿多以挖掘机为转排设备，排土犁次之，而其他设备应用很少。铁路运输排土还需要移道机、吊车等辅助设备。

13.5.1 挖掘机排土

如图 13-1 所示，列车进入排土线后，矿车依次将废石卸入临时废石坑，再由挖掘机转排。该工艺要求临时废石坑的长度不小于一辆翻斗车的长度，坑底标高比挖掘机作业平台低 1~1.5m，容积一般为 200~300m³。排土分为上下两个台阶，电铲在下部台阶顶面从临时废石坑里铲取废石，向前方、侧方、后方堆置。其中，向前方、侧方堆置形成下部台阶，向后方堆置形成上部台阶的新排土线路基，如此作业直至排满规定的阶段高度。

挖掘机排土工艺具有如下优点：

（1）受气候的影响小。

（2）移道步距大，线路质量好。

（3）每米线路的废石容量大，因而减少了排土线在籍长度及相应的线路移设和维修工程量。

（4）排土平台具有较高的稳定性，可设置较高的排土阶段，并能及时处理台阶沉陷、滑坡。

（5）场地的适应性强，可适用各种废石硬度。

（6）可在排土过程中进行运输线路的涨道；在新建的排土场可直接用挖掘机修筑路基，加快建设速度，节省劳动力。

挖掘机排土工艺的缺点有：

（1）挖掘机设备投资较高、耗电量大，因而排土成本较排土犁高。

（2）运输机车需定位翻卸废石和等待挖掘机转排，因而降低了运输设备的利用率。

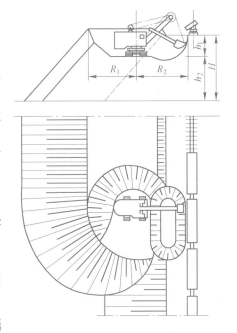

图 13-1　单斗挖掘机排土

13.5.2 排土犁排土

排土犁是一种行走在轨道上的排土设备，如图 13-2 所示。它自身没有行走动力，由机车牵引，工作时利用汽缸将犁板张开一定的角度，在行走中将堆置在排土线外侧的岩土向下推排。

如图 13-3 所示，排土犁排土的工艺过程是：列车进入排土线排卸岩土后，排土犁进行推刮，将部分岩土推落坡下，上部形成新的受土容积。然后列车再翻卸新的岩土，直到线路外侧形成的平盘宽度超过或等于排土犁板的最大允许排土宽度时，用移道机进行移道。一般排土线每卸 2~6 列车由排土犁推刮一次，每经过 6~8 次推排后需移设线路一次。

排土犁排土具有如下优点：

（1）设备价格低，排土效率高。每台排土犁的价格仅为挖掘机价格的 1/3 左右，而排土效率约为挖掘机的 2 倍。

（2）设备结构简单，便于维修。

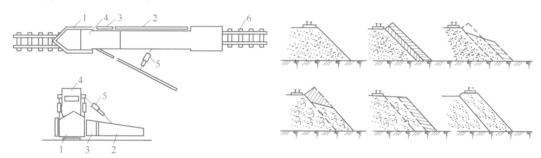

图 13-2　排土犁示意图　　　　　图 13-3　排土犁排土工艺过程示意图

1—前部保护板；2—大犁板；3—小犁板；

4—司机室；5—汽缸；6—轨道

（3）适用性强，适用于准轨运输的各种地质条件、各种岩石硬度。

（4）排土后的路基不需要加工便可直接铺设线路。

排土犁排土具有如下缺点：

（1）排土阶段高度受到限制，一般为 10~12m。

（2）移道步距较小，两次移道间的容土量少，因而需设较多的排土线。

13.5.3　推土机排土

推土机排土的工艺程序是：列车将废石运至排土场翻卸，推土机将废石推排至排土工作台阶以下，并平整场地及运输线路。国内采用铁路运输的露天矿采用推土机排土工艺的不多。当排弃湿度较大的岩石时，由于推土机履带的来回碾压，加强了路基的稳定性，可增加排土场的堆置高度，但排弃成本较高。

13.5.4　前装机排土

前装机排土如图 13-4 所示。它具有机动灵活、排土宽度大、运距长、安全可靠等优点。这种排土方式的排土阶段有较长的稳定期，但当运距大时，排土效率较低。当排土平台较宽时，前装机可就地做 180°转向运行；当排土平

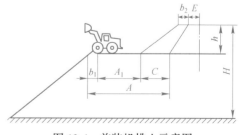

图 13-4　前装机排土示意图

台较窄时，可就地做90°转向运行，以进行加长排土工作平台的作业。

13.6 胶带运输排土

胶带运输机-胶带排土机排土是一种连续排土工艺，其一般的工艺流程是：用汽车将废石运至设置在采场最终边帮上的固定或移动式破碎站进行粗破碎，破碎后的废石被转装到胶带运输机运至排土场，再转入胶带排土机（简称排土机）进行排卸。当排到一个阶段高度后，用推土机平整场地，移动排土机。

如图13-5所示，排土机是一种装有胶带运输机的可行走的排土设备，它由受料臂、卸料臂、回转台和行走部分组成。受料臂可以直接接受运输胶带的转载，也可通过加载装置加载。

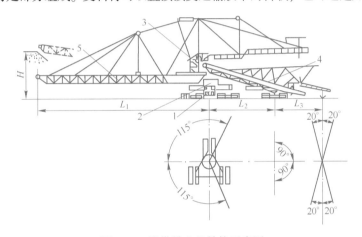

图 13-5 胶带排土机结构示意图

1—排土机底座；2—回转盘；3—铁塔；4—受料臂（装有接收运输机）；5—卸料臂（装有卸载运输机）

选用排土机时应考虑下列条件：

（1）排土机在气温-25~+35℃和风速小于20m/s的条件下工作较适宜。气温过低时，岩粉易在排土机的胶带上冻结积存，造成过负荷；气温过高时，易产生过热而引起机械故障；风速过大时，排土机的机架容易摆动，威胁工作人员和设备的安全。

（2）排土机的行走坡度一般不超过1:20（5%），个别地方也有达1:10~1:14的。

（3）排土机工作时对纵、横坡的要求一般不大于下列值：纵向倾斜1:20、横向倾斜1:33，或纵向倾斜1:33、横向倾斜1:20。

（4）排土机对地面的压力应小于排土场的地面耐压力。

排土机的主要工艺参数是最大排土高度和排土带宽度，它们都取决于排土机的结构尺寸。排土机向站立水平以上排土时，应尽量利用悬臂长度形成边坡压脚，以保证排土边坡的稳定；向下排土时也要尽量利用卸载悬臂长度，使排土带宽度达到结构允许的最大值，为排土机创造稳定的基底。

胶带运输机-排土机排土工艺充分发挥了连续运输的优越性，运排成本低，自动化程度高。与汽车运排相比，具有能耗低、维修费低、生产效率高等优点。排土机排土可增大排土场段高，缓解排土场容量不足和占用土地面积大的问题。但这种排土工艺初期投资大，生产管理技术要求严格，胶带易磨损，工艺灵活性差。

14　露天矿总平面布置

矿山总平面布置，就是把矿山地表的工业生产设施和行政管理、生活及福利设施，依据地表地形特征和矿床赋存条件以及矿岩地面运输和矿石加工的要求等，合理布置在平面图上，并布置运输线路在设施间建立必要的联系，形成一个有机的整体。

总平面布置是矿山企业设计的一个重要组成部分，一旦形成，在生产过程中是不易改变的。如果布置不当，将使各生产环节的衔接和配合长期不合理。因此，总平面布置必须在符合矿山企业建设和生产要求的前提下，尽量节约劳动力、材料和成本，便利施工，加快建设速度；在投产以后，能以最合理的流程、最小的消耗取得最大的工效，达到高效率、低成本生产的目的。

14.1　总平面布置的设计内容

总平面布置通常包括矿区规划图和工业场地平面布置图。

矿区规划图（也称为矿区区域位置图），是根据矿床赋存条件、地形条件、人文条件等，对矿山企业的各个组成部分作出全面规划。这个规划要经过合理的厂址选择及多方案比较之后确定。规划通常在 1∶5000~1∶10000 的地形图上进行。

矿区规划图中应标明：原有的地形地物、规划的矿山企业场地、矿体界线及采选工业场地、生活区、区域供排水及供热和供电线路、矿区内部运输及其与外部运输的联系、露天采场总出入沟、排土场、炸药厂（库）、选矿厂及尾矿库等。

工业场地平面布置图是在更小范围内更细致的规划，它根据矿区规划图确定的布置原则，在 1∶1000~1∶2000 的地形图上进行初步设计，在 1∶500~1∶1000 的地形图上进行施工设计。

采矿工业场地的设施主要包括：机修车间、汽修厂、矿仓、排土场、材料仓库、油料仓库、炸药厂（库）、行政福利设施等。行政福利设施有车间办公室、浴室、保健站和食堂等。采矿工业场地的平面布置图中应标明：最终境界地表范围、采场封闭圈、各开采水平或总出入沟位置与标高、斜井口的位置与标高（采用胶带斜井开拓时）或平硐口的位置与标高（采用平硐溜井开拓时）、排土场范围与最终标高、洪水淹没范围等。此外，还要标明场地内各个建筑物、构筑物、运输线路及各种管线的平面配置关系和竖向关系。

选矿工业场地的设施主要包括：破碎、筛分和选矿车间以及尾矿设施和砂泵站等。

如果企业的各个组成部分比较集中，可以把矿区规划图和工业场地平面布置图合在一个图上布置。

14.2 工业场地的选择及其平面布置

14.2.1 影响工业场地选择的因素

选择工业场地需考虑以下因素：

（1）场地的面积需求。要有足够的场地面积布置所有的建筑物、构筑物、道路、管线等。当有扩建可能时适当考虑企业发展用地的要求，但不可过多预留备用地。尽量少占或不占农田，并应根据实际需要分期征购土地。为了减少用地面积，有条件时可采取建筑物的联合。

（2）地表地形。要注重利用地形，尽量使挖、填方平衡，减少土石方工程量，以降低建设投资；方便地面水的排出。

（3）开拓系统。由于围绕采场出入沟口（或斜井口、平硐口）要布置一些生产和机械加工修理设施，采场工业场地与开拓方案密切相关并互相制约。在地形条件允许时，工业场地的选择要有利于开拓系统的布置；同样，在确定开拓系统位置时，亦必须考虑工业场地的布置问题。

（4）选矿工艺。选矿工业场地的选择需考虑选矿工艺，用重选时，选矿工业场地最好设置在坡度 15°～20°的山坡地带，以便矿浆自流，减小土方工程量；用浮选时，5°～10°的坡度也可以。选矿工业场地尽可能靠近采矿工业场地，以缩短矿石的地面运输距离；条件允许时，可与采矿工业场地的一些设施合并布置。应尽量使选厂贮矿仓的顶部标高低于采场出入沟口或斜井、平硐口的标高，以便重车下行，降低运输能耗。产生粉尘的破碎车间应布置在行政福利设施、汽修厂等的最小风频的上风侧。选厂应设在供水、供电、排堆尾矿方便的地方。尾矿库最好选择在靠近选厂的天然沟堑、枯河、峡谷等地，既要有足够的容量，又不侵占农田，同时力求避免尾矿水排入农田和直接排入河流，以免影响农业生产，引起水体污染。尾矿库应尽可能低于选厂标高，以便尾矿自流和避免设置砂泵等设备。

（5）边坡位移和爆破影响范围。工业场地应布置在采场爆破影响范围和可能发生的边坡移动范围以外，还要避免受山坡崩塌及山洪危害，要有必要的排洪措施，以保证安全。

（6）工程与水文地质。必须注意工程地质和水文地质条件（如土质及潜水位置），以减小建（构）筑物的地基施工难度和建设费用。

（7）运输条件。要有较好的地面运输条件，且便于与外部铁路、公路连接。

14.2.2 工业场地平面布置的基本原则

工业场地上的各项建（构）筑物，要根据生产过程来布置。一切建（构）筑物的布置应在符合安全要求的前提下，能够最大限度地方便生产过程、降低建设投资。既不能过度分散，又不能过度集中。建（构）筑物过度分散将引起基本建设投资的增加，以及在整个场区地面布置和运营上的额外开支，如一些管线长度的增加、材料等运送距离的增加等；过度集中则对预防火灾不利，如润滑材料及燃料库要与其他建筑物有符合要求的安全距离。

工业场地内的建（构）筑物均应布置在爆破安全界线以外的安全地带。汽车维修站和汽车停放场应布置在汽车运行频繁的道路旁或采场的出入口附近；当山坡露天矿高差较大、开采年限较长时，为便于修理，可在上部采场边缘与爆破方向相反的地带设置汽车维修站、汽车停放场、电铲大修间等临时性检修设施以及临时办公室和休息室，但应采取必要的安全防护措施。露天矿工业场地的竖向布置，应考虑各生产车间运输联系方便，保证场地不受洪水浸淹，易于排除地面雨水。有铁路、公路联系的采场内的建（构）筑物应布置在同一台阶上或相邻高差较小的上下台阶上。场地不平坦时，露天矿工业场地多采用阶梯式布置。

14.2.3　工业场地主要设施布置

机修厂和成品、材料库（简称品材库）常合并在一起，设在一个大的建筑物内，称为联合机修厂，其场地布置应根据矿山规模、生产性质、备品备件制造分工以及当地协作条件等确定，尽量靠近采场出口。联合机修厂内各车间应根据其工艺上的相互联系进行合理配置，使生产流程合理、布局紧凑、联系方便；各车间的布置尽量呈南北朝向，以利于自然采光和通风，创造良好的工作条件；产生烟尘、热量或散发有害气体的车间，应尽量布置在厂区最小风频的上风侧；易燃材料堆场或加工间与邻近建筑物之间的距离必须符合防火要求；还要注意噪声的影响。

汽修厂的场地布置根据矿山的汽车类型、数量、备品备件供应以及地形条件等确定，尽量靠近采场出口。汽修厂内各车间宜按工艺流程、生产性质和联系采取成组分区布置。适当提高建筑系数，保养厂建筑系数一般为 20% ~ 25%，修理厂一般为 22% ~ 30%。厂区布置应保证车辆进出方便，尽量避免车流交叉，减少转弯和倒车等现象。辅助设施应尽可能靠近其服务车间，水、电、压气、蒸汽等设施应靠近负荷中心。

压气机应尽量靠近压缩空气负荷中心，并靠近主要用户。采场内使用的移动式压气机可放在采场内；在修理厂内宜靠近铆锻、铸造、喷砂车间。由于压气机开动时的振动与噪声大，应距办公室和其他人员工作场所远一些（大于 30m）。压气缸入气口应与产生尘埃的车间有一定距离（大于 150m）。储气缸（风包）应设在背阴面，以利散热。

变电所宜布置在靠近露天采场爆破界限以外的安全地段上，尽量设在电负荷的中心，接近主要用户，且易于引入外部电源。配电所一般应靠近选矿主厂房和烧结抽风机室。

材料仓库、油料仓库应设在离铁路或公路近的地方，以便于运输。因防火需要，应与其他设施间留有安全距离（30~50m 左右）。对于深凹露天矿，宜设在采场出入沟口附近。

矿仓和贮矿场与专用线路有密切联系，与外部运输相连接。在总体布置中，应避免用主要运矿线路联通各建筑物。要充分利用地形条件，将原矿受矿仓和成品矿仓布置在原矿运入和成品矿运出的方便处。

地表破碎车间一般宜按照粗碎、中碎、细碎生产流程，沿山坡自上而下进行布置，尽量采用重力运输，以缩短各厂房之间的胶带输送长度。在露天采场内布置半固定式或固定式破碎站时，一般设在采场的端帮，并应考虑采场各台阶水平的运输方便。

污水处理站宜选在厂（矿）区的下游，且不受洪水威胁。对于厂区产生的污水，应设置污水处理设施，处理后排放。排水管渠出水口应保持与取水构筑物及居住区有一定距离，并避免影响下游居住区的卫生和饮水条件。

矿山企业消防设施应结合所在地区情况，取得当地公安消防系统的同意后设置。对于小型矿山企业，一般以考虑设置高压水消防供水管道和消火栓为宜。对于大、中型矿山企业，可考虑配备消防车，数量一般为：远离城市的大型矿山企业 2 辆，中型矿山企业 1 辆，并设立专职消防站（队）。消防站（队）应根据矿山企业所在位置、周围消防设置条件和规模、生产重要性以及建筑物防火等级等因素确定，一般在符合规定服务半径范围内，应尽量与邻近企业联合设立或利用邻近城市消防机构的设施，否则应单独设立。矿山企业的消防站宜布置在生产厂区、库区和职工居住区之间，靠近火险较大的地区，且交通和环境条件便于出车。联合设立的消防站，宜位于消防区域的适中地点。

排土场应在不影响矿床近、远期开采和保证边坡稳定的条件下，尽量选择在位于采场出入沟口附近的沟谷或山坡荒地上。有条件时，应尽量利用采空区排弃废石，以缩短运距，节约用地。要使采场总出口到排土场的运输方便，重车尽可能下行；应位于主导风向的下风侧，尤其应注意位于生活区和其他厂房的下风侧。尽量利用地形，使排土场设于山谷、洼地之中，少占或不占农田。

图 14-1 所示为某露天铜矿工业场地主要设施的布置实例。

14.2.4 炸药加工厂与爆炸材料库的位置选择与布置

金属露天矿消耗大量炸药和爆炸材料，许多矿山都有自己的炸药加工厂，所有矿山都设有爆炸材料库。爆炸材料库分为总库、分库及材料发放站。按照有关规定，爆炸材料库最大允许贮存量为：总库，炸药半年用量、起爆材料 1 年用量；分库，炸药 10 昼夜用量、起爆材料 3 个月用量；发放站，炸药 1 昼夜用量、起爆材料 7 昼夜用量。

爆炸材料库和炸药加工厂的布置，必须以取得当地公安部门批准的文件为依据。地表爆炸材料库和炸药加工厂的位置应远离居民区、工业场地、运输和输电线路、农田等，一般宜布置在山谷内的工程地质条件好、地下水位低，不受泥石流威胁和山洪淹没冲毁的地段；要尽量利用山丘为屏障，减少其安全距离。爆炸材料库和炸药加工厂区的场地上应有良好的排水系统。通往爆炸材料库区内的道路或铁路支线，应保持良好状态和清洁。各库房应设有规定宽度的通道，如用汽车接近库房取送炸药时，应于适当地点设置汽车回车场与装卸站台。

爆炸材料库和炸药加工厂的库（厂）区平面布置必须满足防爆、防火安全的有关规定。爆炸材料库与周围建（构）筑物应符合空气冲击波安全距离的要求；炸药库房之间、雷管库与炸药库、雷管库房之间应符合殉爆安全距离的要求；库（厂）区内道路边缘距库（厂）房不小于 12m，道路纵坡坡度不大于 6%；库（厂）区外围应设刺网或围墙，距工房及库房不小于 40m，高度不低于 2m；Ⅰ、Ⅱ、Ⅲ级工（库）房应建筑防护土堤，其高度应高于库房屋檐 1.5m 或工房屋檐 1m，其顶部宽度不小于 1m，与建筑物的距离为 2~3m，建筑物与堤脚间应设有排水沟。

为了改善环境和减少空气冲击波对周围建筑物的影响，在库（厂）区内外，应广植阔叶树。在炸药总库周围 50m 内，应消除一切易燃物。有爆炸危险的工（库）房周围 40m 内不得有针叶树和竹林，干草、枯枝、枯叶等应及时清除。应避免区内使用的低压供电线路跨越库房或厂房顶部，并须与库（厂）房保持规定的安全距离；布置库（厂）房设施时，如避不开现有输电线、通信线路或其他管道和通道时，应取得有关单位同意，将管线移设至符合规定的安全距离以外地带通过。

图 14-1 某露天铜矿工业场地主要设施布置

14.3 地面运输方式的选择

确定矿山地面运输方式和系统，是矿山总平面布置的重要内容之一。矿山地面运输分为内部运输和外部运输。

（1）内部运输。露天矿内部运输的任务包括：将采场采出的矿石和废石以及选矿厂产生的尾矿运往各自的目的地，将材料、设备等运往使用地点，职工通勤运送等。内部运输包括两部分：

1）主运输。将矿石从露天采场出口运往破碎站、贮矿场或选矿厂；将废石从采场出口运往排土场；将尾矿从选厂运往尾矿库。

2）辅助运输。往采场、破碎厂、选矿厂、烧结厂等运送材料、设备，以及在工业场地各车间与仓库间运输材料；从炸药库运出或运入爆破器材；职工通勤运送等。

（2）外部运输。外部运输包括由矿山向外部用户运送产品（原矿或精矿），以及从矿山外部向矿山运入生产材料、燃料和设备等。

14.3.1 内部运输方式的选择

矿石和废石的内部运输方式一般有铁路运输、汽车运输、胶带运输、架空索道运输等。运输方式的选择取决于下列因素：

（1）矿山生产能力。矿山生产能力决定着矿石、废石、材料、设备等的运输量，而运输量的大小对于选择运输方式有重要影响。

（2）运输距离和运输区段地形条件。运输距离和地形条件决定运输线路的长短和形态（曲直和坡度），对于运输设计有重大影响。运输线路长而地形平缓时，适宜用铁路电机车运输，其运输成本比其他运输方式低；运输线路较短或线路弯道较多或坡度较大时，适宜用汽车运输；线路形状简单时，适宜用胶带运输；地形起伏变化很大时，可考虑架空索道运输。由于大多数金属露天矿如今都采用汽车运输开拓，部分矿山采用公路-破碎站-胶带或公路-铁路联合开拓，所以矿岩内部运输方式以汽车运输最多，胶带运输和铁路运输次之。

（3）采场出入口附近地形。采场出入口附近的地形决定着排土场的位置，从而决定着废石运输距离和线路形态，进而影响废石运输方式的选择。

（4）矿石工艺流程。如果矿石采出后，不经任何加工，直接外运给用户或运至企业的冶炼厂，则矿石的内部运输非常简单，同时内部运输总的运距缩短。如果矿石分品级运出或经选厂选矿后运出精矿，矿石的地面运输系统较复杂，有时要经几次运转和需要几种设备。

尾矿采用管道输送方式从选矿厂输送到尾矿库。

辅助运输方式依据运输内容及其特点（重量、体积、形态、运量等），结合地形和道路条件确定，一般为公路或铁路运输。

内部运输方式和系统必须与开拓系统、矿石地面加工工艺过程和地面总布置相适应。所以，地面运输的设计必须与开拓方法和开拓坑线的位置、各工业场地的选择、地面各项设施的布置等问题综合起来考虑，统一解决。

14.3.2 外部运输方式的选择

常见的外部运输方式有准轨铁路运输、公路运输和水路运输等。选择矿山外部运输方式时，应了解当地原有运输线路及其与国家铁路、公路干线或水路的联系，尽量利用原有线路，减少自建专用线路，节约基建投资。选择时应考虑下列因素：

（1）地形条件。地形平坦、坡度平缓有利于铁路运输。汽车运输能适应坡度较大和复杂的地形。在山区，地形复杂而高差很大时，如果运输量和运距不大，可以采用架空索道运输。

（2）矿山的规模和生产年限。矿山的规模决定矿山企业外部运输的运出、运入货运量。货运量大和生产年限长的矿山，可以考虑采用铁路运输；反之，可以考虑用汽车运输。

（3）地理和交通条件。矿区距铁路干线比较近时，可以考虑修筑准轨铁路与干线连接。如果矿山位于偏僻山区，距铁路干线远、生产规模不太大，或地形不利于修筑铁路时，可采用汽车运输。矿区附近有水路可供利用时，可修筑码头，利用水运方式进行外部运输。

一般来说，平原和丘陵地区的矿山，单向年运输量大于约 12 万吨、矿山生产年限在 15 年以上时，外部运输采用铁路是合理的。生产年限小于 15 年，或单向年运输量在平原丘陵地区的矿山小于约 6 万吨、山岭地区的矿山小于约 12 万吨，应以公路运输为主。

我国有色金属矿山多分布在较偏僻的山区，交通不便，离国家铁路线较远，中小型矿山占多数，生产年限多在 20 年以内，单向年运输量一般只有几万吨，因此大多采用公路运输。

最后应指出，在进行内部运输和外部运输设计时，要尽量简化运输系统，减少转运次数，并实现机械化装卸，以尽量减少地面工人数、基建投资和生产费用。同时，应保证生产安全、方便和可靠。

14.4 行政生活区位置的选择

矿山企业总行政区宜靠近工业场地面向居住区，应位于人流出入口的交通要道附近，以利于内外联系。位于工业场地附近的行政生活设施，应布置在散发有害气体、烟雾等车间最小风频的下风侧。车间办公室、生活福利建筑物等，宜布置在其服务的车间出入口处，并位于上下班人流的主要道路路段。生活福利设施应尽可能合并，以减少用地面积。根据地形条件，行政生活福利设施可分别布置在厂区标高不同的阶地上。

矿山生活区的选择要遵循城乡结合、工农结合，有利生产、方便生活的原则。当矿区邻近城镇时，生活区宜与城镇紧邻布置，便于共用文化、生活、福利等设施。在符合防爆、卫生的要求下，生活区宜结合矿区分布，尽量选择在靠近其厂（场）区的山坡、荒地上，应设在露天开采境界线至少 0.5km 以外，应有交通、水电供应和通信条件。居住区应位于露天采场、尾矿库、排土场和有烟尘、产生有害气体的车间最小风频的下风侧。

在北方寒冷地区，为采暖方便应集中布置宿舍；在南方地区，当无大片平整土地时，可考虑分散布置，分别靠近采、选工业场地。生活区的布置应尽量避免工人上下班穿过铁路，当不可避免时，应采用立体交叉等办法解决。

15 露天矿土地复垦

露天开采损毁大量土地，对矿区及其周边环境造成污染，使矿区生态系统的功能丧失或降低。土地复垦就是恢复或重建矿山生产中损毁的土地的功能，使之重新具有有益的用途，并使矿区生态系统重新具有正常的生态生产力和生命支持能力。

土地复垦与生态重建最早开始于发达国家。一些发达国家在20世纪50~60年代就制定了矿山复垦法规并付诸实践；20世纪70年代后，矿区生态环境修复已逐步发展成为一个集采矿、地质、农学、林学、生态学等多学科，涉及多行业、多部门的重要工程科学领域。土地复垦与生态重建工作开展较好的国家都有以下的特点：

(1) 有健全的法规；

(2) 设有专门的管理机构；

(3) 有明确的资金渠道，如建立生态恢复基金和保证金制度；

(4) 将土地复垦与生态重建纳入开采许可制度之中；

(5) 建立明确的土地复垦与生态重建标准；

(6) 重视相关领域的科学研究和多学科专家的参与和合作；

(7) 设立专门的研究机构。

土地复垦与生态重建在我国得到重视始于20世纪80年代。1985年在安徽省淮北市召开了第一次全国土地复垦学术研讨会，成立了复垦学术团体；1987年在山西大同市第二次全国土地复垦学术交流会上，成立了中国土地复垦研究会；1988年国务院颁布了《土地复垦规定》，并于1989年初正式实施，标志着我国土地复垦工作开始走上法制化轨道。之后，全国各省、市、行业依据《土地复垦规定》制定实施细则加以落实，我国土地复垦工作进入了有组织、有领导的发展阶段。1990年前后在全国设立了12个土地复垦试验示范点，开始了大面积的土地复垦试验推广工作。我国土地复垦工作从无到有，复垦率不断提高，取得了明显的经济、社会和生态环境效益。进入21世纪，国家对矿山土地复垦倍加重视，出台了一系列相关法规和技术规范，如《关于加强生产建设项目土地复垦管理工作的通知》(2006)、《关于组织土地复垦方案编报和审查有关问题的通知》(2007)、《土地复垦条例》(2011)、《土地复垦方案编制规程》(2011)、《土地复垦条例实施办法》(2013)、《土地复垦质量控制标准》(2013)等，要求所有矿山编制土地复垦方案，由土地行政主管部门组织审查（评审），并把土地复垦方案作为新建（扩建）矿山项目的许可前置条件。

矿山土地复垦与生态重建技术包括方方面面，如处理与复垦矿山固体废弃物的微生物技术和多层覆盖技术、提高复垦土壤生产力的土壤培肥技术、再造植被与牧草和农作物的生产技术、水污染治理技术、土地污染治理技术、沉陷区复垦技术、复垦设备及产品的制备等。本章针对采矿工程专业对复垦相关知识的需要，简要介绍露天矿土地复垦的一般过程和技术、酸性水与土壤重金属污染治理常用方法、植物种类选择、复垦适宜性评价和复垦方案编制等内容。

15.1 露天矿生产对土地和生态环境的损害

露天矿生产对土地和生态环境的损害主要包括：土地的挖损与占压、地下和地表水位变化与污染、空气污染、土壤污染，以及引发山体滑坡和泥石流等；这些都又不同程度地造成植被的破坏，导致生物数量和多样性下降，打破矿区甚至周边地区的生态平衡。损害的范围与程度主要取决于矿山生产规模、矿体赋存条件、矿区地表地形、开采方案、矿石种类、岩石性质等。

15.1.1 土地损毁

露天矿在生产中形成巨大的采坑，损毁大面积土地；排弃大量废石形成巨大的排土场，占压大面积土地。露天采场和排土场的大小取决于依据矿体赋存条件和技术经济条件设计的最终境界；一般而言，矿体埋藏越深，境界就越深，其地表范围和剥离量也越大，采场挖损和排土场占压的土地面积越大。绝大多数金属露天矿的境界平均剥采比大于2，而且排土场平均堆置高度一般都小于采场开采深度，这意味着排土场的占地面积是采场的数倍。

金属露天矿生产对土地损毁的另一重要致因是尾矿排弃。在我国，绝大多数金属矿的矿石需要经过选矿提升品位后才能进入下游生产链。选矿中产生大量的尾矿，需要修建尾矿库存放，损毁大片土地。另外，矿山办公区、临时生活区以及生产基础设施和专用运输系统等都占用土地。

15.1.2 生态环境损害

伴随上述土地损毁的是大面积的植被破坏，使许多生物的生存环境遭到破坏，严重危害当地的生态平衡。另外，矿山生产对水、空气和土壤环境都可能造成不同程度的损害，破坏或损害生态系统和自然景观。

15.1.2.1 水文地质条件变化与水污染

露天开采中，地下水会汇集到采坑，为了保证生产的正常进行，一般都需要把水收集并排出采场。抽排大量的地下水会改变采场及其周围区域的地下水位，造成附近的泉水干涸、水井干枯、土地缺水，影响周边的农牧业生产甚至居民生活。由此引发的矿业公司与当地农（牧）民之间的矛盾时有发生。

露天开采对矿区及其周边区域的水文地质条件的影响程度，取决于矿山规模、开采深度、地下水位、岩层透水特性等。据国外资料，露天开采可对采场以外相当范围的水文地质条件产生影响，如俄罗斯的某露天矿区，开采引起的水文地质条件发生变化的面积超过了开采面积的9倍；波兰一面积为$2100hm^2$的露天采场，引起$120000hm^2$的水文变化。另外，排放未经过净化处理的露天矿坑水，还可能造成对地表、地下水的污染，如水质酸化、重金属超标等。

排土场的废石经受风吹、日晒和雨淋，发生物理风化剥蚀和化学风化，其中的有毒重金属元素（如铅、镉、汞、铜、钴、镍、铬等）、溶解的盐类以及悬浮未溶解的颗粒状污染物，通过雨水的淋溶作用，流入地表水体后使水质发生变化，也可能渗入地下水系造成地下水的污染。

尾矿库设计与施工不当时，也会使含有有害元素和选矿药剂的水渗入地下，污染地下水系。

酸性废水是矿山产生的另一重要污染源。酸性废水是尾矿库、废石堆或暴露的硫化物矿石经氧化形成的。酸性废水不但溶解大量可溶性的 Fe、Mn、Ca、Mg、Al、SO_4^{2-} 等，而且溶解重金属元素。酸性废水污染地表和地下水，使水的 pH 值降低，使供水变色、浑浊，导致水的生态环境恶化。

15.1.2.2 土壤污染

排土场废石中的重金属元素通过风化和雨水的淋溶作用渗入周围土地，导致土壤污染，影响农牧业生产。有些重金属污染还能沿着食物链传递，最终进入人体，危害人身健康。

尾矿、废石或暴露的硫化物矿石经氧化形成的酸性废水诱发土壤酸化：H^+ 荷载增大，强酸阴离子驱动盐基阳离子大量淋溶，导致土壤盐基饱和度降低、土壤酸化和结构破坏，使土壤肥力和生产力下降。

15.1.2.3 空气污染

露天矿的凿岩爆破、运输和排土作业都产生大量扬尘，影响矿区和下风区的空气质量。排土场的废石经风化后，其中的重金属元素通过扬尘进入空气，飘浮在空气中的微细粉尘颗粒会进入人的肺部，导致气管炎、肺气肿、尘肺等疾病，严重的还能导致癌症的发生；较大的粉尘颗粒会进入人的眼、鼻，引起感染。废弃不用的尾矿库如果不及时复垦，风干后会产生大量粉尘。由于尾矿颗粒微细，稍有风力就能产生扬尘，严重污染空气，影响人身健康和植物生长。

矿山生产中消耗能源和炸药，产生各种废气排放。这些废气不仅污染空气、损害人身健康，而且产生温室效应，为气候变化做"贡献"。

15.1.2.4 景观破坏

露天采场、排土场、尾矿库等彻底破坏了矿区的自然景观。自然地貌被改变，植被被毁，一座座秀丽的青山变成裸露的采坑、岩坡和乱石、粉砂堆。

采矿不仅破坏矿区景观，而且严重影响区域大景观。沿交通道路附近、民航航线上的采场、排土场、尾矿库等直接影响来往人流对该区域的直观印象，严重降低其对旅游者、投资者和居民的吸引力，制约了森林资源、水资源、旅游资源的保护和开发利用，最终影响到区域的投资环境和总体规划。

15.1.2.5 生物损害

上述采矿活动对土地的损毁以及对水、土壤和空气环境的污染，严重损害甚至完全破坏了已有植被和植物生长环境，改变甚至破坏了动物的栖息环境。一些野生动物由于无法继续在原地生存而迁移，或因缺少食物或食用有毒食物而死亡，导致矿区原有野生动物的种群和数量大幅下降。综合结果是使矿区及其周边区域的生态系统遭受破坏或损害，生态平衡被打破。

15.1.3 引发地质灾害

大型金属露天矿在开采过程中形成高达数百米、帮坡角为 35°~55° 的高陡边坡，其本身就不很稳固，爆破使岩体的稳定性进一步降低，容易发生滑坡。这种滑坡在生产矿山和废弃采场都可能发生。如果是山坡露天矿，露天采场的滑坡在雨季还可能引发泥石流。

大型排土场的堆置高度大，松散岩土体本身的稳固性差，如果地基有松软层，在巨大的重力作用下，基层滑动会引发排土场坍塌性滑坡。如果排土场坐落在天然坡度较大的山坡，在雨季发生的这种滑坡会演变为泥石流。

尾矿库遭遇暴雨时可能由于泄洪不力发生洪水漫顶，或是在坝顶、坝肩、坝基处由侵蚀、渗漏等引起溃坝，或是在地震作用下尾矿发生液化造成坝体严重变形甚至溃坝。由于尾矿颗粒微细，尾矿泥流的流动性大，所以一旦发生事故，危害性极大，事故后的清理难度也非常大。

滑坡和泥石流是危害性很高的地质灾害，常因此淹（埋）没农田，摧毁建筑物和植被，造成生命财产的巨大损失。

15.2 矿山土地复垦的一般要求

矿山土地复垦的总体目标可表述为：把矿山生产中破坏的土地恢复到期望的可利用状态，恢复或重建矿区的生态功能。矿山土地复垦的一般要求可归纳为：

（1）《关于加强生产建设项目土地复垦管理工作的通知》和《关于组织土地复垦方案编报和审查有关问题的通知》要求所有新建、扩建和生产矿山企业必须编制土地复垦方案，经土地行政管理部门审查（评审）批准，否则不予批复建设用地申请和采矿权证，不予通过年检。新建或扩建矿山应在制定矿产开发利用方案的同时编制土地复垦方案，矿产开发利用方案在开采、排弃工艺上应充分考虑土地复垦的要求，如：预先剥离和妥善存放表土、含有害成分废石的隔离排弃等。

（2）土地复垦方向（即复垦后土地的用途和类型）应尽可能与破坏前相一致；如果土地行政管理部门已对矿区或其一部分土地的利用进行了新的规划，改变了土地利用性质，相应范围的土地复垦方向应与新规划一致；在没有新的规划改变了土地利用性质的情况下，复垦后的耕地面积应不小于破坏前的耕地面积，条件允许时，尽可能增加耕地面积。

（3）复垦后土地的生产能力应不低于破坏前土地的原有生产能力，并尽可能实现其生产能力的提高。

（4）复垦后的地貌应尽可能与破坏前一致，与周边地貌相协调。

（5）复垦应充分利用本矿的废石、尾砂等废弃物充填露天采场和其他坑体，但要防止充填物造成新的污染。

（6）复垦的同时对矿区污染进行综合治理，复垦不得形成新的污染源。

（7）合理计划，及时复垦。要结合矿产开发利用计划，合理编制和实施复垦计划，尽可能提前复垦时间。一个土地损毁单元上的生产活动一旦结束（如某一尾矿库的尾矿排弃量达到了设计容量、多个露天采场开采时某个采场开采完毕等），就应立即开始该单元的复垦作业。

（8）企业对矿区内历史形成的已损毁土地也应实施复垦。

15.3 土地复垦一般工程与技术

不同的土地损毁单元需要的复垦工程和技术有差异。本节针对露天采场、排土场、尾矿库以及其他矿山用地,简要介绍复垦这些单元的一般工程与技术。

15.3.1 表土剥离与储存

土壤是珍贵资源,是矿山复垦中恢复植被的必备资源。因此,应把拟开采和压占区的表土预先剥离并妥善储存,以备复垦之用。表土一般分为表层壤土(植物生长层)和亚表层土。不同地区和自然条件下的表土层厚度不同,表层壤土的厚度一般为 30cm 左右,亚表层土的厚度一般为 30~60cm 左右。混合剥离会降低土壤的肥力,一般应把表层壤土和亚表层土分别剥离,分别储存。剥离表土前,应先清除树根、碎石及其他杂物。剥离土壤的设备和剥离厚度应符合土层的赋存条件,以尽量降低土壤的损失和贫化。采土作业应尽量避免在雨季和结冻状态下进行。

多数情况下,表土剥离与复垦之间有相当长的一段时间,需要设置堆场储存表土。表土场应设置在地势平坦、不易受洪水冲刷并具有较好稳定性的地方。在表土场坡脚采用编织袋筑围堰和品字形紧密排列的堆砌护坡,并在土面上进行覆网养护,以防止表土流失。为了防止堆存土壤的质量恶化,表土的堆置高度不宜太大,表层壤土一般不宜超过 10m,亚表层土不宜超过 30m。储存期长的土堆还应栽种一年生或多年生草类,以防止风、水侵蚀。表土场外围应设置临时排水沟导流雨水,使表土堆不受冲刷。排水沟断面依据当地的降雨量设计,北方地区排水沟断面一般为底宽 0.5m、深 0.5m、上宽 1.0m。

15.3.2 露天采场复垦

大中型金属露天矿采场都有高陡边坡,边坡角一般为 35°~55°,边坡垂直高度从数十米到数百米。高陡边坡的稳定性较低,易发生滑坡。因此,在复垦前应对边坡进行全面或局部改缓或加固。深凹露天矿的边坡改缓难度大,可根据实际情况,采用锚杆、钢筋护网、喷射混凝土等护坡措施。

小型露天采场的复垦一般应利用生产中剥离的废石进行充填,平整为与周边地形相协调的地形,然后进行覆土和种植。根据土地损毁前的利用方式和适宜性评价结果,复垦为林地、耕地或草地等。

大中型露天采场的复垦方向一般为恢复植被或建成水体。进行植被恢复复垦时,应利用生产中剥离的废石把露天采场的深凹部分充填至自然排水标高,并设置导流区,以使复垦后的采场具有防洪排水能力。然后对充填后的采场底面进行平整、覆土和种植。由于金属露天矿一般地处山区,又有高陡边坡,存在交通不便等不利因素,采场底面一般不复垦为耕地,多复垦为林地。

大中型金属露天矿的边坡陡、边帮上的平台窄,未被充填的台阶一般不具备复垦为梯田型耕地的条件(也不值得),通常是把平台平整后复垦为林地。平整时要注意形成一定的反向(向帮坡倾斜的)坡度,以防止水土流失。台阶坡面为坚硬岩石,倾角一般为 45°~70°,很难复垦。

进行植被恢复的露天采场，应视情况在采场外围周边修筑拦截排水沟，以防止边坡侵蚀和水土流失，保护植被。

将露天矿采场建成水体也有很多益处，如拦蓄降雨和洪水，补给当地的地下水，有条件时还可配套水利设施用于灌溉、养鱼等。这种复垦方式需要平整露天采场的底部，用泥质土覆盖有害岩石；采取措施防止边坡和相邻地域被侵蚀，使采场保持预计水位并保证水的交换；建造为露天采场灌水所需的工程设施，以及为利用蓄水所需的其他设施等。

大中型露天矿的采场面积较大、垂直高差大、边帮陡。为了防止人畜进入造成不必要的伤亡和财产损失，一般应在距离采场地表外边缘 10m 左右每隔一定距离（30m 左右）以及通往采场的道口设立警示牌。对复垦为水体的露天采场，警示牌尤为必要，在危险地段还应安装护栏。

15.3.3 排土场复垦

15.3.3.1 排土场整形与防护

复垦排土场，首先需要对其顶部平台进行平整，对大块岩石，可先采用液压镐敲碎，用碎石填洼垫低，用推土机进行平整和压实。在平台外沿修筑挡水埝，其内侧修建排水系统。一般应在废石面上铺一层黏土，碾压密实，形成防渗层。有害物质（如酸性岩土、含重金属岩土等）出现在排土场表面时，必须实施移除或用专门的方法进行改良，否则铺敷的土壤会受到这些物质的污染。改良方法一般有石灰处理、去除有害物质并妥善处置，或用其他无害物质封盖隔离。

为防止排土场边坡发生坍塌并降低雨水冲蚀，排土场边坡要缓一些，高排土场要修成阶梯形。排土场的高度与其边坡角度的关系大致为：高度小于 40m 时，其边坡角不大于 12°；高度在 40~80m 时，其边坡角不大于 8°；更高的排土场的边坡视实际情况进一步放缓。边坡需要修成阶梯形时，一般情况下台阶高度为 8~10m，平台宽度为 4~10m，总体边坡角控制在 15°~20° 以内。为了防止阶梯受雨水冲刷，平台应有 1.5°~2° 的横向坡度（向台阶内侧倾斜）。用大块废石封闭台阶底脚，以拦截坡面下移泥沙，保护边坡稳定。大型排土场在排土作业中一般分阶段排弃，阶段高度和平盘宽度的确定除考虑排土工艺、排土设备等因素外，还应充分考虑复垦的需要，以便使排土作业与堆整边坡和修筑阶梯的工作相适应，减少复垦工程量。另外，在整个排土场的坡脚应修筑一定规格的挡土墙，并在排土场外围依据地形条件设置必要的截洪沟。

覆土的排土场表层应整平并稍有坡度，以利于地表积水流出。实践证明，大面积的排土场一次整平是不够的，排土场岩石的不均匀下沉可能使整平后的表面再次出现高低不平。因此，排土作业结束后可进行第一次整平，相隔一段时间待岩石下沉之后再进行最后整平。

15.3.3.2 土壤重构与改良

金属矿排土场的岩土本身不适于植物生长，需要采取适当措施进行土壤重构与改良。土壤重构与改良途径一般有客土法、生活垃圾法、保水剂法、菌根法等。根据复垦条件和方向，这些方法可以单独使用，也可综合使用。

（1）客土法。客土法是通过施用外来表土（剥离储存的表土或来自取土场的表土），对整形后的排土场表面进行覆土，使之适合植物生长。大型排土场面积大，采用全覆土复垦需要的表土量大，工程量大、费用高。可根据植物的种类和排土场岩土的性质，采用将表土与排弃岩土按一定比例混合的方式，表土比例以保证植物的成活率和正常生长为原则，这种方式比较适用于露天煤矿，如霍林河矿采用 1∶1 的混合比取得了良好效果。金属矿排土场基本上都是散体岩石，不适合用这种方式；为了节省表土需求量，复垦为林地时可只在树坑里填土。

（2）生活垃圾法。将城镇居民所产生的生活垃圾和排弃岩土按一定比例混合，既可以解决生活垃圾的堆放与处理问题，同时又起到改良土壤的作用，降低覆土量。如果要把排土场复垦为耕地或果园，应对生活垃圾的有害成分及其含量进行测定和分析，保证果实中有害成分的含量不超标。

（3）保水剂法。在气候干燥地区，土壤的含水量不能满足植物正常生长的需要，靠人工长期浇水来维持，会大幅增加复垦和养护成本，水源短缺时也无法实现。使用保水剂可大大减少灌溉量。保水剂在使用前，先用清水浸泡（400 倍水左右），让保水剂充分吸水，使其形成黏稠的絮状物质，然后将其拌入靠近植物根系的土壤中或直接浸泡土壤和根系，栽植后浇 1 次透水，然后覆土踩实。每株保水剂的用量在一定范围内越多越好，但考虑到复垦成本，每株的施用量一般为 2.4g 左右。

（4）菌根法。菌根是真菌与植物根系所形成的共生体，能促进植物的生长，增强植物对不良环境的抵抗力，防止苗木根部病虫害等，特别是能够促进植物对磷元素和氮元素的吸收。通过形成根瘤菌增加土壤的含氮量，不仅有助于植物吸收水分，增强其抗旱能力，提高幼苗的成活率，促进植物的生长，还能提高土壤质量。菌种可在市场上或培育单位购买。施用量一般为每株 50g（含培养基质），施于植物的根部。

15.3.3.3　植物种植

金属矿的排土场表面为散体岩石，铺敷肥沃土壤前最好先铺垫一层底土。铺敷土壤的厚度依据植物种类和土壤的质量确定。谷物和多年生草类对土壤质量要求较高，其肥沃土壤层厚度不宜低于 30cm；植树造林则不一定要求全面积铺敷肥沃土壤，可在一定规格的植树坑内填土施肥，栽植树苗。

由于排土场的植物生长条件差，应选用能忍受苛酷自然条件、成活率高的植物，适当搭配不同群落和品种。种植的方法一般有两种：一种是直接将种子播入土壤，另一种是将植株、树苗、根茎等移栽土中。

15.3.4　尾矿库复垦

影响尾矿库复垦利用方式的主要因素是尾矿的理化特性、当地气候、地形地貌、土壤性质及水文地质条件等。

尾矿库坝体的稳定性是实施复垦的重要前提。应通过钻孔取样以及孔水位跟踪监测、样品测试等，查明坝体剖面形状及材料组成和潜在的稳定性影响因素，评价坝体在正常、洪水、地震等条件下的稳定性，包括在地震作用下尾矿发生液化的可能性。采取措施对不稳定或有隐患的坝体段进行加固，保证尾矿库长期稳定。

充分了解尾砂及土壤的性状和理化特性，对尾矿库复垦至关重要。应通过取样，测定和分析尾矿库不同深度尾砂的主要理化指标及重金属全态、有效态浓度等。尾砂的一般特性是：沙质结构，持水力差；缺乏黏土和有机质，阳离子代换量低；缺乏有效氮和磷，营养力低；颗粒凝聚力差，对作物苗期生长不利；含有重金属。

如果尾矿坝坝坡是由底部料石护坡和上部尾矿砂堆积坡面组成，必须对尾矿堆积坡面进行整形和植被恢复。一种整形方法是首先削减斜坡坡度，而后沿斜坡的横面挖随坡就势的水平沟，沟距2m左右，深1m左右，宽0.8m左右，在沟内充填岩石风化土或表土，然后在其上种植木本植物，以防坡面的风雨侵蚀和地表径流，达到防风、固沙、护坡的目的。

尾矿库库面一般采用客土法恢复为林地、草地或耕地。覆土厚度主要取决于植物品种和土壤质量。复垦为耕地时，以满足作物绝大部分根系生长的深度范围为基本标准。据有关研究资料：冬小麦0~40cm的土层根量占82%左右、0~80cm的土层根量占90%以上；玉米0~20cm的土层根量占60%左右、0~50cm的土层根量占90%左右；大豆0~40cm的土层根量占90%左右；一般蔬菜0~50cm的土层根量占90%左右。因此，复垦为耕地的覆土厚度以50~80cm为宜。复垦为林地的覆土厚度一般为40~50cm。用于尾矿库复垦的客土应含有足够的黏土成分。

在尾砂和客土的性状和理化特性合适时，可采用客土与尾砂混合的方式，这样可大大减少覆土量。如在山西中条山公司胡家峪铜矿毛家湾尾矿库的复垦中，采用覆15cm的黄土与尾砂混合（土壤与尾砂比例2：1）方式，进行小区田间试验，种植花生、高粱和玉米，取得了良好效果。将垃圾肥与覆土结合起来，即先施垃圾肥，再在上面覆盖一层土壤，也可减少覆土量，取得良好的土壤改良效果。

在复垦的尾矿库种植粮食等可食性作物，应十分注意防止食物链污染。必须采取措施进行土壤污染治理，并对收获的粮食、果实进行污染物检验。

多层覆盖技术可有效防止尾矿酸化和污染物迁移。在尾矿上加3个覆盖层：上层是约0.6m厚的土壤，供植被生长；中层为约1.2m厚且渗透性较好的石块，增加透气性，促进水的水平流动；下层为有机材料，用以耗气和与S^{2-}和HCO_3^-发生反应。

15.3.5　其他土地损毁单元的复垦

除上述露天采场、排土场和尾矿库外，露天矿生产损毁或影响的土地还有：运输道路、平硐或斜井口、各类地表生产和办公生活设施的占地、取土场等。

对不再使用的平硐或斜井地表出口应进行封堵，以防受污染水外流和人畜掉入；拆除并运走出口处的相关地表设施；去除出口周边及附近场地的硬覆盖，平整土地；覆土种植。

没有再利用价值的矿区废弃道路也应进行复垦。矿山临时道路一般没有硬覆盖，只需翻松表土，进行必要的土壤改良，即可种植。如有硬覆盖，需去除硬覆盖并覆土。

对各类地表设施的占地，拆除建筑物和配套设施后，清除建筑垃圾，去除硬覆盖；平整土地；覆土种植。一些设施所在地可能存在污染，应注意对污染物进行去除和隔离处理。

一些矿山需要选择表土层厚的地方取土，以满足复垦对土壤的需求。取土场也必须复垦。取土时就有计划地保留一定厚度的底土，复垦时进行必要的平整后，覆适量的表层壤土，将取土场复垦为原有用途。

15.4　酸性废水与土壤重金属污染治理

如前所述，酸性废水和重金属是金属露天矿可能产生的两种重要污染源，会对地表、地下水和土壤造成污染。因此，在生产过程中和复垦时应采取适当的措施进行治理。

15.4.1　酸性废水治理

治理矿山酸性废水，一是中和其酸性，二是去除或降低溶解物（主要是重金属）含量。

自然界的许多矿物具有中和能力，不同的矿物在不同的 pH 值范围的中和能力和反应活性不同。碳酸盐（如方解石、白云石）是最具活性的中和矿物；硅酸盐矿物由于其分布广泛也是重要的中和剂，其活性有强（如富钙长石）有弱（如钾长石）。在低 pH 值矿山废水中，黏土矿物（如高岭土）也具有较强的中和能力。因此，自然系统本身就具有一定的酸性废水中和能力。但由于自然系统整治效果的局限性和脆弱性，必须施行人工治理。

传统的酸水整治措施是在酸性废水中加入碱性中和剂，通过充气、絮凝和沉淀来整治酸性废水。在氧化条件下，整治硫化物酸性废水的碱性中和剂通常是氢氧化钙。对于溶解物整治，氢氧化钙在氧化条件下使重金属以微溶或不溶性的氢氧化物沉淀析出。在非氧化条件下，一些整治措施也很成功，如向矿山废水导入 H_2S 溶液，能使铅以 PbS 的形式沉淀析出、铜以硫化物形式沉淀析出。另一种去除铜的方法是向溶液中加入废铁，通过离子交换、电化学还原而析出铜。

上述整治措施对于金属离子浓度及酸度高的废水的整治是有效的。但矿山废水的金属离子浓度及酸度一般不高，湿地技术可发挥作用。在美国科罗拉多州的一些地区，金、银等金属矿开采近两个世纪，矿山废水曾造成大量河流污染。有关部门评价了多种治理方案，最后确定采用湿地处理系统。整治设施是 $3m \times 20m \times 1.3m$ 的水泥槽，槽体分成三个部分，包括一层河床石块、一层复合材料和一层基底；后来为增加与底层的接触，安装了折流板和氧气"摩擦"箱。在最佳条件下，该设施能够去除污水中 99% 的 Cu、98% 的 Zn、94% 的 Pb 和 86% 的 Fe，pH 值从 3.0 提高到 6.5。

15.4.2　土壤重金属污染治理

治理土壤重金属污染就是清除被污染土壤中的重金属或降低土壤中重金属的活性和有效态组分，以恢复土壤生态系统的正常功能，减少土壤重金属向食物链和地下水的转移。

依据修复原理，土壤重金属污染的修复方法大致可分为物理、化学和生物三大类。实际上，这三类方法很难截然分开，因为土壤中发生的反应十分复杂，每一种反应基本上都包含了物理、化学和生物过程。

物理修复是指以物理手段对污染物进行移除、覆盖、稀释、热挥发等。常见的有：固化与稳定化、玻璃化、土壤冲洗、原地土壤淋滤、电动力处理、非毒性改良剂改良、深耕、排土法和客土法等。多数物理修复方法可在短时间内达到较好的效果，但成本较高，其中的大多数适用于面积较小、污染较重的土壤的重金属污染治理。

化学修复是利用外来的或土壤自身物质之间的或环境条件变化引起的化学反应，达到重金属污染治理的目的。化学修复多数通过氧化还原反应和中和反应来完成。这种方法存在化学试剂的非专一性、反应产物的稳定性以及中间过渡产物可能产生二次污染等问题。

生物修复是利用各种天然生物过程处理重金属污染物，具有成本低、对环境影响小等优点。生物修复一般可分为植物修复和微生物修复。植物修复是利用某些植物能够忍耐和超量积累某种或某些重金属元素的特性，用植物及其共存微生物体系清除土壤中的重金属。植物修复技术主要由植物萃取、根际过滤和植物固化三部分组成。微生物修复则是利用微生物促进有毒、有害物质的降解，使之无毒无害化。植物修复较物理、化学或微生物方法具有更多的优点；然而，重金属超积累植物通常都矮小、生物量低、生长缓慢且周期长，不宜治理重污染土壤。另外，高耐重金属植物不易找到，而且被植物摄取的重金属因大多集中在根部而易重返土壤。

实践中，治理土壤重金属污染主要有以下三种途径：

(1) 固定或稳定法。用各种物理、化学和生物的方法改变重金属在土壤中的存在状态，将重金属固定或稳定在土壤中，降低其在环境中的迁移和生物利用。

(2) 去除法。用物理、化学或生物的方法将重金属从土壤中去除。物理方法主要是将污染土壤挖出、搬运走，达到去除本地污染的目的。该方法能迅速去除污染物，但成本高，而且仅是将污染土壤从本地搬运到另一地，不是从根本上去除，要求妥善处理挖出的污染土壤，以防止二次污染。用超累积植物修复重金属污染土壤是一种成本低的去除方法，但超累积植物生长缓慢且周期长、见效慢。采用选矿的方法用化学试剂对土壤进行清洗，是一种去除重金属的有效方法，但成本高。

(3) 隔离法。用各种防渗材料，如水泥、黏土、石板、塑料板等，把污染土壤就地与未污染土壤或水分开，以阻止或减少重金属扩散。常用的方法有振动束泥浆墙、平板墙、薄墙、化学泥浆幕、地下冷冻、喷射泥浆等。该法适用于污染严重、易于扩散且污染物可在一段时间内分解的情况。

以上治理途径可视情况单独使用或联合使用。

15.5　植物种类选择

在矿山损毁土地的生态重建与恢复中，植物种类的选择至关重要。选择原则主要包括：生长快，适应性强，抗逆性好，即抗旱、耐湿、抗污染、抗风沙、耐瘠薄、抗病虫害等；优先选择固氮树种；尽量选择当地优良的乡土植物。

在许多情况下，矿山损毁土地的植被恢复需要分阶段进行。初始阶段的植被往往以基质改良为主要目的，利用绿肥、固氮先锋植物解决土壤熟化和培肥问题。绿肥植物（多为豆科植物）具有耐碱性和生命力旺盛的特性，含有丰富的有机质和氮素，根系发达，能够吸收和聚集深层土壤的养分，为后茬植物提供各种有效养分。绿肥植物腐烂后还有胶结团聚土粒的作用，改善土壤的理化特性。固氮植物（如豆科植物、桤木、红三叶草等）具有较高的吸收氮元素的能力，据有关研究，在豆科植物所需的氮总量中，只有约 1/3 取自土壤，其余 2/3 靠共生固氮菌固定空气中的氮素。固氮植物体腐败后把氮元素释放到土壤中，增加土壤的氮含量，可替代化肥和有机肥或大幅减少肥料施用量。

云南会泽铅锌矿废弃地的复垦研究表明，禾本科与茄科植物对铅锌矿渣这种恶劣生长环境具有较强的忍耐力，许多一年生和两年生植物，如白茅、辣蓼、白草、铁线草等可以作为先锋植物选用。据对广西刁江流域的野外调查，纤细木贼、五节芒、狗牙根、土荆芥、菅草、假俭草、白茅、类芦、斑茅、芦竹、密蒙花等，能在 As、Sb、Zn、Cd 复合污染的废弃地上生长良好，可作为这类地区矿山废弃地植被恢复的先锋植物。

在干燥、寒冷条件下，主要考虑选择耐旱、耐寒、根系发达的植物，例如丁香、刺梅、榆叶梅、沙棘、小叶锦鸡儿、榆树、小叶杨、华北落叶松、红柳、樟子松、胡枝子、草木樨、地肤、猪毛菜、紫苜蓿、沙打旺等。

与乔木和草本植物相比，灌木树种在植被的防护功能和土壤改良功能上具有优越性。与乔木相比，具有抗逆性强、根系发达、枯枝落叶丰富、郁闭时间短、覆盖地面迅速、土壤改良作用较强等优点；与草本植物相比，具有生长快、植物量大、根系发达、固持和网络土壤能力强、生态效益多样、防护功能强等优点。因此，选择优良的灌木树种可以加快绿化和生态恢复。

根据很多学者的研究，已有将近 200 种植物在不同类型的尾砂库上自然定居生长。

总之，要结合复垦方向、不同复垦单元上土地（物料）的理化性质以及气候条件等，为每一复垦单元选择最合适的植物种类。应对当地的植物群落进行调查，必要时进行小区域土壤重构、改良和种植试验，以保证植被恢复与生态重建的成功。

15.6 复垦适宜性评价

复垦适宜性评价就是针对各种可能的复垦方向，对损毁土地的适宜程度作出判断，选择最适宜的复垦方向。评价的依据主要包括：土地损毁程度、表面覆盖物特性、地貌、气候、水文、损毁前土地利用状况、所在区域的土地利用规划等。

15.6.1 评价原则

复垦适宜性评价应遵循的主要原则包括：

（1）因地制宜，耕地优先。根据各个待复垦单元的具体条件确定其复垦方向，不能强求一致；原有耕地仍应优先考虑复垦为耕地，原有耕地由于损毁严重或其他原因无法复垦为耕地时，应尽量在其他地块补复耕地。

（2）主导因素与综合分析相结合。应对影响土地复垦利用的诸多因素，如土壤、气候、地貌、原来利用状况、损毁程度等进行分析，从中找出影响复垦利用的主导因素，并综合考虑资金投入、种植习惯、土地利用结构、社会需求等因素，确定适宜的复垦方向。

（3）与地区土地利用总体规划相协调。应考虑所在地区土地利用总体规划中对拟复垦地块的利用规划，使复垦后的土地利用与规划一致。

（4）生态环境效益与经济效益兼顾。当被损毁的土地可以复垦为多种用途（具有多适宜性）时，应综合评价各复垦方向的生态效益和经济效益，力求做到二者兼佳。由于金属矿山一般地处山区，复垦的主要目的是恢复植被（包括农林生产）和景观，生态恢复和环境保护在大多数情况下应该是第一位的，不应单独追求经济效益而大幅降低复垦的生态环境效益。

15.6.2 评价单元划分

在土地复垦的适宜性评价前，要依据土地的损毁形式、程度和形态以及对复垦工程的要求等，科学划分评价单元。评价单元亦即复垦单元。

露天矿的评价单元一般可划分为：采场坑底、台阶平台、台阶坡面、排土场顶面平台、排土场边坡、尾矿库库面平台、尾矿坝边坡、存土场、取土场、建筑设施及其附属场地、道路、斜井（平硐）口及其附属场地等。

15.6.3 适宜性分类系统

适宜性分类系统是指由复垦方向及适宜等级构成的适宜性评价指标系统。这种分类系统不同于土地利用现状调查规程规定的分类系统，一般根据待复垦土地本身的属性和复垦目标灵活确定。

一般情况下，按"纲-类-级"建立分类系统，把所有待复垦土地单元分为适宜和不适宜两个大纲；适宜纲下按可能的土地利用类型分若干类，如宜农（包括粮食与蔬菜种植）、宜果、宜林（乔木和灌木）、宜草、宜渔（包括水产养殖和其他用途的水塘）和宜建等；在类下按损毁程度和复垦的难易程度分为若干级（一般为3~4级），如对于宜农的单元，1级为适宜垦种、2级为可垦种、3级为基本可垦种。

15.6.4 评价方法与步骤

复垦适宜性的评价方法有极限条件法、指数法和模糊数学法等。极限条件法就是根据限制性最大（导致适宜性等级最低）的因素，评价复垦单元的适宜类级。该方法不需要复杂的数学计算，易于考虑定性因素，是目前编制矿山土地复垦方案中使用较广泛的方法。应用极限条件法评价土地复垦适宜性的一般步骤如下：

（1）划分评价单元，建立适宜性分类系统。

（2）确定各个评价单元的适宜类，即可能的土地复垦方向。

（3）选择影响因子。影响因子即主导影响因素，应满足：可测性，即因素是可以测得并可用定量数值或定性分级序号表示；关联性，即选择的因子指标的增长或减少标志着受评价土地单元质量的提高或降低，或对某一或某些适宜类的适宜级别有影响；独立性，即参评因子之间界限清晰，没有重叠。对于不同地区和不同的可能复垦方向，影响因子可能有较大的差异，对于耕地、林地、草地等以植被恢复为目的的复垦方向，影响因子一般包括：坡度、表层物质组成、覆土厚度、灌溉条件、排水条件、污染物（如重金属）含量等。

（4）建立影响因子指标值或分级与分类系统之间的适宜性评价标准关系。即就每一因子的给定指标值或分级，确定每一待选复垦方向的适宜性等级，如表15-1所示。表15-1中的适宜级别分3级：1为适宜、2为较适宜、3为基本适宜；"不"表示不适宜。例如，表15-1中的第二行表示：就地形坡度这一影响因子而言，坡度为4°~7°时，耕地的适宜级别为2（较适宜），林地、果园和草地的适宜级别都为1（适宜）。这种关系的确定因地而异，必须综合考虑当地的气候、土壤、可选植物的特性等因素，例如，就灌溉条件而言，在半干旱地区和雨水较丰富地区，同一复垦方向对同样的灌溉条件的适宜等级不同。

表 15-1　影响因子指标与待选复垦方向适宜性之间的关系示例

影响因子	因子指标或分级	耕地	林地	果园	草地
坡度/(°)	≤ 3	1	1	1	1
	4~7	2	1	1	1
	8~15	3 或不	1	1	1
	16~25	不	2	2	2
	26~35	不	3	3	3 或不
	> 35	不	3 或不	不	不
表层物质组成	壤土	1	1	1	1
	岩土混合物	3	2 或 3	2 或 3	2 或 3
	砾质	不	3 或不	不	3 或不
	石质	不	不	不	不
土质层厚度/cm	≥80	1	1	1	1
	50~79	1 或 2	1	1	1
	30~49	2 或 3	1 或 2	1 或 2	1
	10~29	3 或不	2 或 3	2 或 3	2
	< 10	不	3 或不	3 或不	3
排水条件	不淹或偶尔淹没，排水好	1	1	1	1
	季节性短期淹没，排水较好	2	2	2	2
	季节性较长淹没，排水较差	3 或不	3	3	3 或不
	长期淹没，排水差	不	不	不	不
灌溉条件	有稳定灌溉条件	1	1	1	1
	灌溉水源保证差	2	2	2	1 或 2
	无灌溉水源	3	2 或 3	3	2 或 3

（5）列出所有评价单元的土地性质。通过对已损毁土地单元的实地调查或对拟损毁单元的分析预测，得出相关影响因子在每个评价单元的指标值范围或分级，一个假设露天矿的各评价单元的土地性质如表 15-2 所示。

表 15-2　各评价单元的土地性质示例

评价单元	影 响 因 子				
	坡度/(°)	表层物质组成	土质层厚度/cm	排水条件	灌溉条件
采场坑底	< 5	石质、砾质	0	淹没	有灌溉水源
台阶平台	< 5	石质、砾质	0	封闭圈以下淹没	有灌溉水源
台阶坡面	45~60	基岩	0	封闭圈以下淹没	有灌溉水源

评价单元	影 响 因 子				
	坡度/(°)	表层物质组成	土质层厚度/cm	排水条件	灌溉条件
排土场顶面	< 5	砾质	0	排水较好	无灌溉水源
排土场坡面	25~35	砾质	0	排水较好	无灌溉水源
尾矿库库面	< 5	砂质	0	排水较好	无灌溉水源
尾矿坝堆积坡面	25~35	砂质	0	排水较好	无灌溉水源
办公区	< 5	硬覆盖	0	排水较好	无灌溉水源
工业设施及场地	< 5	硬覆盖	0	排水较好	无灌溉水源
道路	< 15	砂壤土、壤土	10~40	排水较好	无灌溉水源
存土场	5~10	壤土	30	排水较好	有灌溉水源

（6）把每个评价单元的土地性质与各影响因子指标（分级）下候选复垦方向的适宜性相对照，即对照表 15-2 和表 15-1，并考虑能够采取的措施，确定每个评价单元对每个复垦方向的适宜性。一个假设矿山的排土场顶面平台的复垦适宜性如表 15-3 所示。对每一评价单元都应列出类似的适宜性评价表。

表 15-3　排土场顶面平台的复垦适宜性评价示例

复垦方向	主要限制因子	复垦措施	适宜性等级
耕地	表层物质组成、土质层厚度、灌溉条件	通过平整、覆客土和土壤改良，可以耕种；但气候较干旱，无灌溉水源	3 或不
林地	表层物质组成、土质层厚度、灌溉条件	通过平整、覆客土，可以种植抗旱性较强的树种	2
果园	表层物质组成、土质层厚度、灌溉条件	通过平整、覆客土，基本可以种植抗旱性较强的果树	3
草地	表层物质组成、土质层厚度、灌溉条件	通过平整、覆客土，可以种植抗旱性较强的草种	3

（7）依据上述过程中确定的适宜性，综合考虑损毁前土地的利用、周边植被种类、复垦后期管理、市场等条件，确定每一评价单元的最佳复垦方向。如果对于某个评价单元，某一复垦方向的适宜性明显高于其他复垦方向，又符合其他条件，该复垦方向就是该单元的最佳复垦方向；如果对于某个评价单元，多个复垦方向的适宜性等级相同或很接近，首先考虑其他条件进行排除（比如，林地和果园均适宜，但不具备果园管理条件或适种的水果品种没有市场，可排除果园）；若考虑了其他条件后仍有多个适宜复垦方向，应通过成本、效益比较确定最佳者。表 15-4 为最终评价结果示例。

表 15-4　土地复垦适宜性评价结果示例

评价单元	复垦方向	面积/hm²	复垦面积/hm²	备　注
采场坑底	林地	10.3411	10.3411	废石充填到封闭圈标高
台阶平台	林地	3.2134	3.2134	封闭圈标高以上的台阶

评价单元	复垦方向	面积/hm²	复垦面积/hm²	备　注
台阶坡面		5.2530	0	坡度大、基岩，不复垦
排土场顶面	林地	45.2876	45.2876	
排土场坡面	林地	20.3760	20.3760	
尾矿库库面	林地	12.3784	12.3784	
尾矿坝堆积坡面	林地	6.0725	6.0725	
办公区	林地	0.4628	0.4628	
工业设施及场地	林地	2.6726	2.6726	
道路	林地	3.4782	1.7424	部分留作农村道路
存土场	耕地	1.3743	1.3743	

15.7　复垦方案编制

土地复垦方案的内容和结构主要与所开采的矿产类型、开采方式等有关。下面是我国矿山土地复垦方案的一般内容。

（1）前言（或总则）。包括：

1）编制任务来源。

2）编制依据。国家有关法律法规，部委规章，规范性文件，地方政府规章和有关法规的实施细则，相关规程、规范，所在地区土地利用规划，矿山的矿产资源开发利用方案以及其他有关技术文件和资料，矿山项目环境影响评估报告等。

3）复垦范围与项目的服务年限（包括复垦时间）。

4）矿山项目区土地权属。

5）需要说明的其他问题。

（2）矿区及其所在地区概况。包括：

1）自然环境概况。地理位置、气象气候、地表水系、地形地貌、土壤、植被等。

2）社会经济概况。行政区划、产业分布、人口、收入、交通等。

3）项目区内土地利用现状。

4）矿山地质概况。地层与岩性特征、主要地质构造、水文地质、矿产赋存条件、矿体产状与组分、矿石储量和品位等。

5）开采方式与主要工艺流程。

（3）土地损毁状况。通过实地调查、测量和分析测算，确定：

1）已损毁土地状况。所有已损毁土地单元的面积、位置分布和损毁形式（挖损、占压、沉陷等）。

2）拟损毁土地预测。所有拟损毁土地单元的面积、位置分布和损毁形式（挖损、占压等）。

（4）土地复垦的可行性评价。包括：

1）矿山生产对土地及生态环境的影响分析。对土地的损毁或影响、对水环境的影响、对大气环境的影响、对生物的影响等。

2）土地复垦的适宜性评价。应用适当的方法，确定各评价单元的复垦适宜性，确定其复垦可行性和复垦方向。

（5）预防控制与复垦措施。包括：

1）预防控制措施。土源保护措施（拟损毁区表土剥离、存土场选址、存土场侵蚀防护等），采场边坡稳定保障措施，排土场稳定保障与侵蚀、污染防治措施，尾矿库稳定与污染防治措施等。

2）复垦措施。针对每个复垦单元的特性、条件和确定的复垦方向，依据有关规范和标准，详细说明复垦措施。如：废石充填、土地平整、削减坡度、覆土和土壤改良、酸性废水与土壤重金属污染治理、植物种类选择、种植等。

3）复垦土地管护措施。保证植物达到要求成活率或产量的各种相关措施，如浇水、施肥、病虫害防治等。

（6）复垦工程设计与工程量计算。基于预防控制与复垦措施，依据有关规范和标准，合理设计有关工程并计算工程量。一般包括：土地平整、废石充填、削坡、挡土墙、截洪沟、排水系统、客土与土壤改良、种植、灌溉等工程。

（7）复垦计划安排。结合矿山生产计划，本着尽早复垦的原则，合理安排各个复垦单元的复垦时间和相关工程的施工时间。

（8）复垦投资概算。包括：

1）概算编制依据。国家、部门有关土地整理项目的预算编制办法、定额标准，地方相关项目建设投资标准，造价信息等。

2）复垦投资计算。按照定额指导价和市场价相结合的原则，合理确定各项取费标准；按工程项目或复垦单元计算静态复垦投资。一般应包括：直接施工费、间接费、设备费、利润、税金、不可预见费、其他费用等。依据复垦计划安排与相应资金的投入额和投入时间、价差预备费率等，计算土地复垦的动态投资。正常经济条件下的价差预备费率一般为5%～7%。

（9）复垦效益分析。包括：

1）生态环境效益。

2）社会效益。

3）经济效益。

（10）保障措施。包括：

1）组织与管理保障。

2）技术保障。

3）资金保障。

16　露天开采的生态冲击与生态成本

如第 15 章所述，露天开采损毁大面积土地和植被，对水、大气和土壤造成污染，温室气体的排放对气候变化作出"贡献"。由于土地、植被、水、大气和气候是构成自然生态系统的基本要素，所以本章把对这些要素的破坏和损害统称为生态冲击。

经济收益是市场经济环境中矿山企业追求的主要目标，也一直是矿山开采方案设计和投资决策的主要依据。到目前为止，在开采方案的设计实践中，只考虑相关的技术和经济因素，不考虑矿山生产造成的生态冲击；在前面有关章节中介绍的露天矿最终境界和生产计划优化方法，就都是以经济效益最大化为目标的。虽然相关法规要求对矿山项目进行环境评价，但这种评价是事后评价，并不在开采方案的优化设计中直接发挥作用。生态化矿山设计就是在开采方案的优化设计中纳入生态冲击，使之与技术和经济因素一样，直接作用于方案的优化。然而，生态冲击和经济收益的度量量纲不同，不同类型的生态冲击的量纲也不同。所以，最方便的方法是把各类生态冲击转化为生态成本，使之与生产成本一样参与开采方案的评价和优化，从而对开采方案直接发挥作用。

本章论述生态冲击和生态成本的定量估算方法，并结合相关数据的可得性建立估算模型；通过这些模型在生态冲击和生态成本与开采方案要素之间建立联系，为开采方案的生态化优化奠定基础。

16.1　生态冲击分类

不同类型的生态冲击的作用对象和所造成的损害性质不同，其生态成本的估算方法也不同。所以需要对生态冲击进行合理分类。根据露天矿生产所造成的各种生态冲击的作用对象和损害性质，把生态冲击归纳、划分为以下三大类：

（1）土地及其所承载的生态系统损毁。露天开采挖损大面积土地，废石排弃、尾矿排弃、表土堆存和各种地面设施等压占大面积土地。这些土地上的植被被破坏，土地所承载的生态系统也随之遭到损毁，丧失了为人类提供各种生态服务的功能。这类冲击还造成景观破坏以及当地生物多样性的大幅下降。此类冲击在后文中简称为土地损毁。

（2）温室气体排放。矿山在生产过程中消耗大量能源和炸药，能源主要是柴油和电力，炸药主要有铵油炸药、乳化炸药和硝铵炸药等。柴油和炸药的消耗直接向大气排放 CO_2、N_2O、CH_4 等温室气体，电力消耗不直接在矿山而是在电力生产过程中产生温室气体。这些温室气体产生温室效应，为气候变化作出"贡献"。

（3）环境污染。矿山在生产中产生的各种废气，除产生温室效应外，还造成空气污染，作业中产生的粉尘也使空气质量下降；酸性物质的揭露和排弃可能导致酸水的形成，造成水体和土壤的酸化；疏干采场抽排的地下水可能有较高的酸性并含有有害元素，对水体和土壤造成污染。此外，还可能造成水体和土壤的重金属污染。这些环境污染对矿区及周边区域的生态系统和居民的健康造成不利影响。

16.2 生态冲击核算

上述三类生态冲击中，土地损毁和温室气体排放占主导地位，而且它们与开采方案之间的关系也比较清晰。所以本节只针对这两类冲击，结合露天开采方案（境界和生产计划）建立其核算模型。对于环境污染，各种污染的量化指标比较复杂，对于优化设计中的新建矿山而言，难以获得指标值，与开采方案之间的关系也难以建立，所以不对环境污染进行核算。

需要指出的是，矿山生产中所使用的各种设备和消耗的各种辅助材料，在其生产链的各个环节都损毁土地、产生温室气体、造成环境污染。从理论上讲，这些生态冲击也应计算在内。然而，计算这些生态冲击的相关数据不易获得，而且其量值在矿山生产的生态冲击总量中占比很小。所以本节不对这些生态冲击进行核算。

16.2.1 土地损毁

土地损毁的核算量纲为面积，度量单位为公顷（hm^2）。本小节把土地损毁分为露天采场、排土场、尾矿库、地面设施和表土堆场五个单元，分别估算其土地损毁面积及其随时间的变化关系。

16.2.1.1 露天采场的土地损毁面积

露天采场挖损的土地总面积等于开采方案中最终境界的地表面积。不同开采方案可能有不同的最终境界，一个开采方案的采场挖损总面积可以依据其最终境界的地表周界线（闭合多边形）上的顶点坐标直接计算：

$$A_{\mathrm{M}} = \frac{1}{20000} \left| \sum_{i=1}^{n} \left(x_{i+1} y_i - x_i y_{i+1} \right) \right| \tag{16-1}$$

式中　A_{M}——露天采场挖损的土地总面积，hm^2；

n——最终境界地表周界多边形上的顶点总数；

x_i，y_i——第 i 个顶点在水平面上的东西向和南北向坐标值，m，当 $i=n$ 时，$i+1=1$。

在开采过程中，采场不断扩大和延深，挖损的地表面积也随时间变化。用 $A_{\mathrm{M},t}$ 表示第 t 年末采场挖损的累计地表面积。$A_{\mathrm{M},t}$ 随时间 t 的变化关系取决于开采方案的生产计划。$A_{\mathrm{M},t}$ 的值可以依据生产计划中每年末采场的地表周界线计算，计算公式同上。如果一个开采方案的开采寿命为 n 年（即在第 n 年末采到方案的最终境界），显然有 $A_{\mathrm{M},n}=A_{\mathrm{M}}$。

16.2.1.2 排土场的土地损毁面积

排土场压占的土地总面积取决于废石排弃总量、排土场地形、堆置高度和边坡角等。在开采方案的优化设计阶段，一般没有排土场的完整设计，只能按优化中不同开采方案的排土容量需求对不同方案的排土场占地总面积进行估算。排土场的总容量需求为：

$$V_{\mathrm{D}} = \frac{W k_{\mathrm{w}}}{\gamma_{\mathrm{w}}} \tag{16-2}$$

式中　V_{D}——排土场的总容量需求，$10^4 m^3$；

    W——废石排弃总量（即境界中的采出废石总量），10^4t；

    γ_w——废石的原地（实体）容重，t/m³；

    k_w——排土场沉降稳定后废石的碎胀系数，一般为 1.10~1.35。

    矿山只设一个排土场时，排土场的占地总面积可用下式估算：

$$A_D = \frac{V_D}{H_D} f_D(V_D, \alpha_D) \tag{16-3}$$

式中 A_D——排土场占地总面积，hm²；

        H_D——排土场平均堆置高度，m；

$f_D(V_D, \alpha_D)$——排土场的形态系数；

        α_D——排土场总体平均边坡角，(°)。

    排土场的形态基本上是不规则的台体，在给定堆置高度 H_D 的条件下，顶面积与底面积的比值随容量 V_D 和边坡角 α_D 变化，V_D 和 α_D 越小，比值越小，排土场的形态越接近锥体，$f_D(V_D, \alpha_D)$ 的取值越接近 3；反之，排土场的形态越接近柱体，$f_D(V_D, \alpha_D)$ 的取值越接近 1。A_D 也可与给定 V_D、H_D 和 α_D 的条件下的圆台或棱台的底面积近似。

    排土场损毁的土地面积随时间的变化关系比较复杂。总体来看，在开采过程中随着排弃量的积累，排土场的占地面积逐步扩大。但排土场在某一时点的土地损毁面积并不是到达这一时点的累计排弃量的简单线性函数。原因之一是在开始排土之前，建设排土场需要对场地进行某些作业，造成植被和土壤的破坏，而准备的面积往往要满足不止一年的排土需要。所以，可能是大面积的土地在接纳排土之前就被损毁了。原因之二是排土场的平面扩展和升高随时间的变化，取决于地形、排土工艺、排土线布置、阶段高度等因素，占地面积并不是随排弃量的增加而线性增加，而是呈不规则的阶梯式增加。因此，在矿山生产过程中，第 t 年末排土场损毁土地的累计面积（记为 $A_{D,t}$）不能依据这时的累计排弃量应用上述公式进行估算。

    为了在没有排土场详细设计的条件下，在开采方案优化中尽可能反映其损毁土地面积随时间变化的主导趋势，并使估算模型具有实用性，作如下简化处理：

    （1）假设排土场的初始建设面积等于容纳前 n_0 年的排弃量所需的面积，这一初始面积记为 $A_{D,0}$，在开采方案的前 n_0 年里，排土场的土地损毁面积保持 $A_{D,0}$ 不变；

    （2）n_0 年后，排土场的土地损毁面积逐年扩大，并假设随排弃量线性增加。

    如此简化后，在整个开采寿命期，排土场损毁土地的累计面积 $A_{D,t}$ 随时间 t 的变化关系可以简化为二段线性函数：

$$A_{D,t} = A_{D,0} = \frac{V_{D,0}}{H_D} f_D(V_{D,0}, \alpha_D) \quad 对于\ t = 0,\ 1,\ 2,\ \cdots,\ n_0 \tag{16-4}$$

$$A_{D,t} = A_{D,0} + \frac{A_D - A_{D,0}}{W - W_0} \sum_{i=n_0+1}^{t} w_i \quad 对于\ t = n_0+1,\ n_0+2,\ \cdots,\ L \tag{16-5}$$

式中 $V_{D,0}$——开采方案中前 n_0 年的排土容量需求（即排土场初始建设容量），10^4m³；

    W_0——开采方案中前 n_0 年的废石排弃总量，10^4t；

    w_i——开采方案中第 i 年的废石排弃量，10^4t；

    L——开采方案的开采寿命（从基建期结束、生产开始的时点算起），a。

W_0 和 $V_{\mathrm{D},0}$ 为：

$$W_0 = \sum_{i=0}^{n_0} w_i \qquad (16\text{-}6)$$

$$V_{\mathrm{D},0} = \frac{W_0 k_{\mathrm{w}}}{\gamma_{\mathrm{w}}} \qquad (16\text{-}7)$$

式（16-6）中，$i=0$ 时，w_0 表示基建期的废石排弃量。

如果所设计的矿山拟设置多个排土场，可以根据各个排土场的预计容量和相关参数分别估算每个排土场的占地总面积，并基于开采方案的累计剥离量随时间的变化关系和排土场的使用顺序安排，参照上述方法估算每个排土场的投入使用时间和排土场的土地损毁面积随时间的变化关系。

16.2.1.3 尾矿库的土地损毁面积

开采方案的尾矿产生总量等于入选矿石总量减去精矿总量，即：

$$T = Q\left(1 - \frac{g_{\mathrm{o}}}{g_{\mathrm{p}}} r_{\mathrm{p}}\right) \qquad (16\text{-}8)$$

式中　T——尾矿总量，10^4t；

Q——入选矿石总量（即境界中的采出矿石总量），10^4t；

g_{o}——入选矿石的平均品位；

g_{p}——精矿的平均品位；

r_{p}——选矿金属回收率。

尾矿库的总容量需求为：

$$V_{\mathrm{T}} = \frac{T}{\gamma_{\mathrm{T}}} \qquad (16\text{-}9)$$

式中　V_{T}——尾矿库的总容量需求，10^4m^3；

γ_{T}——尾矿在库内的堆积容重，t/m^3。

矿山只设置一个尾矿库时，尾矿库的占地总面积可用下式估算：

$$A_{\mathrm{T}} = \frac{V_{\mathrm{T}}}{H_{\mathrm{T}}} f_{\mathrm{T}}(V_{\mathrm{T}}, \alpha_{\mathrm{T}}) \qquad (16\text{-}10)$$

式中　A_{T}——尾矿库占地总面积，hm^2；

H_{T}——尾矿库总高（深）度，即库底到库面的平均高度，m；

$f_{\mathrm{T}}(V_{\mathrm{T}}, \alpha_{\mathrm{T}})$——尾矿库的形态系数；

α_{T}——尾矿库总体平均边坡角，（°）。

由于尾矿是以一定浓度的砂浆流体排放，所以一个尾矿库一般需要一次性建成。因此，矿山只设置一个尾矿库时，可以认为其损毁土地面积在整个开采寿命期都等于其占地总面积，即第 t 年末尾矿库的累计占地面积 $A_{\mathrm{T},t}$ 等于 A_{T}。如果所设计矿山拟建多个尾矿库，可以根据各个尾矿库的最大容量和相关参数，用式（16-10）分别估算每个尾矿库的占地面积，并基于开采方案的累计入选矿量随时间的变化关系和各个尾矿库的使用顺序安排，估算每个尾矿库的投入使用时间和尾矿的累计土地损毁面积随时间的变化关系。

16.2.1.4 地面设施的土地损毁面积

地面设施包括矿山专用道路和厂房、仓储、办公、供电、供水、排水等设施，其准确的占地面积需要依据矿山总平面布置来计算。然而，在开采方案优化阶段（最终方案确定之前），不可能有完整的总平面布置。定性而言，地面设施的占地面积与开采方案的生产规模呈正相关关系。例如，生产能力较高的开采方案，使用的设备规格较大、运输道路的宽度和设备维修设施的面积都较大。然而，地面设施的占地面积与生产能力之间不是线性关系。在一定的生产能力范围内，这一面积变化不大，可以看作常数；当生产能力的变化足以引起这一面积变化时，二者之间的函数关系也难以确定。而且，地面设施的占地面积与采场、排土场和尾矿库的占地总面积相比小得多。因此，没有必要在开采方案优化中详细考虑其随开采方案的变化。此外，绝大多数地面设施的建设在矿山投产时已经完成。地面设施的土地损毁总面积记为 A_B，第 t 年末的累计土地损毁面积记为 $A_{B,t}$。基于上述讨论，可以假设 $A_{B,t}$ 在开采方案的寿命期是一常数（即对于所有年份 t，$A_{B,t} = A_B$）。在新矿山的开采方案优化阶段，A_B 的数值可以根据条件类似的矿山的该项面积估算。

16.2.1.5 表土堆放场的土地损毁面积

按照矿山土地复垦的相关规定，需要对生产中将要损毁的土地上的表土进行剥离并妥善保存，以备复垦时使用。表土堆放场自身的表土一般不需要剥离，因为表土堆放不会造成被压占土壤的破坏，堆存的表土移走后，对原表土进行翻松即可在表土场的复垦中就地使用。所以，需要堆存的表土来自露天采场、排土场、尾矿库和地面设施区的表土剥离。根据场地条件，表土可以集中堆存（全矿只设一个表土场）或就近分散堆存。后者是在露天采场、排土场、尾矿库等附近分别设置表土场，把剥离的表土就近堆存在各自的表土场中，这样可以最大限度地缩短表土搬运距离。

表土场的总容量需求为：

$$V_S = (A_M h_M + A_D h_D + A_T h_T + A_B h_B) k_S \tag{16-11}$$

式中　　V_S——表土场总容量需求，$10^4 \mathrm{m}^3$；

　　　　k_S——表土在堆场的松散系数；

h_M, h_D, h_T, h_B——露天采场、排土场、尾矿库和地面设施区的表土平均剥离厚度，m。

只设置一个表土场时，表土场的占地总面积用下式估算：

$$A_S = \frac{V_S}{H_S} f_S(V_S, \alpha_S) \tag{16-12}$$

式中　　A_S——表土场的占地总面积，hm^2；

　　　　H_S——表土平均堆置高度，m，一般为 10~30m；

$f_S(V_S, \alpha_S)$——表土堆的形态系数；

　　　　α_S——表土堆的平均坡面角，(°)。

表土堆置压占土地的面积随时间的变化关系，总体上是随着表土剥离面积的扩大（即表土堆置量的增加）而扩大。由于表土剥离区域的表土厚度不均匀、表土堆置形态的变化以及表土场地形等因素，表土堆占地面积随时间的变化关系很复杂。考虑到与采场、排土场和尾矿库的占地总面积相比，表土堆的占地面积很小，所以为便于计算作如下简化处理：

（1）假设表土剥离与土地损毁在时间上同步。例如，排土场在第 t 年末的累计损毁土地面积为 $A_{D,t}$，那么，第 t 年末在排土场的累计表土剥离面积也是 $A_{D,t}$；对于其他土地损毁单元，也是如此。

（2）对于露天采场、排土场、尾矿库和地面设施区，无论在这些场地内剥离到什么位置，剥离的表土量均按各自的平均表土厚度计算。

（3）在给定堆置高度的条件下，假设表土堆压占土地的面积随表土堆置量的增加而线性增加。

基于以上简化，表土堆放场的累计占地面积随时间的变化关系为：

$$A_{S,t} = \frac{A_S}{V_S}(A_{M,t}h_M + A_{D,t}h_D + A_{T,t}h_T + A_{B,t}h_B)k_S \qquad (16\text{-}13)$$

式中 $A_{S,t}$——第 t 年末表土场的累计占地面积。

对表土实行多堆场分散堆存时，可以应用上述估算方法，依据各个堆场的服务对象，分别计算各个堆场的容量需求和占地面积，并依据各自服务对象的土地损毁面积随时间的变化关系，估算各个表土堆场的占地面积随时间的变化关系。

16.2.2 温室气体排放

矿山生产中的温室气体排放来自能源和炸药消耗，其中能源主要是柴油和电力。下面就柴油、电力和炸药消耗的温室气体排放量建立核算模型。

16.2.2.1 增温潜势与二氧化碳当量

多种气体具有温室效应。在有关温室气体的研究文献中，考虑的气体一般包括 CO_2、N_2O 和 CH_4，这也是化石能源的消耗中产生的主要废气。所以在本文中，温室气体只考虑这些气体。另外，由于 CO_2 在工业生产排放的温室气体中占主导地位，所以为比较和数据处理的方便，通常都把 N_2O 和 CH_4 的量根据其"增温潜势（global warming potential，GWP）"换算为 CO_2 当量。某种气体的增温潜势可以理解为该种气体的潜在增温效应与 CO_2 的潜在增温效应的比值。政府间气候变化委员会（Intergovernmental Panel on Climate Change，IPCC）提供了 N_2O 和 CH_4 的 GWP 值，如表 16-1 所示。不同的温室气体具有不同的生命周期，在不同的时间跨度的 GWP 值不同。表 16-1 中给出了时间跨度为 20 年和 100 年的 GWP 值。对于矿山应用，可取 20 年的 GWP 值。

表 16-1 温室气体的增温潜势

温室气体	GWP（20 年）	GWP（100 年）
CO_2	1	1
CH_4	84	28
N_2O	264	265

某种气体排放量的 CO_2 当量等于其排放量与其 GWP 值的乘积。在后续的章节中，温室气体排放量均指 CO_2 当量，度量单位为 t。

16.2.2.2 温室气体排放因子

柴油消耗所产生的温室气体排放包括两部分：一是直接排放，即内燃机的尾气，直接排放量主要取决于柴油的热值和内燃机的单位热值排放量；二是间接排放，即从石油开采到加工成柴油的各个生产环节所产生的温室气体排放，在一些文献中也称为携带排放。后者虽然不是由矿山生产直接产生的，但只要矿山消耗柴油，就会连带产生这一类排放，所以也应该计算在内。单位重量的柴油消耗所产生的温室气体排放量定义为柴油的温室气体排放因子，记为 η_d，是直接排放因子与间接排放因子之和。综合有关研究成果中的数据，柴油的相关参数和排放因子列于表 16-2。

表 16-2 柴油的温室气体排放因子

单位热值排放量/t·(TJ)$^{-1}$			热值 / TJ·t^{-1}	直接排放因子 /t·t^{-1}	间接排放因子 /t·t^{-1}	排放因子 η_d /t·t^{-1}
CO_2	N_2O	CH_4				
74.100	0.0286	0.00415	0.045575	3.7371	0.7038	4.4409

电力消耗的温室气体排放因子定义为电网提供单位电量所产生的温室气体排放量，用 η_e 表示。生态环境部应对气候变化司提供了我国各个区域电网的电量排放因子在 2013 ~ 2015 年的加权平均值，如表 16-3 所示。电力消耗的温室气体排放不是在矿山生产过程中直接产生的，而是在发电和输送中产生的。从这个意义上讲，电力消耗的温室气体排放对矿山而言属于间接排放。但矿山只要消耗电能，就会连带产生这一排放，所以必须计算在内。

表 16-3 我国各区域电网的温室气体排放因子 η_e (t/(MW·h))

区域电网名称	华北	东北	华东	华中	西北	南方
排放因子	0.9680	1.1082	0.8046	0.9014	0.9155	0.8367

炸药的温室气体排放包括炸药爆炸产生的直接排放和炸药组分在其生产过程中产生的排放（即间接排放）。单位重量的炸药消耗所产生的温室气体排放量定义为炸药的温室气体排放因子，记为 η_x，是直接排放因子与间接排放因子之和。矿山常用炸药的温室气体排放因子如表 16-4 所示。表中的间接排放因子只考虑了炸药的主要成分硝酸铵和柴油在其生产中的温室气体排放量。

表 16-4 一些工业炸药的温室气体排放因子 (t/t)

炸药名称	炸药型号	直接排放因子	间接排放因子	排放因子 η_x
乳化炸药	SB 系列	0.0000	1.4251	1.4251
	岩石型	0.0846	1.5102	1.5948
	WR 系列	0.1008	1.4848	1.5856
铵油炸药	1 号（粉状）	0.1768	1.7244	1.9012
	2 号（粉状）	0.1696	1.7090	1.8786
	3 号（粒状）	0.1729	1.7811	1.9540
	膨化铵油	0.2000	1.7027	1.9027
铵梯炸药	1 号岩石	0.2629	1.5119	1.7748
	2 号岩石	0.2222	1.5672	1.7894
	2 号抗水岩石	0.2335	1.5672	1.8007
	3 号抗水岩石	0.2588	1.5119	1.7707

炸药名称	炸药型号	直接排放因子	间接排放因子	排放因子 η_x
铵梯炸药	1 号露天	0.2276	1.5119	1.7395
	2 号露天	0.2319	1.5857	1.8176
	2 号抗水露天	0.2370	1.5857	1.8227

16.2.2.3 单位作业量的温室气体排放

有了上述排放因子，就可基于能耗与炸药的消耗数据，计算矿山生产所产生的温室气体排放量。为了便于在开采方案优化中应用，把露天矿生产的各种作业归纳为废石剥离、矿石开采和选矿三大类，分别计算其单位作业量的温室气体排放量。

金属露天矿的废石剥离包括穿孔、爆破、采装、运输和排弃等工艺环节，使用的主体设备通常是钻机、单斗挖掘机、卡车、排土机和推土机等；有些设备是柴油驱动，有些是电力驱动。所以剥离中消耗的能源是柴油和电力，爆破消耗炸药。单位剥离量的温室气体排放量为：

$$\varepsilon_w = \frac{d_w \eta_d}{1000} + \frac{e_w \eta_e}{1000} + \frac{x_w \eta_x}{1000 \gamma_w} \qquad (16\text{-}14)$$

式中 ε_w ——单位剥离量的温室气体排放量，t/t；

         d_w ——单位剥离量的柴油消耗，kg/t；

         η_d ——柴油的温室气体排放因子，t/t；

         e_w ——单位剥离量的电力消耗，kW·h/t；

         η_e ——电力的温室气体排放因子，t/(MW·h)；

         x_w ——废石爆破的炸药单耗，kg/m³；

         η_x ——炸药的温室气体排放因子，t/t；

         γ_w ——废石的原地容重，t/m³。

矿石开采的工艺环节和使用的设备与废石剥离类似。单位采矿量的温室气体排放量为：

$$\varepsilon_m = \frac{d_m \eta_d}{1000} + \frac{e_m \eta_e}{1000} + \frac{x_m \eta_x}{1000 \gamma_o} \qquad (16\text{-}15)$$

式中 ε_m ——单位采矿量的温室气体排放量，t/t；

         d_m ——单位采矿量的柴油消耗，kg/t；

         e_m ——单位采矿量的电力消耗，kW·h/t；

         x_m ——矿石爆破的炸药单耗，kg/m³；

         γ_o ——矿石的原地容重，t/m³。

选矿厂的设备都是电力驱动，单位入选矿量的温室气体排放量为：

$$\varepsilon_p = \frac{e_p \eta_e}{1000} \qquad (16\text{-}16)$$

式中 ε_p ——选矿厂单位入选矿量的温室气体排放量，t/t；

         e_p ——选矿厂单位入选矿量的电力消耗，kW·h/t。

对于一个正在优化设计中的新矿山，上述计算模型在应用中的一个难点是确定剥离、采矿和选矿的单位能耗。比较实用的方法是对条件相近的生产矿山进行调研，对其能耗的统计数据进行收集和归纳，估算其剥离、采矿和选矿的单位能耗，再依据调研矿山与所设计矿山之间在某些主要条件上的差异进行调整。

16.3　生态成本估算

不同类型生态冲击的作用对象和所造成的损害性质不同，生态成本的估算方法也不同。所以需要针对前面对生态冲击的分类，分别估算每一类的生态成本。本节只针对土地损毁和温室气体排放这两大类生态冲击，建立生态成本的估算模型。对于环境污染，各种污染本身的量化以及它们对生态环境所造成的损害的量化，都很困难，难以建立较实用的成本估算模型，所以本节不对环境污染的生态成本作估算。在实际应用中，可以考虑把矿山的环境治理成本看作环境污染的生态成本，从条件相近的生产矿山获得环境治理成本数据，分摊到矿山的单位生产成本之中，或归入固定成本。

16.3.1　土地损毁的生态成本

从生态的角度讲，土地有两大功能：一是提供生存空间；二是提供生态服务。生存空间与我们所研究的问题无关，因为损毁与否，土地所提供的空间不会消失。所以，土地损毁的生态成本的估算需要从土地的生态服务功能着手。土地的生态服务功能可分为两大类：一是为人类提供生活需要的生物质，如粮食、肉、奶、蛋、木材等；二是为人类的生活和各种生物的生存提供适宜稳定的生态环境。在矿山生产所损毁的土地上，这两类生态服务功能基本损失殆尽。因此，土地损毁的生态成本可以看作是土地的生态服务功能的丧失；从经济的角度看，这一生态成本等于土地能够提供的各种生态服务的价值的损失。这样，就可以通过估算与损毁土地相关的各种生态服务的价值，来量化土地损毁的生态成本。

土地及其承载的植被（简称土地生态系统）所提供的生态服务多种多样，迄今为止已经明确的主要包括：生物质生产、光合固碳、氧气释放、空气净化、土壤保持（侵蚀控制）、水源涵养、养分循环、气候调节、防风固沙、废物降解与养分归还、维持生物多样性、景观等。这些生态服务都直接或间接地影响人类的生活质量，都有价值。除生物质生产外，其他生态服务价值的估算本身就是一个很大的研究课题，尚不存在得到广泛接受的、较定型的成熟方法和计算模型；看问题的角度不同，估算方法也不同，对同一对象的估算结果就会有较大的差别。在综合相关研究成果的基础上，结合相关数据的可获得性，这里只对上述前七项生态服务的价值建立估算模型。另外，矿山企业对损毁的土地必须进行生态重建，恢复其生态功能。因此，生态恢复成本也应纳入土地损毁的生态成本中。

金属矿山一般地处山区，损毁的土地类型大都为林地和草地，耕地较少。另外，耕种对土地的生态服务功能的影响很复杂，难以度量。所以，这里对土地的生态服务价值的估算是针对林地和草地生态系统，只有对生物质生产价值的估算同时适用于耕地。

16.3.1.1　生物质生产价值

人类利用土地生产不同种类的生物质，如粮食、牧草、肉、蛋、奶和木材等，其中肉、蛋和奶是土地生产的间接生物产物。这些生物质都是可以在市场上交易的商品，都有价格。所以，土地的生物质生产价值就是在特定的市场条件下所生产的生物质能够带来的净收益。矿山征用土地的征地价格是这一价值的综合体现，因此，可用征地价格度量土地的生物质生产价值。土地的生物质生产价值记为 v_{yield}，单位为元/hm^2。

16.3.1.2 固碳价值

土地生态系统的固碳作用体现在两方面：一是土地上生长的植物通过光合和呼吸作用吸收大气中的 CO_2 并固定在植物体中，称之为植物固碳；二是土壤碳库中蓄积的碳，称之为土壤固碳。

植物固碳量与土地的植物净初级生产力（net primary productivity，NPP）成正比，其固碳价值可用下式估算：

$$v_{Cplant} = y_{npp}f_{CO_2}c_{CO_2} \tag{16-17}$$

式中　v_{Cplant}——土地生态系统的植物固碳价值，元/（$hm^2 \cdot a$）；

　　　y_{npp}——土地的净初级生产力，t/（$hm^2 \cdot a$）；

　　　f_{CO_2}——CO_2 固定系数，即单位净初级生产量固定的 CO_2 量，根据光合作用反应式，$f_{CO_2} = 1.62$；

　　　c_{CO_2}——去除排放的 1t CO_2 的成本，元/t。

林地生态系统中的碳蓄积主体是植物固碳。虽然林木枝叶在腐烂过程中会释放 CO_2、CH_4 等温室气体，但在总体上林木的固碳功能发挥着不可替代的碳汇和减缓温室效应的作用。对于林地一般只计算植物固碳量。我国主要类型林地的净初级生产力如表 16-5 所示。

草地生态系统中的碳蓄积主要分布在土壤碳库中，草地一旦遭到破坏，土壤碳库中存储的碳将重新回到大气中。所以，对于草地一般只计算土壤固碳量。可以根据土壤的有机质含量和有机质的含碳比例估算土壤的碳蓄积量，进而估算土壤固碳价值：

$$v_{Csoil} = 10000h_s\gamma_s r_{so}r_{oc}\varphi c_{CO_2} \tag{16-18}$$

式中　v_{Csoil}——土地生态系统的土壤固碳价值，元/hm^2；

　　　h_s——估算地块的平均土壤厚度，m；

　　　γ_s——估算地块的平均土壤容重，t/m^3；

　　　r_{so}——土壤的有机质含量比例，可以通过测定或参照土壤调查的有机质分布资料选取；

　　　r_{oc}——有机质的含碳比例，0.58；

　　　φ——C 到 CO_2 的转换系数，3.6667。

表 16-5　我国主要类型林地生态系统的年净初级生产总量及其 NPP

森林类型	寒温带落叶松林	温带常绿针叶林	温带、亚热带落叶阔叶林	温带落叶小叶疏林	亚热带常绿落叶阔叶混交林
面积/hm^2	0.125×10^8	0.043×10^8	0.295×10^8	0.117×10^8	0.238×10^8
净生产量/t·a^{-1}	1.04×10^8	0.318×10^8	1.691×10^8	0.901×10^8	0.884×10^8
NPP /t·($hm^2 \cdot a$)$^{-1}$	8.320	7.395	5.732	7.701	3.714

森林类型	亚热带常绿阔叶林	亚热带、热带常绿针叶林	亚热带竹林	热带雨林、季雨林	红树林
面积/hm^2	0.108×10^8	0.537×10^8	0.009×10^8	0.09×10^8	0.001×10^8
净生产量/$t \cdot a^{-1}$	1.865×10^8	5.309×10^8	0.255×10^8	1.765×10^8	0.026×10^8
NPP /$t \cdot (hm^2 \cdot a)^{-1}$	17.269	9.886	28.333	19.611	26.000

c_{CO_2} 是去除 1t 大气中的 CO_2 需要的费用，对 c_{CO_2} 有不同的估算方法。有的研究者从虚拟造林吸收 CO_2 的角度，取固定每吨 CO_2 所需的造林成本作为 c_{CO_2}；有的从企业碳排放需要付出的代价的角度，依据碳税确定 c_{CO_2}；有的从捕捉大气中的碳并永久贮存的角度，取 CO_2 的捕捉与碳贮存成本作为 c_{CO_2}。不少国家（包括我国）已经或正在进行火电厂的 CO_2 捕捉与碳贮存实验，国际能源署也对 CO_2 捕捉与碳贮存的成本和效率进行了评估。从本质上讲，完全解决 CO_2 排放问题，或者是不排放（几乎是不可能的），或者是把排放的 CO_2 以某种方式捕捉并将碳永久贮存。从这个角度看，c_{CO_2} 取捕捉与贮存成本最为合理。

16.3.1.3　释氧价值

土地上生长的植物通过光合和呼吸作用与大气进行 CO_2 和 O_2 交换，释放 O_2。释氧量与土地的植物净初级生产力成正比。释氧价值的估算式为：

$$v_{O_2} = y_{npp}f_{O_2}c_{O_2} \tag{16-19}$$

式中　v_{O_2}——土地生态系统的释氧价值，元/($hm^2 \cdot a$)；

f_{O_2}——释氧系数，即单位净初级生产量释放的 O_2 量，根据光合作用反应式，$f_{O_2} = 1.20$；

c_{O_2}——氧气的获取成本，可以取氧气的工业制造成本或氧气的市场价格，元/t。

林地的净初级生产力如表 16-5 所示。我国各类草地生态系统的净初级生产力如表 16-6 所示。

表 16-6　我国各类草地生态系统的净初级生产力（NPP）

草地生态系统类型	单位面积干草产量（地上 NPP） /$kg \cdot (hm^2 \cdot a)^{-1}$	地下 NPP 与地上 NPP 比值
温性草甸草原	1293	2.46
温性草原	831	2.46
温性荒漠草原	482	2.47
温性草原化荒漠	404	2.48
温性荒漠	318	2.46
高寒草甸	1342	2.31
高寒草甸草原	427	2.31
高寒草原	301	2.31
高寒荒漠草原	187	2.31

草地生态系统类型	单位面积干草产量（地上 NPP）/kg·(hm²·a)⁻¹	地下 NPP 与地上 NPP 比值
高寒荒漠	128	2.31
暖性灌草丛	1554	2.46
暖性草丛	1991	2.46
热性草丛	2824	2.46
热性灌草丛	2088	2.46
干热稀树灌草丛	2283	2.52
山地草甸	1643	2.46
低地草甸	2066	2.46
沼泽	2170	2.47
未划分的零星草地	2793	2.45

16.3.1.4 空气净化价值

依存于土地的生态系统（主要是植物群落）除了具有吸收 CO_2 的功能外，还具有吸收其他大气污染物和抑滞沙尘的功能。鉴于相关数据的限制，这里只考虑吸收 SO_2 和滞尘两项空气净化功能。空气净化价值的估算式为：

$$v_{air} = a_{SO_2} c_{SO_2} + a_D c_D \tag{16-20}$$

式中　　v_{air}——土地生态系统的空气净化价值，元/(hm²·a)；

a_{SO_2}，a_D——土地生态系统的 SO_2 吸收能力和滞尘能力，t/(hm²·a)；

c_{SO_2}，c_D——SO_2 处理成本和除尘成本，可以取燃煤发电厂的去硫和除尘成本，元/t。

不同类型的土地生态系统，具有不同的 SO_2 吸收和滞尘能力。据测定，林地生态系统的 SO_2 吸收能力为：阔叶林约为 0.08865t/(hm²·a)、柏类林约为 0.4116t/(hm²·a)、杉类林和松林约为 0.1176t/(hm²·a)、针叶林（柏、杉、松）平均约为 0.2156t/(hm²·a)；草地生态系统的 SO_2 吸收能力为：高寒草原的牧草生长期按每年 100 天算，每千克干草叶的产量（约等于草地的地上 NPP）每年可吸收约 100g 的 SO_2，高寒草原的地上 NPP 约为 300kg/(hm²·a)，所以该类草原的 SO_2 吸收能力约为 0.03t/(hm²·a)。林地生态系统的滞尘能力为：松林约为 36t/(hm²·a)、杉林约为 30t/(hm²·a)、栎类林约为 67.5t/(hm²·a)、针叶林平均约为 33.2t/(hm²·a)、阔叶林平均约为 10.11t/(hm²·a)；草地生态系统的滞尘能力约为 0.5~1.2t/(hm²·a)。

16.3.1.5 土壤保持价值

土地生态系统（主要是地表植被及其根系）具有抵御土壤侵蚀的功能，主要体现于抵御风力和水力侵蚀。抵御风力（水力）侵蚀的土壤保持量等于潜在的风力（水力）土壤侵蚀量与现实风力（水力）土壤侵蚀量之差。潜在的土壤侵蚀量取土壤侵蚀等级分类中的相应强度等级所对应的风蚀模数和水蚀模数，现实土壤侵蚀量可参照全国土壤侵蚀普查数据。

由于土壤不是经常和大量交易的商品，没有市场价格，所以土壤保持的经济价值用机会成本法估算，即假设利用因土地生态系统遭破坏而被侵蚀的土壤进行某种经济性生产，把这种生产能够获得的经济效益作为土壤保持价值。例如，把土壤保持量换算为农田面积，再根据农田收益计算其价值。因此，土地生态系统的土壤保持价值可用下式估算：

$$v_{soil} = \frac{s_r}{10000\gamma_s h_s}y_s \tag{16-21}$$

式中　v_{soil}——土地生态系统的土壤保持价值，元/($hm^2 \cdot a$)；

　　　s_r——土地生态系统的土壤保持能力，$t/(hm^2 \cdot a)$；

　　　γ_s——土壤容重，t/m^3，农田的土壤容重一般为 1.1~1.4；

　　　h_s——假设把保持的土壤转换为某种生产用地所要求的土壤厚度，m，农田的土壤厚度一般取 0.5~0.8m；

　　　y_s——假设把保持的土壤转换为某种生产用地的单位面积收益，元/hm^2。

我国主要类型的林地和草地生态系统的土壤保持能力分别如表 16-7 和表 16-8 所示。

表 16-7　我国主要类型林地生态系统的土壤保持能力　　($t/(hm^2 \cdot a)$)

森林类型	寒温带落叶松林	温带常绿针叶林	温带、亚热带落叶阔叶林	亚热带常绿落叶阔叶混交林
抵御水蚀土壤保持能力	25.021	51.982	56.158	61.226
抵御风蚀土壤保持能力	0.127	7.186	5.257	0.013
土壤保持能力合计	25.147	59.168	61.415	61.238
森林类型	亚热带常绿阔叶林	亚热带、热带常绿针叶林	亚热带竹林	热带雨林、季雨林
抵御水蚀土壤保持能力	76.594	61.221	73.913	66.480
抵御风蚀土壤保持能力	0.284	0.191	0.000	0.035
土壤保持能力合计	76.879	61.412	73.913	66.514

表 16-8　我国各类草地生态系统的土壤保持能力　　($t/(hm^2 \cdot a)$)

草地生态系统类型	抵御风蚀土壤保持能力	抵御水蚀土壤保持能力	土壤保持能力合计
温性草甸草原	16.654	47.226	63.880
温性草原	40.647	22.547	63.194
温性荒漠草原	42.224	18.586	60.810
温性草原化荒漠	9.095	39.673	48.768
温性荒漠	3.159	22.917	26.076
高寒草甸	1.283	25.443	26.726
高寒草甸草原	0.769	3.251	4.020
高寒草原	3.612	4.901	8.513
高寒荒漠草原	8.749	2.617	11.366
高寒荒漠	0.610	3.819	4.428

草地生态系统类型	抵御风蚀 土壤保持能力	抵御水蚀 土壤保持能力	土壤保持能力合计
暖性灌草丛	0.010	51.765	51.775
暖性草丛	0.027	32.847	32.874
热性草丛	0.016	71.239	71.256
热性灌草丛	0.011	54.270	54.280
干热稀树灌草丛	0.060	2.404	2.464
山地草甸	2.562	53.333	55.894
低地草甸	36.380	39.030	75.410
沼泽	16.231	35.879	52.110

土壤保持的价值还体现在减少泥沙在地表水体的淤积、降低清淤成本上。如果因矿山土地损毁造成的土壤侵蚀的主要危害是附近水体的泥沙淤积，这一价值也可用清淤成本估算。

16.3.1.6 水源涵养价值

土地生态系统具有减少径流、涵养水分的功能。例如，完好的天然草地不仅具有截留降水的功能，而且比裸地有较高的渗透性和保水能力，在相同的气候条件下，草地土壤含水量较裸地高出 90% 以上。这一价值可用下式估算：

$$v_{H_2O} = 10 p k_r f_p c_{H_2O} \tag{16-22}$$

式中　v_{H_2O}——土地生态系统的水源涵养价值，元/（hm² · a）；

　　　p——矿山所在区域的年均降雨量，mm/a；

　　　k_r——矿山所在区域产生径流的降雨量占降雨总量的比例，北方约 0.4、南方约 0.6；

　　　f_p——土地生态系统与裸地（或皆伐迹地）相比的径流减少系数；

　　　c_{H_2O}——水源单价，可用替代工程法估价（如取水库蓄水成本），或取用水价格，元/m³。

根据相关研究成果，我国主要类型的林地和草地生态系统的径流减少系数分别如表 16-9 和表 16-10 所示。

表 16-9　我国主要类型林地生态系统的径流减少系数

森林类型	寒温带 落叶松林	温带常绿 针叶林	温带、亚热带 落叶阔叶林	温带落叶 小叶疏林	亚热带常绿 落叶阔叶混交林
径流减少系数	0.21	0.24	0.28	0.16	0.34
森林类型	亚热带 常绿阔叶林	亚热带、热带 常绿针叶林	亚热带竹林	热带雨林、 季雨林	
径流减少系数	0.39	0.36	0.22	0.55	

表 16-10　我国主要类型草地生态系统的径流减少系数

草地类型	温性草原	温性草甸草原	暖性草丛	暖性灌草丛	热性草丛
径流减少系数	0.15	0.18	0.20	0.20	0.35

草地类型	热性灌草丛	山地草甸	低地草甸	沼泽	
径流减少系数	0.35	0.25	0.20	0.40	

16.3.1.7 养分循环价值

土地生态系统中的植物群落在土壤表层下面具有稠密的根系，残遗大量的有机质。这些物质在土壤微生物的作用下，促进土壤团粒结构的形成，改良土壤结构，增加土壤肥力。根据生态系统养分循环功能的服务机制，可以认为构成土地净初级生产力的营养元素量即为参与循环的养分量。参与生态系统养分循环的元素种类很多，含量较大的营养元素是氮（N）、磷（P）、钾（K）。所以这里只估算这三种营养元素量，其价值可用化肥价格计算。养分循环价值的估算式为：

$$v_{neut} = y_{npp}(k_N p_N + k_P f_{P_2O_5} p_P + k_K p_K) \tag{16-23}$$

式中　v_{neut}——土地生态系统的养分循环价值，元/（$hm^2 \cdot a$）；

　　　y_{npp}——土地的净初级生产力，t/（$hm^2 \cdot a$）；

k_N，k_P，k_K——净初级生产量中的 N、P 和 K 元素的含量比例；

　　　$f_{P_2O_5}$——P 到 P_2O_5 的转换系数，$f_{P_2O_5} = 2.2903$；

p_N，p_P，p_K——氮肥、磷肥（P_2O_5）和钾肥的价格，元/t。

我国主要类型的林地和草地生态系统净初级生产量的主要营养元素含量比例，分别如表 16-11 和表 16-12 所示。

表 16-11　我国主要类型林地生态系统植物体的氮、磷、钾元素含量比例

森林类型	寒温带落叶松林	温带常绿针叶林	温带、亚热带落叶阔叶林	亚热带常绿落叶阔叶混交林	亚热带常绿阔叶林
N 含量/%	0.400	0.330	0.531	0.456	0.826
P 含量/%	0.085	0.036	0.042	0.032	0.035
K 含量/%	0.227	0.231	0.201	0.221	0.633
森林类型	亚热带、热带常绿针叶林	亚热带竹林	热带雨林、季雨林	红树林	
N 含量/%	0.420	0.651	1.020	0.750	
P 含量/%	0.075	0.079	0.108	0.450	
K 含量/%	0.213	0.550	0.538	0.410	

表 16-12　我国各类草地生态系统净初级生产量的磷、氮含量

草地生态系统类型	单位面积 P、N 含量/kg·hm^{-2}		净初级生产量的含 P、N 比例/%	
	P	N	P	N
温性草甸草原	6.713	65.343	0.150	1.461
温性草原	8.329	50.045	0.290	1.742
温性荒漠草原	4.180	31.874	0.250	1.907
温性草原化荒漠	3.382	29.456	0.240	2.093

草地生态系统类型	单位面积 P、N 含量/kg·hm⁻²		净初级生产量的含 P、N 比例/%	
	P	N	P	N
温性荒漠	1.651	19.691	0.150	1.789
高寒草甸	9.772	90.831	0.220	2.045
高寒草甸草原	4.093	26.916	0.290	1.904
高寒草原	1.792	20.325	0.180	2.040
高寒荒漠草原	0.930	15.210	0.150	2.457
高寒荒漠	0.717	10.614	0.169	2.505
暖性灌草丛	10.219	70.455	0.190	1.310
暖性草丛	8.958	67.396	0.130	0.978
热性草丛	11.709	92.911	0.120	0.952
热性灌草丛	8.660	38.681	0.120	0.536
干热稀树灌草丛	2.433	65.344	0.030	0.813
山地草甸	8.523	96.340	0.150	1.696
低地草甸	9.279	121.519	0.130	1.702
沼泽	15.067	134.492	0.200	1.784
未划分的零星草地	16.398	159.283	0.170	1.651

16.3.1.8 　生态恢复成本

恢复矿山损毁土地的生态功能的基本措施是复垦。因此，土地的生态恢复成本取复垦成本，单位面积的复垦成本记为 c_{rec}，单位为元/hm²。复垦工程完成后，需要一段时间（一般为 3~5 年）的养护，以保障生态恢复质量（如植物成活率、植被覆盖率等）符合要求。所以，复垦成本应包含养护成本。由于在开采方案确定之前，不可能有土地复垦计划和预算，所以在新矿山的开采方案优化中，c_{rec} 的取值只能参照条件类似的矿山的复垦成本估算。

16.3.2 　温室气体排放的生态成本

温室气体导致全球变暖和气候变化，致使极端气候发生的频次增加，自然灾害频发，造成巨大的直接经济损失。气候变化也对人类的健康和生物的生存环境造成各种损害，对人类的生存构成潜在的威胁，由此诱发的间接损失（或社会成本）也许比直接经济损失更大、更令人担忧。从理论上讲，对于温室气体排放的生态成本（以下简称排放生态成本）的最合理的度量，应该是全球变暖和气候变化所造成的各种直接和间接经济损失。然而，对这些损失的估算十分困难，是许多科学家致力研究的重大课题。而且，全球变暖和气候变化发生在宏观层面，具有全球（至少是大区域）尺度，对于像矿山这样的微观体而言，要通过全球变暖和气候变化所造成的损失来估算其排放生态成本是完全不可行的。

因此，我们从"抵消"的角度来看待排放生态成本。也就是说，要想使矿山生产不为全球变暖和气候变化做"贡献"，就得把矿山生产所排放的温室气体"抵消"掉，把抵消需要付出的成本作为矿山的排放生态成本。这样，排放生态成本的估算就与前述固碳价值类似，可以基于 CO_2 排放量和 CO_2 去除成本计算。

为了便于在开采方案优化中应用，对废石剥离、矿石开采和选矿分别计算其单位作业量的排放生态成本，计算式为：

$$c_{gw} = \varepsilon_w c_{CO_2} \tag{16-24}$$

$$c_{gm} = \varepsilon_m c_{CO_2} \tag{16-25}$$

$$c_{gp} = \varepsilon_p c_{CO_2} \tag{16-26}$$

式中　c_{gw}，c_{gm}，c_{gp}——单位剥离量、单位采矿量和单位选矿量的排放生态成本，元/t；

ε_w，ε_m，ε_p——单位剥离量、单位采矿量和单位选矿量的温室气体排放量（均为 CO_2 当量），t/t；

c_{CO_2}——去除排放的 1t CO_2 的成本，元/t。

17 开采方案生态化优化

开采方案的生态化优化指的是把露天矿生产对生态环境的冲击通过生态成本纳入开采方案的优化模型和算法，使生态成本像生产成本一样在最佳方案的求解中直接发挥作用，从而使求得的最佳方案在经济效益最大化和生态冲击最小化之间达到最佳平衡。第6章和第8章论述了以纯经济效益最大化为目标（即不考虑生态成本）的开采方案优化问题，为了区别和表述方便起见，以下把这种优化称为纯经济优化。本章基于第6章和第8章的优化方法，以及第16章的生态冲击与生态成本计算模型，论述露天矿开采方案的生态化优化方法，建立相关模型和算法，并就案例矿山的优化结果与纯经济优化结果进行对比分析。

17.1 最终境界生态化优化

在纯经济优化中，最终境界优化的目标是总利润最大。第6章论述了三种求最大利润境界的优化算法，即浮锥法（包括正锥开采法和负锥排除法）、图论法和地质最优境界序列评价法。本节把生态成本与地质最优境界序列评价法和浮锥法中的负锥排除法相结合，提出最终境界的生态化优化算法。

17.1.1 地质最优境界序列评价法

在第6章6.4节中，论述了用地质最优境界序列评价法优化最终境界的基本原理，并给出了地质最优境界序列的产生算法。在对境界序列中的各境界进行评价的过程中纳入生态成本，就可实现境界的生态化优化。算法如下：

第1步：依据矿床的矿石储量估算一个较合理的年矿石生产能力，据此设定地质最优境界序列中最小境界的矿石量和相邻境界之间的矿石量增量；读入境界最终帮坡角、相关技术经济参数和生态成本计算所需参数等数据。

第2步：应用第6章6.4.2节中地质最优境界序列产生算法，产生地质最优境界序列 $\{V^*\}_N$。计算序列 $\{V^*\}_N$ 中每个境界 V_j^*($j = 1, 2, \cdots, N$) 的采出矿石量 Q_j^*、矿石里的金属量 M_j^*、废石量 W_j^*。Q_j^*、M_j^* 和 W_j^* 都是考虑了开采中的矿石损失和废石混入后的量，单位为万吨。

第3步：基于序列 $\{V^*\}_N$ 中每个境界 V_j^* 的 Q_j^*、M_j^* 和 W_j^* 以及相关技术经济参数，用式(6-22)计算地质最优境界序列中每一境界的纯经济利润 P_j。

第4步：应用第16章的计算模型，对于地质最优境界序列中的每一境界 V_j^*，计算：土地损毁面积，包括采场（即境界）挖损土地总面积 $A_{M, j}$、排土场占地总面积 $A_{D, j}$、尾矿库占地总面积 $A_{T, j}$、地面设施的土地损毁总面积 $A_{B, j}$、表土场占地总面积 $A_{S, j}$；单位作业量的温室气体排放量和排放生态成本。进而对于每一境界 V_j^*，应用式(17-1)~式(17-5)，

计算开采完境界 V_j^* 产生的土地损毁总面积、土地损毁生态成本、温室气体排放总量、温室气体排放生态成本和总生态成本。

开采境界 V_j^* 的土地损毁总面积 A_j（单位 hm^2）为：

$$A_j = A_{M,j} + A_{D,j} + A_{T,j} + A_{B,j} + A_{S,j} \tag{17-1}$$

开采境界 V_j^* 的土地损毁生态成本为：

$$C_{Land,j} = \frac{A_j(v_{yield} + v_{Csoil} + c_{rec}) + A_j(v_{Cplant} + v_{O_2} + v_{air} + v_{soil} + v_{H_2O} + v_{neut})F_j f_t}{10000}$$

$$\tag{17-2}$$

式中 　　　　　　　　$C_{Land,j}$——开采境界 V_j^* 的土地损毁生态成本，10^4 元；

v_{yield}——土地的生物质生产价值（取征地价格），元/hm^2；

v_{Csoil}——土地生态系统的土壤固碳价值，元/hm^2；

c_{rec}——土地复垦和养护成本，元/hm^2；

$v_{Cplant}, v_{O_2}, v_{air}, v_{soil}, v_{H_2O}, v_{neut}$——土地生态系统的植物固碳、释氧、空气净化、土壤保持、水源涵养、养分循环价值，元/（$hm^2 \cdot a$）；

F_j——境界 V_j^* 从开始开采到开采结束并恢复土地生态功能的时间长度，a；

f_t——时间系数。

式（17-2）中，土地生态系统的植物固碳、释氧、空气净化、土壤保持、水源涵养和养分循环价值的损失是持续性的，从土地被损毁开始一直到完成复垦并恢复生态功能的时间跨度内，每年都发生这些价值的损失。比如，对于境界 V_j^*，第 1 年损毁的土地的这些价值损失持续的时间跨度为 $1 \sim F_j$ 年；第 2 年损毁的土地的这些价值损失持续的时间跨度为 $2 \sim F_j$ 年；以此类推。所以，上式中这 6 项生态成本的数额不仅与土地损毁面积有关，而且与土地处于损毁状态的持续时间有关。由于在境界的最终设计确定之前没有生产计划，无法估算各个土地损毁单元的面积随时间的变化关系，所以也就无法估算其处于损毁状态的持续时间。对于境界 V_j^*，土地处于损毁状态的持续时间最长为 F_j 年，最短为复垦与养护时间，用一个时间系数 f_t 估算其平均持续时间（即 $F_j f_t$ 年）。考虑到矿山生产初期损毁的土地面积大于后期，如果假设绝大部分被毁土地是在矿山开采结束后复垦的，时间系数 f_t 一般为 0.7 左右。对于 F_j，在没有生产计划的条件下，可按境界 V_j^* 中的可采矿量估算一个合理的年矿石生产能力，并据此计算境界的开采寿命 n_j；F_j 等于 n_j 加上复垦和养护时间，后者一般为 $3 \sim 5$ 年。另外，如果各土地损毁单元的生态系统类型不同，土地损毁的总生态成本就不应按损毁总面积 A_j 计算，应依据每一单元的面积及其生态类型所对应的相关参数进行分别计算，然后相加得到总值。

开采境界 V_j^* 的温室气体排放总量为：

$$Q_{g,j} = Q_j^*(\varepsilon_m + \varepsilon_p) + W_j^* \varepsilon_w \tag{17-3}$$

式中 　$Q_{g,j}$——开采境界 V_j^* 的温室气体排放总量，$10^4 t$；

$\varepsilon_m, \varepsilon_p, \varepsilon_w$——单位采矿量、单位选矿量和单位剥离量的温室气体排放量（其计算见第 16

章），t/t。

开采境界 V_j^* 的温室气体排放生态成本为：

$$C_{g,j} = Q_{g,j} c_{CO_2} = Q_j^* (c_{gm} + c_{gp}) + W_j^* c_{gw} \tag{17-4}$$

式中　　$C_{g,j}$——开采境界 V_j^* 的温室气体排放生态成本，10^4 元；

c_{gm}，c_{gp}，c_{gw}——单位采矿量、单位选矿量和单位剥离量的温室气体排放生态成本（其计算见第 16 章），元/t；

c_{CO_2}——去除排放的 1t CO_2 的成本，元/t。

开采境界 V_j^* 的生态成本总额为：

$$C_{Eco,j} = C_{Land,j} + C_{g,j} \tag{17-5}$$

式中　$C_{Eco,j}$——开采境界 V_j^* 的生态成本总额，10^4 元。

第 5 步：基于在上两步中得出的各境界的纯经济利润和生态成本总额，计算地质最优境界序列中每一境界 V_j^* 的综合利润，即境界的纯经济利润减去同一境界的生态成本总额（$P_j - C_{Eco,j}$）。

第 6 步：在所有地质最优境界中选出综合利润最大者，即为最佳境界；输出最佳境界（或全部境界）的相关指标值，算法结束。

17.1.2　迭代法

最终境界生态化优化的迭代法是第 6 章 6.3.2 节所述负锥排除浮锥法的迭代式应用。

17.1.2.1　剥离、采矿和选矿的单位生态成本

在境界优化的负锥排除算法中，每次排除的锥体是价值（即利润）为负的锥体。锥体的价值依据锥体中的废石量和矿石量以及废石剥离、矿石开采和选矿的单位成本等参数计算。要实现境界的生态化优化，就需要在锥体价值的计算中考虑生态成本。为了便于把生态成本纳入锥体价值的计算中，需要把各项生态成本进行归纳和分摊，得出剥离单位重量的废石、开采单位重量的矿石和选厂处理单位重量的入选矿石的生态成本，分别称之为单位剥离生态成本、单位采矿生态成本和单位选矿生态成本。为此，需要把各个土地损毁单元的面积依据它们与废石剥离、矿石开采和选矿之间的关系，进行归纳和分摊，得出分别由废石剥离、矿石开采和选矿造成的土地损毁面积。

排土场对土地的损毁完全源于废石剥离，所以排土场的占地面积全部归入废石剥离的土地损毁面积。尾矿库对土地的损毁完全源于选矿，所以尾矿库的占地面积全部归入选矿的土地损毁面积。

采场（即境界）的土地挖损面积是由岩石剥离和矿石开采共同造成的，所以按境界内的废石体积和矿石体积分摊到废石剥离和矿石开采：

$$A_M^w = \frac{\gamma_o W}{\gamma_o W + \gamma_w Q} A_M \tag{17-6}$$

$$A_M^m = A_M - A_M^w = \frac{\gamma_w Q}{\gamma_o W + \gamma_w Q} A_M \tag{17-7}$$

式中　A_M^w，A_M^m——分摊到废石剥离和矿石开采的境界挖损土地面积，hm^2；

A_M——境界挖损土地总面积，hm^2；

γ_w，γ_o——废石和矿石的原地容重，t/m^3；

W，Q——境界中的废石总重和矿石总重（均是考虑了开采中的矿石损失和废石混入后的量），$10^4 t$。

地面设施（矿山专用道路和厂房、仓储、办公、供电、排水等设施）中，有的服务于岩石剥离（如采场到排土场的专用运输道路），有的同时服务于矿石开采和选矿（如采场到选矿厂的专用运输道路），有的只服务于选矿（如选矿厂占地），有的服务于全矿（如办公设施）。在最终开采方案和总图布置确定之前，难以确定每项设施的具体面积及其服务对象，而且地面设施的占地面积占矿山土地损毁总面积的比例不大，所以不作详细分摊，而是粗略确定其分摊比例。比如，考虑到选矿专用设施的体量占全部地面设施的比例较小，而废石量一般大于矿石量，可以把地面设施的占地总面积 A_B 分别按约 0.45、0.35 和 0.20 的比例分摊到废石剥离、矿石开采和选矿。为使算式具有普适性，在下面的算式中分别用 f_{Bw}、f_{Bm} 和 f_{Bp} 表示这三个比例系数。

表土源于排土场、采场、尾矿库和地面设施的用地。假设表土场占地面积与土量成正比，按这些用地分摊到废石剥离、矿石开采和选矿的面积上的表土量占总表土量的比例，把表土场占地总面积分摊到废石剥离、矿石开采和选矿：

$$A_S^w = \frac{A_D h_D + A_M^w h_M + f_{Bw} A_B h_B}{A_D h_D + A_M h_M + A_T h_T + A_B h_B} A_S \tag{17-8}$$

$$A_S^m = \frac{A_M^m h_M + f_{Bm} A_B h_B}{A_D h_D + A_M h_M + A_T h_T + A_B h_B} A_S \tag{17-9}$$

$$A_S^p = \frac{A_T h_T + f_{Bp} A_B h_B}{A_D h_D + A_M h_M + A_T h_T + A_B h_B} A_S \tag{17-10}$$

式中　A_S^w，A_S^m，A_S^p——分摊到废石剥离、矿石开采和选矿的表土场占地面积，hm^2；

h_M，h_D，h_T，h_B——采场、排土场、尾矿库和地面设施区的表土平均剥离厚度，m；

A_D，A_M，A_T，A_B，A_S——排土场、采场、尾矿库、地面设施、表土场各自的土地损毁总面积，hm^2。

综合上述对各项土地损毁面积的归纳和分摊，得出分别由废石剥离、矿石开采和选矿造成的土地损毁面积为：

$$A_w = A_D + A_M^w + f_{Bw} A_B + A_S^w \tag{17-11}$$

$$A_m = A_M^m + f_{Bm} A_B + A_S^m \tag{17-12}$$

$$A_p = A_T + f_{Bp} A_B + A_S^p \tag{17-13}$$

式中　A_w，A_m，A_p——分别为由废石剥离、矿石开采和选矿造成的土地损毁面积，hm^2。

由废石剥离造成的生态成本包括由废石剥离产生的土地损毁生态成本和温室气体排放生态成本。单位剥离生态成本为：

$$c_{ew} = \frac{A_w(v_{yield} + v_{Csoil} + c_{rec}) + A_w(v_{Cplant} + v_{O_2} + v_{air} + v_{soil} + v_{H_2O} + v_{neut})Ff_t}{10000W} + c_{gw}$$

$$\tag{17-14}$$

式中　c_{ew}——单位剥离生态成本，元/t；

　　　F——从开始开采到整个境界开采结束并恢复土地生态功能的时间长度，a。

同理，单位采矿生态成本和单位选矿生态成本为：

$$c_{em} = \frac{A_m(v_{yield} + v_{Csoil} + c_{rec}) + A_m(v_{Cplant} + v_{O_2} + v_{air} + v_{soil} + v_{H_2O} + v_{neut})Ff_t}{10000Q} + c_{gm}$$

（17-15）

$$c_{ep} = \frac{A_p(v_{yield} + v_{Csoil} + c_{rec}) + A_p(v_{Cplant} + v_{O_2} + v_{air} + v_{soil} + v_{H_2O} + v_{neut})Ff_t}{10000Q} + c_{gp}$$

（17-16）

式中　c_{em}，c_{ep}——单位采矿生态成本和单位选矿生态成本，元/t；

其他符号的定义同前。

17.1.2.2　迭代算法

在优化境界的负锥排除算法中考虑生态成本时，出现一个矛盾：土地损毁的生态成本与土地损毁面积有关；而在境界确定之前，土地损毁面积是未知的，无法计算生态成本。解决这一矛盾最简便的方法是迭代法。

令：c_w、c_m、c_p分别表示只考虑生产成本（即不考虑生态成本）的单位剥岩、采矿和选矿成本，$c_{w,i}$、$c_{m,i}$和$c_{p,i}$分别表示第 i 次迭代中加入生态成本后的单位剥岩、采矿和选矿成本。最终境界的生态化优化迭代算法如下：

第1步：令 $i = 0$，$c_{w,i} = c_w$，$c_{m,i} = c_m$，$c_{p,i} = c_p$，即首次优化时不考虑生态成本。

第2步：应用第6章6.3.2节中的负锥排除法优化境界。在锥体的排除过程中，以 $c_{w,i}$、$c_{m,i}$和$c_{p,i}$为成本参数计算锥体的利润，排除那些利润为负的锥体。得到的境界为当前境界，记为 V_i。

第3步：如果 $i = 0$，转到第5步；如果 $i > 0$，执行下一步。

第4步：比较当前境界 V_i 和上一次迭代得到的境界 V_{i-1} 的矿岩总量。如果二者相等或足够接近，算法收敛，当前境界 V_i 即为最佳境界，算法结束；否则，执行下一步。

第5步：依据境界 V_i 的地表周界和境界中的采出废石总量和矿石总量，估算对应于境界 V_i 的各项土地损毁总面积，即 A_D、A_M、A_T、A_B、A_S；基于境界中的矿石总量估算合理年矿石生产能力，进而计算该境界的开采寿命；应用式（17-6）~式（17-16）计算境界 V_i 的单位剥离生态成本 c_{ew}、单位采矿生态成本 c_{em}和单位选矿生态成本 c_{ep}。

第6步：令 $i = i + 1$；$c_{w,i} = c_w + c_{ew}$，$c_{m,i} = c_m + c_{em}$，$c_{p,i} = c_p + c_{ep}$，返回到第2步。

17.1.3　案例应用与对比分析

案例矿山以及相关技术经济参数的设置同第6章6.6节。进行最终境界的生态化优化还需输入计算生态成本所需的参数，这些参数如表17-1所示。案例矿山地处我国东北地区南部，矿区的主导土地生态类型为温带阔叶针叶混交林，所以表17-1中"净初级生产力"行及以下7行的数据为这一土地生态类型的参数值。本案例假设所有土地损毁单元的征地价格和复垦成本都相等（等于矿区的平均值），如果有不同土地损毁单元的数据且差别较大，应对不同土地损毁单元取不同的征地价格和复垦成本。时间系数 f_t 取 0.7。

表 17-1 生态成本计算中的相关参数

参数类别	参 数	取 值
能源与炸药单耗	剥岩柴油单耗/kg·t^{-1}	0.56636
	剥岩电力单耗/kW·h·t^{-1}	1.2
	剥岩炸药单耗/kg·m^{-3}	0.92
	采矿柴油单耗/kg·t^{-1}	0.56636
	采矿电力单耗/kW·h·t^{-1}	1.2
	采矿炸药单耗/kg·m^{-3}	0.92
	选矿电力单耗/kW·h·t^{-1}	28.5
温室气体排放因子	柴油排放因子/t·t^{-1}	4.4409
	电力排放因子/t·(MW·h)$^{-1}$	1.1082
	炸药排放因子/t·t^{-1}	1.84
土地生态系统的生态服务价值相关参数	CO_2 捕捉与贮存成本/元·t^{-1}	220.00
	制氧成本/元·t^{-1}	650.00
	SO_2 处理成本/元·t^{-1}	3120.00
	除尘成本/元·t^{-1}	400.00
	N 肥价格/元·t^{-1}	3400.00
	P 肥价格/元·t^{-1}	3000.00
	K 肥价格/元·t^{-1}	4000.00
	水源单价/元·m^{-3}	6.00
	造农田土壤容重/t·m^{-3}	1.35
	造农田土壤厚度/m	0.5
	单位面积农田年净收益/元·(hm^2·a)$^{-1}$	30000
	年均降雨量/mm	800
	产生径流的降雨比例	0.4
	净初级生产力/t·(hm^2·a)$^{-1}$	6.56
	径流减少系数	0.26
	土壤保持能力/t·(hm^2·a)$^{-1}$	60.292
	植物体 N 元素含量/%	0.430
	植物体 P 元素含量/%	0.039
	植物体 K 元素含量/%	0.216
	SO_2 吸收能力/t·(hm^2·a)$^{-1}$	0.1521
	滞尘能力/t·(hm^2·a)$^{-1}$	21.665
	征地价格/元·hm^{-2}	2400000
排土场参数	堆置高度/m	180
	边坡平均坡度/(°)	22

续表 17-1

参数类别	参 数	取 值
排土场 参数	排弃岩土体平均实体容重/t·m⁻³	2.65
	排弃岩土体碎胀系数	1.3
	表土剥离平均厚度/m	0.3
	土壤平均容重/t·m⁻³	1.35
	土壤有机质平均含量/%	1.8
尾矿库 参数	堆置高度/m	100
	边坡平均坡度/(°)	22
	尾矿堆积容重/t·m⁻³	1.75
	表土剥离平均厚度/m	0.3
	土壤平均容重/t·m⁻³	1.35
	土壤有机质平均含量/%	1.8
地面生产 设施参数	占地总面积/hm²	100
	表土剥离平均厚度/m	0.3
	土壤平均容重/t·m⁻³	1.35
	土壤有机质平均含量/%	1.8
表土堆存 参数	堆置高度/m	25
	边坡平均坡度/(°)	22
	表土在堆场的松散系数	1.05
采场 参数	矿石平均实体容重/t·m⁻³	3.34
	表土剥离平均厚度/m	0.3
	土壤平均容重/t·m⁻³	1.35
	土壤有机质平均含量/%	1.8
复垦参数	复垦成本/元·hm⁻²	400000
	复垦与养护时间/a	3

应用上述地质最优境界序列评价算法，对最终境界进行生态化优化。在第 6 章 6.6.3 节中已经得到了案例矿床的地质最优境界序列。对这一序列中的境界进行纯经济和生态化评价，结果如表 17-2 和图 17-1 所示。在生态成本计算中，各境界的开采寿命用泰勒公式估算；排土场、尾矿库和表土场的占地面积计算中，均假设矿山只有一个排土场、一个尾矿库和一个表土场；若分散堆放，土地损毁总面积将大于表中数值。

表 17-2 地质最优境界序列评价结果

境界序号	矿石量/t	废石量/t	平均剥采比/t·t⁻¹	纯经济利润/元	土地损毁总面积①/hm²	温室气体产生总量②/t	生态成本/元	综合利润/元
1	19269.7×10^4	14530.1×10^4	0.754	181.47×10^8	512.79	768.0×10^4	33.18×10^8	148.29×10^8
2	20774.1×10^4	17437.4×10^4	0.839	192.28×10^8	547.86	836.0×10^4	35.82×10^8	156.46×10^8
3	22282.7×10^4	20910.2×10^4	0.938	202.13×10^8	586.68	906.8×10^4	38.65×10^8	163.48×10^8
4	23787.2×10^4	24721.1×10^4	1.039	211.45×10^8	623.82	978.9×10^4	41.46×10^8	170.00×10^8
5	25295.4×10^4	28777.5×10^4	1.138	220.26×10^8	665.92	1052.4×10^4	44.45×10^8	175.81×10^8
6	26798.7×10^4	33425.4×10^4	1.247	227.94×10^8	713.16	1128.4×10^4	47.67×10^8	180.27×10^8
7	28301.5×10^4	38250.4×10^4	1.352	235.44×10^8	765.32	1205.4×10^4	51.08×10^8	184.36×10^8
8	29804.3×10^4	44215.0×10^4	1.484	240.75×10^8	810.23	1287.4×10^4	54.36×10^8	186.39×10^8
9	31304.9×10^4	50605.0×10^4	1.617	245.18×10^8	858.23	1371.2×10^4	57.79×10^8	187.39×10^8
10	32819.1×10^4	57231.3×10^4	**1.744**	249.37×10^8	**901.58**	1456.6×10^4	61.10×10^8	188.27×10^8
11	34324.3×10^4	64959.6×10^4	1.893	251.55×10^8	950.01	1546.6×10^4	64.68×10^8	186.87×10^8
12	35832.8×10^4	72601.4×10^4	2.026	253.76×10^8	995.22	1636.4×10^4	68.16×10^8	185.61×10^8
13	37346.7×10^4	80192.4×10^4	2.147	256.34×10^8	1036.58	1726.0×10^4	71.51×10^8	184.84×10^8
14	38854.1×10^4	87677.2×10^4	2.257	258.98×10^8	1076.17	1814.9×10^4	74.78×10^8	184.19×10^8
15	40356.8×10^4	95481.7×10^4	2.366	261.21×10^8	1117.80	1905.1×10^4	78.16×10^8	183.05×10^8
16	41859.8×10^4	102770.2×10^4	2.455	264.32×10^8	1156.22	1992.9×10^4	81.38×10^8	182.94×10^8
17	43365.0×10^4	110699.5×10^4	2.553	266.22×10^8	1200.13	2083.9×10^4	84.85×10^8	181.37×10^8
18	44866.1×10^4	118810.0×10^4	2.648	267.53×10^8	1245.27	2175.5×10^4	88.38×10^8	179.15×10^8
19	46368.4×10^4	127317.5×10^4	2.746	268.17×10^8	1289.72	2269.0×10^4	91.92×10^8	176.25×10^8
20	47873.1×10^4	135647.9×10^4	**2.833**	269.16×10^8	**1338.89**	2361.8×10^4	95.61×10^8	173.54×10^8
21	49374.1×10^4	145322.8×10^4	2.943	267.98×10^8	1390.71	2460.7×10^4	99.52×10^8	168.46×10^8
22	50875.4×10^4	156393.5×10^4	3.074	264.03×10^8	1450.25	2566.0×10^4	103.83×10^8	160.20×10^8
23	52382.3×10^4	166733.7×10^4	3.183	261.53×10^8	1500.51	2668.0×10^4	107.76×10^8	153.76×10^8
24	53887.6×10^4	178448.4×10^4	3.311	256.32×10^8	1559.59	2776.4×10^4	112.13×10^8	144.19×10^8
25	55387.6×10^4	189191.8×10^4	3.416	252.87×10^8	1612.21	2880.1×10^4	116.18×10^8	136.69×10^8
26	56898.3×10^4	200772.6×10^4	3.529	248.04×10^8	1666.00	2988.0×10^4	120.36×10^8	127.68×10^8
27	58399.0×10^4	213100.3×10^4	3.649	241.73×10^8	1723.50	3098.9×10^4	124.74×10^8	116.99×10^8
28	59905.0×10^4	225481.1×10^4	3.764	235.32×10^8	1778.82	3210.2×10^4	129.05×10^8	106.26×10^8
29	61408.3×10^4	239089.1×10^4	3.893	226.48×10^8	1841.14	3327.2×10^4	133.72×10^8	92.76×10^8
30	62912.9×10^4	252822.6×10^4	4.019	217.49×10^8	1903.41	3444.8×10^4	138.41×10^8	79.08×10^8
31	64414.1×10^4	266938.4×10^4	4.144	207.75×10^8	1965.20	3563.9×10^4	143.11×10^8	64.64×10^8
32	65918.6×10^4	280479.4×10^4	4.255	199.16×10^8	2021.71	3680.5×10^4	147.60×10^8	51.56×10^8

① 包括：境界挖损土地总面积、排土场占地总面积、尾矿库占地总面积、地面设施的土地损毁总面积、表土场占地总面积；

② 包括：矿石开采、废石剥离和选矿的能耗与炸药消耗产生的温室气体排放量，以及土地生态系统损毁造成的 CO_2 吸收的损失量，均以 CO_2 当量计。

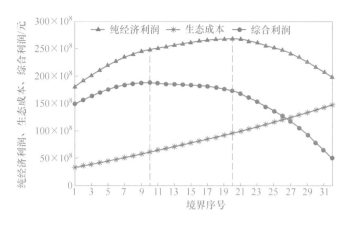

图 17-1   地质最优境界序列的纯经济和生态化评价结果

从图 17-1 可以看出：纯经济利润随境界的增大先是减速增加，达到峰值后加速下降。生态成本随境界的增大单调增加，由于境界平均剥采比随境界增大而升高，剥离能耗与排土场占地面积随之加速增加，所以生态成本的增加速率略高于线性速率。综合利润的变化趋势与纯经济利润类似，但增加速率更慢、下降速率更快。从表 17-2 和图 17-1 可知，不考虑生态成本进行纯经济优化的结果，是境界 20 的纯经济利润最大（269.16 亿元），该境界为纯经济最佳境界；考虑生态成本进行生态化优化的结果，是境界 10 的综合利润最大（188.27 亿元），该境界为生态化最佳境界。生态化最佳境界与纯经济最佳境界相比，发生了如下变化：

（1）采出矿石量减少了 1.5 亿吨，降幅为 31.4%；

（2）剥离废石量减少了 7.8 亿吨，降幅为 57.8%；

（3）平均剥采比降低了 1.09，降幅为 38.4%；

（4）纯经济利润降低了 19.79 亿元，降幅为 7.4%；

（5）生态成本降低了 34.51 亿元，降幅为 36.1%；

（6）综合利润提高了 14.73 亿元，升幅为 8.5%；

（7）土地损毁总面积减少了 437hm²，降幅为 32.7%；

（8）温室气体排放总量减少了 905 万吨，降幅为 38.3%。

这一结果揭示了生态化优化的本质：是在给定的技术经济条件下，暂时放弃一部分资源的开采，牺牲部分纯经济利益，以换取更大的生态效益（即更大的生态成本减量）。在现有的技术经济条件下，被放弃的那部分资源在经济上是盈利能力低的"边际"资源，而在生态上是"高成本"资源，不采这部分资源，既保护了大面积土地生态系统免受损毁、少排放大量温室气体，又为后代留下了宝贵的不可再生资源。生态化优化的这种结果与我国生态文明建设的保护优先思想高度契合，即不以高昂的生态环境代价追求暂时的经济利益。

17.2   生产计划生态化优化

第 8 章 8.3 节论述了生产计划三要素（采剥生产能力、开采顺序和开采寿命）的整体优化问题，建立了优化数学模型并提出了求解算法。第 8 章 8.3.4 节的移动产能域算法具有适应性和实用性强的优点，所以实现生产计划三要素的生态化整体优化也采用这一算法，算法的逻辑步骤不变，只是在评价任一产能域内的任一可行计划路径 L 时，需要计算路径上每年的生态成本，进而计算生态成本现值，从原算法中的纯经济净现值（NPV_L）中减去生态成本现值，得出计划路径 L 的综合净现值，以综合净现值最大为优化目标选出最佳计划。这里不再重复优化算法，只给出计划路径的生态成本及其现值的计算模型。

17.2.1　生产计划的生态成本计算模型

设任意一条计划路径 L 的开采寿命为 n 年，令 $k(t)$ 表示路径 L 上第 t 年的开采体在地质最优开采体序列 $\{P^*\}_N$ 中的序号（$t \leqslant k(t) \leqslant N$；$t = 1, 2, \cdots, n$），换言之，按该路径开采，第 t 年末的采场对应于序列 $\{P^*\}_N$ 中的开采体 $P^*_{k(t)}$，即第 1 年开采到 $P^*_{k(1)}$，第 2 年开采到 $P^*_{k(2)}$，依此类推；开采寿命末（n 年末）必须开采到最终境界 V（即序列 $\{P^*\}_N$ 中的最后一个开采体 P^*_N），所以 $k(n) = N$。

为叙述方便，定义以下符号（本章前面已定义过的符号不再重复）：

$Q^*_i = \{P^*\}_N$ 中第 i 个开采体 P^*_i 的矿石量，$10^4\mathrm{t}$，$i = 1, 2, \cdots, N$；

$G^*_i = \{P^*\}_N$ 中第 i 个开采体 P^*_i 的矿石平均品位（即 Q^*_i 的平均品位），$i = 1, 2, \cdots, N$；

$W^*_i = \{P^*\}_N$ 中第 i 个开采体 P^*_i 的废石量，$10^4\mathrm{t}$，$i = 1, 2, \cdots, N$；

$A^*_i = \{P^*\}_N$ 中第 i 个开采体 P^*_i 的地表面积，hm^2，$i = 1, 2, \cdots, N$；

$q_t =$ 路径 L 上第 t 年的矿石产量（亦即选厂的入选矿量），$10^4\mathrm{t}$，$t = 1, 2, \cdots, n$；

$w_t =$ 路径 L 上第 t 年的废石剥离量，$10^4\mathrm{t}$，$t = 1, 2, \cdots, n$；

$d =$ 折现率。

在上述定义中，Q^*_i、G^*_i 和 W^*_i 均为考虑了矿石回采率和废石混入率后的数值，Q^*_i、G^*_i、W^*_i 和 A^*_i 的计算均在地质最优开采体序列的产生过程中或生产计划优化之前预先完成。

路径 L 上第 t 年的开采体为 $P^*_{k(t)}$，其矿石量为 $Q^*_{k(t)}$、矿石平均品位为 $G^*_{k(t)}$、废石量为 $W^*_{k(t)}$；路径 L 上前一年（$t-1$）的开采体为 $P^*_{k(t-1)}$，其矿石量为 $Q^*_{k(t-1)}$、矿石平均品位为 $G^*_{k(t-1)}$、废石量为 $W^*_{k(t-1)}$。所以，路径 L 上第 t 年的矿石产量为：

$$q_t = Q^*_{k(t)} - Q^*_{k(t-1)} \tag{17-17}$$

第 t 年的废石剥离量为：

$$w_t = W^*_{k(t)} - W^*_{k(t-1)} \tag{17-18}$$

境界损毁土地的总面积 $A_\mathrm{M} = A^*_N$，第 t 年末采场累计损毁土地面积 $A_{\mathrm{M},t} = A^*_{k(t)}$。废石排弃总量 $W = W^*_N$，年 t（$t = 0, 1, 2 \cdots, n$）的废石排弃量为 w_t，据此应用第 16 章的相关算式估算出排土场的占地总面积 A_D 和第 t 年末排土场累计损毁土地面积 $A_{\mathrm{D},t}$。入选矿石总量 $Q = Q^*_N$，其平均品位 $g_\mathrm{o} = G^*_N$，据此应用第 16 章的相关算式估算出尾矿库的占地总面积 A_T 和第 t 年末尾矿库的累计占地面积 $A_{\mathrm{T},t}$。地面设施的占地总面积 A_B 根据条件类似矿山的该项面积估计，并假设全部地面设施在基建期建成，之后保持不变，即 $A_{\mathrm{B},t} = A_\mathrm{B}$。基于 A_M、A_D、A_T 和 A_B，应用第 16 章的相关算式估算出表土场的占地总面积 A_S，并基于 $A_{\mathrm{M},t}$、$A_{\mathrm{D},t}$、

$A_{\text{T},t}$ 和 $A_{\text{B},t}$，估算第 t 年末表土场的累计占地面积 $A_{\text{S},t}$。

用征地价格度量土地的生物质生产价值，且假设土地是随用随征。那么，第 t 年的征地成本按当年新增土地损毁面积计算（基建期的土地损毁面积归入第 1 年）。第 t 年的新增土地损毁面积 ΔA_t 为：

$$\Delta A_t = (A_{\text{M},t} + A_{\text{D},t} + A_{\text{T},t} + A_{\text{B},t} + A_{\text{S},t}) - (A_{\text{M},t-1} + A_{\text{D},t-1} + A_{\text{T},t-1} + A_{\text{B},t-1} + A_{\text{S},t-1})$$

(17-19)

第 t 年的征地成本 $C_{\text{y},t}$（单位为 10^4 元）为：

$$C_{\text{y},t} = v_{\text{yield}} \Delta A_t / 10000 \tag{17-20}$$

假设第 t 年占用的土地（面积为 ΔA_t）在第 t 年初征得，征地成本的现值 PV_{C1}（单位为 10^4 元）为：

$$\text{PV}_{\text{C1}} = \sum_{t=1}^{n} \frac{C_{\text{y},t}}{(1+d)^{t-1}} \tag{17-21}$$

土地生态系统的植物固碳、释氧、空气净化、土壤保持、水源涵养和养分循环价值的损失是持续性的。所以，第 t 年的这 6 项生态成本总额 $C_{6,t}$，按第 t 年末的累计损毁土地面积计算：

$$C_{6,t} = (v_{\text{Cplant}} + v_{\text{O}_2} + v_{\text{air}} + v_{\text{soil}} + v_{\text{H}_2\text{O}} + v_{\text{neut}})(A_{\text{M},t} + A_{\text{D},t} + A_{\text{T},t} + A_{\text{B},t} + A_{\text{S},t})$$

(17-22)

假设矿山所有被损毁的土地均在开采结束时开始复垦，复垦和养护时间为 n_{r} 年，且每年的这些生态价值损失发生在年末。这些生态价值损失的现值 PV_{C2}（单位为 10^4 元）为：

$$\text{PV}_{\text{C2}} = \frac{1}{10000} \sum_{t=1}^{n+n_{\text{r}}} \frac{C_{6,t}}{(1+d)^t} \tag{17-23}$$

对于土地生态系统的土壤固碳价值损失，如果假设被毁土壤碳库中碳的释放与土地的损毁发生在同一年，那么第 t 年的该项生态成本 $C_{\text{C},t}$ 按第 t 年的新增土地损毁面积计算：

$$C_{\text{C},t} = v_{\text{Csoil}} \Delta A_t \tag{17-24}$$

假设每年损毁土地的土壤固碳价值损失发生在年末，土壤固碳价值损失的现值 PV_{C3}（单位为 10^4 元）为：

$$\text{PV}_{\text{C3}} = \frac{1}{10000} \sum_{t=1}^{n} \frac{C_{\text{C},t}}{(1+d)^t} \tag{17-25}$$

假设矿山所有被损毁的土地均在开采结束时开始复垦，那么复垦和养护成本的发生时间为 $(n+1) \sim (n+n_{\text{r}})$ 年；进而假设复垦和养护总成本在 n_{r} 年间平均分配，且每年的成本发生在年末。复垦和养护成本的现值 PV_{C4}（单位为 10^4 元）为：

$$\text{PV}_{\text{C4}} = \frac{1}{10000} \sum_{t=n+1}^{n+n_{\text{r}}} \frac{c_{\text{rec}}(A_{\text{M}} + A_{\text{D}} + A_{\text{T}} + A_{\text{B}} + A_{\text{S}})}{n_{\text{r}}(1+d)^t} \tag{17-26}$$

第 t 年的温室气体排放生态成本基于当年的剥离量、采矿量以及单位剥离量、单位采矿量和单位选矿量的排放生态成本计算。假设每年的该项成本发生在年末，且忽略基建期和复垦养护期的温室气体排放成本。该项成本的现值 PV_{C5}（单位为 10^4 元）为：

$$\text{PV}_{\text{C5}} = \sum_{t=1}^{n} \frac{q_t(c_{\text{gm}} + c_{\text{gp}}) + w_t c_{\text{gw}}}{(1+d)^t} \tag{17-27}$$

综上，计划路径 L 的生态成本现值总额 $PVEC_L$ 为：

$$PVEC_L = PV_{C1} + PV_{C2} + PV_{C3} + PV_{C4} + PV_{C5} \tag{17-28}$$

计划路径 L 的综合净现值等于其纯经济净现值 NPV_L 减去其生态成本现值总额 $PVEC_L$。在生产计划优化的移动产能域算法中，对于每个产能域计算其所有可行计划路径的综合净现值，综合净现值最大的计划路径即为该产能域的最佳生产计划。

在上述各项成本现值的计算中，也可以加入年成本上升率，以反映各项成本随时间的变化。另外，为简化算式，假设计算中用到的各个参数的取值对于所有土地损毁单元是相同的；如果不同单元的参数取值有显著差异，应按单元分别计算后加总。

17.2.2 案例应用与对比分析

案例矿山的生态化最佳境界已在本章的上一节中求得，应用第 8 章 8.3.4 节的移动产能域算法和上述生态成本计算模型，对这一境界的生产计划进行生态化优化，优化结果与生态化最佳境界一起构成该案例矿山的生态化最佳开采方案。优化中的相关技术经济参数设置同第 8 章 8.3.5 节，计算生态成本所需的相关参数值同表 17-1。对于任何一条计划路径，都假设：排土场基建初始容量等于容纳该计划前 5 年剥离量所需的容量；尾矿库和地面设施均在开采开始时已经建成；只设一个排土场、一个尾矿库和一个表土堆场；所有土地损毁单元均在开采结束后开始复垦，复垦与养护成本平摊到复垦与养护期的每一年。

优化结果如表 17-3 所示。表中，销售额、生产成本和生态成本是价格和成本上升与折现之前的数据；时间 0 的综合净现值是基建投资；基建期的生态成本计入了第 1 年，由于尾矿库、地面设施和容纳头 5 年剥离量的排土场均在基建期完成，损毁土地面积大，所以第 1 年的生态成本大大高于其他年份。最后一年的生态成本包括复垦与养护成本折现到该年末的值。可见，生态化最佳开采方案的矿石生产能力为 1350 万吨/a，开采寿命为 24 年多点；综合净现值为 68.1 亿元，纯经济净现值为 107.5 亿元（表中未列），生态成本现值为 39.4 亿元（等于前二者之差）。

表 17-3　生态化最佳境界的生态化最佳生产计划

时间 /a	开采体 序号	矿石产量 /t	废石剥离量 /t	精矿产量 /t	精矿销售额 /元	生产成本 /元	生态成本 /元	综合净现值 /元
0								-563600×10^4
1	9	1328.5×10^4	5622.9×10^4	485.1×10^4	363847.5×10^4	319081.8×10^4	138339.8×10^4	-87501.2×10^4
2	18	1354.8×10^4	1676.2×10^4	494.2×10^4	370658.5×10^4	252353.8×10^4	21973.7×10^4	90848.8×10^4
3	27	1358.4×10^4	2177.8×10^4	496.6×10^4	372477.4×10^4	261978.5×10^4	24052.3×10^4	79653.8×10^4
4	36	1357.9×10^4	2910.5×10^4	495.8×10^4	371880.1×10^4	275078.3×10^4	20951.4×10^4	68701.8×10^4
5	45	1354.7×10^4	3958.3×10^4	495.6×10^4	371689.0×10^4	293425.0×10^4	19536.9×10^4	53471.7×10^4
6	54	1356.6×10^4	3858.2×10^4	495.6×10^4	371736.6×10^4	291926.8×10^4	23578.4×10^4	50502.3×10^4
7	63	1356.4×10^4	4768.7×10^4	488.7×10^4	366537.3×10^4	308281.5×10^4	24292.4×10^4	33425.9×10^4
8	72	1356.6×10^4	4119.1×10^4	487.6×10^4	365719.5×10^4	296633.4×10^4	20667.3×10^4	42967.0×10^4
9	81	1353.8×10^4	3212.3×10^4	487.7×10^4	365810.5×10^4	279849.0×10^4	19676.7×10^4	53787.5×10^4

续表 17-3

时间 /a	开采体 序号	矿石产量 /t	废石剥离量 /t	精矿产量 /t	精矿销售额 /元	生产成本 /元	生态成本 /元	综合净现值 /元
10	90	$1357.5×10^4$	$2765.3×10^4$	$488.8×10^4$	$366614.3×10^4$	$272403.6×10^4$	$18121.4×10^4$	$58535.9×10^4$
11	99	$1353.1×10^4$	$2324.7×10^4$	$487.6×10^4$	$365712.2×10^4$	$263750.7×10^4$	$17381.3×10^4$	$61901.6×10^4$
12	108	$1356.8×10^4$	$1932.5×10^4$	$488.9×10^4$	$366706.5×10^4$	$257296.5×10^4$	$16565.7×10^4$	$64761.8×10^4$
13	117	$1357.0×10^4$	$1877.4×10^4$	$489.7×10^4$	$367272.3×10^4$	$256341.0×10^4$	$16989.4×10^4$	$63368.0×10^4$
14	126	$1355.0×10^4$	$1975.1×10^4$	$488.4×10^4$	$366326.2×10^4$	$257774.3×10^4$	$17080.8×10^4$	$60089.9×10^4$
15	135	$1356.3×10^4$	$2088.3×10^4$	$490.0×10^4$	$367529.8×10^4$	$260028.3×10^4$	$16858.9×10^4$	$57860.5×10^4$
16	144	$1355.3×10^4$	$1850.8×10^4$	$490.2×10^4$	$367648.6×10^4$	$255593.0×10^4$	$16780.6×10^4$	$58216.9×10^4$
17	153	$1357.2×10^4$	$1663.9×10^4$	$490.0×10^4$	$367516.9×10^4$	$252525.4×10^4$	$15869.5×10^4$	$58060.6×10^4$
18	162	$1355.2×10^4$	$1246.8×10^4$	$488.3×10^4$	$366210.5×10^4$	$244697.0×10^4$	$15613.5×10^4$	$58988.1×10^4$
19	171	$1353.2×10^4$	$847.3×10^4$	$487.2×10^4$	$365416.4×10^4$	$237183.1×10^4$	$15131.2×10^4$	$59891.4×10^4$
20	180	$1357.1×10^4$	$610.1×10^4$	$488.5×10^4$	$366357.8×10^4$	$233544.7×10^4$	$14994.1×10^4$	$59695.0×10^4$
21	189	$1354.1×10^4$	$759.0×10^4$	$488.9×10^4$	$366701.7×10^4$	$235740.0×10^4$	$15985.2×10^4$	$56604.4×10^4$
22	198	$1354.8×10^4$	$1886.2×10^4$	$487.5×10^4$	$365593.8×10^4$	$256142.6×10^4$	$24302.2×10^4$	$44202.3×10^4$
23	207	$1358.7×10^4$	$1922.9×10^4$	$490.3×10^4$	$367709.1×10^4$	$257442.6×10^4$	$18598.3×10^4$	$45052.9×10^4$
24	216	$1357.8×10^4$	$1026.2×10^4$	$493.7×10^4$	$370281.5×10^4$	$241154.3×10^4$	$15314.9×10^4$	$50710.7×10^4$
25	218	$302.2×10^4$	$150.9×10^4$	$109.7×10^4$	$82266.4×10^4$	$52274.6×10^4$	$37463.5×10^4$	$545.9×10^4$
合计		$32819.1×10^4$	$57231.3×10^4$	$11875.0×10^4$	$8906220.5×10^4$	$6412499.9×10^4$	$606119.4×10^4$	$680744.4×10^4$

第 6 章 6.6.3 节对该案例矿山的最终境界进行了纯经济优化，得出了纯经济最佳境界；第 8 章 8.3.5 节对该境界的生产计划进行了纯经济优化，得出了该境界的纯经济最佳生产计划（表 8-5），二者构成了案例矿山的纯经济最佳开采方案。为对比起见，以相同的参数设置和计算模型计算出纯经济最佳开采方案的相关生态指标，并把生态化最佳开采方案和纯经济最佳开采方案的主要指标及其生产计划并列于表 17-4。

表 17-4　生态化最佳开采方案与纯经济最佳开采方案对比

纯经济最佳开采方案			生态化最佳开采方案		
纯经济净现值：900426.7 万元 综合净现值：297864.4 万元 生态成本现值：602562.3 万元 土地损毁总面积：1338.89hm² 温室气体产生总量：2361.8 万吨			纯经济净现值：1075385.3 万元 综合净现值：680744.4 万元 生态成本现值：394640.9 万元 土地损毁总面积：901.58hm² 温室气体产生总量：1456.6 万吨		
时间 /a	矿石产量 /t	废石剥离量 /t	纯经济 净现值/元	矿石产量 /t	废石剥离量 /t	综合净现值 /元
0			$-744400.0×10^4$			$-563600×10^4$
1	$1778.9×10^4$	$12295.3×10^4$	$-26139.5×10^4$	$1328.5×10^4$	$5622.9×10^4$	$-87501.2×10^4$
2	$1808.2×10^4$	$4938.3×10^4$	$102335.8×10^4$	$1354.8×10^4$	$1676.2×10^4$	$90848.8×10^4$

时间 /a	矿石产量 /t	废石剥离量 /t	纯经济 净现值/元	矿石产量 /t	废石剥离量 /t	综合净现值 /元
3	1807.8×10^4	5059.7×10^4	100955.9×10^4	1358.4×10^4	2177.8×10^4	79653.8×10^4
4	1810.2×10^4	6921.7×10^4	71498.0×10^4	1357.9×10^4	2910.5×10^4	68701.8×10^4
5	1808.1×10^4	8487.3×10^4	46551.6×10^4	1354.7×10^4	3958.3×10^4	53471.7×10^4
6	1808.9×10^4	10640.8×10^4	13409.2×10^4	1356.6×10^4	3858.2×10^4	50502.3×10^4
7	1810.5×10^4	12388.1×10^4	-10244.9×10^4	1356.4×10^4	4768.7×10^4	33425.9×10^4
8	1806.8×10^4	10791.2×10^4	10453.8×10^4	1356.6×10^4	4119.1×10^4	42967.0×10^4
9	1806.6×10^4	8003.7×10^4	45423.4×10^4	1353.8×10^4	3212.3×10^4	53787.5×10^4
10	1809.0×10^4	6495.6×10^4	61865.3×10^4	1357.5×10^4	2765.3×10^4	58535.9×10^4
11	1804.1×10^4	5377.5×10^4	71959.0×10^4	1353.1×10^4	2324.7×10^4	61901.6×10^4
12	1807.1×10^4	4865.3×10^4	75246.1×10^4	1356.8×10^4	1932.5×10^4	64761.8×10^4
13	1808.0×10^4	4499.7×10^4	76936.2×10^4	1357.0×10^4	1877.4×10^4	63368.0×10^4
14	1806.0×10^4	4234.6×10^4	77405.1×10^4	1355.0×10^4	1975.1×10^4	60089.9×10^4
15	1805.4×10^4	4121.4×10^4	76960.1×10^4	1356.3×10^4	2088.3×10^4	57860.5×10^4
16	1807.6×10^4	3914.5×10^4	75346.6×10^4	1355.3×10^4	1850.8×10^4	58216.9×10^4
17	1806.6×10^4	3470.2×10^4	76697.3×10^4	1357.2×10^4	1663.9×10^4	58060.6×10^4
18	1807.5×10^4	2870.9×10^4	78780.0×10^4	1355.2×10^4	1246.8×10^4	58988.1×10^4
19	1806.0×10^4	2427.8×10^4	79163.6×10^4	1353.2×10^4	847.3×10^4	59891.4×10^4
20	1809.6×10^4	2231.3×10^4	78140.9×10^4	1357.1×10^4	610.1×10^4	59695.9×10^4
21	1806.1×10^4	1883.8×10^4	77635.1×10^4	1354.1×10^4	759.0×10^4	56604.4×10^4
22	1807.2×10^4	1616.0×10^4	76442.4×10^4	1354.8×10^4	1886.2×10^4	44202.3×10^4
23	1808.1×10^4	1249.1×10^4	75694.1×10^4	1358.7×10^4	1922.9×10^4	45052.9×10^4
24	1806.4×10^4	1642.1×10^4	70434.1×10^4	1357.8×10^4	1026.2×10^4	50710.7×10^4
25	1807.8×10^4	3178.9×10^4	60598.1×10^4	302.2×10^4	150.9×10^4	545.9×10^4
26	1810.4×10^4	1553.7×10^4	67127.7×10^4			
27	904.1×10^4	489.3×10^4	34151.6×10^4			
合计	47873.1×10^4	135647.9×10^4	900426.7×10^4	32819.1×10^4	57231.3×10^4	680744.4×10^4

　　生态化最佳开采方案与纯经济最佳开采方案相比，不仅最终境界有显著缩小，矿石生产能力也有显著降低（从 1800 万吨/a 降到 1350 万吨/a），这是境界缩小和生态成本共同作用的结果。一般而言，最佳生产能力随境界的缩小（即可采储量的减少）和成本的升高（生态成本的加入相当于增加了生产成本）呈降低趋势，所以这一结果是符合预期的。

　　生态化最佳开采方案与纯经济最佳开采方案相比，生态成本现值降低了 34.5%（20.8 亿元），综合净现值提高了 128.5%（38.3 亿元），土地损毁总面积减少了 32.7%（437hm²），温室气体产生总量减少了 38.3%（905 万吨）。可见，生态化最佳开采方案的生态效益显著。

以净现值衡量，生态化优化取得的显著生态效益，并没有牺牲经济效益。从表 17-4 的第一行数据可知，生态化最佳开采方案的纯经济净现值比纯经济最佳开采方案还高。这是由于境界和生产计划是分步优化的，即先以总利润最大优化境界，然后对所得境界以净现值最大优化生产计划，而净现值最大的境界都小于（最多等于）总利润最大的境界是数学上已证明的一般规律。本案例的生态化最佳境界比纯经济最佳境界小，其纯经济总利润比后者小（如表 17-2 所示），但其纯经济净现值比后者大。这一结果符合上述规律，是合理的。

17.3　生产计划与最终境界生态化整体优化

第 8 章 8.4 节论述了在不考虑生态成本的条件下生产计划与最终境界的整体优化原理和算法，为区别起见，称这种优化为开采方案纯经济整体优化，其优化结果称为纯经济整体最佳开采方案。纳入生态成本后的生产计划与最终境界整体优化称为开采方案生态化整体优化，优化结果称为生态化整体最佳开采方案。生态化整体优化在原理和算法上与纯经济整体优化相同，只是在对每一地质最优境界优化其生产计划时，需要应用上一节的计算模型计算所有可行计划每年的生态成本以及生态成本的现值，并以综合净现值（即纯经济净现值减去生态成本现值）最大为目标找出最佳计划。本节对优化模型和算法不再重复，只是给出对案例矿山的生态化整体优化结果，并分别与纯经济整体优化结果和生态化分步优化结果作对比。

17.3.1　生态化整体优化结果

案例矿山及其优化中用到的所有参数的设置与前两节相同。从生态化整体优化结果中整理出地质最优境界序列中全部 32 个境界方案的主要指标，与纯经济优化结果的相应指标（见第 8 章表 8-6）共同列于表 17-5。由于在优化中，相邻地质最优开采体之间的矿石量增量设置为 150 万吨，所以表 17-5 中的矿石生产能力按 50 万吨取整。

可见，与纯经济优化结果相比，由于生态成本的作用，生态化优化得出的所有境界的最佳生产能力都降低了；对于境界 25 之后的那些大境界，综合净现值变为负值，也就是说，考虑了生态成本后，这些境界的投资收益率达不到折现率（7%）。

表 17-5　各境界方案优化结果主要指标汇总

境界序号	矿石量 /t	废石量 /t	纯经济优化		生态化优化	
			最佳矿石生产能力/t·a^{-1}	纯经济净现值/元	最佳矿石生产能力/t·a^{-1}	综合净现值/元
1	19269.7×10^4	14530.1×10^4	1050×10^4	87.6×10^8	900×10^4	65.2×10^8
2	20774.1×10^4	17437.4×10^4	1050×10^4	92.4×10^8	900×10^4	68.2×10^8
3	22282.7×10^4	20910.2×10^4	1050×10^4	95.9×10^8	1050×10^4	70.1×10^8
4	23787.2×10^4	24721.1×10^4	1200×10^4	99.2×10^8	1050×10^4	71.5×10^8
5	25295.4×10^4	28777.5×10^4	1200×10^4	102.2×10^8	1050×10^4	72.4×10^8

境界序号	矿石量/t	废石量/t	纯经济优化		生态化优化	
			最佳矿石生产能力/t·a^{-1}	纯经济净现值/元	最佳矿石生产能力/t·a^{-1}	综合净现值/元
6	26798.7×10^4	33425.4×10^4	1350×10^4	105.2×10^8	1200×10^4	73.6×10^8
7	**28301.5×10^4**	**38250.4×10^4**	**1350×10^4**	**107.5×10^8**	**1200×10^4**	**73.7×10^8**
8	29804.3×10^4	44215.0×10^4	1350×10^4	108.3×10^8	1200×10^4	72.6×10^8
9	31304.9×10^4	50605.0×10^4	1500×10^4	108.3×10^8	1200×10^4	70.4×10^8
10	32819.1×10^4	57231.3×10^4	1500×10^4	108.0×10^8	1350×10^4	68.1×10^8
11	34324.3×10^4	64959.6×10^4	1500×10^4	105.9×10^8	1350×10^4	63.9×10^8
12	35832.8×10^4	72601.4×10^4	1650×10^4	103.3×10^8	1350×10^4	59.3×10^8
13	37346.7×10^4	80192.4×10^4	1650×10^4	101.6×10^8	1350×10^4	55.6×10^8
14	38854.1×10^4	87677.2×10^4	1650×10^4	100.1×10^8	1350×10^4	52.1×10^8
15	40356.8×10^4	95481.7×10^4	1650×10^4	107.6×10^8	1350×10^4	60.1×10^8
16	**41859.8×10^4**	**102770.2×10^4**	**1650×10^4**	**109.0×10^8**	**1350×10^4**	**60.2×10^8**
17	43365.0×10^4	110699.5×10^4	1800×10^4	95.7×10^8	1500×10^4	42.1×10^8
18	44866.1×10^4	118810.0×10^4	1800×10^4	94.3×10^8	1500×10^4	39.0×10^8
19	46368.4×10^4	127317.5×10^4	1800×10^4	92.0×10^8	1500×10^4	34.8×10^8
20	47873.1×10^4	135647.9×10^4	1800×10^4	90.0×10^8	1500×10^4	31.1×10^8
21	49374.1×10^4	145322.8×10^4	1950×10^4	85.7×10^8	1500×10^4	24.8×10^8
22	50875.4×10^4	156393.5×10^4	1950×10^4	80.5×10^8	1500×10^4	17.4×10^8
23	52382.3×10^4	166733.7×10^4	1950×10^4	76.5×10^8	1500×10^4	12.6×10^8
24	53887.6×10^4	178448.4×10^4	1950×10^4	71.5×10^8	1500×10^4	6.2×10^8
25	55387.6×10^4	189191.8×10^4	1950×10^4	67.4×10^8	1500×10^4	0.5×10^8
26	56898.3×10^4	200772.6×10^4	1950×10^4	63.2×10^8	1350×10^4	−4.9×10^8
27	58399.0×10^4	213100.3×10^4	1800×10^4	58.8×10^8	1350×10^4	−11.4×10^8
28	59905.0×10^4	225481.1×10^4	1950×10^4	54.8×10^8	1350×10^4	−14.7×10^8
29	61408.3×10^4	239089.1×10^4	1800×10^4	49.3×10^8	1200×10^4	−20.6×10^8
30	62912.9×10^4	252822.6×10^4	1800×10^4	45.9×10^8	1050×10^4	−24.0×10^8
31	64414.1×10^4	266938.4×10^4	1800×10^4	41.3×10^8	1050×10^4	−28.2×10^8
32	65918.6×10^4	280479.4×10^4	1650×10^4	36.2×10^8	900×10^4	−32.9×10^8

境界 7 的综合净现值最大，所以境界 7 及其最佳生产计划构成了案例矿山的生态化整体最佳开采方案，其生产计划如表 17-6 所示。表 17-6 中，销售额、生产成本和生态成本是价格和成本上升与折现之前的数据；时间 0 的综合净现值是基建投资；基建期的生态成本均计入了第 1 年；最后一年的生态成本包括复垦与养护成本折现到该年末的值。可见，

生态化整体最佳开采方案的矿石生产能力为 1200 万吨/a，开采寿命为 23 年半；综合净现值为 73.7 亿元，纯经济净现值为 106.9 亿元（表中未列），生态成本现值为 33.1 亿元（等于前二者之差）。

表 17-6　生态化整体最佳开采方案的生产计划

时间 /a	开采体 序号	矿石产量 /t	废石剥离量 /t	精矿产量 /t	精矿销售额 /元	生产成本 /元	生态成本 /元	综合净现值 /元
0								-503200×10^4
1	8	1182.3×10^4	3630.6×10^4	435.9×10^4	326907.0×10^4	259250.4×10^4	119316.5×10^4	-47718.3×10^4
2	16	1206.2×10^4	1121.4×10^4	437.9×10^4	328400.1×10^4	218004.4×10^4	19309.8×10^4	85705.1×10^4
3	24	1205.8×10^4	1664.3×10^4	441.3×10^4	330938.2×10^4	227709.6×10^4	20820.7×10^4	75623.4×10^4
4	32	1203.8×10^4	2249.1×10^4	437.8×10^4	328374.7×10^4	237912.9×10^4	17102.1×10^4	65935.4×10^4
5	40	1202.4×10^4	2805.1×10^4	440.8×10^4	330622.2×10^4	247687.3×10^4	14798.1×10^4	60078.8×10^4
6	48	1206.9×10^4	2163.5×10^4	440.8×10^4	330573.4×10^4	236873.7×10^4	17798.5×10^4	64343.0×10^4
7	56	1206.5×10^4	2737.0×10^4	434.4×10^4	326082.0×10^4	247130.3×10^4	18146.3×10^4	51619.5×10^4
8	64	1202.9×10^4	2295.1×10^4	431.3×10^4	323456.8×10^4	238588.3×10^4	16071.1×10^4	55713.8×10^4
9	72	1204.2×10^4	1912.4×10^4	433.7×10^4	325292.1×10^4	231913.7×10^4	15878.8×10^4	59892.7×10^4
10	80	1205.5×10^4	1711.9×10^4	434.3×10^4	325693.4×10^4	228524.6×10^4	14991.8×10^4	61037.4×10^4
11	88	1204.1×10^4	1659.8×10^4	435.2×10^4	326418.3×10^4	227348.2×10^4	15005.8×10^4	60314.1×10^4
12	96	1205.1×10^4	1643.2×10^4	434.4×10^4	325815.6×10^4	227213.3×10^4	14587.4×10^4	58398.3×10^4
13	104	1205.9×10^4	1503.6×10^4	434.1×10^4	325590.2×10^4	224828.9×10^4	14470.5×10^4	57792.2×10^4
14	112	1206.2×10^4	1338.0×10^4	435.3×10^4	326470.0×10^4	221893.2×10^4	14235.6×10^4	58066.6×10^4
15	120	1204.7×10^4	1162.9×10^4	436.2×10^4	327155.2×10^4	218504.7×10^4	14275.3×10^4	58182.4×10^4
16	128	1206.8×10^4	1069.2×10^4	436.3×10^4	327202.5×10^4	217156.6×10^4	14308.0×10^4	56901.5×10^4
17	136	1206.2×10^4	959.0×10^4	436.4×10^4	327170.6×10^4	215084.7×10^4	14518.8×10^4	55821.1×10^4
18	144	1202.9×10^4	759.4×10^4	433.8×10^4	325342.5×10^4	210941.8×10^4	14206.9×10^4	54987.9×10^4
19	152	1207.1×10^4	578.4×10^4	434.1×10^4	325601.7×10^4	208378.4×10^4	13914.4×10^4	54384.9×10^4
20	160	1203.8×10^4	1171.6×10^4	431.6×10^4	323709.6×10^4	218514.5×10^4	18674.5×10^4	45994.8×10^4
21	168	1204.8×10^4	1776.6×10^4	435.3×10^4	326475.7×10^4	229568.0×10^4	21374.3×10^4	40573.7×10^4
22	176	1205.8×10^4	1476.2×10^4	432.5×10^4	324368.6×10^4	224319.5×10^4	14972.7×10^4	42543.0×10^4
23	184	1208.3×10^4	532.9×10^4	441.9×10^4	331455.8×10^4	207745.7×10^4	12301.1×10^4	50184.0×10^4
24	188	603.3×10^4	329.1×10^4	220.2×10^4	165187.1×10^4	104858.8×10^4	34953.2×10^4	14300.2×10^4
合计		28301.5×10^4	38250.4×10^4	10245.7×10^4	7684303.3×10^4	5329951.5×10^4	506032.2×10^4	737475.6×10^4

17.3.2　生态化整体优化与生态化分步优化对比

本章前两节分别对案例矿山的境界和生产计划进行了生态化优化，这种优化是分步优化，即先以综合利润最大为优化目标求得生态化最佳境界；而后以综合净现值最大为优化目标，对生态化最佳境界的生产计划进行生态化优化，得出该境界的生态化最佳生产计划。为区别起见，把生态化分步优化得到的开采方案称为生态化分步最佳开采方案。表17-7是生态化整体最佳开采方案与生态化分步最佳开采方案的主要指标对比。

从表17-7可知，整体优化比分步优化有明显的优势。生态化整体最佳开采方案与生态化分步最佳开采方案相比：综合净现值升高了8.3%（5.7亿元），生态成本现值降低了16.0%（6.3亿元），土地损毁总面积减少了15.1%（136hm²），温室气体产生总量减少了17.2%（251万吨）。可见，整体优化的生态效益和综合效益比分步优化均有明显增加；纯经济效益只有微小下降，纯经济净现值微幅下降了0.6%（0.6亿元）。

表 17-7　生态化整体最佳开采方案与生态化分步最佳开采方案对比

生态化整体最佳开采方案				生态化分步最佳开采方案			
纯经济净现值：1068936.0万元 综合净现值：737475.6万元 生态成本现值：331460.4万元 土地损毁总面积：765.32hm² 温室气体产生总量：1205.4万吨				纯经济净现值：1075385.3万元 综合净现值：680744.4万元 生态成本现值：394640.9万元 土地损毁总面积：901.58hm² 温室气体产生总量：1456.6万吨			
时间 /a	矿石产量 /t	废石剥离量 /t	综合净现值 /元	矿石产量 /t	废石剥离量 /t	综合净现值 /元
---	---	---	---	---	---	---
0			-503200×10^4			-563600×10^4
1	1182.3×10^4	3630.6×10^4	-47718.3×10^4	1328.5×10^4	5622.9×10^4	-87501.2×10^4
2	1206.2×10^4	1121.4×10^4	85705.1×10^4	1354.8×10^4	1676.2×10^4	90848.8×10^4
3	1205.8×10^4	1664.3×10^4	75623.4×10^4	1358.4×10^4	2177.8×10^4	79653.8×10^4
4	1203.8×10^4	2249.1×10^4	65935.4×10^4	1357.9×10^4	2910.5×10^4	68701.8×10^4
5	1202.4×10^4	2805.1×10^4	60078.8×10^4	1354.7×10^4	3958.3×10^4	53471.7×10^4
6	1206.9×10^4	2163.5×10^4	64343.0×10^4	1356.6×10^4	3858.2×10^4	50502.3×10^4
7	1206.5×10^4	2737.0×10^4	51619.5×10^4	1356.4×10^4	4768.7×10^4	33425.9×10^4
8	1202.9×10^4	2295.1×10^4	55713.6×10^4	1356.6×10^4	4119.1×10^4	42967.0×10^4
9	1204.2×10^4	1912.4×10^4	59892.7×10^4	1353.8×10^4	3212.3×10^4	53787.5×10^4
10	1205.5×10^4	1711.9×10^4	61037.4×10^4	1357.5×10^4	2765.3×10^4	58535.9×10^4
11	1204.1×10^4	1659.8×10^4	60314.1×10^4	1353.1×10^4	2324.7×10^4	61901.6×10^4
12	1205.1×10^4	1643.2×10^4	58398.3×10^4	1356.8×10^4	1932.5×10^4	64761.8×10^4
13	1205.9×10^4	1503.6×10^4	57792.0×10^4	1357.0×10^4	1877.4×10^4	63368.0×10^4
14	1206.2×10^4	1338.0×10^4	58066.6×10^4	1355.0×10^4	1975.1×10^4	60089.9×10^4
15	1204.7×10^4	1162.9×10^4	58182.4×10^4	1356.3×10^4	2088.3×10^4	57860.5×10^4
16	1206.8×10^4	1069.2×10^4	56901.5×10^4	1355.3×10^4	1850.8×10^4	58216.9×10^4
17	1206.2×10^4	959.0×10^4	55821.1×10^4	1357.2×10^4	1663.9×10^4	58060.6×10^4
18	1202.9×10^4	759.4×10^4	54987.9×10^4	1355.2×10^4	1246.8×10^4	58988.1×10^4
19	1207.1×10^4	578.4×10^4	54384.9×10^4	1353.2×10^4	847.3×10^4	59891.4×10^4

时间 /a	矿石产量 /t	废石剥离量 /t	综合净现值 /元	矿石产量 /t	废石剥离量 /t	综合净现值 /元
20	1203.8×10^4	1171.6×10^4	45994.8×10^4	1357.1×10^4	610.1×10^4	59695.9×10^4
21	1204.8×10^4	1776.6×10^4	40573.7×10^4	1354.1×10^4	759.0×10^4	56604.4×10^4
22	1205.8×10^4	1476.2×10^4	42543.0×10^4	1354.8×10^4	1886.2×10^4	44202.3×10^4
23	1208.3×10^4	532.9×10^4	50184.0×10^4	1358.7×10^4	1922.9×10^4	45052.9×10^4
24	603.3×10^4	329.1×10^4	14300.2×10^4	1357.8×10^4	1026.2×10^4	50710.7×10^4
25				302.2×10^4	150.9×10^4	545.9×10^4
合计	28301.5×10^4	38250.4×10^4	737475.6×10^4	32819.1×10^4	57231.3×10^4	680744.4×10^4

生态化整体最佳方案的生产规模比生态化分步最佳方案有所缩小，境界矿石量缩小了约 4500 万吨（降幅 13.8%），年矿石生产能力降低了 150 万吨（降幅 11.1%）。这一结果符合"总利润最大的境界是总净现值最大的境界的上限"这一规律。

17.3.3 生态化整体优化与纯经济整体优化对比

第 8 章 8.4 节对案例矿山进行了纯经济整体优化，得出了纯经济整体最佳开采方案。为对比起见，以相同的参数设置和计算模型计算出这一方案的相关生态指标，与生态化整体最佳开采方案的主要指标及其生产计划并列于表 17-8。

表 17-8　生态化整体最佳开采方案与纯经济整体最佳开采方案对比

生态化整体最佳开采方案			纯经济整体最佳开采方案		
纯经济净现值：1068936.0 万元 综合净现值：737475.6 万元 生态成本现值：331460.4 万元 土地损毁总面积：765.32hm² 温室气体产生总量：1205.4 万吨			纯经济净现值：1089641.9 万元 综合净现值：584335.7 万元 生态成本现值：505306.2 万元 土地损毁总面积：1156.22hm² 温室气体产生总量：1992.9 万吨		
时间 /a	矿石产量 /t	废石剥离量 /t	综合净现值 /元	矿石产量 /t	废石剥离量 /t	纯经济净现值/元
0			-503200×10^4			-684000×10^4
1	1182.3×10^4	3630.6×10^4	-47718.3×10^4	1640.0×10^4	7000.6×10^4	47776.4×10^4
2	1206.2×10^4	1121.4×10^4	85705.1×10^4	1655.7×10^4	3441.4×10^4	112472.3×10^4
3	1205.8×10^4	1664.3×10^4	75623.4×10^4	1657.8×10^4	3258.1×10^4	111764.2×10^4
4	1203.8×10^4	2249.1×10^4	65935.4×10^4	1657.6×10^4	3857.8×10^4	100708.8×10^4
5	1202.4×10^4	2805.1×10^4	60078.8×10^4	1657.7×10^4	4467.9×10^4	88426.9×10^4
6	1206.0×10^4	2163.5×10^4	64343.0×10^4	1659.3×10^4	4752.8×10^4	80460.2×10^4
7	1206.5×10^4	2737.0×10^4	51619.5×10^4	1656.8×10^4	5024.1×10^4	72907.3×10^4
8	1202.3×10^4	2295.1×10^4	55713.8×10^4	1656.3×10^4	5012.1×10^4	71109.2×10^4
9	1204.2×10^4	1912.4×10^4	59892.7×10^4	1660.0×10^4	5138.1×10^4	67972.4×10^4
10	1205.5×10^4	1711.9×10^4	61037.4×10^4	1656.2×10^4	5120.7×10^4	66220.4×10^4

时间/a	矿石产量/t	废石剥离量/t	综合净现值/元	矿石产量/t	废石剥离量/t	纯经济净现值/元
11	1204.1×10⁴	1659.8×10⁴	60314.1×10⁴	1658.5×10⁴	5144.5×10⁴	64840.8×10⁴
12	1205.1×10⁴	1643.2×10⁴	58398.3×10⁴	1656.6×10⁴	5151.4×10⁴	62864.6×10⁴
13	1205.9×10⁴	1503.6×10⁴	57792.2×10⁴	1657.8×10⁴	5056.7×10⁴	62473.5×10⁴
14	1206.2×10⁴	1338.0×10⁴	58066.6×10⁴	1657.0×10⁴	5069.0×10⁴	60639.9×10⁴
15	1204.7×10⁴	1162.9×10⁴	58182.4×10⁴	1655.8×10⁴	5551.4×10⁴	55093.3×10⁴
16	1206.8×10⁴	1069.0×10⁴	56901.5×10⁴	1658.1×10⁴	5442.5×10⁴	54074.4×10⁴
17	1206.2×10⁴	959.0×10⁴	55821.1×10⁴	1658.9×10⁴	4951.6×10⁴	56170.2×10⁴
18	1202.9×10⁴	759.4×10⁴	54987.9×10⁴	1656.6×10⁴	4886.2×10⁴	54139.5×10⁴
19	1207.1×10⁴	578.4×10⁴	54384.9×10⁴	1653.4×10⁴	3940.9×10⁴	59882.0×10⁴
20	1203.8×10⁴	1171.6×10⁴	45994.8×10⁴	1654.9×10⁴	2632.7×10⁴	67134.6×10⁴
21	1204.8×10⁴	1776.6×10⁴	40573.7×10⁴	1657.9×10⁴	1317.6×10⁴	73318.5×10⁴
22	1205.8×10⁴	1476.0×10⁴	42543.0×10⁴	1655.8×10⁴	753.1×10⁴	75241.7×10⁴
23	1208.3×10⁴	532.9×10⁴	50184.0×10⁴	1657.2×10⁴	2230.7×10⁴	62906.9×10⁴
24	603.3×10⁴	329.1×10⁴	14300.2×10⁴	1656.5×10⁴	2238.7×10⁴	60809.1×10⁴
25				1655.1×10⁴	938.8×10⁴	67002.0×10⁴
26				453.0×10⁴	390.8×10⁴	17232.7×10⁴
合计	28301.5×10⁴	38250.4×10⁴	737475.6×10⁴	41859.8×10⁴	102770.2×10⁴	1089641.9×10⁴

从表 17-8 可知，生态化整体最佳开采方案与纯经济整体最佳开采方案相比：综合净现值升高了 26.2%（15.3 亿元），生态成本现值降低了 34.4%（17.4 亿元），土地损毁总面积减少了 33.8%（391hm²），温室气体产生总量减少了 39.5%（787 万吨），可见，生态化整体优化的生态效益和综合效益比纯经济整体优化均有显著增加；而纯经济净现值只微幅下降了 1.9%（2.1 亿元）。所以，微小的经济利益牺牲换取了显著的生态效益增加（生态成本与生态冲击减量）。

生态化整体最佳开采方案的生产规模比纯经济整体最佳开采方案显著缩小，境界矿石量缩小了 1.356 亿吨（降幅为 32.4%），年矿石生产能力降低了 450 万吨（降幅为 27.3%）。

结果再次表明，生态化优化的本质是在现有技术经济条件下放弃开采那部分低经济收益、高生态成本资源，从而既保护了大面积土地生态系统免受损毁、少排放大量温室气体，又为后代留下了宝贵的不可再生资源。

无论是整体优化还是分步优化，生态化优化结果与纯经济优化结果相比，二者之间的差异大小取决于相关参数的取值。一般规律是：所优化矿山的矿产品的市场越看好（如现时价格高、预测的未来价格增长率高），在其他条件基本不变的情况下，二者之间的差异越小，反之差异越大；生态成本越高（如矿区土地生态系统的生态价值高、排土场和尾矿库的堆置高度低致使其占地面积大等），在其他条件基本不变的情况下，二者之间的差异越大，反之差异越小。因此，有必要针对不确定性较高的参数的可能取值进行多次优化，对优化结果做灵敏度和风险分析，为开采方案的最终决策提供科学依据。

参 考 文 献

[1] 蔡美峰. 岩石力学与工程 [M]. 北京：科学出版社, 2002.

[2] 李夕兵. 凿岩爆破工程 [M]. 长沙：中南大学出版社, 2015.

[3] 林德余. 矿山爆破工程 [M]. 北京：冶金工业出版社, 1993.

[4] 李文全. 爆破原理及应用 [M]. 大连：大连出版社, 1997.

[5] 秦明武. 控制爆破 [M]. 北京：冶金工业出版社, 1993.

[6] Hustrulid W, Kuchta M. Open pit mine planning and design [M]. Balkem, Rotterdam, 1995.

[7] Kennedy B A. Surface mining (2th ed.)   [M]. Society for mining, metallurgy and exploration Inc., Littleton, Colorado, USA, 1990.

[8] Collier C A, Ledbetter W B. Engineering economic and cost analysis, 2nd ed [M]. Harper & Row, Publishers, New York, 1988.

[9] 焦玉书. 金属矿山露天开采 [M]. 北京：冶金工业出版社, 1989.

[10] 李宝祥. 金属矿床露天开采 [M]. 北京：冶金工业出版社, 1992.

[11] 牛成俊. 现代露天开采理论与实践 [M]. 北京：科学出版社, 1990.

[12] 钟良俊, 王荣群. 露天矿设备选型配套计算 [M]. 北京：冶金工业出版社, 1988.

[13] 张雷. 中国矿产资源开发与区域发展 [M]. 北京：海洋出版社, 1997.

[14] 黄勇. 信息技术在露天采矿业中的应用 [J]. 黄金科学技术, 1999.

[15] 徐小荷. 岩石凿碎比功的可钻性分级 [J]. 探矿工程, 1981 (5): 46~49.

[16] 丁哲, 刘延委, 译. 卡特彼勒公司推出 327t CAT797 型最大型矿用自卸汽车 [J]. 国外金属矿山, 1999 (5).

[17] Hartman H L. Introductory mining engineering [M]. New York：John Wiley & Sons, 1987.

[18] Mineral Commodity Summary. 1980~2019, U. S. Geological Survey and Bureau of Mines.

[19] Hughes W E, Davey R K. Drill hole interpolation：mineralized interpolation techniques [M]. In：Open pit planning and design (Crawford and Hustrulid ed.), 1979.

[20] Rendu J M. An Introduction to geostatistical method of mineral evaluation [M]. South African Institute of Mining and Metallurgy, Johannesburg, 1981.

[21] Journel A G, Arik A. Dealing with outlier high grade data in precious metal deposit [M]. In：computer application in the mineral industry, Fytas, et. al (ed.), 1988.

[22] Royle A G. Estimating small blocks of ore, how to do it with confidence [J]. World mining, 1979 (4).

[23] Armstrong M, Champigny N. A study on kriging small blocks [J]. CIM Bulletin, Canada, 1989 (82).

[24] David M. Grade-tonnage curve：use and misuse in ore-reserve estimation [J]. Transactions of the institution of mining and metallurgy, London, 1972 (7).

[25] Lerchs H, Grossmann I F. Optimum design of open pit mines [J]. CIM Bulletin, Canada, 1965 (1).

[26] Lemieux M. Moving cone optimization algorithm [M]. Computer methods for the 80's in the mineral industry, 1979.

[27] Dowd P A, Onur A H. Open-pit optimization-part1：optimal open-pit design [J]. Transactions of the institution of mining and metallurgy, London, 1993 (102).

[28] Yegulalp T M, et al. New development in ultimate pit limit problem solution methods [J]. Transactions, Society for mining, metallurgy and exploration Inc., USA , 1993 (294).

[29] Zhao Y, Kim Y C. A new graph theory algorithm for optimal pit design [J]. Transactions, Society for mining, metallurgy and exploration Inc., USA , 1991 (290).

[30] Wang Q, Sevim H. Alternative to parameterization in fining a series of maximum-metal pits for production

planning [J]. Mining Engineering, USA, 1995 (2).

[31] Wang Q, Sevim H. Open pit production planning through pit-generation and pit-sequencing [J]. Transaction, Society for mining, metallurgy and exploration Inc., USA, 1993 (294).

[32] Lane K F. Choosing the optimum cutoff grade [J]. Quarterly of the Colorado School Mines, 1964 (59).

[33] Lane K F. Commercial aspects of choosing cutoff grades [C] //Proceedings, 16th International Symposium on Application of Computers and Operations Research in the Mineral Industry (APCOM), 1979.

[34] Crawford J T. Open pit limit analyses——some observations on its use [C] //Proceedings, 16th APCOM, 1979.

[35] 孙庆业, 蓝崇钰, 廖文波. 尾矿植被法治理初探 [J]. 国土与自然资源研究, 1999 (3): 58~60.

[36] 王宏镔, 文传浩, 谭晓勇, 等. 云南会泽铅锌矿矿渣废弃地植被重建初探 [J]. 云南环境科学, 1998, 17 (2): 43~46.

[37] 马彦卿. 矿山土地复垦与生态恢复 [J]. 有色金属, 1999, 51 (3): 24~29.

[38] 马彦卿. 微生物复垦技术在矿区生态重建中的应用 [J]. 采矿技术, 2001, 1 (2): 66~68.

[39] 张军英, 席荣. 金川镍尾矿库复垦的限制因子及植物适应性 [J]. 甘肃冶金, 2007, 29 (4): 92~95.

[40] 许乃政, 陶于祥, 高南华. 金属矿山环境污染及整治对策 [J]. 火山地质与矿产, 2001, 22 (1): 63~69.

[41] 胡振琪, 凌海明. 金属矿山污染土地修复技术及实例研究 [J]. 金属矿山, 2003 (6): 53~56.

[42] 张发旺, 韩占涛, 侯新伟. 矿区地表破坏的土地资源利用研究 [J]. 地理学与国土研究, 2002, 18 (4): 51~53.

[43] 马立宏. 潞安矿区土地破坏预测及复垦适宜性评价 [D]. 北京: 中国农业大学, 2004.

[44] 李小虎. 大型金属矿山环境污染及防治研究——以甘肃金川和白银为例 [D]. 兰州: 兰州大学, 2007.

[45] 宋书巧. 矿山开发的环境响应与资源环境一体化研究——以广西刁江流域为例 [D]. 广州: 中山大学, 2004.

[46] 李国强, 蒋雷, 李荣, 等. 露天矿复垦技术措施 [J]. 内蒙古水利, 2007 (1): 55~57.

[47] 杨才敏, 卫元太, 曲继宗. 篦子沟矿尾矿库复垦的经济效益研究 [J]. 山西水土保持科技, 2000 (1): 10~13.

[48] 周连碧, 代宏文, 吴亚君, 等. 胡家峪铜矿尾矿库复垦农作物种植研究 [J]. 采矿技术, 2002, 2 (2): 54~56.

[49] 王中生. 吉林镍业公司尾矿库复垦治理技术初探 [J]. 有色矿冶, 2001, 17 (2): 37~40.

[50] 饶绮麟, 张立诚, 代宏文. 可持续发展的矿业生态技术范例——尾矿库复垦与污染防治技术 [J]. 中国土地科学, 2000, 14 (4): 13~14.

[51] 李杰颖, 韩放, 梁成华, 等. 浅谈矿区土地的生态复垦 [J]. 采矿技术, 2009, 9 (3): 75~76.

[52] 靳东升, 张强, 聂督. 山西省工矿区土地破坏调查研究 [J]. 山西农业科学, 2008, 36 (11): 18~22.

[53] 颜世强, 姚华军, 胡小平. 我国矿业破坏土地复垦问题及对策 [J]. 中国矿业, 2008, 17 (3): 35~37.

[54] 谭辉, 钟铁, 何孝磊, 等. 冶金矿山废弃地生物恢复植物优选试验研究 [J]. 金属矿山, 2010 (3): 145~147.

[55] 胡振琪, 等. 土地复垦与生态重建 [M]. 徐州: 中国矿业大学出版社, 2008.

[56] 赵同谦, 欧阳志云, 郑华, 等. 中国森林生态系统服务功能及其价值评价 [J]. 自然资源学报, 2004, 19 (4): 480~491.

[57] 赵同谦, 欧阳志云, 贾良清, 等. 中国草地生态系统服务功能间接价值评价 [J]. 生态学报, 2004,

24（6）：1101～1110.

[58] 谢高地，张钇锂，鲁春霞，等. 中国自然草地生态系统服务价值 [J]. 自然资源学报，2001，16（1）：47～53.

[59] 葛继稳，蔡庆华，刘建康. 水域生态系统中生物多样性经济价值评估的一个新方法 [J]. 水生生物学报，2006，30（1）：126～128.

[60] 张颖. 中国林地价值评价研究综述 [J]. 林业经济，1997（1）：69～74.

[61] 蔡细平，郑四渭，姬亚岚，等. 生态公益林项目评价中的林地资源经济价值核算 [J]. 北京林业大学学报，2004，26（4）：76～80.

[62] 于格，鲁春霞，谢高地. 草地生态系统服务功能的研究进展 [J]. 资源科学，2005，27（6）：172～179.

[63] 柳碧晗，郭继勋. 吉林省西部草地生态系统服务价值评估 [J]. 中国草地，2005，27（1）：12～16.

[64] 刘起. 中国草地资源生态经济价值的探讨 [J]. 四川草原，1999（4）：1～4.

[65] 闵庆文，刘寿东，杨霞. 内蒙古典型草原生态系统服务功能价值评估研究 [J]. 草地学报，2004，12（3）：165～169.

[66] Stephen C. Farber, Robert Costanza, Matthew A. Wilson. Economic and ecological concepts for valuing ecosystem services [J]. Ecological Economics，2002，41：375～392.

[67] Intergovernmental Panel on Climate Change（IPCC）. 2013. Climate Change 2013：The Physical Science Basis [M]. Cambridge University Press，New York. Chapter 8，Anthropogenic and Natural Radiative Forcing：659～740.

[68] 刘洋. 基于块体模型的金属矿山温室气体排放核算模型及其应用 [D]. 沈阳：东北大学，2019.

[69] 中国生态环境部. 2017 年度减排项目中国区域电网基准线排放因子. 2018. www. huanjing100. com

[70] Gu X, Wang Q. Internalising Ecological Costs in Evaluating and Planning a Mining Project [C] // 35th APCOM，2011，9：547～555.

[71] Gu X, Wang Q. Dynamic phase-mining optimization in open-pit metal mines [J]. Transactions of Nonferrous Metals Society of China，2010，20（10）：1974～1980.

[72] 顾晓薇，任凤玉，战凯，等. 采矿学 [M]. 3 版. 北京：冶金工业出版社，2021.

冶金工业出版社部分图书推荐

书　　名	作　　者	定价(元)
中国冶金百料全书·采矿卷	本书编委会　编	180.00
中国冶金百科全书·选矿卷	编委会　编	140.00
现代金属矿床开采科学技术	古德生　等著	260.00
采矿工程师手册(上、下册)	于润沧　主编	395.00
金属及矿产品深加工	戴永年　等著	118.00
选矿试验研究与产业化	朱俊士　等编	138.00
金属矿山采空区灾害防治技术	宋卫东　等著	45.00
尾砂固结排放技术	侯运炳　等著	59.00
地质学(第5版)(国规教材)	徐九华　主编	48.00
采矿学(第3版)(本科教材)	顾晓薇　主编	75.00
金属矿床地下开采(第3版)(本科教材)	任凤玉　主编	58.00
应用岩石力学(本科教材)	朱万成　主编	58.00
爆破理论与技术基础(本科教材)	璩世杰　编	45.00
采矿系统工程(本科教材)	顾清华　主编	29.00
矿山岩石力学(第2版)(本科教材)	李俊平　主编	58.00
采矿工程概论(本科教材)	黄志安　等编	39.00
矿产资源综合利用(高校教材)	张　佶　主编	30.00
智能矿山概论(本科教材)	李国清　主编	29.00
现代充填理论与技术(第2版)(本科教材)	蔡嗣经　编著	28.00
现代岩土测试技术(本科教材)	王春来　主编	35.00
选矿厂设计(高校教材)	周晓四　主编	39.00
矿山企业管理(第2版)(高职高专教材)	陈国山　等编	39.00
露天矿开采技术(第2版)(职教国规教材)	夏建波　主编	35.00
井巷设计与施工(第2版)(职教国规教材)	李长权　主编	35.00
工程爆破(第3版)(职教国规教材)	翁春林　主编	35.00
金属矿床地下开采(高职高专教材)	李建波　主编	42.00